国防电子信息技术丛书
集成电路辐射效应与加固技术系列

电子器件的电离辐射效应
——从存储器到图像传感器

Ionizing Radiation Effects in Electronics
From Memories to Imagers

[意] Marta Bagatin
Simone Gerardin 主编

毕津顺 于庆奎 丁李利 李 博 译

電子工業出版社
Publishing House of Electronics Industry
北京·BEIJING

内 容 简 介

本书完整地涵盖了现代半导体的电离辐射效应，深入探讨了抗辐射加固技术。首先介绍辐射效应的重要背景知识、物理机制、仿真辐射输运的蒙特卡罗技术和电子器件的辐射效应。重点阐述以下内容：商用数字集成电路的辐射效应，包括微处理器、易失性存储器（SRAM 和 DRAM）和闪存；数字电路、现场可编程门阵列（FPGA）和混合模拟电路中的软错误效应、总剂量效应、位移损伤效应和设计加固解决方案；纤维光学和成像器件（包括 CMOS 图像传感器和电荷耦合器件 CCD）的辐射效应。

本书可给予刚进入本领域的研究人员指导，供电路设计者、系统设计者和可靠性工程师学习，也可以作为资深科学家和工程师的参考书。还可以作为该领域本科生、硕士生、博士生和教师学习或教授电子器件电离辐射效应基础知识的参考书。

Title & Author：Ionizing Radiation Effects in Electronics: From Memories to Imagers, Marta Bagatin, Simone Gerardin
ISBN：9781498722605

版权贸易合同登记号 图字：01-2017-6136

图书在版编目（CIP）数据

电子器件的电离辐射效应：从存储器到图像传感器/（意）马尔塔・巴吉安（Marta Bagatin），（意）西蒙尼・杰拉尔丁（Simone Gerardin）主编；毕津顺等译. — 北京：电子工业出版社，2022.9
（国防电子信息技术丛书）
书名原文：Ionizing Radiation Effects in Electronics: From Memories to Imagers
ISBN 978-7-121-44206-3

Ⅰ. ①电… Ⅱ. ①马… ②西… ③毕… Ⅲ. ①电子器件－电离辐射－研究 Ⅳ. ①TN6

中国版本图书馆 CIP 数据核字（2022）第 156011 号

责任编辑：杨 博
印　　刷：三河市君旺印务有限公司
装　　订：三河市君旺印务有限公司
出版发行：电子工业出版社
　　　　　北京市海淀区万寿路 173 信箱　　邮编：100036
开　　本：787×1092　1/16　印张：20　　字数：512 千字
版　　次：2022 年 9 月第 1 版
印　　次：2022 年 9 月第 1 次印刷
定　　价：119.00 元

凡所购买电子工业出版社图书有缺损问题，请向购买书店调换。若书店售缺，请与本社发行部联系，联系及邮购电话：（010）88254888，88258888。

质量投诉请发邮件至 zlts@phei.com.cn，盗版侵权举报请发邮件至 dbqq@phei.com.cn。

本书咨询联系方式：yangbo2@phei.com.cn。

Preface to the Chinese Edition

When we were first presented with the idea of a Chinese translation of our book, we were flattered. We have been working in the field of reliability and radiation effects on electronics for more than 15 years. During this period, we have witnessed the impressive growth of Chinese research in this area. Many Chinese labs and researchers have gone from little-known to major contributors to the advancements of knowledge about the impact of ionizing radiation on devices and systems. With some of them we have established valuable scientific and friendly relationships. We would like to mention Dr. Lili Ding, Dr. Jinshun Bi, Dr. Bo Li, and Prof. Qingkui Yu. Our interactions culminated in several mutual visits to our institutes, including the organization of seminars, lessons, and fruitful discussion on common research activities. The idea that our book could attract even more brilliant researchers in China to this field and help Chinese engineers and professionals to protect their designs from the issues induced by radiation was then more than welcome.

This book is a collection of chapters from top level experts in the field of radiation, coming both from industry and academia. The aim of this book is to provide an overview of the main issues related to ionizing radiation effects on electronic devices and systems. The book covers all three classes of radiation effects affecting electronics, i.e. total ionizing dose, single event effects, and displacement damage. A wide range of components is addressed and several environments where radiation can be a threat are covered, including terrestrial, space, and high-energy physics. The book allows the reader to understand the effects and malfunctions that ionizing radiation induces on electronic devices at sea level and in space, and it explains advanced hardening techniques for a variety of applications.

The book provides a solid theoretical background and, at the same time, it is practical enough to target specific needs in case of chip design. A number of real examples and case studies are provided, allowing the reader to assess radiation effects issues in a wide range of devices. Besides analyzing ionizing radiation effects in commercial devices, the book provides information on hardening-by-design solutions for custom chips. Each chapter is self-sustained and can be read independently, to target specific needs. A large number of references at the end of each chapter can be helpful to further deepen particular areas.

This book is meant both for newcomers who want to become familiar with soft errors and radiation effects, but also for radiation experts who are looking for a collection of up-to-date material on a wide range of devices and effects.

Radiation effects and the underlying basic mechanisms are introduced in the first chapter. The basics of radiation transport and single event effects simulation are covered in the second chapter, with a particular focus on Monte Carlo techniques. Then, a series of contributions on the effects of radiation on the most common types of digital devices are presented, including SRAMs, DRAMs, Flash memories, and microprocessors. These chapters are followed by a discussion of hardening-by-design techniques in digital circuits and FPGAs. Mixed-analog circuits, with a case study on the read-out electronics of pixel detectors are then addressed. The last three chapters finally deal with ionizing radiation effects on imager devices (mostly CMOS sensors) and fiber optics.

In addition to the authors of the individual chapters, we are particularly grateful to our colleagues, Dr. Jinshun Bi and Dr. Bo Li (Institute of Microelectronics of Chinese Academy of Science, Beijing), Dr. Lili Ding (Northwest Institute of Nuclear Technology, Xi'an), and Prof. Qingkui Yu (China Academy of Space Technology, Beijing) for translating the content into Chinese with deep competence. We really appreciated their efforts and support.

Finally, we want to thank all our readers in China. we really hope that you will find useful information in this book.

Marta Bagatin, University of Padova, Italy
Simone Gerardin, University of Padova, Italy

中文版序(译文)

当得知我们的专著将会被翻译成中文版时，我们感到非常荣幸。我们在电子器件可靠性和辐射效应领域的研究已经超过了 15 年。在这段时期内，我们见证了中国在该领域研究的迅猛发展。许多中国的实验室和学者从默默无闻走向国际舞台，成为推动电子器件和系统辐射效应科技进步的重要贡献者。我们与其中的一些机构和学者建立了学术联系和深厚的友谊。我们特别要提到丁李利博士、毕津顺博士、李博博士和于庆奎教授。他们曾多次参观过我们的研究所，与我们一起组织研讨会、开设课程，并就共同的科研活动进行富有成果的讨论与沟通。中文版译著将会吸引更多优秀的中国学者进入该领域，帮助中国工程师和专业人员加深对电子器件设计的辐射加固的理解。因此我们非常欢迎译著的出版。

本书的各章由工业界和学术界辐射效应领域的顶级专家所撰写。其目的是为了涵盖电子器件和系统电离辐射效应相关的主要问题。本书覆盖了影响电子器件的全部三类辐射效应，即电离总剂量效应、单粒子效应和位移损伤，涉及大量的元器件和地球、太空与高能物理等不同的辐射环境。本书向读者介绍了辐射效应，阐明了在海平面高度和太空中电离辐射所引起的电子器件功能异常问题，提出了针对系列应用的先进加固技术。

本书提供了坚实的理论基础，同时针对芯片设计的特定需求具有可操作性。诸多实例和案例学习使得读者接触到大量器件的辐射效应问题。除了分析商用器件的辐射效应，本书还提供了针对定制芯片的设计加固解决方案。每一章都自成体系，可以根据特定需求来选择阅读。每章结尾处均附有大量的参考文献，有助于对特定方向进行深入研究。

无论对于新人还是辐射效应专家，本书都是有意义的。对于新人，本书有助于其熟悉软错误和辐射效应；对于辐射效应专家，本书提供了大量器件和效应的最新研究资料。

第 1 章介绍了辐射效应及其机制。第 2 章采用蒙特卡罗技术，涵盖了辐射输运的基本知识和单粒子效应仿真。然后阐述了大多数通用数字电路的辐射效应，包括 SRAM、DRAM、闪存和微处理器(第 3 ~ 6 章)。在这几章之后，讨论了数字电路和 FPGA 的加固设计技术(第 7 、 8 章)。接下来，通过像素探测器读出电子学的案例学习，阐述了模拟混合电路(第 9 、10 章)。最后三章(第 11 ~ 13 章)研究成像器件(主要是 CMOS 传感器)和光纤光子学的电离辐射效应。

除了每章的作者外，我们要特别感谢几位同人，包括毕津顺博士和李博博士(中国科学院微电子研究所，北京)、丁李利博士(西北核技术研究所，西安)和于庆奎教授(中国空间技术研究院，北京)。他们将原著内容完整地翻译成中文。我们非常感谢他们的努力和支持。

最后，我们向所有中国读者们致谢，希望你们能够在本书中发掘到有用的信息。

Marta Bagatin(意大利帕多瓦大学)
Simone Gerardin(意大利帕多瓦大学)

前　言[1]

有一个隐形的敌人，无时无刻不影响着电子器件的正常工作，它就是电离辐射。从海平面到外太空，电离辐射几乎无处不在。在海平面，甚至在飞行高度，宇宙射线与大气层相互作用产生大气中子，大气中子一直在轰击着电子器件。芯片材料中放射性沾污释放出的α粒子则是地球环境应用的另一种主要威胁。在太空中，由于辐射带、太阳活动和银河宇宙射线，质子、电子和重离子等高能粒子轰击着卫星和宇宙飞船。最后，人造的辐射环境，例如核电站或高能物理实验，也会使得电子器件接受大量的极端辐射。

根据辐射和被入射器件的类型和特性，可能产生不同的效应，包括不可恢复的(硬)效应和可恢复的(软)效应。单粒子效应是随机事件，是由单个粒子入射器件所引起的。如果在器件敏感区淀积足够高的能量，就可能发生不同类型的功能异常，包括从存储位中所存储信息的破坏到功率 MOSFET 破坏性的烧毁等。

在其他情况下，长时间接受电离辐射时一些粒子引起的损伤逐渐累积，使得电子器件的参数发生漂移(例如，阈值电压漂移或者功耗增加)。第二类效应包括介质层的损伤(电离总剂量)或者半导体材料损伤(位移损伤)。也可能会发生退火效应，引起器件恢复或者器件退化更加严重。

通常利用加速的地面实验来测试电子器件的辐射响应。采用放射源或者粒子加速器，使得工程师能够在几小时的时间内，模拟电子器件在恶劣辐射环境中工作几年的情况。

为了研发适合的抗辐射技术，学习和了解电子器件辐射效应的物理机制至关重要。就剂量率和粒子能量而言，地面上的测试仅能部分复现空间辐射的谱段和特性。此外，由于先进工艺越来越复杂，波动越来越大，与辐射测试相关的成本一直在增加。所以，需要深入了解基本的机制，从而更好、更有效地利用束流时间。

本书目的在于让读者广泛了解现代半导体器件的电离辐射效应和加固方案。本书的作者们是电离辐射效应领域的顶尖科学家，他们来自工业界、研究实验室和学术界。书中提供了很多背景材料、案例研究和最新的参考文献，适合初学者，方便他们熟悉辐射效应；也适合辐射专家，方便他们学习更先进的材料。

本书架构如下：前两章介绍辐射效应的背景知识和物理机制，以及采用蒙特卡罗技术仿真辐射输运和电子器件的辐射效应。接下来一系列章节阐述了现代数字商用器件，包括易失和非易失存储器(SRAM、DRAM 和闪存)，以及微处理器。后续章节讨论了数字电路、FPGA 和模拟混合电路中的设计加固技术，包含了高能物理应用中的像素探测器读出电路的案例研究。最后三章介绍了成像器件(CMOS 传感器和 CCD)和光纤的辐射效应。

---

① 登录华信教育资源网(www.hxedu.com.cn)搜索本书可获得完整参考文献清单，本书未包含参考文献中的网址。

主 编 简 介

Marta Bagatin 毕业于意大利帕多瓦大学，2006 年获得电子工程专业学士学位，2010 年获得信息科学与技术专业博士学位。她目前作为博士后，就职于意大利帕多瓦大学信息工程系。她的研究兴趣主要是电子器件的辐射效应和可靠性，特别关注非易失半导体存储器。在辐射效应和可靠性领域，Marta 以第一作者或共同作者身份在国际期刊上发表论文约 40 篇，在国际会议上发表论文约 50 篇，撰写过两部专著的部分章节。她还经常作为核与空间辐射效应会议（NSREC）以及器件与系统的辐射效应会议（RADECS）等国际会议的委员，也是诸多学术期刊的审稿人。

Simone Gerardin 毕业于意大利帕多瓦大学，2003 年获得电子工程专业学士学位，2007 年获得电子和电信工程专业博士学位。他目前是意大利帕多瓦大学的助理教授。他的研究聚焦于先进 CMOS 工艺中电离辐射引起的软错误和硬错误，以及它们与器件老化和 ESD 的相互作用。Simone 在国际期刊上以第一作者或共同作者身份发表论文超过 60 篇，发表会议论文 60 余篇，撰写过三部专著的部分章节，在辐射效应国际会议上做过两次专题讲座（Tutorial）。他目前是 *IEEE Transactions on Nuclear Science* 期刊副主编，作为诸多学术期刊的审稿人，还担任辐射效应领导小组的代表委员。

译 者 简 介

毕津顺，博士生导师，贵州师范大学教授，中国科学院微电子研究所特聘研究员，中国科学院大学岗位教授。主要从事半导体器件和集成电路辐射效应、抗辐射加固技术及应用研究。主持国防创新项目、预研项目、自然基金重点项目和面上项目 10 余项，参与国家重大科技专项、国家自然基金创新研究群体项目、自然科学基金委–中国科学院大科学装置科学研究联合基金项目和中科院国际合作项目等 20 余项。已出版译著两部，发表各类学术论文 180 余篇，申请专利共计 80 余项。

于庆奎，中国空间技术研究院研究员。主要从事宇航元器件辐射效应研究及工程服务。负责完成总装备部、国防科工局研发项目 10 余项。主持国家自然基金面上项目 3 项。共发表学术论文 100 余篇，作为第一发明人获得授权专利 11 项。获省部级以上科技进步奖 8 项。

丁李利，博士，西北核技术研究院研究员。主要从事电子器件辐射效应机理及仿真技术研究。主持部委级预研项目、自然基金项目、自主可控软件项目多项，参与自然基金重大项目、国家重大科技专项等 10 余项。已出版译著一部，发表各类学术论文 50 余篇，申请专利共计 30 余项。2015 年入选首批中国科协“青年人才托举工程”，2021 年被评为部委级青年科技英才，2019 年起担任辐射效应领域顶级期刊 *IEEE Transactions on Nuclear Science* 副主编。

李博，博士，中国科学院微电子研究所研究员，中国科学院硅器件技术重点实验室副主任。主要从事材料与器件辐射失效机理和抗辐射加固技术研究工作。承担国家自然科学基金、高技术类国家和省部级项目(课题)15 项。已出版科技图书两本，发表论文 80 余篇，申请专利共计 30 余项。2020 年获评中国科学院青年创新促进会优秀会员。

本书作者

Jean-Luc Autran
Aix-Marseille University & CNRS
IM2NP (UMR 7334)
Faculté des Sciences–Service 142
Marseille, France

Marta Bagatin
Department of Information Engineering
University of Padova
Padova, Italy

Stefano Bettarini
Università degli Studi di Pisa
and
INFN
Pisa, Italy

Luciano Bosisio
Università degli Studi di Trieste
and
INFN
Trieste, Italy

Aziz Boukenter
Laboratoire Hubert Curien
Université de Saint-Etienne
Saint-Etienne, France

Michael P. Caffrey
Los Alamos National Laboratories
Los Alamos, New Mexico

Lawrence T. Clark
Arizona State University
Tempe, Arizona

Francesco Forti
Università degli Studi di Pisa
and
INFN
Pisa, Italy

Luigi Gaioni
Università degli Studi di Bergamo
and
INFN
Pavia, Italy

Gilles Gasiot
STMicroelectronics
Crolles, France

Simone Gerardin
Department of Information Engineering
University of Padova
Padova, Italy

Luigi Giacomazzi
CNR-IOM, Democritos National
Simulation Center
Trieste, Italy

Sylvain Girard
Laboratoire Hubert Curien
Université de Saint-Etienne
Saint-Etienne, France

Vincent Goiffon
Institut Supérieur de l'Aéronautique
et de l'Espace (ISAE-SUPAERO)
Université de Toulouse
Toulouse, France

Paul S. Graham
Los Alamos National Laboratories
Los Alamos, New Mexico

Steven M. Guertin
Jet Propulsion Laboratory/California
Institute of Technology
Pasadena, California

Martin Herrmann
IDA
TU Braunschweig
Braunschweig, Germany

William Timothy Holman
Department of Electrical Engineering and Computer Science
Vanderbilt University
Nashville, Tennessee

James B. Krone
Los Alamos National Laboratories
Los Alamos, New Mexico

David Lee
Sandia National Laboratories
Albuquerque, New Mexico

Thomas Daniel Loveless
Electrical Engineering Department
College of Engineering and Computer Science
University of Tennessee
Chattanooga, Tennessee

Kevin Lundgreen
Raytheon Applied Signal Technology
Waltham, Massachusetts

Massimo Manghisoni
Università degli Studi di Bergamo
and
INFN
Pavia, Italy

Claude Marcandella
CEA, DAM, DIF
Arpajon, France

Layla Martin-Samos
Materials Research Laboratory
University of Nova Gorica
Nova Gorica, Slovenia

Soilihi Moindjie
Aix-Marseille University & CNRS
IM2NP (UMR 7334)
Faculté des Sciences–Service 142
Marseille, France

Keith S. Morgan
Los Alamos National Laboratories
Los Alamos, New Mexico

Fabio Morsani
Università degli Studi di Pisa
and
INFN
Pisa, Italy

Daniela Munteanu
Aix-Marseille University & CNRS
IM2NP (UMR 7334)
Faculté des Sciences–Service 142
Marseille, France

Youcef Ouerdane
Laboratoire Hubert Curien
Université de Saint-Etienne
Saint-Etienne, France

Philippe Paillet
CEA, DAM, DIF
Arpajon, France

Brian Pratt
L-3 Communications
Salt Lake City, Utah

Heather M. Quinn
Los Alamos National Laboratories
Los Alamos, New Mexico

Mélanie Raine
CEA, DAM, DIF
Arpajon, France

Irina Rashevskaya
Università degli Studi di Trieste
and
INFN
Trieste, Italy

Lodovico Ratti
Università degli Studi di Pavia
and
INFN
Pavia, Italy

Valerio Re
Università degli Studi di Bergamo
and
INFN
Pavia, Italy

Nicolas Richard
CEA, DAM, DIF
Arpajon, France

Giuliana Rizzo
Università degli Studi di Pisa
and
INFN
Pisa, Italy

Philippe Roche
STMicroelectronics
Crolles, France

Tarek Saad Saoud
Aix-Marseille University & CNRS
IM2NP (UMR 7334)
Faculté des Sciences–Service 142
Marseille, France

Gary M. Swift
Swift Engineering Research
San Jose, California

Gianluca Traversi
Università degli Studi di Bergamo
and
INFN
Pavia, Italy

Michael J. Wirthlin
Brigham Young University
Provo, Utah

目　　录

第 1 章　电子器件辐射效应介绍……1
1.1　引言……1
1.2　辐射效应……1
1.2.1　空间……1
1.2.2　地球环境……3
1.2.3　人造辐射……4
1.3　电离总剂量效应……4
1.3.1　金属-氧化物-半导体场效应晶体管(MOSFET)……6
1.3.2　双极器件……8
1.4　位移损伤……10
1.5　单粒子效应……12
1.6　小结……16
参考文献……16

第 2 章　辐射效应的蒙特卡罗仿真……18
2.1　引言……18
2.2　蒙特卡罗方法简史……18
2.3　蒙特卡罗方法的定义……20
2.4　蒙特卡罗方法模拟半导体器件辐射效应的研究……20
2.4.1　单粒子效应……21
2.4.2　总剂量效应……22
2.4.3　位移损伤剂量效应……23
2.5　辐射输运的蒙特卡罗仿真……24
2.5.1　蒙特卡罗方法辐射输运和相互作用的定义……24
2.5.2　需要考虑的粒子和相互作用……24
2.5.3　电子输运：简史和截止能量……25
2.5.4　方差减小技术……27
2.5.5　辐射输运蒙特卡罗仿真应用总结……28
2.6　蒙特卡罗工具示例……28
2.6.1　蒙特卡罗 N 粒子输运码……28
2.6.2　Geant4……29
2.6.3　FLUKA……29
2.6.4　粒子和重离子输运码系统(PHITS)……29
2.7　小结……29
参考文献……30

第 3 章　10 nm 级 CMOS 工艺制程 SRAM 多翻转的完整指南 …… 35
3.1　引言 …… 35
3.2　实验装置 …… 36
3.2.1　计数多翻转的测试算法的重要性 …… 36
3.2.2　测试设施 …… 37
3.2.3　测试器件 …… 38
3.3　实验结果 …… 39
3.3.1　MCU 与辐射源的关系 …… 40
3.3.2　MCU 和阱工艺的关系：三阱的采用 …… 40
3.3.3　MCU 与重离子实验中入射角的关系 …… 42
3.3.4　MCU 与工艺特征尺寸的关系 …… 42
3.3.5　MCU 与设计的关系：阱接触密度 …… 43
3.3.6　MCU 与电源电压的关系 …… 43
3.3.7　MCU 与温度的关系 …… 44
3.3.8　MCU 与位单元架构的关系 …… 44
3.3.9　MCU 与测试位置(LANSCE 和 TRIUMF)的关系 …… 46
3.3.10　MCU 与衬底的关系：体硅和绝缘体上硅 …… 47
3.3.11　MCU 与测试数据的关系 …… 47
3.4　MCU 发生的 3D TCAD 建模 …… 47
3.4.1　有三阱工艺中的双极效应 …… 49
3.4.2　针对先进工艺优化敏感区域 …… 51
3.5　一般性结论：影响 MCU 敏感度因素的排序 …… 54
3.5.1　SEE 敏感区域版图 …… 55
附录 3A …… 55
参考文献 …… 56

第 4 章　动态随机存取存储器中的辐射效应 …… 60
4.1　引言 …… 60
4.2　动态随机存储器基础 …… 61
4.2.1　工作原理 …… 61
4.2.2　动态随机存储器的类型 …… 63
4.3　辐照效应 …… 63
4.3.1　单粒子效应(SEE) …… 63
4.3.2　总剂量效应 …… 70
4.4　小结 …… 72
参考文献 …… 72

第 5 章　闪存中的辐射效应 …… 76
5.1　引言 …… 76
5.2　浮栅技术 …… 76
5.3　浮栅单元的辐照效应 …… 78

5.3.1 总剂量辐照引起的位错误 …… 79
5.3.2 单粒子效应引起的位错误 …… 80
5.4 外围电路中的辐照效应 …… 83
5.4.1 电离总剂量效应 …… 84
5.4.2 单粒子效应 …… 84
5.5 小结 …… 85
参考文献 …… 86

第 6 章 微处理器的辐射效应 …… 91
6.1 引言 …… 91
6.1.1 软错误机制与作用电路 …… 91
6.1.2 章节概述与结构 …… 92
6.2 微处理器结构 …… 94
6.2.1 流水线、随机状态和结构状态 …… 94
6.2.2 时钟分布和 I/O …… 97
6.2.3 SoC 电路 …… 98
6.3 微处理器常见辐射效应 …… 98
6.4 微处理器中的单粒子效应 …… 99
6.4.1 缓存中的单粒子效应 …… 99
6.4.2 寄存器中的单粒子效应 …… 104
6.4.3 流水线和执行单元中的单粒子效应 …… 105
6.4.4 频率相关性 …… 107
6.4.5 温度效应 …… 109
6.5 专题讨论 …… 110
6.5.1 SEE 测试中的激励源设计 …… 110
6.5.2 利用最敏感组件探测 SEE …… 110
6.5.3 片上网络和通信 …… 111
6.5.4 微处理器中的多位翻转(MBU)和角度效应 …… 112
6.5.5 加固微处理器的辐射响应行为 …… 113
6.5.6 复杂系统的测试 …… 114
6.5.7 评估系统响应 …… 114
6.6 小结 …… 115
参考文献 …… 115

第 7 章 锁存器和触发器的软错误加固设计 …… 119
7.1 引言 …… 119
7.1.1 未加固的锁存器和触发器 …… 119
7.1.2 单粒子翻转的机制 …… 121
7.1.3 工艺加固 …… 123
7.2 锁存器和触发器的软错误电路加固设计技术 …… 124
7.2.1 电路冗余技术 …… 124

7.2.2 时间冗余技术 …… 126
7.2.3 综合加固策略 …… 127
7.2.4 延迟单元电路 …… 133
7.2.5 分类和比较 …… 135
7.3 电路级加固分析技术 …… 136
7.3.1 电路仿真建模 …… 136
7.3.2 多节点电荷收集(MNCC)的加固技术 …… 138
7.4 小结 …… 148
参考文献 …… 149

第 8 章 利用三模冗余电路保证 SRAM 型 FPGA 加固效果 …… 152
8.1 引言 …… 152
8.2 FPGA 中单粒子翻转(SEU)和多单元翻转(MCU)数据概述 …… 153
8.3 受 TMR 保护的 FPGA 电路 …… 157
8.3.1 电路设计问题 …… 157
8.3.2 条件约束问题 …… 158
8.3.3 电路结构问题 …… 158
8.4 跨域错误(DCE) …… 159
8.4.1 测试方法和设置 …… 159
8.4.2 错误注入和加速器测试结果 …… 161
8.4.3 结果与讨论 …… 162
8.4.4 DCE 的概率 …… 165
8.5 SBU 与 MCU 的探测及设计难题 …… 166
8.5.1 相关工作 …… 167
8.5.2 STARC 概述 …… 168
8.5.3 案例研究：面积约束下优化可靠性 …… 170
8.6 小结 …… 171
参考文献 …… 171

第 9 章 模拟与混合信号集成电路的单粒子加固技术 …… 175
9.1 引言 …… 175
9.2 电荷收集减少 …… 176
9.2.1 衬底工程 …… 176
9.2.2 版图加固技术 …… 177
9.3 临界电荷减少 …… 182
9.3.1 冗余技术 …… 182
9.3.2 平均技术(模拟冗余技术) …… 183
9.3.3 电阻去耦技术 …… 183
9.3.4 电阻电容(RC)滤波技术 …… 185
9.3.5 带宽、增益、工作速度和电流驱动能力的优化技术 …… 186
9.3.6 差错贡献窗口减小 …… 188

9.3.7 高阻抗节点减少 …… 190
9.3.8 电荷共享加固技术 …… 190
9.3.9 节点分离加固技术 …… 192
9.4 小结 …… 195
参考文献 …… 196

第 10 章 混合工艺像素、时间不变前端电路 CMOS 单片传感器：电离总剂量效应和体损伤研究 …… 202
10.1 引言 …… 202
10.2 带电粒子追踪用 CMOS 单片传感器 …… 203
10.3 130 nm 三阱 CMOS 工艺 N 型深阱单片有源像素传感器 …… 203
10.3.1 被试器件和辐照过程描述 …… 204
10.3.2 电离总剂量效应 …… 205
10.4 180 nm CMOS 工艺四阱单片有源像素传感器 …… 211
10.4.1 被试器件和辐照过程描述 …… 211
10.4.2 电离总剂量效应 …… 212
10.5 混合工艺像素单片有源传感器的位移损伤 …… 216
10.6 小结 …… 220
致谢 …… 220
参考文献 …… 220

第 11 章 CMOS 图像传感器辐射效应 …… 223
11.1 引言 …… 223
11.1.1 背景 …… 223
11.1.2 APS、CIS 和单片有源像素传感器（MAPS） …… 223
11.1.3 辐射效应基本知识 …… 224
11.2 CMOS 图像传感器（CIS）介绍 …… 224
11.2.1 CMOS 图像传感器（CIS）技术综述 …… 224
11.2.2 与辐射效应相关的重要 CIS 概念 …… 228
11.3 单粒子效应 …… 233
11.4 外围电路的累积辐射效应 …… 234
11.5 像素的累积辐射效应 …… 235
11.5.1 电离总剂量效应 …… 235
11.5.2 位移损伤效应 …… 241
11.6 小结 …… 245
参考文献 …… 245

第 12 章 CCD 器件的自然辐射效应 …… 256
12.1 引言 …… 256
12.2 CCD 器件的单粒子效应 …… 256
12.2.1 CCD 器件的辐射效应 …… 256
12.2.2 CCD 辐射探测仪 …… 257

12.3 CCD 自然辐射效应：案例分析 ······ 259
12.3.1 实验装置 ······ 260
12.3.2 实验结果 ······ 260
12.3.3 模拟和仿真 ······ 264
12.3.4 航空高度的仿真验证 ······ 266
12.4 小结 ······ 269
致谢 ······ 269
参考文献 ······ 269

第 13 章 光纤和光纤传感器的辐射效应 ······ 273
13.1 引言 ······ 273
13.2 光纤主要辐射效应 ······ 273
13.2.1 辐射诱生点缺陷和结构变化 ······ 274
13.2.2 辐射诱生衰减(RIA) ······ 275
13.2.3 辐射诱生发射(RIE) ······ 275
13.2.4 压缩和辐射诱发折射率变化 ······ 276
13.3 影响光纤辐射响应的内部与外部参数 ······ 276
13.3.1 光纤有关的参数 ······ 276
13.3.2 外部参数 ······ 278
13.4 主要应用和挑战 ······ 279
13.4.1 对于光纤 ······ 279
13.4.2 对于光纤传感器 ······ 280
13.5 从零到系统级的多尺度仿真：最新进展 ······ 282
13.6 小结 ······ 284
参考文献 ······ 284

缩略语 ······ 293

第 1 章　电子器件辐射效应介绍

Simone Gerardin and Marta Bagatin

1.1　引言

在地球环境和宇宙空间中存在的电离辐射对电子器件的正常工作构成严重的威胁。地球环境的电离辐射是由大气中子和芯片材料中含有的放射性沾污等引起的；空间电离辐射由地球俘获的带电粒子、太阳抛射的粒子和银河宇宙射线等引起。生物医疗器械、核电站和高能物理实验中的人造辐照也是开展电子器件辐射效应研究的另一个原因。

关于电离辐射的基本事实是其在靶材料中淀积能量。因此，辐射可以引起一系列效应：包括存储位的破坏、数字电路和模拟电路中的毛刺、功耗增加和速度降低，以及最坏情况的功能彻底丧失。

当设计卫星和航天器中工作的电子系统时，分析辐射效应是必须的。开发银行服务器、生物医疗器件、航天或者汽车电子等地基高可靠系统，也必须分析辐射效应。

在本章中，我们将介绍最相关的辐射环境，然后分析三类主要的辐射效应：电离总剂量(Total Ionizing Dose，TID)效应、位移损伤(Displacement Damage，DD)效应和单粒子效应(Single Event Effect，SEE)。前两种辐射效应主要发生在空间中，或者由人造辐射源引起。离化粒子持续入射，使得绝缘层和半导体材料退化，以至于电子器件参数发生持续的漂移。与之相反，SEE 是发生在空间和地球环境中，由高能粒子与电子器件敏感区发生随机的相互作用所引起的。

1.2　辐射效应

电子器件经常必须在存有大量电离辐射的环境中工作。为了确保正常工作，必须准确了解电子器件所工作的特定环境的特征。本节首先介绍空间辐射环境，从辐射的角度来看，这也是最为恶劣的环境之一。之后，我们将考虑地球辐射环境，用中子和α粒子来表征。最后，我们将讨论人造辐射环境，例如核电站和高能物理实验等。

1.2.1　空间

如图 1.1 所示，在空间环境中有三类主要的电离辐射源[1]：

1. 银河宇宙射线；
2. 太阳粒子事件中产生的粒子；
3. 地球磁层中俘获的粒子。

通常认为，银河宇宙射线来自太阳系之外，但是它们的来源和加速机制到目前还不是很清楚。银河宇宙射线中多数是质子，但包含所有的元素。银河宇宙射线的能量可以达到非常高的 10^{11} GeV 级别，使得它们穿透能力极强，采用普通厚度的屏蔽材料是无法阻挡的。银河宇宙射线通量在每平方厘米每秒几个粒子量级。

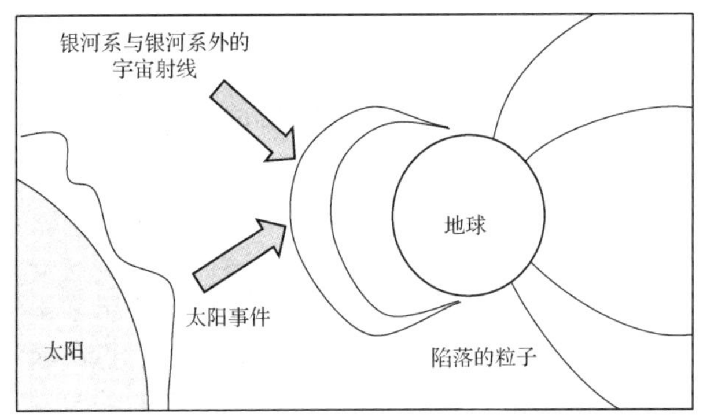

图 1.1 图示说明空间中的三类主要的辐射源，即宇宙射线、太阳事件中产生的粒子和地球磁层中俘获的粒子

空间中的第二类电离粒子来自太阳。这些粒子包含了从质子到铀的所有自然生成的元素，并且它们的通量由太阳周期决定，能量大于 10 MeV/核的通量可以高达 10^5 个粒子/cm^2/s。太阳活动是具有周期性的，7 年高活动期和 4 年低活动期交替。太阳黑子数量是该周期的最重要表现之一。在太阳极大期的下行阶段，更频繁地发生太阳粒子事件，包括日冕物质抛射和太阳耀斑。日冕物质抛射是等离子体的抛射，起源于冲击波，紧接着粒子的发射。与之相对，当日冕磁场增加引起能量突然爆发时，会发生太阳耀斑。除了太阳粒子事件，还会发生太阳质量的持续减小，因为电子和质子获得足够高的能量而挣脱引力束缚。这些粒子具有本征磁场的特征，可以和地球磁场发生相互作用。有趣的是，太阳周期也可以调节银河宇宙射线通量：由于太阳粒子的屏蔽效应，太阳活动较强时，银河宇宙射线通量较低。此外，太阳与行星磁层会发生相互作用，特别是和地球。现在让我们聚焦到地球。

与地球相关联的磁场(包括两部分，地球本征磁场和来自太阳风的外部磁场)能够俘获带电粒子。这些粒子一旦被地磁场束缚，就会沿着磁力线在南极和北极间螺旋运动。而且，根据这些粒子电荷的符号，它们在纵向以较低的速率运动。地磁场俘获的带电粒子形成了两条不同的带：外带主要由电子构成，内带则包含电子和质子。能量大于 1 MeV 的电子通量可以达到 10^6 个粒子/cm^2/s，而陷落的质子通量达到 10^5 个粒子/cm^2/s。

地球辐射带的一个异常特征是南大西洋异常区(South Atlantic Anomaly，SAA)，此处辐射带最靠近地球。地磁场轴和南北极之间形成 11 度角，其中心并不位于地球中心，而是距离地球中心 500 km，引起磁场在南大西洋区下陷，形成了 SAA。低轨卫星在经过 SAA 区域时，最容易发生错误和功能异常。

由于环境复杂，很难评估入射到空间系统中的离化粒子数量。该数量也与太阳周期和轨道强相关。此外，由于材料的屏蔽效应，特定电子器件接收到的辐照也取决于其在飞船或卫星中的具体位置。在空间中，很重要的是不能过度设计电子系统，因为额外的重量会增加火箭发射成本，同时电子系统板的功耗也有限制。采用复杂的仿真工具和模型可以协助设计人员预测剂量和设计具有适当裕度的系统。

1.2.2 地球环境

大气中子和来自芯片材料中放射性沾污的 α 粒子，是地表高度的电子器件中引发软错误的两类最主要的来源[2,3]。

尽管中子不带电，但是它们可以触发核反应，生成带电的次级产物，所以使靶材料发生间接电离。反过来，这些次级产物可以在电子器件的敏感区中淀积电荷。如果淀积的电荷被敏感节点所收集，则会发生器件工作状态的扰动。大气中子来自宇宙射线和外层大气的相互作用，是海平面高度(间接)离化粒子中最多的一类(图 1.2)。宇宙射线可以分为两种，即主宇宙射线(主要是质子和氦核)和次级宇宙射线。主宇宙射线来自太阳系外的宇宙空间；主宇宙射线和大气层相互作用产生次级宇宙射线。随着宇宙射线穿过多层大气，它们与氮原子和氧原子发生相互作用，产生级联的次级粒子。在这个过程中，产生很多不同的粒子(质子、π 介子、μ 介子和中子)和电磁组分。反过来，这些粒子拥有足够的能量，进一步产生粒子级联。随着宇宙射线穿透地球大气层，粒子的数量先是增加，当大气层的屏蔽效应超过倍增效应时，粒子的数量开始减少。大气中子通量随着高度的增加而增加，如图 1.2 所示，峰值在 15 km 附近，这也就是为什么航空电子更容易受到中子的威胁。中子通量与能量 E 的关系具有正比于 $1/E$ 的相关性。从辐射效应的角度来看，主要对两类中子能量感兴趣：

- 能量约为 25 meV 的热中子。热中子和硼的同位素 ^{10}B 有很大的反应截面，而 ^{10}B 常用于集成电路金属间的隔离层或者掺杂。
- 能量大于 10 MeV 的中子。该类中子可以和芯片中的硅和氧等材料发生核反应，生成带电产物。

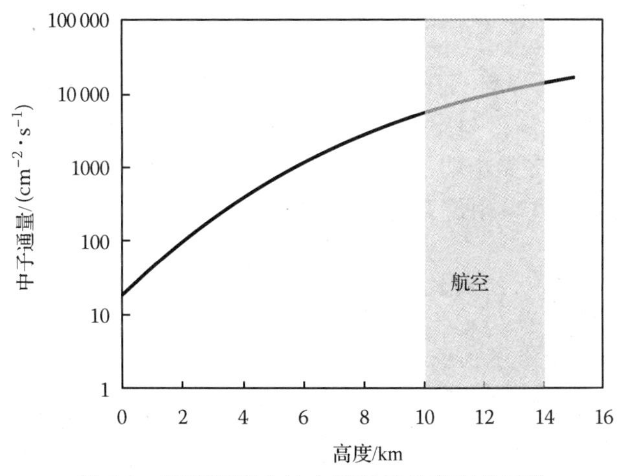

图 1.2　地球环境中的中子通量是高度的函数

除了和高度强相关，中子通量还取决于其他因素，例如太阳活动、纬度和大气压力等。以纽约市的情况作为参考中子通量，即能量大于 10 MeV 的中子通量为 14 $cm^{-2} \cdot h^{-1}$。

来自集成电路材料中放射性沾污衰变的 α 粒子，是地表高度工作的电子器件中辐射效应的第二类来源。海平面高度大量的软错误是由元素衰变引起的，包括 ^{238}U、^{234}U、^{232}Th、^{190}Pt、^{144}Nd、^{152}Gd、^{148}Sm、^{187}Re、^{186}Os 和 ^{174}Hf，这些都是 α 粒子的释放体。这些元素可能是集成电路制备过程中有意使用的，也可能是无意沾污的。尽管产生的 α 粒子的离化能力很小，和大气中子引起的软错误相比，α 粒子引起的软错误变得越来越重要。这是因为随着集成电路尺寸的微缩，每个新技术代的临界电荷都在降低。集成电路中 α 粒子释放水平的典型值在 10^{-3} 个 α 粒子/cm^2/h。

值得关注的是，持续的微缩引入了新的威胁，比如 μ 介子。实际上，直到几个技术代之前，人们还认为 μ 介子对电子器件是无害的。但是今天的互补金属氧化物半导体(Complementary Metal-Oxide Semiconductor，CMOS)特征尺寸如此之小，以至于在特定条件下 μ 介子也可能产生软错误[5]。

1.2.3 人造辐射

从电离辐射角度看，一些人造辐射环境是非常恶劣的[6]。例如，位于瑞士的欧洲核子中心计划升级的大型强子对撞机(世界上最大的高能物理实验装置之一)，辐射剂量超过 100 Mrad(Si)。而与之相比，美国国家航空航天局(NASA)多数的空间任务面对的辐射剂量小于 100 krad(Si)。因此，这些环境需要耐高辐射等级的定制化电子器件。这通常需要采用定制化的抗辐射设计单元库、精心的布局布图来避免标准设计中的问题。

电离辐射也是核裂变电站与在研发的未来核聚变电站中的重要问题。例如，在 ITER 裂变反应堆中，用于等离子体控制和诊断的电子系统靠近容器和生物屏蔽，可能会被大通量的中子(氘-氚反应产生 14 MeV 中子)、X 射线和 γ 射线等轰击。给出一个数字上的概念，ITER 环境中的剂量率预期在 50 rad(Si)/工作小时范围内[7]。

1.3 电离总剂量效应

电离总剂量(TID)是在靶材料中电离过程所淀积的能量。TID 的单位是拉德(rad)，1 rad 对应于入射辐照在 1 克材料中淀积 100 尔格(erg)的能量。因为能量吸收与靶材料密切相关，所以辐射剂量通常要指明所针对的靶材料。通常使用的单位是拉德(rad)和戈瑞(Gy)，1 Gy 是在 1 kg 靶材料中淀积 1 焦耳的能量，100 Gy = 1 rad。TID 作用于电子器件主要有两类效应：

- 绝缘层中产生缺陷；
- 绝缘层中(正的)陷落电荷的累积。

由于电离总剂量效应，金属-氧化物-半导体场效应晶体管(Metal-Oxide-Semiconductor Field-Effect Transistor，MOSFET)经历阈值电压漂移、跨导降低和漏电流等。工艺微缩使得栅氧越来越薄，因此辐射致电荷陷落和界面态有所减少。所以，引入超薄栅氧后，低压 MOSFET 中的总剂量问题主要和厚水平隔离氧化物与侧墙氧化物相关。MOSFET 中的电离总剂量效应与时间相关，与剂量率无关。

在双极器件中，电荷陷落和缺陷产生会降低增益和引起漏电。双极器件中发生的一种奇异的现象是低剂量率敏感增强效应(Enhanced Low Dose Rate Sensitivity，ELDRS)。如其名所示，与高剂量率情况相比，低剂量率下的退化更严重。

氧化层中电荷陷落与界面态产生的机制如图 1.3 所示。图 1.3 给出了正向偏置电压下的 P 型衬底上 MOS 电容的能带图。通过间接机制，辐射在绝缘层中产生缺陷，即不直接打断化学键，但是释放带正电的粒子(空穴和氢离子)，引起被照射器件的辐射响应。

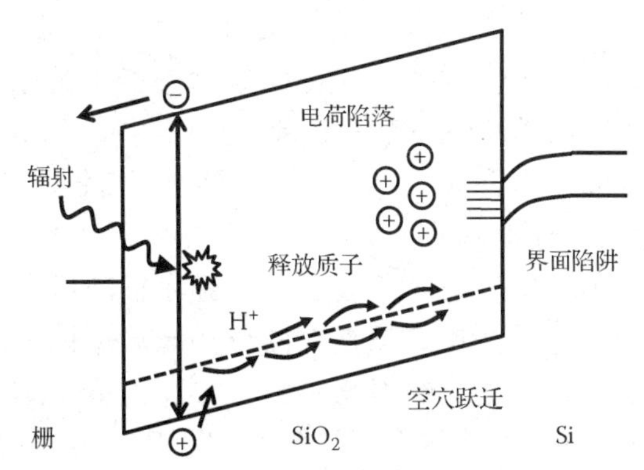

图 1.3　正向偏置电压下的 P 型衬底上 MOS 电容体系的能带图(引用自 O. Flament, J. Baggio, S. Bazzoli, S. Girard, J. Raimbourg, J. E. Sauvestre, and J. L. Leray, *Advancements in Nuclear Instrumentation Measurement Methods and their Applications [ANIMMA]*, 2009, p. 1.)

当辐射作用于绝缘层时，产生较高能量的电子-空穴对。几皮秒之后，产生的载流子失去大部分能量，从而达到热平衡。由于电子迁移率高，所以在外部或内建势场的作用下，快速向阳极运动。而空穴质量比较重，所以在氧化层中向相反方向较慢地运动。在这个过程中，大部分电子-空穴对将被复合。复合的数量由电荷产生率给出，取决于电场、辐射的类型和能量等。

当存活的空穴在施加电场的作用下向阴极运动的过程中，可能被先前存在的深陷阱所俘获。通过局部态，空穴跃迁输运。因为带正电，取决于电场的极性，空穴被推向硅/氧化硅(Si/SiO_2)界面或者栅/ SiO_2 界面。带正电的空穴在电场中引入局部扰动，减缓空穴的输运，使之色散(在时间维度上跨越多个数量级发生)。该类型机制称为极化子跃迁，与温度和外部电场强相关。极化子是空穴和对应电场形变的组合。如果空穴输运到 Si/SiO_2 界面，会被缺陷态所俘获，而缺陷态密度通常在靠近界面处更高。科学家们详细研究了这些缺陷的微观本质。电子自旋共振(Electron Spin Resonance，ESR)技术证明了二氧化硅中存在 E′ 中心，这是与氧空位相关的三键硅，对于 SiO_2 中空穴陷落起主要作用。空位与二氧化硅中氧的外扩散和表面处晶格失配相关。陷落空穴电荷的数量取决于未被复合的空穴数量、氧空位的数量和与电场相关的陷阱俘获截面。因此，这强烈取决于氧化物的质量。在加固的氧化物中，辐照引起的电荷陷落会低几个数量级。氧化物的加固与工艺条件密切相关：例如高温退火可以增加氧空位的数量。工艺中增加氢的含量也会降低氧化物的加固水平，下文将进行讨论。

在极化子跃迁过程中，或者当空穴在 Si/SiO_2 界面处被俘获，可能会释放出氢离子(质子)。跃迁过程是非常缓慢的，本质上是局部化的，所以增强了这种化学效应的概率。氢离子到达界面，可以产生界面陷阱。实际上，质子可以和界面处氢钝化的悬挂键发生反应，使得悬挂键作为界面陷阱。界面陷阱可以稳定地和沟道交换载流子，依据费米能级的位置，界面陷阱可能是满的或是空的。界面态是双性的：根据界面态能级相对于带隙中央的位置，界面态可以是施主型的(空的时候带正电，俘获时为电中性)或者是受主型的（空的时候为电中性，俘获时带负电）。陷阱能级在带隙中央以下，主要是第一类界面态；陷阱能级在带隙中央以上，主要是第二类界面态。界面陷阱的产生要比陷落电荷的积累慢很多，但是和电场也有类似的相关性。辐照之后，产生界面陷阱的数量可能需要几千秒才能饱和。

氧化物陷阱电荷累积和界面陷阱产生存在相似的电场相关性，意味着这两种机制都和空穴输运与 Si/SiO_2 界面附近的陷落相关联。考虑到这些缺陷的微观本质，ESR 测试已经表明了辐照产生的 P_b 中心。P_b 中心是 Si/SiO_2 界面处的三键中心，与三个硅原子成键，另外还有一个垂直于界面的悬挂轨道。

氧化物陷阱中的电荷立刻开始退火，这是由于隧穿机制或者热机制。确实，电子从价带热激发可以使得陷落电荷中性化，该事件的概率与温度以及陷阱的能级深度相关，更高的温度和更浅的能级意味着更快的退火。另一方面，电子隧穿通过氧化物势垒，也可以使得陷落电荷中性化。在这种情况下，该机制取决于隧穿距离和陷阱能级空间位置，势垒越薄（陷阱离界面近）则退火越快。当然，施加的偏置电压对于势垒形貌和载流子方向也起了很重要的作用。

与之相对，室温下界面陷阱并不发生退火。需要更高的温度来重新恢复已经断开的键。因此在低剂量率环境下（例如宇宙空间），界面陷阱可能起主导性作用。

陷落电荷积累、界面态产生和退火机制都不是立刻完成的，有着很强的时间相关性。该时间相关性可能引起剂量率效应（辐照时剂量率不同，辐照产生的影响也会不同）。对于高剂量率和短时间，氧化物陷阱电荷的退火很少，同时界面态的数量还没有达到饱和：因此相比界面态，陷落电荷起主要作用。而对于低剂量率和长时间，界面态为主。然而关键是，如果我们给陷落电荷退火和界面态积累相同的时间，则效应与剂量率无关。由此，MOSFET 辐照实验可以在高剂量率下进行，从而减少所需的测试时间。如果辐照之后进行适当的温度退火，则可以预估器件在低剂量率环境下的响应。对于双极器件也在开发相似的加速测试方法，然而我们将看到，真实的剂量率效应使得情况变得更加复杂。

1.3.1　金属-氧化物-半导体场效应晶体管（MOSFET）

正电荷的陷落和界面态的产生可能会严重影响 MOSFET 的特性[10,11]。如图 1.4 所示，给出了总剂量辐照前后的 N 型沟道 MOS 晶体管 I_d–V_{gs} 特性曲线。如图所示，栅氧中陷落正电荷的影响是降低阈值电压（I_d–V_{gs} 曲线向更低的 V_{gs} 方向移动）。另一方面，形成的界面态同时降低阈值电压（通过改变亚阈值斜率）和载流子迁移率（通过增加库伦散射中心）。图 1.4 中所示的特性是针对厚栅氧（大于 10 纳米）器件的，例如功率 MOSFET，几 krad（Si）就可以引起显著的改变。超薄栅氧晶体管受电离总剂量效应的影响是不同的，下文中我们将详细阐述。

正的陷落电荷与界面态在 P 沟道 MOSFET 中引起叠加效应（见图 1.4），因为它们都使得 I_d–V_{gs} 特性曲线向更高的 V_{gs} 方向移动。另一方面，这两种效应在 N 沟道 MOSFET 中相互抵消。这就是发生反弹效应的原因：由于电荷积累和界面态形成的时间常数不同，所以在电离辐照过程中，阈值电压先是增加然后降低。陷落正电荷的去陷落和中性化，使得在低剂量率环境下（例如宇宙空间）的界面陷阱变得更为重要（相比高剂量率环境）。

闪烁噪声，也称为低频噪声，也受到电离总剂量辐照的影响。栅氧中缺陷中心电荷的陷落和去陷落引起低频噪声，使得载流子密度和迁移率发生波动。值得注意的是，辐照会增加栅氧中缺陷中心的数量。

随着工艺技术的进步，特别是栅氧越来越薄，对于低压 CMOS 电路抗总剂量来说是有好处的。随着栅氧厚度微缩，电荷陷落的数量和效应越来越小。下面的表达式给出了阈值电压漂移与栅氧厚度的关系，该关系在较低总剂量辐照和较厚栅氧的情况下是成立的：

$$\Delta V_T = -\frac{Q_{\mathrm{OX}}}{C_{\mathrm{OX}}} \propto t_{\mathrm{ox}}^2$$

陷落电荷 Q_{ox} 正比于栅氧厚度 T_{ox} 的平方。薄栅氧（栅氧厚度小于 10 nm）可以显著减少电荷陷落，因为电子很容易从沟道或栅极隧穿至栅氧，使得陷落的空穴中性化。当前低压 MOSFET 的栅氧厚度仅有 1～2 nm：对于这些器件，即使在高总剂量辐照下，氧化物陷落电荷和界面陷阱的产生都不再是问题。

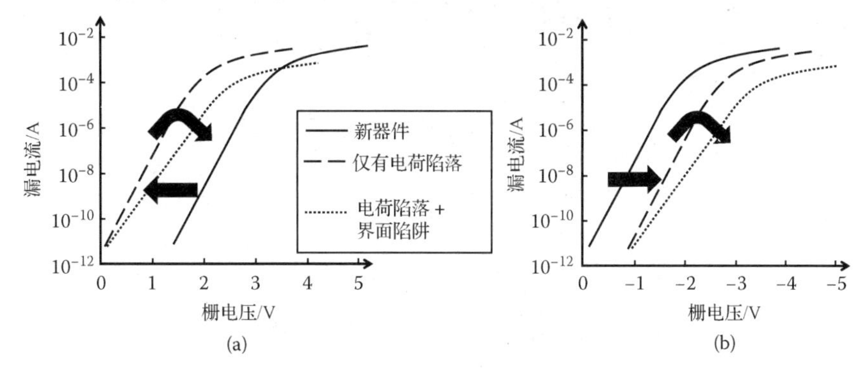

图 1.4　(a) 电荷陷落和界面态形成对于 N 沟道 MOSFET 的 I_d–V_{gs} 特性的影响；(b) 电荷陷落和界面态形成对于 P 沟道 MOSFET 的 I_d–V_{gs} 特性的影响

很遗憾，栅氧厚度减薄也会产生其他问题。低离化能力的粒子（例如γ射线、电子和 X 射线）辐照后，栅氧漏电流增加，称之为辐照引起的漏电。辐照引起的漏电和吸收的总剂量以及辐照过程中施加的偏置（栅氧中的电场）线性相关。该现象的起源是薄栅介质中非弹性陷阱辅助的隧穿。在逻辑电路中，辐照引起的漏电不是问题，它仅引起功耗小幅度的增加。但是对于快闪存储器（flash memories，简称闪存）而言是个大问题，闪存是基于电学绝缘电极（浮栅）的电荷存储。对于闪存器件，辐照引起的漏电引起的电荷损伤可能会引起存储单元保持能力的退化。

在现代低压 MOSFET 中，电离总剂量效应问题主要来自水平隔离的局部隔离氧化物结构。早期的器件采用 LOCOS 隔离，现代器件采用浅槽隔离（Shallow Trench Isolation，STI）。这些绝缘层仍然非常厚（100～1000 nm），容易发生电荷陷落；此外，它们通常是采用淀积方法制备的，而不是类似于栅氧的热生长。换句话说，这些氧化物的质量比栅氧要差，意味着更容易受到总剂量效应的影响。

现代低压晶体管在总剂量辐照后，浅槽隔离中正电荷陷落的效应如图 1.5 所示。MOSFET 漏电流可以看成是主晶体管和两个寄生晶体管电流的叠加，它们的栅和沟道相同，但是寄生晶体管的栅氧是水平隔离氧化物[见图 1.5(a)]。在正常工作电压下，这些寄生晶体管处于关断状态。然而由于水平隔离氧化物中正电荷的陷落，它们的阈值电压可能会降低，并与主晶体管平行导通电流[见图 1.5(b)]。由于辐照引起阈值电压漂移的方向，仅在 N 沟道 MOSFET 中可以观测到这些效应，特别是当对浅槽隔离施加高电场时最为明显。

除器件内的漏电外，还可能发生器件间的漏电。当隔离氧化物中电荷陷落引起下面区域的反型，则相邻晶体管之间可以形成导电通路。这会引起电路静态功耗的急剧增加。

在过去的十年中，引入了一些创新性的解决方案来解决摩尔定律所面临的挑战。栅氧氮化技术用来避免 P 沟道 MOSFET 中的来自多晶硅栅的硼穿通问题。有趣的是，相比传统氧化物，氮化氧化物具有更强的抗辐射能力，这是由于氮化层针对氢穿通的势垒效应，从而减少了界面陷阱的产生。

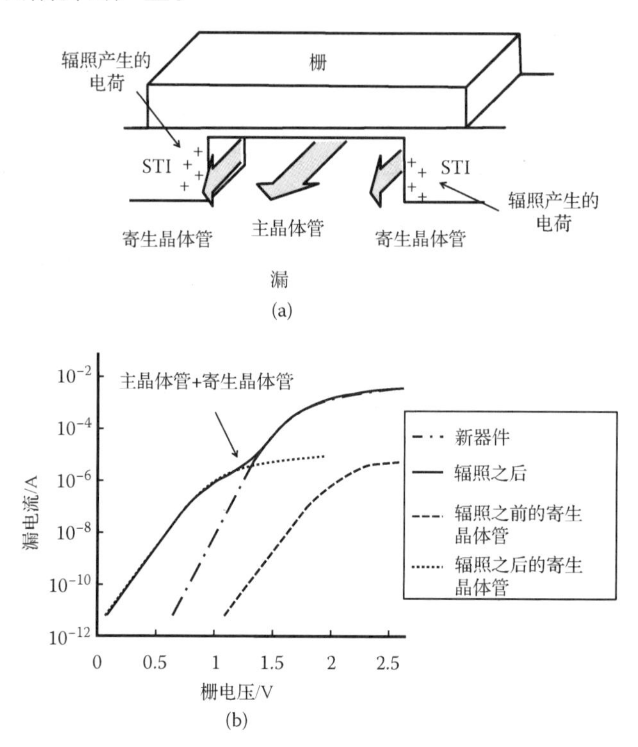

图 1.5 (a)浅槽隔离侧墙形成的寄生晶体管；(b)总剂量辐照对于它们的影响

常规 SiO_2 栅氧无法减薄至 2 nm 以下，因为泄漏电流太大了。可以采用诸如氧化铪等高 *k* 材料来解决该问题，氧化铪材料从 45 nm 工艺节点开始商业引入。由于介电常数更大，虽然介质层更厚，但并不影响对沟道的控制，而来自栅极的泄漏电流问题得到了极大的缓解。如上文所述，氧化层越厚，电离总剂量效应越恶劣。通过对厚氧化物进行 X 射线辐照，已经观察到了氧化铪（HfO_2）电容中显著的辐照引起的电荷陷落。然而，针对适合于先进工艺集成的更薄、更成熟的氧化物而言，电荷陷落的问题已没有那么严重。

近年来绝缘体上硅（SOI）技术已经用于主流产品，而在几年前该技术还仅局限于抗辐照市场等小规模应用领域。该技术具有抑制单粒子效应辐照敏感性的能力，但是在一定程度上受到电离总剂量效应敏感性的负面影响。事实上，厚氧化物埋层（Buried Oxide, BOX）中的正电荷陷落与界面态生成引起部分耗尽器件的泄漏电流，以及由于正栅沟道和背栅沟道的耦合作用，引起全耗尽 MOSFET 中正栅特性的波动。

1.3.2 双极器件

总剂量辐照也影响双极结型晶体管（Bipolar Junction Transistor，BJT）。电流增益的降低，以及收集极-发射极之间和器件之间的漏电增加是最为显著的效应[12, 13]。

这些参数的退化主要和辐照引起的钝化氧化物和隔离氧化物的退化相关，特别是当这些氧化物靠近器件敏感区域时。效应的程度和双极型晶体管类型(垂直、水平和衬底等)强相关：相比于其他类型双极器件，垂直 PNP 晶体管对于电离总剂量效应最不敏感，而水平 BJT 最敏感。

图 1.6 给出了总剂量辐照后双极器件中发生的电流增益退化。对于给定的基极-发射极电压，基极电流随着吸收剂量而增加；与之不同，集电极电流基本保持不变，因此随着电离总剂量效应的增加，增益下降。让我们更为详细地分析 NPN 晶体管中的基极电流，包含如下三种组分：

1. 从基区到发射区的空穴背注入；
2. 在基区-发射区 PN 结耗尽区中的空穴复合；
3. 在中性基区中的空穴复合。

在未被辐照的器件中，通常贡献 1 是最重要的。电离总剂量辐照后，由于表面复合速率的增加，以及基区-发射区 PN 结耗尽区表面宽度的展宽，使得二次项增加，并最终起主导作用。

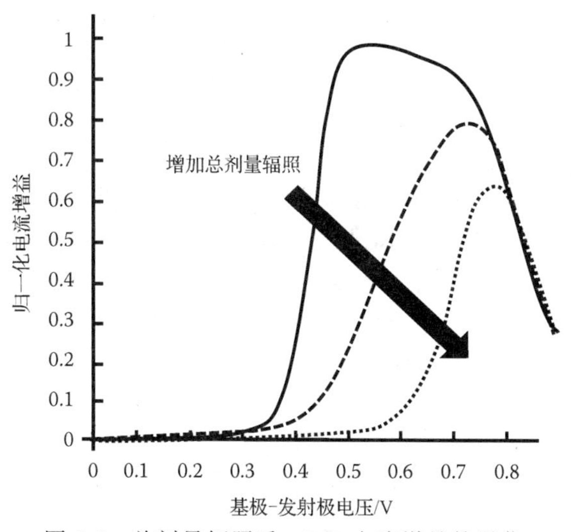

图 1.6 总剂量辐照后，BJT 电流增益的退化

复合增加的原因在于基区-发射区 PN 结耗尽区表面形成的界面态。位于禁带中央的陷阱是非常有效的复合中心，能够在导带和价带之间交换载流子。此外，在 NPN 双极器件中，总剂量辐照后氧化物中陷落的净的正电荷增加了基区耗尽区的宽度，从而增加了复合。与之不同，在水平 PNP 器件中，钝化氧化层中陷落的正电荷减小了基区复合(当界面陷阱生成增加了表面复合速率)。从辐射角度来看，垂直 PNP 器件加固能力更强，因为正的陷落电荷使得 N 型掺杂基区发生积累和高度重掺杂 P 型发射区发生轻微耗尽，引起发射区-基区耗尽区宽度减小，从而降低复合。

低剂量率敏感增强效应是很多双极器件中发生的一种现象，即低剂量率下发生的退化大于高剂量率。这就意味着与 MOS 器件不同，BJT 中的总剂量效应是剂量率相关的。

低剂量率敏感增强效应使得实验测试结果的解读和外推至实际工作条件变得很复杂。空间是低剂量率环境，通常其剂量率单位采用 mrad/s(SiO_2，1 rad = 10^{-2} Gy)，而实验室测试采用的是高剂量率，为了节约时间，通常大于 10 rad/s(SiO_2)。因此，存在很高的风险，低估了空间环境中发生的退化。如图 1.7 所示，双极型器件的归一化电流增益的退化是剂量率的函数。可以看出，空间剂量率下发生的退化是加速实验室测试下发生退化的两倍。

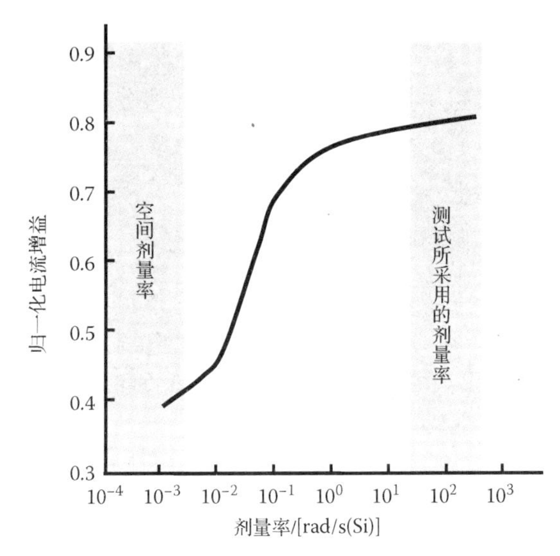

图 1.7 由于低剂量率敏感增强效应，总剂量辐照后 BJT 中电流增益退化与剂量率之间的相关性(引用自 H. L. Hughes and J. M. Benedetto, *IEEE Trans. Nucl. Sci.*, Vol. 50, No. 3, p. 500, June 2003)

文献中提出了关于低剂量率敏感增强效应物理机制的不同模型。根据空间电荷模型，高剂量率下退化降低是因为产生的大量正电荷，它们形成势垒阻碍了空穴和氢向界面处的迁移。还有一个模型，通过辐照产生载流子和电子陷阱之间陷落与复合的竞争关系来解释低剂量率敏感增强效率：在低剂量率下，导带和价带中的自由载流子很少，因此陷落占主导；在高剂量率下，自由载流子密度较高，所以复合更为重要。

1.4 位移损伤

位移损伤(Displacement Damage，DD)与晶格失配原子相关，这是由于入射粒子的库伦相互作用以及与靶材料原子核发生的核反应[14]。高能中子、质子、重离子、电子和光子(间接)均可产生位移损伤。

位移在晶格中产生一个空位，在非晶格位置产生一个间隙缺陷。空位和间隙缺陷的组合称为 Frenkel 对。Frenkel 对产生后进行退火，会使其发生复合(Frenkel 对消失)，或者减少，或者产生更为稳定的缺陷。高能粒子产生位移损伤的能力由非电离能量损伤(Nonionizing Energy Loss，NIEL)系数所决定。非电离能量损伤测量入射粒子通过非电离过程在单位路径上的能量损失得到。

依据入射辐照特征(如能量)的不同，源自位移损伤的缺陷有不同的形态：点缺陷，即隔离缺陷(例如 1 MeV 电子引起的)；缺陷簇，即相互临近的缺陷群(例如 1 MeV 中子产生的)。例如，对于中子或质子等粒子，多数损伤通常由初级位移原子产生(称为初级撞出原子，PKA)。如果初级撞出原子的能量大于一定的阈值，则初级撞出原子能够位移产生次级撞出原子(SKA)，反过来次级撞出原子进一步产生缺陷，导致缺陷簇。如图 1.8 所示，随着入射质子能量(底轴)和初级撞出原子能量(顶轴)的增加，缺陷群变大同时增多。

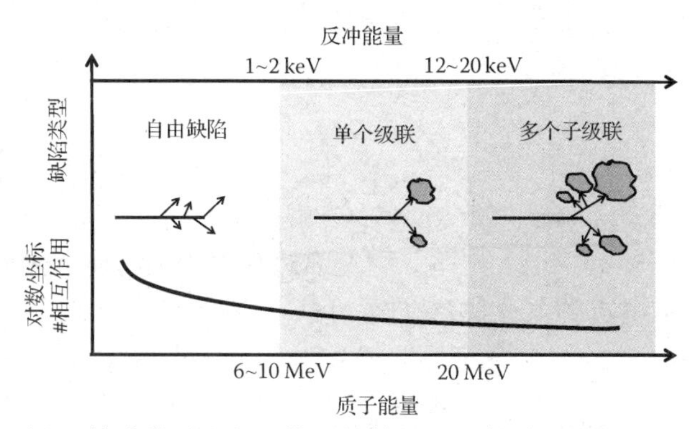

图 1.8　由于非电离过程，缺陷类型和相互作用的数量是入射质子能量或次级撞出原子的等效反冲能量的函数(引用自 R. L. Pease, *IEEE Trans. Nucl. Sci.*, Vol. 50, No. 3, p. 539, June 2003)

随着时间的推移，晶格缺陷并不稳定。空位在晶格中移动，直至它们变得稳定，或者在生成的初始就复合了(发生的概率大于 90%)，或者演变成为其他类型的缺陷。更加稳定的缺陷包括双空位(由两个临近的空位所形成)或者缺陷-杂质复合体(空位和临近的杂质)。短期的退火(辐照后小于 1 小时的退火)和长期退火(持续几年)都是有效果的。通常在高温下加速，出现高密度的自由载流子。在多数情况下观测到了正向退火，但也可能出现反向退火(退化增强)。

不同的粒子辐照相同的器件可能产生不同的特征：例如，裂变中子辐照，与样品中的杂质类型和氧含量关系不大；电子辐照，与样品中的杂质有很强的相关性。这两类辐照样品间的差异归结为缺陷簇形成与隔离点缺陷形成的原因。在缺陷总数一定的情况下，相比于点缺陷，缺陷簇可以更为有效地降低复合寿命。的确，缺陷簇产生势阱，少子在势阱中发生复合，从而增强了复合。此外，由于缺陷离得很近，缺陷簇更容易形成双空位。所以，相比于基于杂质的缺陷，形成的双空位占主导。对于点缺陷而言，并没有增强复合，双空位和杂质相关的缺陷都很重要。

尽管成功，但缺陷簇模型并不能和采用非电离能量损伤概念获得的结果完全一致。非电离能量损伤用来将不同粒子产生的缺陷相关化。它是弹性相互作用(库伦与核)和非弹性核相互作用(产生初始 Frenkel 对和光子)之和。采用截面和动力学，基于第一性原理可以对其进行解析计算。多年以来，该计算得到了优化。尽管存在缺点，但该方法还是非常有用的，因为可以减少测试时间，从单个能量的某种粒子获得的结果外推至很多其他的情况。基本思路是，电学活性稳定的缺陷数量(引起参数退化)与通过非电离能量损失淀积能量的多少是正相关的。一些实验数据也支持了该结论。该结果产生了很多后果。因为 NIEL 和损伤是成正比的，我们可以断言，未被复合的产生缺陷的数量与初级撞出原子能量无关。进而必须假定，从能级角度而言，辐照引起的缺陷具有相同的特性，以相同的方式影响器件特性，与初级撞出原子能量以及空间分布(隔离缺陷和缺陷簇)无关。尽管这些考虑意味着不需要缺陷簇模型来解释实验结果，但还是存在着 NIEL 和损伤不成正比的情况，例如接近于产生晶格位移原子所需最低能量的低粒子能量。还需要后续进一步的工作来开发分析位移损伤的全面框架。

对于依赖体半导体性质的器件（如双极型晶体管和太阳能电池）而言，位移损伤将使得其特性退化。作为一个实例，我们将研究电荷耦合器件（Charp-Coupled Devices，CCD）中的位移损伤效应。

电荷耦合器件

位移损伤在电荷耦合器件中产生两类主要效应[15]：辐照引起的暗电流（例如导致热像素）和电荷转移效率（Charge Transfer Efficiency，CTE）的退化。位移损伤引起的暗电流（泄漏电流）是由于辐照在耗尽区体硅中引入缺陷，引起靠近带隙中央的能级和载流子的热产生。

电荷耦合器件中暗电流的产生遵循如下方式。首个高能粒子入射阵列，在一个像素中产生位移损伤和暗电流。随着更多的粒子入射，更多的像素受到损伤。当粒子通量达到一定高的量级时，每个像素都至少被一个以上的粒子轰击。在这种情况下，电荷耦合器件中所有的像素均出现了辐照引起暗电流的增加。所有像素的暗电流幅值呈现一定的分布，其分布的拖尾部分包括多个事件或者产生远高于暗电流平均值的事件。拖尾部分中的像素通常称为热像素或者暗电流毛刺。

位移损伤对于电荷耦合器件产生的第二类主要影响是电荷转移效率的退化。它导致在转移操作过程中信号电荷的损失。为了表述电荷转移效率的降低，文献中通常采用电荷转移无效率（Charge Transfer Inefficiency，CTI）的概念（CTI = 1 – CTE）。在被辐照的电荷耦合器件中，辐照引起的电荷转移无效率随着入射粒子通量线性增加，且正比于淀积的位移损伤剂量。该现象背后的机制是，入射辐照在禁带中引入的短暂的陷阱中心。这些中心能够俘获位于埋沟中的电荷，引起信噪比的退化。在被辐照的电荷耦合器件中，电荷转移效率退化受到很多参数的影响，例如时钟率、背景电荷水平、信号电荷水平、辐照温度和测试温度等。

1.5 单粒子效应

单个高能离子（重离子）通过微电子器件敏感区，引起单粒子效应（SEE）。依据单粒子效应对器件影响的结果，可以将其分为软错误（没有永久损伤，仅是信息丢失，例如存储锁存器中的软错误）和硬错误（不可恢复的物理损伤，例如栅介质穿通）。其他的一些单粒子效应，例如单粒子闩锁，根据事件发生后断电的快慢，可能是破坏性的，也可能是非破坏性的。

与前面章节中讨论的电离总剂量效应和位移损伤效应不同，它们是随着时间累积的，而单粒子效应可以在微电子器件中任何时刻随机发生。根据粒子入射的位置，单粒子效应与辐照引起的短时响应相关（小于纳秒），且仅有极少部分器件（约几十纳米）受到影响。

下文列出并简要描述了主要的单粒子效应[16,17]。

- 软效应（非破坏性的）

  单粒子翻转（Single-Event Upset，SEU）：由于单个离化粒子，存储器中单个位信息发生错误。也称之为软错误。可以通过简单的重写操作，恢复正确的逻辑值。

多位翻转(Multiple-Bit Upset，MBU)：由于单个粒子入射，临近的 2 个及以上的位信息发生错误。

单粒子瞬态(Single-Event Transient，SET)：单个离化粒子入射，在组合电路或者模拟电路中引起的电压/电流瞬态。该辐照引起的瞬态可以输运，并被存储单元锁存，引起软错误。

单粒子功能中断(Single-Event Functional Interrupt，SEFI)：芯片的状态机中发生错误，引起功能中断。根据中断的类型，可以通过重复操作、复位或上电循环来使得 SEFI 恢复。

- 硬效应(破坏性的)

  单粒子栅穿(Single-Event Gate Rupture，SEGR)：晶体管栅氧发生不可恢复性的穿通，特别发生在功率 MOSFET 中。

  单粒子烧毁(Single-Event Burnout，SEB)：例如在 IGBT 或功率 MOSFET 中，激活寄生双极结构，使得功率器件发生烧毁。

- 可以是破坏性的，也可以是非破坏性的效应

  单粒子闩锁(Single-Event Latch-Up，SEL)：辐照引起的激活 CMOS 结构中存在的寄生双极结构，导致电源电流突然增大。

  单粒子骤回(Single-Event Snapback，SES)：通过 SOI 器件中发生的碰撞电离，维持的再生反馈机制。

单粒子效应最重要的指标是特定环境下的发生率(每小时/每天/每年发生多少事件)。以与环境无关的方式来表征单粒子效应，采用的是截面 σ，截面 σ 的定义是观测到的事件数除以器件接收到的粒子通量。截面是入射粒子线性能量转移(LET)的函数，线性能量转移是单位路径上的能量损失(粒子入射，使材料发生电离的能力)。通常用靶材料的密度来对线性能量转移值归一化，单位是 $\mathrm{MeV{\cdot}mg^{-1}/cm^2}$。截面 σ 随着线性能量转移的增加而增加，通常遵循韦伯累积概率分布。截面 σ 与线性能量转移的关系曲线用两个主要参数来表征：线性能量转移阈值(能够产生单粒子效应的最小线性能量转移值)和饱和线性能量转移(截面开始饱和时的线性能量转移值)。线性能量转移阈值通常和临界电荷的概念相关，即能够产生事件所需的电路特定节点必须收集的最小电荷量。

不仅粒子直接电离(例如重离子)可以产生单粒子效应，通过间接电离也可以产生单粒子效应。例如，中子和质子通过核反应可以产生次级粒子，反过来这些次级粒子可以触发事件。在近期的工艺技术中，越来越低的线性能量转移值的粒子都可以产生单粒子效应，近来也报道了质子直接电离引起的单粒子翻转。

静态随机存取存储器(SRAM)单元和数字电路中的锁存器是针对单粒子翻转和多位翻转最为敏感的存储单元。受益于微缩带来的好处，即单元面积减少，但单元电容降低的对应速率偏慢，动态随机存取存储器(DRAM)要强壮很多。过去曾认为浮栅单元对单粒子效应免疫，但是由于持续的微缩，现在浮栅单元也对单粒子效应敏感。对于工作在 GHz 频率的电路来说，单粒子瞬态是个问题，因为高时钟频率增加了锁存辐照引起瞬态的概率。除最为简单的电路外，几乎所有电路中都会发生 SEFI(例如，现场可编程门阵列 FPGA、微控制器和闪存等)。下文中作为案例学习，我们将介绍 SRAM 单元中的 SEU。

SRAM 中的单粒子翻转

本节探讨最为常见的单粒子效应，即发生在 SRAM 单元中的单粒子翻转[16-19]。SRAM 单元严格遵循摩尔定律，是研究对应工艺节点下软错误敏感度的首选基准。

通常，离子产生的电荷必须被电路中的敏感区域所收集，从而产生扰动。由于宽耗尽区和高电场，反向偏置的 PN 结是最为有效的电荷收集区域。图 1.9 给出了 SRAM 单元发生单粒子翻转的示意图。离子入射反向偏置的漏结，例如存储单元中交叉耦合反相器对中的关态 NMOSFET 的漏端。因此，产生电子空穴对，并被漏结耗尽区所收集。这引起了流经入射 PN 结处的电流瞬态，与此同时，恢复晶体管(同一反相器中处于开启状态的 PMOS)试图平衡掉粒子引起的电流。然而，由于恢复 PMOS 的电流驱动能力是有限的，以及沟道电导是有限的，所以被入射节点发生电压降。如果该电压低于开启阈值电压，则该电压将持续足够长的时间，反馈机制使得存储单元改变了其初始的逻辑状态，产生单粒子翻转(位翻转)。

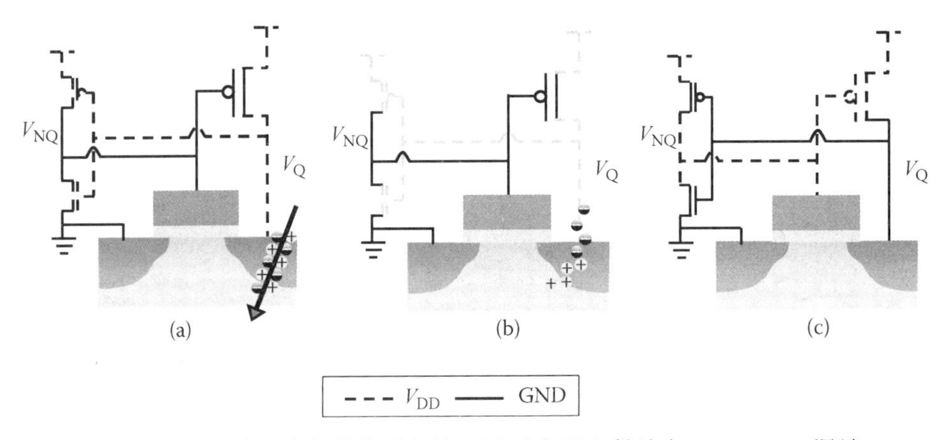

图 1.9　SRAM 单元中的单粒子翻转：(a)重离子入射关态 NMOSFET 漏端；(b)电荷收集与 V_Q 电压下降；(c)触发反馈机制，发生单粒子翻转

很多因素决定了单粒子翻转的发生：到达反向偏置结之前、通过后端层的辐射输运，电荷淀积和电荷收集。此外，电路的响应是最重要的。

电荷淀积主要由离子的线性能量转移(LET)值所决定，很明显，线性能量转移值越大，淀积的电荷就越多。离子的入射角度也会影响收集电荷量：相对于垂直方向的入射角度越大，则收集电荷越多。余弦函数定律表明，入射粒子的有效线性能量转移值反比于入射角的余弦函数。然而，仅当敏感区足够薄时，该定律才成立。

现在讨论电荷收集。图 1.10 是在反向偏置的 PN 结中产生和收集现象瞬时演变的图示。粒子入射后，立刻产生通过耗尽区的电子空穴对的径迹[见图 1.10(a)]。电场分离电子空穴对，产生漂移电流。因为该径迹是强导通的，所以产生结电势的扰动，使得电场线扩展至衬底的更深处[见图 1.10(b)]。这称为漏斗效应，由于电场线的形貌，以及通过漂移机制收集电荷区域的增加，从而增加了单粒子翻转的敏感度。然而，仅在固定偏置的 PN 结中，漏斗效应才对电荷收集起主要作用。如果 PN 结的偏置电压发生变化(例如 SRAM 单元)，则漏斗效应对电路的影响要小很多。最终，当耗尽区中载流子漂移主导的第一阶段结束时，PN 结附近的载流子扩散始终维持着通过入射节点的电流，尽管此时的幅值要小很多。事实上，接近于漂移区一个扩散长度内的电荷都会被 PN 结所收集[见图 1.10(c)]。总之，入射粒子产生电荷后，漂移和漏斗决定了瞬态电流早期的形貌，较慢的扩散机制主导着后期的响应。

对于高度微缩的电路，电荷收集机制可能变得更加复杂。掠角入射的 α 粒子穿过晶体管的源和漏，可以引起 α 粒子源漏穿通效应(Alpha-Particle Source-Drain Penetration Effect，ALPEN)。这会导致沟道电势的扰动，可能使得器件开启或关断。

随着晶体管等比例缩小，寄生双极效应可能会增加电荷收集。当离子在阱中产生电子空穴对时，阱电势改变，从而发生寄生双极效应。例如，NMOSFET 在 P 阱/N 衬底中产生的载流子被漏/阱结收集或者被阱/衬底结收集。由于扩散的空穴抬升了 P 阱电势，所以源/阱结变得正向偏置。从而发生了寄生双极结构(源作为发射极，阱作为基极，漏作为收集极)中的双极放大，增加了漏端的瞬态电流，也增加了引起单粒子翻转的概率。

最后部分是电路的响应。单元反馈越快，则能够翻转单元的错误电压脉冲持续时间就越短。恢复 PMOSFET 电流驱动能力越弱，则粒子产生脉冲的电压幅值越高。换言之，较慢的单元和高电导的恢复 PMOS 会降低单元的单粒子翻转敏感度。

多位翻转(MBU)是由于单个粒子引起的多个存储位信息丢失，当设计纠错码方案和工艺微缩使得情况恶化时，多位翻转成为一个严重的问题。随着晶体管的物理尺寸减小到仅有几纳米时，入射离子产生的电子空穴对云的尺寸可以和器件尺寸相比拟，甚至大于器件的尺寸[19]。因此，在电荷收集的过程中，多个节点同时参与，所以临近节点之间发生了电荷共享现象。微缩也极大地增强了多位翻转效应。图 1.11 中针对大气中子辐照的 SRAM，给出了每位软错误率(Soft Error Rate，SER)和多位翻转概率随特征尺寸的变化。如图所示，针对特定的制造商，软错误率随着特征尺寸的微缩而降低(由于芯片上存储单元数量的增加，系统软错误率多少保持稳定)，而多位翻转的概率单调递增(对于所有制造商而言，该通用结论都是正确的)。

SRAM 单元典型的中子截面约为 10^{-14} cm^2，在纽约市对应的位错误率约为 10^{-13} 错误/位/小时，在商用飞机飞行高度对应的位错误率约为 3×10^{-11} 错误/位/小时。根据存储器、轨道和太阳周期的不同，空间中的错误率变化很大。

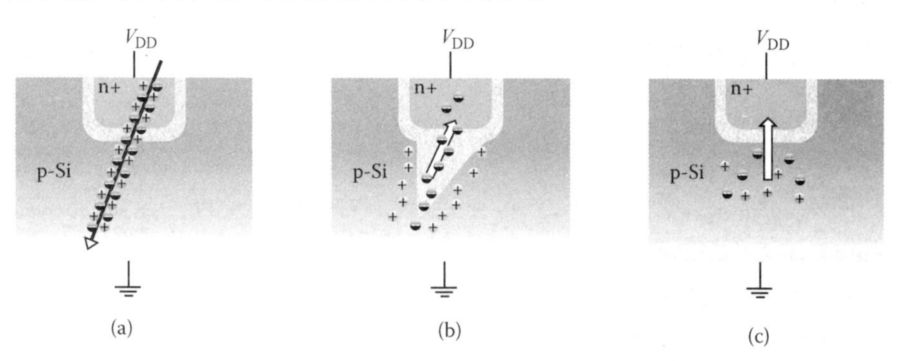

图 1.10　离子入射反向偏置的 PN 结后，(a)电荷产生与电荷收集的过程；(b)漂移过程；(c)扩散过程

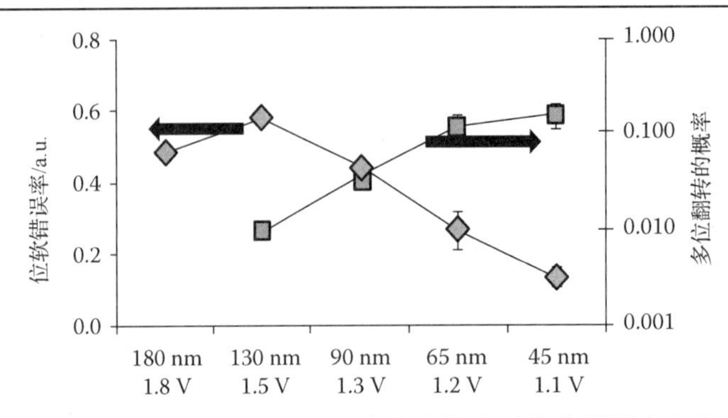

图 1.11　由于大气中子入射，在 SRAM 中产生的中子位软错误率和多单元翻转概率[引自 N. Seifert，B. Gill，K. Foley，and P. Relangi，*Proceedings of the IEEE International Reliability Physics Symposium*(IRPS)，2008，p. 181]

1.6　小结

大气中子和来自放射性沾污的 α 粒子威胁着海平面高度工作的芯片。卫星和航天器上的电子元器件必须面对和解决来自辐射带、太阳活动和银河宇宙射线的大量辐射带来的问题。

电子元器件中的辐射效应包括软错误(信息丢失，但无永久性损伤)、参数漂移和破坏性事件。它们可以分类为电离总剂量效应、位移损伤效应和单粒子效应。前两类具有累积性，主要发生在恶劣的自然环境下，如宇宙空间等，或者源于人造的辐射源；单粒子效应也可以在海平面高度附近发生。设计关键性应用必须仔细考量辐射效应，从而确保所需的可靠性等级。

参考文献

1. J. L. Barth，C. S. Dyer，and E. G. Stassinopoulos，Space，Atmospheric，and Terrestrial Radiation Environments，*IEEE Trans. Nucl. Sci.*，Vol. 50，No. 3，p. 466，June 2003.
2. R. C. Baumann，Radiation-Induced Soft Errors in Advanced Semiconductor Technologies，*IEEE Trans. Dev. Mat. Rel.*，Vol. 5，No. 3，p. 305，Sept. 2005
3. JEDEC standard JESD-89A.
5. B. D. Sierawski，B. Bhuva，R. Reed，K. Ishida，N. Tam，A. Hillier，B. Narasimham，M. Trinczek，E. Blackmore，W. Shi-Jie，and R. Wong，Bias Dependence of Muon-Induced Single Event Upsets in 28 nm Static Random Access Memories，*IEEE Internationa Reliability Physics Symposium 2014*，pp. 2B.2.1-2B.2.5.
6. O. Flament，J. Baggio，S. Bazzoli，S. Girard，J. Raimbourg，J. E. Sauvestre，and J. L. Leray，Challenges for Embedded Electronics in Systems Used in Future Facilities Dedicated to International Physics Programs，*Advancements in Nuclear Instrumentation Measurement Methods and their Applications (ANIMMA)*，2009，p. 1.

7. M. Bagatin, A. Coniglio, M. D'Arienzo, A. De Lorenzi, S. Gerardin, A. Paccagnella, R. Pasqualotto, S. Peruzzo, and S. Sandri, Radiation Environment in the ITER Neutral Beam Injector Prototype, *IEEE Trans. Nucl. Sci.*, Vol. 59, No. 4, p. 1099, June 2012.
8. T. R. Oldham and F. B. McLean, Total Ionizing Dose Effects in MOS Oxides and Devices, *IEEE Trans. Nucl. Sci.*, Vol. 50, No. 3, p. 483, June 2003.
9. J. R. Schwank, M. R. Shaneyfelt, D. M. Fleetwood, J. A. Felix, P. E. Dodd, P. Paillet, and V. Ferlet-Cavrois, Radiation Effects in MOS Oxides, *IEEE Trans. Nucl. Sci.*, Vol. 55, No. 4, p. 1833, Aug. 2008.
10. H. L. Hughes and J. M. Benedetto, Radiation Effects and Hardening of MOS Technology: Devices and Circuits, *IEEE Trans. Nucl. Sci.*, Vol. 50, No. 3, p. 500, June 2003.
11. P. E. Dodd, M. R. Shaneyfelt, J. R. Schwank, and J. A. Felix, Current and Future Challenges in Radiation Effects on CMOS Electronics, *IEEE Trans. Nucl. Sci.*, Vol. 57, No. 4, p. 1747, Aug. 2010.
12. R. L. Pease, Total Ionizing Dose Effects in Bipolar Devices and Circuits, *IEEE Trans. Nucl. Sci.*, Vol. 50, No. 3, p. 539, June 2003.
13. R. D. Schrimpf, Gain Degradation and Enhanced Low-Dose-Rate Sensitivity in Bipolar Junction Transistors, *Int. J. High Speed Electron. Syst.*, Vol. 14, p. 503, 2004.
14. J. R. Srour, C. J. Marshall, and P. W. Marshall, Review of Displacement Damage Effects in Silicon Devices, *IEEE Trans. Nucl. Sci.*, Vol. 50, No. 3, p. 653 June 2003.
15. J. C. Pickel, A. H. Kalma, G. R. Hopkinson, and C. J. Marshall, Radiation Effects on Photonic Imagers—A Historical Perspective, *IEEE Trans. Nucl. Sci.*, Vol. 50, No. 3, p. 671, June 2003.
16. P. E. Dodd and L. W. Massengill, Basic Mechanisms and Modeling of Single-Event Upset in Digital Microelectronics, *IEEE Trans. Nucl. Sci.*, Vol. 50, pp. 583-602, 2003.
17. D. Munteanu and J.-L. Autran, Modeling and Simulation of Single-Event Effects in Digital Devices and ICs, *IEEE Trans. Nucl. Sci.*, Vol. 55, No. 4, Aug. 2008.
18. K. P. Rodbell, D. F. Heidel, H. H. K. Tang, M. S. Gordon, P. Oldiges, and C. E. Murray, Low-Energy Proton-Induced Single-Event-Upsets in 65 nm Node, Silicon-on-Insulator, Latches and Memory Cells, *IEEE Trans. Nucl. Sci.*, Vol. 54, No. 6, p. 2474, 2007.
19. N. Seifert, B. Gill, K. Foley and P. Relangi, Multi-Cell Upset Probabilities of 45nm High-k + Metal Gate SRAM Devices in Terrestrial and Space Environments, *Proceedings of the IEEE International Reliability Physics Symposium (IRPS)*, 2008, p. 181.

第 2 章　辐射效应的蒙特卡罗仿真

Mélanie Raine

2.1　引言

众所周知,对蒙特卡罗方法的研究始于第二次世界大战刚结束时,它源于 Los Alamos 的曼哈顿计划的框架，用于辐射输运的仿真需求[1]。它的诞生也与第一台数字计算机的引入密切相关，没有数字计算机，这种方法仍然停留在理论层面，而可能不会有任何应用。自从 20 世纪 70 年代后半期发现单粒子效应以来，蒙特卡罗模拟方法已被用于研究辐射对半导体器件的影响[2]，而且该方法是非常理想的，具体方法将在本章中阐述。

本章不针对计算技术背后的理论加以解释，而针对半导体器件中辐射效应的特定问题来定义蒙特卡罗模拟所使用的边界条件。通过分析此方法的工作原理，我们将确定其应用领域，以及它能够真正为电子学中的辐射效应研究带来什么，并确定它最适合的效应。

蒙特卡罗方法简史部分，首先介绍蒙特卡罗模拟方法的起源。在给出定义之前，我们需要确定此模拟方法在电子学辐射效应中可以得到什么结果，需要考虑到它的局限是什么。最后，给出蒙特卡罗辐射输运模拟代码的一些示例和电子器件的应用示例。

2.2　蒙特卡罗方法简史

蒙特卡罗方法可以定义为适用任何基于概率理论的数值计算方法。20 世纪 40 年代蒙特卡罗方法被正式定义并命名，这种计算技术可以追溯到 1777 年，Comte de Buffon 提出了 Buffon 针的问题，描述了一种基于重复实验来实现 π 值预估的方法[3]。术语“Monte Carlo”(蒙特卡罗)是由 Nicholas Metropolis 于 1947 年提出的，它源自蒙特卡罗市的概率游戏，在曼哈顿计划的背景下，应用 Stanislaw Ulam 提出的一种统计方法来解决可裂变物质[1]中的中子扩散问题。Nicholas Metropolis 和 Stanislaw Ulam 在 1949 年撰写的一篇文章[4]对该方法首次进行了描述。

该方法的早期研究也与计算机的发展密切相关。实际上，统计抽样技术虽然具有解决多种问题的潜在功能，但由于计算的持续时间和计算复杂程度，并没有得到实际的应用。由于特定人群的出现(例如 Enrico Fermi，Stanislaw Ulam，John von Neumann，Nicholas Metropolis 和 Edward Teller)，一个特定问题需要解决(中子起源的模拟需求)，以及在 20 世纪 50 年代 Los Alamos(洛斯阿拉莫斯国家实验室)出现了解决方法，而使得应用情况发生了转变。实际上用于蒙特卡罗模拟中子历史的第一台计算机是一台模拟计算机——Fermiac (如图 2.1 所示)。它允许手动输入截面信息，进行有效的中子历史图形模拟，在一张纸上绘出几何图形。

Los Alamos 的模拟程序后来在 ENIAC(Electronic Numerical Integrator and Computer,

电子数字积分器和计算机）（如图 2.2 所示）上运行，它是第一代通用电子计算机，长为 80 英尺（1 英尺 ＝0.3048 m），重 30 吨，有超过 17 000 个晶体管。它的时钟频率是 5 kHz，有 100 B 的核心内存。它后来被 MANIAC（Mathematical Analyzer，Numerical Integrator，and Computer，数学分析仪、数值积分器和计算机）所取代，在 Metropolis 的指导下，基于 von Neumann 构架，MANIAC 于 1952 年开始构建。

(a)　(b)

图 2.1　(a) Enrico Fermi 的 Fermiac 位于新墨西哥州洛斯阿拉莫斯的布拉德伯里博物馆（摄影：Mark Pelligrini [CC-BY-SA-1.0]）；(b) 操作中（摄影 N. Metropolis，蒙特卡罗方法的开端 ，Los Alamos Science，Vol.15，pp.125-130,1987，公开发表）

图 2.2　位于费城宾夕法尼亚大学的 ENIAC（美国陆军提供照片，公开发表）

蒙特卡罗模拟和可用计算能力的演变的一个有趣的例子，是第一篇报道 1954 年光子输运的蒙特卡罗数值模拟的文章[5]：67 个光子历史是用台式计算器生成的。当时这种模拟是可能的，因为光子输运在每个轨道上只涉及少量的事件。实际上，光子在一次光点或对偶产生相互作用或者仅仅经历几次康普顿（Compton）相互作用（大概 10 次）后被吸收。而在今天的计算机有效能力下，光子输运的详细模拟是一个比在个人计算机上实现更简单的任务。

这种计算能力和蒙特卡罗模拟的同步发展从未停止过：使用越来越强大的计算机与不同的体系结构，蒙特卡罗方法可以解决的问题变得越来越复杂。蒙特卡罗编码在 20 世纪 80 年代首次应用于矢量计算机，在 90 年代应用于集群和并行计算机，并在 21 世纪初应用于多浮点计算（teraflop）系统。最近的研究进展包括分层并行计算，将多核处理器上的多线程计算与不同节点之间的信息相互结合[6]。经过了半个世纪的改进，现在即使是在一台简单的笔记本电脑上，也能存储比 ENIAC 多 100 万倍的信息，速度也快了几十万倍。

蒙特卡罗技术在电子设备辐射效应模拟中的应用与单粒子效应（SEE）的研究密切相关。事实上，在接下来的内容中我们会看到蒙特卡罗模拟方法特别适合于解决这类问题。在 Binder 发表的具有开拓性的文章中证明，卫星电子系统[2]发生的翻转事件的最主要原因是宇宙射线的影响，他已经使用电子输运的蒙特卡罗编码（BETA II）获取了研究芯片中不同深度的电子能量沉积剖面。这个 BETA 蒙特卡罗程序似乎最早在 1969 年就被开发出来了，用于在喷气推进实验室（JPL）为旅行者项目进行的电离剂量计算[7]，然而在后续的科技论文中并没有很多关于这个程序的信息。在20世纪80年代，蒙特卡罗方法的研究专门致力于分析电子系统的辐射效应[8-10]，不久之后首次报道电子系统发生异常，主要来自自然辐射环境：空间宇宙射线[2,11]，商用电子器件封装材料中放射性杂质的衰变[12,13]，以及大气中子[14]。用于仿真单粒子效应的辐射输运仿真工具的发展至今仍在继续，文献[7]中可以找到其发展的历程，按照时间顺序展示了为辐射效应研究开发的各种蒙特卡罗工具。

2.3 蒙特卡罗方法的定义

蒙特卡罗方法的目的是针对某一问题给出数值解，基于已知的关系，建立物质与其他物质间或物质与其环境间的相互作用模型。通过计算机算法求解，结果依赖于这些关系的重复取样，最终得到收敛的结果。有关不同蒙特卡罗方法的技术细节，请参阅文献[15]。

蒙特卡罗方法最初是为解决粒子物理问题而发展起来的，它的应用领域广泛：包括计算生物学、金融和商业、娱乐业、社会科学、交通学、人口增长和流体力学等。

蒙特卡罗模拟的一个基本特征是使用随机数和随机变量。随机抽样算法一般选取一定区间上均匀分布的随机数[0,1]。用一台计算机产生这样的数字并不容易[16]。实际上，它们通常使用确定的算法生成，通常带有周期序列，因此被称为伪随机数。使用现在的计算工具，周期必须足够大，以避免在一次模拟运行中使用所有可用的数字。文献[17]是一篇关于随机数生成器的评论文章，推荐使用复杂的算法。

一旦选择了随机数生成器，就一定包括蒙特卡罗中的以下算法：

- 拟仿真系统的描述；
- 相互作用和关系列表；
- 从随机概率分布中抽取数值的方法；
- 评分和结果的累积。

理论上，只要采样和累积是正确的，这种算法的精确性就取决于相互作用和关系列表的不确定性。实际上，由于这些模拟的随机性，所有结果都受到统计不确定性的影响。减小这些不确定性的代价是增加抽样总数，从而增加计算时间。

2.4 蒙特卡罗方法模拟半导体器件辐射效应的研究

半导体器件中的辐射效应可以分为三类：

1. 单粒子效应，单个粒子直接导致或者间接导致的事件；
2. 电离总剂量效应，多个粒子在器件中沉积能量并相互作用而引起的累积效应；
3. 位移损伤效应，单个器件中多个入射粒子引起的原子位移累积而导致的累积效应。

对于这些效应，在仿真中可以分为两个独立的问题：（1）辐射在物质中的输运和相互作用；（2）半导体中辐射作用的电学效应。实际上，辐射输运和相互作用现象发生的时间短于100 fs（飞秒）。仿真步骤的结果是入射粒子在材料中的径迹，在径迹的周围是粒子相互作用产生的次级粒子和能量淀积。由于这些输运现象的时间非常短，通常认为其最终态是下一步仿真步骤的初始条件，从而推导半导体器件中的辐射效应(例如，辐射输运和相互作用引起的电学效应)。这些事件的时间尺度在皮秒到纳秒量级。

从蒙特卡罗的历史可以推断出，蒙特卡罗方法很理想地适用于辐射输运和界面仿真。将物质层面上的效应转换为电效应通常不那么明显。在下文中，我们将分析每种效应类别，以确定蒙特卡罗方法对每种效应的贡献。

2.4.1　单粒子效应

术语“单粒子效应”泛指由单个粒子导致电子系统产生的效应。此效应有多种，大体可以分为软错误(例如单粒子翻转或单粒子瞬态效应)和硬错误(如单粒子烧毁和单粒子栅穿)。对于所有这些解释和结果，归纳而言就是由单个入射粒子在敏感区内电荷沉积和收集，最终产生电学效应。上述效应的仿真可以分为以下几个步骤：

1. 几何形状和物理环境的描述，包括入射粒子径迹影响的敏感面积和外围所有结构以及相关材料(包括航天器外壳屏蔽、电子器件封装、金属互联层等)；
2. 辐射环境的描述；
3. 入射粒子穿通器件和周围结构的输运情况；
4. 关注于敏感面积内的能量沉积；
5. 能量与电学转化；
6. 电荷输运、复合和半导体器件内电荷收集；
7. 关注的器件、电路的电学响应。

采用蒙特卡罗方法的辐射输运研究适用于步骤 1～4。基于矩形平行六面体(Rectangular Parallelepiped，RPP)和积分矩形平行六面体(Integral Rectangular Parallelepiped，IRPP)模型的简单方法[18]，已经用于能量沉积和电荷收集多年，然而它们本身的简单性会带来限制，阻碍了它们在多种情况下的应用。简而言之，RPP 模型假设敏感体模型是一个平行六面体结构[见图 2.3(a)]，沉积电荷可以根据入射粒子的线性能量转移(LET)值来计算，该能量在体积中是恒定的，粒子在体积中的径迹是一条直线，而电效应只取决于沉积在体积中的能量，翻转通过一个给定的临界电荷和 LET 阈值触发。根据上述假设，单粒子效应错误率可以简单地通过入射粒子在 RPP 敏感体内的有效径迹的弦长(Khord-Length)分布来获得。在 IRPP 模型中，用来衡量电学效应的临界电荷并不是一个固定的值，积分翻转截面用于衡量临界电荷的变化。在文献[20]中，Weller 等人给出了一个衡量单粒子效应错误率的比较结果，该结果指出何时应采用蒙特卡罗方法而不用简单的分析模型。

步骤 5 是关键的步骤，在步骤 4 中沉积的能量分布需要转化为电荷，计算步骤 6 中的半导体内部电荷输运、复合和收集过程，进而在步骤 7 中进行电学响应仿真。这种能量到电荷的转换过程通常是通过分析来进行的，用简单的关系式给出在特定材料中产生电子空穴对的平均能量[21]。此步骤通常被视为固定形式，在模拟中一般很少讨论[22,23]。随着临界电荷的持续不断减少，也就是说，在越来越多集成器件中需要触发电学效应的电子数量——最近的研究成果指出在先进的半导体工艺器件中临界电荷相当于几百个电子[24]——需要确定转换因子的平均真实值，就像在辐射探测器领域所做的那样[25,26]，以便于准确地估计产生的电荷。尽管在文献中可以找到蒙特卡罗仿真电荷输运的实例，但蒙特卡罗处理问题的方式一般是在转换步骤之前停止。

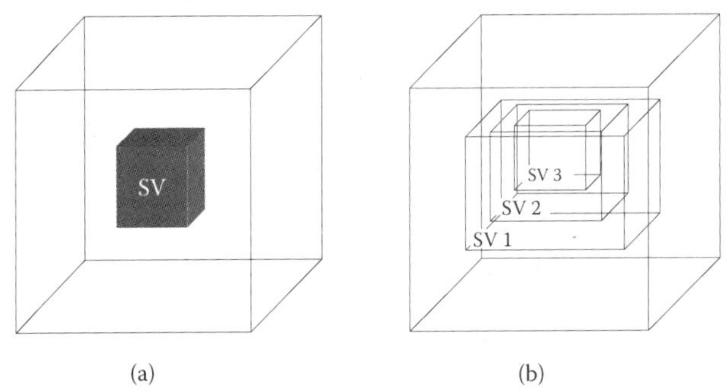

图 2.3　(a) RPP 模型的几何尺寸为一个平行六面体的敏感体(SV)结构；(b)为复合敏感体，由三个不同的敏感体组成

在步骤 6 中对半导体材料中的电荷输运的建模包括求解玻尔兹曼输运方程。这可以通过随机方法，使用蒙特卡罗模拟或通过确定性方法来完成。蒙特卡罗方法假设电荷载流子在电场影响下的自由运动，运动由散射机制中断。该方法需要用到能带结构的相关知识[27]。漂移-扩散模型和热动力模型是确定性方法的两个实例。后者是最常用的，而且针对长沟道器件均有简化的近似方法。这些简化的近似模型用于特定的 TCAD 仿真器中[28]。与蒙特卡罗全频计算相比，它的流行程度可以通过以下事实来解释：在大多数电子器件中，涉及在电场中移动的大量电荷，从而减弱所涉及过程的随机特性。在不需要采用蒙特卡罗大计算量的前提下，可以通过确定性方程对电荷输运开展建模工作。但是，蒙特卡罗可能需要特定应用，包括在小的空间维度上使用弹道或准弹道输运方程[29]，而极端情况是在单电子晶体管上应用[30]。

此外，当使用确定性方程时，通常选用几个入射粒子的能量沉积分布的平均值。这也导致能量损失过程是随机的，例如能量沉积波动，可能对于薄的有源器件是不可忽略的[31,32]，而粒子之间本身形状的分布也是变化的[24,33]。

许多不需要详细模拟电荷输运的简单方法也经常用于评估半导体器件中的辐射效应。基于不同的工艺技术和 TCAD 仿真实例结果，器件几何尺寸可以定义不同的敏感体模型[见图 2.3(b)]，不同敏感体模型具有不同的电荷收集系数。不同的敏感体电荷收集量会不同，取决于沉积能量。在这些值中可以确定临界电荷值，从而产生电学效应。有关复合敏感体的综述，请参见文献[20]和[7]的应用示例。

2.4.2　总剂量效应

总剂量效应是多种粒子在器件氧化层的能量累积。同样，这种沉积的能量需要转换成电荷，这些电荷将重新结合或陷于材料预先存在的缺陷中生成新的缺陷。计算过程中重要的一步是评估复合过程后的剩余电荷，作为入射粒子进入绝缘材料电场的函数[34-36]。在此情况下，电学效应是由绝缘材料中俘获电荷的密度决定的。蒙特卡罗在总剂量效应仿真方面通常限于对剂量的计算。仿真的第一步与单粒子效应蒙特卡罗仿真非常相似(步骤 1 到 4)，不同的是仿真记录的是大量粒子入射沉积能量的总和，而单粒子效应重点关注每个粒子的影响。在这种情况下，与粒子入射级联程度相比，采用蒙特卡罗方法计算沉积能量累积或剂量，适用于计算复杂的几何形状和小尺寸的形状(例如当粒子输运的信息并未被大量粒子入射信息完全抹去时)。蒙特卡罗仿真也被用于评估电荷产生率[37]。

2.4.3 位移损伤剂量效应

位移损伤剂量效应是由器件有缘层内的原子空位引发的，在半导体材料的晶格(空位和间隙)中产生缺陷。虽然这些效应通常被认为是由多重相互作用累积引起的损伤的剂量效应，但是单粒子损伤效应导致的损伤也应该单独考虑[38−40]。

位移损伤效应仿真可以描述如下：

步骤 1～4：有关系统描述和粒子输运，与单粒子效应仿真类似；

步骤 5：能量沉积转换为原子结构的变化；

步骤 6：材料电子结构中原子结构的变化；

步骤 7：损伤结构的进一步演变。

类似于单粒子效应和总剂量效应模拟的电离能分布，对于位移损伤的蒙特卡罗仿真结果(步骤 1～4)，在二元近似碰撞(BCA)可以达到的范围内，给出了非电离能量损失分布[41]。在大多数蒙特卡罗辐射输运代码中都采用这种近似方法，假定入射粒子与晶格之间的相互作用可以简化为入射粒子与撞击原子的相互作用，忽略周围晶格的影响。

在步骤 5 中，可使用沉积能量简单比例的方法对空位进行量化，如修改 Kinchin-Pease 方法[42]。然而，此模型并不支持复杂的损伤结构；尤其是它们在系统弛豫阶段不处理晶格中粒子的收集活动。需要分子动力学方法来跟踪演变过程，这种跟踪仅限于在非常短的时间内(可到微秒时间范围)。

接下来的步骤(步骤 6)是将原子结构的变化转换为损伤的电学结构变化，并获得器件电学响应。先前的原子缺陷结构必须与半导体带隙中的能级相关，进而推演电学效应变化。然而，实验测量或者从头详细计算方法(ab initio methods)[例如密度泛函理论(DFT)，或者 GW 近似方法]可以用于单缺陷，然而缺陷簇的电子结构的分析要复杂得多，并且通常只是定性的计算分析[43]。

最终，必须考虑长时间的损伤演变(步骤 7)。动力蒙特卡罗模型可能涉及此步骤内容，但是它们的应用范围依然受限于孤立的缺陷结构。由文献[44]给出了图 2.4，阐述了位移损伤模拟的不同方面，再次说明了蒙特卡罗方法对粒子输运的贡献。

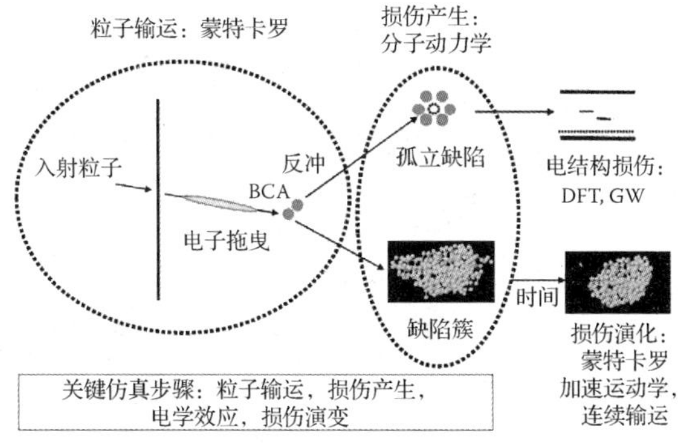

图 2.4　位移损伤模拟的几个重要方面阐述（来自 J. R. Srour and J. W. Palko. 核与空间辐射效应会议短期课程，旧金山，2013）

2.5 辐射输运的蒙特卡罗仿真

如上节所述，在实际应用中，蒙特卡罗算法通常仅限于问题的第一部分，仅模拟物质中的辐射输运。问题的第二部分，评估辐射引起的电学效应，通常通过其他方法来解决。在下文中，我们主要关注蒙特卡罗方法模拟辐射输运和相互作用的主要特征和局限性。

2.5.1 蒙特卡罗方法辐射输运和相互作用的定义

物质中粒子的运动轨迹可以被看作一个自由运动的随机序列，以相互作用事件结束，进而改变其自身方向，损失能量，并产生次级粒子。蒙特卡罗模拟辐射输运过程组成随机历史数据。

在通常的定义中，蒙特卡罗算法的第一部分是系统的描述。在辐射输运的情况下，对应几何尺寸和材料中入射粒子及入射粒子束的描述。

一般而言，蒙特卡罗辐射输运中考虑的材料均被认为是均匀的随机散射介质，具有均匀的随机分布的分子密度。虽然这对于气体、液体和非晶固体是比较恰当的表现形式，但是在模拟晶体介质时必须时刻记得上述随机近似：必须意识到在这种模拟中完全忽略了材料的原子排列信息。

第二个部分是管理所研究系统的相互作用和相互关系表。在辐射输运情况下，这是一组差分截面(Differential Cross Section, DCS)，在模拟中需要考虑每个互相作用的机制，这些信息作为蒙特卡罗仿真代码中的输入数据。这些差分截面可能有不同的来源：它们可以通过代码中计算的分析公式直接确定，也可以以表格数据的形式提供，这些表格数据来自理论计算、实验数据或两者的组合。单个代码可以将这些不同的可能性组合在一起，用于不同的相互作用过程或为单个相互作用过程提出不同的模型。

这些差分截面(DCS)数据允许确定表征粒子径迹不同随机变量的概率密度函数(PDF)：

- 持续相互作用事件之间的自由路径；
- 发生相互作用的类型；
- 相互作用后的能量损失和角度偏转；
- 发生的次级粒子的初始状态(如果有的话)。

一旦概率密度函数(PDF)被获取，随机径迹就可以通过采样方法来生成。在一个完整的蒙特卡罗仿真中，应该模拟过程中所有的入射粒子和次级粒子的径迹和相互离散作用。有关辐射输运蒙特卡罗模拟基本概念的更多信息，请参见文献[45]中的第一部分。

2.5.2 需要考虑的粒子和相互作用

在电子学应用中值得考虑的粒子包括光子(光学光子，γ射线和 X 射线)、β粒子(电子和正电子)、中子、质子和重离子(α粒子和更重的粒子)。其他类型的粒子，如π介子、介子、中微子或夸克，上述粒子在半导体器件辐射效应研究中常被忽略，尽管最近的工作表明，之前被忽略的粒子(如介子)可能产生影响[46]。

当入射到物质中时，粒子的相互作用会有两种方式，主要取决于粒子本身的性质和能量。不同的碰撞类型可以分为四类：靶向原子核之间的弹性作用；靶向原子核的非弹性作用；与轨道电子的弹性作用；与轨道电子的非弹性作用。就电学效应而言，这些分类通常只分两个方面：电离作用(对应最后一个类别)和原子位移(前三个类别的重组)。文献[47]给出了不同相互作用过程以及其作为辐射输运代码模型的实现。

由于在仿真中每个粒子径迹是逐步仿真的，与辐射输运固定码方法相比，蒙特卡罗编码具有固有的优势。特别是，可以从仿真中提取输运的任何细节信息。相反，确定性程序仅能提供平均化的通用信息。例如，确定性程序仅能计算单个入射束流在探测器中淀积的平均能量，而蒙特卡罗程序可以提供每个粒子能量淀积的信息，包括能量分布、每个能量淀积包含的物理过程等。在蒙特卡罗计算中，每个粒子的位置、能量、角度都连续性变化，而确定性程序采用有限差分技术求解输运方程，因此其预测值是分立的，从而导致计算结果的不确定性。

另一方面，由于仿真时间和内存的限制，粒子输运以及产生的次级粒子事件的相互作用详细信息往往不全面。事实上，详细信息并不总是必需的。根据模拟的目的和配置，用户往往可以做出配置选择，避免记录不必要的信息以加快计算速度。可以重点关注特定粒子或者特定相互作用过程，而忽视其他粒子或选择有利于计算的相互过程。简化模拟几何模型也是优化的一种简单方式。下文我们将讨论常用的模拟简化方法的一些示例，以选择最优的精度与模拟时间之比。

2.5.3　电子输运：简史和截止能量

电子输运是很好的简单示例。我们前面说过，光子输运的模拟相对容易，每条径迹均有少量的事件。相反，电子和正电子输运可能非常复杂。实际上，涉及电子输运的过程主要有：

- 电离，即通过与靶向原子的轨道电子相互作用，产生次级电子而导致能量损失，此作用过程在整个模拟过程中均需遵循；
- 弹性作用，方向的变化，并没有任何能损。

通过上述过程，能量在单次作用中损失非常小(大约几十 eV 量级)。此外，随着电子能量的降低，弹性碰撞过程将成为主导，这意味着电子在失去任何能量之前会经历很多次的相互作用过程。因此，从计算时间角度来看，模拟电子径迹直到完全停止是非常低效的。基于上述原因，M. J. Berger 于 1963 年提出了蒙特卡罗技术简史[48]。因为大多数事件导致能量变化和入射角度的变化比较微小，所以考虑将许多小变化碰撞的效果组合为单一、大效应和虚拟的相互作用。这些概率密度函数信息由多重散射理论提供。

电子输运的另一个特征是截止能量的引入，当达到截止能量时，不产生次级粒子，并且能量损失沿着粒子径迹是连续的，在该能量之上，能量损失是离散的，并且产生显著的次级粒子。在标准的模型中，该阈值能量通常设定为 1 keV。为了模拟半导体器件中的辐射效应，阈值应该根据所研究的电子器件尺寸仔细选择。对于大尺寸器件，可能不需要模拟次级粒子。在此情况下，沿着粒子入射径迹能量进行简单的沉积，并且对于能损过程是连续的。实际情况是，能量通过离母粒子较远的次级电子围绕入射粒子径迹分布，从而引入沉积能量分布的横向尺寸。图 2.5 给出了在硅中具有不同能量的不同重离子路径周围的能量沉积分布示意图(有关粒子径迹模拟的细节，参见文献[49])。值得注意的是，这种展现的信息是若干入射粒子作用的平均效果。随着半导体器件尺寸的不断缩小，粒子入射能量分布横向延伸距离 D(D 的大小从数百纳米到数十微米，取决于入射粒子的能量，如图 2.5 所示)变得大于单个器件的尺寸 L(见图 2.6)。

对于特征尺寸小于 0.25 μm 的器件，分布的形状开始对模拟结果产生影响[50,51]。需要越来越详细的次级电子仿真[24,49]。这就是要开发与电子应用相关的材料中低能电子的产生和输运的新模型的原因[52-54]，使用纯离散方法产生所有次级电子。

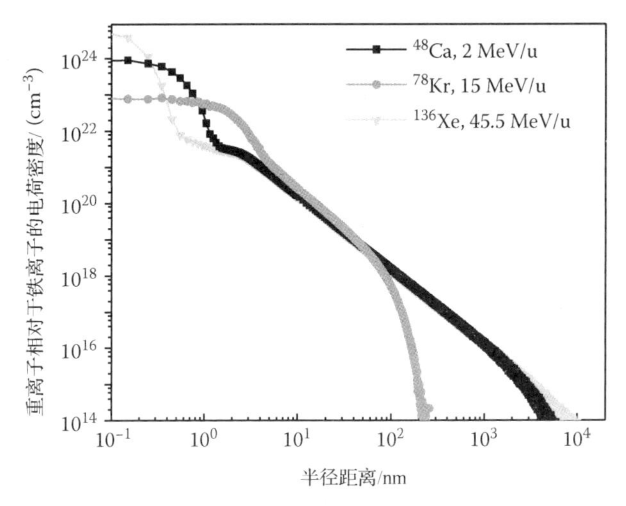

图 2.5 在硅中不同能量的不同粒子沿入射径迹能量沉积的分布示意图。对于上述粒子详细仿真，参见文献[49]

混合连续/离散能量损失方法和纯离散方法之间的区别如图 2.7 所示。在本例中，采用蒙特卡罗工具 Geant4 模拟[55]，用单个粒子入射的 1 MeV/核子 ^{10}N 离子辐照硅体内。粒子径迹从左到右呈一水平直线，见图 2.7 中间位置。次级粒子则以离子径迹发生的小的径迹轨道的形式出现。在该模拟中，出现了不同的区域，使用不同的电离模型：标准模型、混合连续模型和离散能量损失模型，阈值能量为 1 keV，或者使用纯离散方法的 MicroElec 模型。在最后一种模型下，所有电子都明确地产生几 eV 的能量；而对于标准模型，只产生能量大于 1 keV 的电子。在此例中，详细的 MicroElec 模型仅用于距离几何中心 200 nm 的厚板中，这就导致产生了更多的电子。该厚板区域可以对应于集成器件的敏感体，用户可以根据应用需求对沉积的能量进行详细的模拟，而对于其他非敏感区的几何体，不太准确的仿真就足够了。在文献[56]中可以找到使用混合或离散模型在集成器件中进行能量沉积的示例，以及器件响应的仿真。

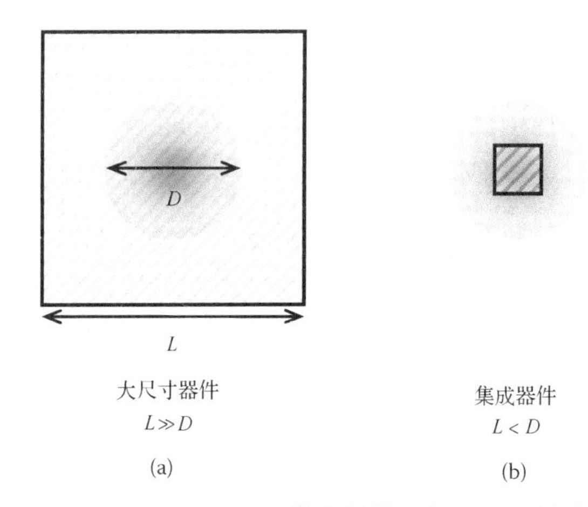

图 2.6 (a)能量沉积的横向扩散距离 D；(b)与敏感体维度 L 在大器件和集成电路中的对比

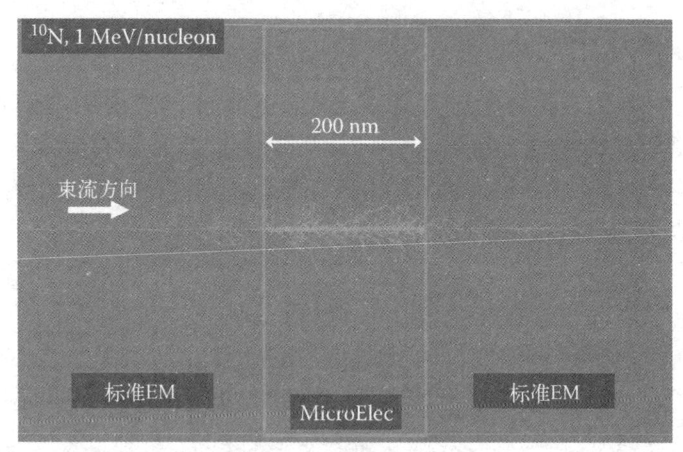

图 2.7　文献[55]采用 Geant4 提供的先进的微电子实例，在几何结构的不同区域采用混合连续/离散能量损失方法（标准 EM）和纯离散方法（MicroElec）。图中给出了 1 MeV/核子 ^{10}N 离子的二维投影径迹。仅在中心 200 nm 区域激活了 MicroElec 过程

2.5.4　方差减小技术

优化模拟效率的另一种方法（例如，在不增加计算机模拟时间的情况下减小统计不确定性）是使用方差减小方法。详细模拟，即不使用上述技术，称为“analog”。方差减小技术的选择主要依赖于要解决的问题情况。这些方法可分为：总体控制方法、修改抽样方法和部分确定性方法。下面给出简化技术的一些示例。更多详细信息，可在文献[57]中找到辐射输运方差减小技术的综述。

总体控制方法包括有意地增加（或减少）对解决问题重要（或不重要）空间或能量区域中的粒子数量。这种技术的一个典型例子是几何分割和俄罗斯轮盘。几何分割中不同区域的分配值尤为重要。假设用户对区域 A 中发生的事件特别感兴趣，越接近区域 A 的其他区域，其重要性程度越高。这种想法是关注流向感兴趣区域的粒子，而忽略离开该区域的粒子。当粒子离开关注的重要区域 I_1 并进入重要区域 I_2 时，粒子按比例 I_2/I_1 分裂或者轮回。换句话说，粒子的权重被改变了。在仿真开始时，每个入射粒子的权重均为 1。在完整的仿真模式下，每个次级粒子与初级入射粒子具有相同的权重。当采用偏置模拟方法时，粒子入射接近感兴趣区域 A，可以通过分割转换（$I_2/I_1>1$）：权重为 W 的粒子转换为权重为 w/N 的 N 个相同粒子。如果 I_2/I_1 是整数，$N=I_2/I_1$。如果 $I_2/I_1=2.75$，那么 N 可能有 75%的概率等于 3，有 25%的概率等于 2。相反，若一个粒子轨道远离感兴趣的区域（$I_2/I_1<1$），此时模拟应用俄罗斯罗盘方法，粒子消失的概率为（$1-I_2/I_1$）。如果它存活了，那么它的权重增加了 I_1/I_2。这需要允许保证所有设计的粒子的总权重恒定。

改进的采样方法也可以有意地增加粒子达到评分区域的事件的可能性。采用强制碰撞的解决方案。当涉及仿真感兴趣的比较稀有的相互作用时，如中子相互作用，或者如果对相互作用 A 比较感兴趣，而作用 B 和 C 是最有可能发生的，方差减小方法可以强制增加碰撞概率，增加 A 的相互作用。

最后，部分确定性方法包括自由游走过程（Random-Walk Process），将粒子从一个区域转移到另一个区域。

2.5.5 辐射输运蒙特卡罗仿真应用总结

在使用蒙特卡罗方法进行辐射输运仿真之前，一般建议在编码之前先进行仔细分析。第一个问题是：使用蒙特卡罗方法解决此问题的必要性，是否有更简单的方法可以获得答案？实际上，蒙特卡罗仿真与分析计算的效率很大程度上取决于给定的问题细节。蒙特卡罗方法特别适用于高维度的问题，例如，当需要处理复杂的三维几何图形或涉及混合辐射场的交互作用时。蒙特卡罗方法的广泛应用来源于它的直观性：对于用户而言，从概念上易于理解和跟踪每个粒子的产生径迹过程。

在选择蒙特卡罗方法时，仔细配置问题信息可以优化仿真精度与仿真事件的比例。简化几何图形往往是加快仿真速度的好方式。分析与问题相关的几何图形，非常详细地描述与问题相关的区域。简化无关区域和材料定义的细致级别，考虑是否需要在模拟材料中包含比例较低的元素，以及它们是否会改变仿真的结果等。

同样，是否包含所有的交互过程和所有的次级粒子，2.5.3 节给出了这个问题的一些示例，可以应用的另一种方法是所谓的范围抑制(Range-Rejection)方法。只是它不能在粒子离开(或到达)感兴趣区域时阻止过程。

总之，在开始编码之前了解并理解当前的问题，可以节省大量开发和计算的时间。当完成简单计算工作时，人们并不总是需要详细地模拟。同样，用户还需要知道自己的代码数量是否足够，以及细节够不够解决问题。仿真总会给出一个答案：它取决于用户评估对其特定应用的针对性。

2.6 蒙特卡罗工具示例

下面是一些用于辐射输运的通用蒙特卡罗方法示例。这里介绍的方法具有广泛的应用基础和积极的开发前景。过去它们都曾被用于研究电子设备的辐射效应。

多年来，研究人员开发了专用于半导体器件辐射效应模拟的工具，也有将其应用于单粒子效应研究的论文集[7]，此处不再赘述。

2.6.1 蒙特卡罗 N 粒子输运码

蒙特卡罗 N 粒子输运码(MCNP)由洛斯阿拉莫斯国家实验室开发，是冯·诺依曼、乌兰姆、费米、里希特迈尔和梅特罗波利斯开创性工作的直接产物。它是用 Fortran90 编写的通用三维输运代码。由于最初目标仅是为了模拟中子诱发裂变，它最初仅限于中子、光子和电子的输运，并且能量范围有限(中子高达 20 MeV)。考虑到附加粒子类型(质子、α粒子和一些重离子)以及更大的能量范围，还并行开发了一个扩展版本(MCNPX)。MCNP6 融合了先前的 MCNP5 版本和 MCNPX 版本[58]，是 2013 年 8 月发布的最后一个 MCNP 版本。该规范由辐射安全信息计算中心(RSICC)[59]和经济合作与发展组织核能局(OECD/NEA)数据库[60]根据出口管制条例编制。从中可以获得预编译可执行文件和源代码文件。

单粒子效应研究的应用实例包括 MCNP[61-63]。由于其强大的中子物理学传统，所有这些研究都致力于观察大气或地面中子的诱导作用引起的单粒子效应。未来，MCNP6 规范可能会包含更多的粒子种类。

2.6.2　Geant4

Geant4(Geometry and Tracking 4)是一个模拟粒子通过物质过程的开源工具包[64,65]。最初，该代码为欧洲核子中心(CERN)高能物理实验的模拟而开发，但它很快扩展到了非常广泛的科学领域(特别是核、加速器、空间和医学物理)。实际上，它是基于C++的面向对象环境的 FORTRAN 基础 Geant3 仿真程序的重新设计。目前，欧洲、日本、加拿大和美国的一些研究所和大学的物理学研究员和软件工程师合作开发了 Geant4。自从 2013 年 12 月 10.0 版发布以来，Geant4 支持多线程应用程序，它可以通过将事件分派到不同的线程来实现并行性。作为一种预编译的二进制文件或源代码，Geant4 可以从其网站下载[66]。

自从第一个版本在 1998 年发布以来，Geant4 的许多专用工具都是基于其 C++类库构建的，目前已经被广泛地应用于电子学的辐射效应分析。例如 MULASSIS[67]、MRED[20]和 GRAS[68]。自第一个版本以来，Geant4 的面向对象的设计，可以模拟非常大范围的粒子和能量，具有代码的灵活性以及源代码的可用性，它的应用十分广泛。

2.6.3　FLUKA

FLUKA(Fluktuierende Kaskade)是一个用 Fortran77 编写的完全集成的粒子物理蒙特卡罗模拟包[69,70]。第一代的代码最初是专门用于高能加速器屏蔽计算的，最终演变成一个适用于不同领域和不同能源的多用途的多粒子代码。该软件由意大利核科学院(INFN)和欧洲核子中心(CERN)赞助和版权所有，不受一般公共许可制度的约束。如果许可证上有明确的许可，则可自由用于科学和学术目的，或经协议用于商业目的。代码以预编译的二进制形式分发，用户可以申请完整的源代码，但不允许修改代码。

目前，已有 FLUKA 在电子设备辐射效应研究中的应用实例[71,72]。FLUKA 还广泛用于描述大型强子对撞机(LHC)混合环境中的辐射场，并评估其对电子设备的影响[73]。

2.6.4　粒子和重离子输运码系统(PHITS)

粒子和重离子输运码系统(PHITS)是用 Fortran77[74]编写的通用蒙特卡罗粒子输运模拟代码。它旨在研究各种高能重离子输运应用，包括从核物理的放射性束设施到宇宙射线辐射对人体或电子设备的影响。它是由日本和欧洲的几个研究所合作开发的。与蒙特卡罗 N 粒子输运码一样，粒子和重离子输运码系统也受到核相关技术出口管制法的约束，它由日本信息科学与技术研究组织(RIST)[75]、美国和加拿大的辐射安全信息计算中心(RSICC)[59]、经合组织/国家能源局数据库发布[60]，可以访问其预编译可执行文件以及源代码文件。

目前，已有粒子和重离子输运码系统在单粒子效应研究中应用的实例[76,77]。

2.7　小结

本章介绍了蒙特卡罗模拟辐射效应的发展(historical perspective)，重点介绍了该方法在辐照电子研究中的应用。在给出该方法的一般定义后，分析了该方法在半导体器件辐射效应研究中的应用。这类研究实际上是两个部分的问题：辐射输运和对电子的影响。

虽然蒙特卡罗方法非常适合模拟辐射输运和相互作用，但将材料层的效应转化为电效应的过程却不那么简单，通常采用其他方法来解决。

同时本章还讨论了蒙特卡罗模拟的主要特点和局限性，以及加快计算速度的常用方法。最后，本章给出了蒙特卡罗辐射输运模拟程序的一些实例，以及它们在电子器件中的应用实例。

参考文献

1. N. Metropolis, The beginning of the Monte Carlo method, *Los Alamos Science*, Vol. 15, pp. 125-130, 1987.
2. D. Binder, E. C. Smith and A. B. Holman, Satellite anomalies from galactic cosmic rays,*IEEE Transactions on Nuclear Science*, Vol. 22, pp. 2675-2680, 1975.
3. G. Comte de Buffon, Essai d'arithmétique morale, *Histoire naturelle, générale et particulière: Supplément*, Vol. 4, pp. 46-109, 1777.
4. N. Metropolis and S. Ulam, The Monte Carlo method, *Journal of the American Statistical Association*, Vol. 44, pp. 335-341, 1949.
5. E. Hayward and J. H. Hubbell, The albedo of various materials for 1-Mev photons, *Physical Review*, Vol. 93, pp. 955-956, 1954.
6. F. B. Brown, Recent advances and future prospects for Monte Carlo, *Progress in Nuclear Science and Technology*, Vol. 2, pp. 1-4, 2011.
7. R. A. Reed et al., Anthology of the development of radiation transport tools as applied to single event effects, *IEEE Transactions on Nuclear Science*, Vol. 60, pp. 1876-1911, 2013.
8. G. A. Sai-Halasz and M. R. Wordeman, Monte Carlo modeling of the transport of ionizing radiation created carriers in integrated circuits, *IEEE Electron Device Letters*, Vol. 1, pp. 210-212, 1980.
9. P. J. McNulty, G. E. Farrell and W. P. Tucker, Proton-induced nuclear reactions in silicon, *IEEE Transactions on Nuclear Science*, Vol. 28, pp. 4007-4012, 1981.
10. G. R. Srinivasan, Modeling the cosmic-ray-induced soft-error rate in integrated circuits: An overview, *IBM Journal of Research and Development*, Vol. 40, pp. 77-89, 1996.
11. J. C. Pickel and J. T. Blandford Jr., Cosmic ray induced errors in MOS memory cells, *IEEE Transactions on Nuclear Science*, Vol. 25, pp. 1166-1171, 1978.
12. T. C. May and M. H. Woods, A new physical mechanism for soft errors in dynamic memories, in Proc. IEEE Reliability Physics Symposium, 1978.
13. T. C. May and M. H. Woods, Alpha-particle-induced soft errors in dynamic memories, *IEEE Transactions on Electron Devices*, Vol. 26, pp. 2-9, 1979.
14. J. F. Ziegler and W. A. Lanford, The effect of cosmic rays on computer memories, *Science*, Vol. 206, pp. 776-788, 1979.
15. M. H. Kalos and P. A. Whitlock, *Monte Carlo Methods,*Vol. 1. New York: Wiley, 1986.
16. P. Hellekalek,Good random number generators are (not so) easy to find,*Mathematicsand Computers in Simulation*, Vol. 46, pp. 485-505, 1998.

17. F. James, A review of pseudorandom number generators, *Computer Physics Communications*, Vol. 60, pp. 329-344, 1990.
18. E. L. Petersen, J. C. Pickel, J. H. Adams Jr. and E. C. Smith, Rate prediction for single event effects—A critique, *IEEE Transactions on Nuclear Science*, Vol. 39, pp. 1577-1599, 1992.
19. E. L. Petersen, Soft errors results analysis and error rate prediction, in Proc. NSREC Short Course, Tucson, AZ, 2008.
20. R. A. Weller, M. H. Mendenhall, R. A. Reed, R. D. Schrimpf, K. M. Warren, B. D. Sierawski and L. W. Massengill, Monte Carlo simulation of single event effects, *IEEE Transactions on Nuclear Science*, Vol. 57, pp. 1726-1746, 2010.
21. C. A. Klein, Bandgap dependence and related features of radiation ionization energies in semiconductors, *Journal of Applied Physics*, Vol. 39, pp. 2029-2038, 1968.
22. M. Murat, A. Akkerman and J. Barak, Spatial distribution of electron-hole pairs induced by electrons and protons in SiO2, *IEEE Transactions on Nuclear Science*, Vol. 51, pp. 3211-3218, 2004.
23. M. Murat, A. Akkerman and J. Barak, Electron and ion tracks in silicon: Spatial and temporal evolution, *IEEE Transactions on Nuclear Science*, Vol. 55, pp. 3046-3054, 2008.
24. M. P. King, R. A. Reed, R. A. Weller, M. H. Mendenhall, R. D. Schrimpf, M. L. Alles, E. C. Auden, S. E. Armstrong and M. Asai, The impact of delta-rays on single-event upsets in highly scaled SOI SRAMs, *IEEE Transactions on Nuclear Science*, Vol. 57, pp. 3169-3175, 2010.
25. F. Gao, L. W. Campbell, Y. Xie, R. Devanathan, A. J. Peurrung and W. J. Weber, Electron-hole pairs created by photons and intrinsic properties in detector materials, *IEEE Transactions on Nuclear Science*, Vol. 55, pp. 1079-1085, 2008.
26. R. D. Narayan, R. Miranda and P. Rez, Monte Carlo simulation for the electron cascade due to gamma rays in semiconductor radiation detectors, *Journal of Applied Physics*, Vol. 111, pp. 064910, 2012.
27. K. Hess, ed., *Monte Carlo Device Simulation: Full Band and Beyond*: Kluwer Academic Publishers, 1991.
28. Synopsys [Online].
29. J. Saint Martin, A. Bournel and P. Dollfus, On the ballistic transport in nanometerscaled DG MOSFETs, *IEEE Transactions on Electron Devices*, Vol. 51, pp. 1148-1155, 2004.
30. C. Wasshuber, H. Kosina and S. Selberherr, SIMON—A simulator for single-electron tunnel devices and circuits, *IEEE Transactions on Computer-Aided Design of Integrated Circuits and Systems*, Vol. 16, pp. 937-944, 1997.
31. M. A. Xapsos, Applicability of LET to single events in microelectronic structures, *IEEE Transactions on Nuclear Science*, Vol. 39, pp. 1613-1621, 1992.
32. M. Raine, M. Gaillardin, P. Paillet, O. Duhamel, S. Girard and A. Bournel, Experimental evidence of large dispersion of deposited energy in thin active layer devices, *IEEE Transactions on Nuclear Science*, Vol. 58, pp. 2664-2672, 2011.
33. M. Raine, G. Hubert, P. Paillet, M. Gaillardin and A. Bournel, Implementing realistic heavy ion tracks in a SEE prediction tool: comparison between different approaches, *IEEE Transactions on Nuclear Science*, Vol. 59, pp. 950-957, 2012.

34. F. B. McLean and T. R. Oldham, Basic mechanisms of radiation effects in electronic materials and devices, HDL-TR-2129, Harry Diamond Labs, Adelphi, MD, 1987.
35. A. Javanainen, J. R. Schwank, M. R. Shaneyfelt, R. Harboe-Sorensen, A. Virtanen, H. Kettunen, S. M. Dalton, P. E. Dodd and A. B. Jaksic, Heavy-ion induced charge yield in MOSFETs,*IEEE Transactions on Nuclear Science*, Vol. 56, pp. 3367-3371, 2009.
36. M. R. Shaneyfelt, D. M. Fleetwood, J. R. Schwank and K. L. Hughes, Charge yield for 10-keV X-ray and cobalt-60 irradiation of MOS devices, *IEEE Transactions on Nuclear Science*, Vol. 38, pp. 1187-1194, 1991.
37. M. Murat, A. Akkerman and J. Barak, Charge yield and related phenomena induced by ionizing radiation in SiO2 layers, *IEEE Transactions on Nuclear Science*, Vol. 53, pp. 1973-1980, 2006.
38. J. R. Srour and R. A. Hartmann, Effects of single neutron interactions in silicon integrated circuits, *IEEE Transactions on Nuclear Science*, Vol. 32, pp. 4195-4200, 1985.
39. P. W. Marshall, C. J. Dale, E. A. Burke, G. P. Summers and G. E. Bender, Displacement damage extremes in silicon depletion regions, *IEEE Transactions on Nuclear Science*, Vol. 36, pp. 1831-1839, 1989.
40. E. C. Auden, R. A. Weller, M. H. Mendenhall, R. A. Reed, R. D. Schrimpf, N. C. Hooten and M. P. King, Single particle displacement damage in silicon, *IEEE Transactions on Nuclear Science*, Vol. 59, pp. 3054-3061, 2012.
41. R. A. Weller, M. H. Mendenhall and D. M. Fleetwood, A screened coulomb scattering module for displacement damage computations in Geant4, *IEEE Transactions on Nuclear Science*, Vol. 51, pp. 3669-3678, 2004.
42. M. J. Norgett, M. T. Robinson and I. M. Torrens, A proposed method of calculating displacement dose rates, *Nuclear Engineering Design*, Vol. 33, pp. 50-54, 1975.
43. J. R. Srour and J. W. Palko, Displacement damage effects in irradiated semiconductor devices,*IEEE Transactions on Nuclear Science*, Vol. 60, pp. 1740-1766, 2013.
44. J. R. Srour and J. W. Palko, Displacement damage effects in devices, in Proc. Short Course of the Nuclear and Space Radiation Effects Conference, San Francisco,2013.
45. F. Salvat, J. M. Fernandez-Varea and J. Sempau, PENELOPE-2008: A code system for Monte Carlo simulation of electron and photon transport, in Proc. OECD-NEA Workshop, Barcelona, Spain, 2008.
46. B. D. Sierawski et al., Muon-induced single-event upsets in deep-submicron technology,*IEEE Transactions on Nuclear Science*, Vol. 57, pp. 3273-3278, 2010.
47. P. Truscott, Radiation transport models and software, in Proc. Short Course of the 10th Radiation Effects on Components and Systems (RADECS) Conference, Bruges, Belgium, 2009.
48. M. J. Berger, Monte Carlo calculation of the penetration and diffusion of fast charged particles, in *Methods in Computational Physics*, Vol. 1. New York: Academic Press, 1963, pp. 135.
49. M. Raine, M. Gaillardin, J.-E. Sauvestre, O. Flament, A. Bournel and V. AubryFortuna, Effect of the ion mass and energy on the response of 70-nm SOI transistors to the ion deposited charge by direct ionization, *IEEE Transactions on Nuclear Science*, Vol. 57, pp. 1892-1899, 2010.
50. M. Raine, G. Hubert, M. Gaillardin, L. Artola, P. Paillet, S. Girard, J.-E. Sauvestre and A. Bournel,

Impact of the radial ionization profile on SEE prediction for SOI transistors and SRAMs beyond the 32 nm technological node, *IEEE Transactions on Nuclear Science*, Vol. 58, pp. 840-847, 2011.

51. V. Ferlet-Cavrois et al., Analysis of the transient response of high performance 50-nm partially depleted SOI transistors using a laser probing technique, *IEEE Transactions on Nuclear Science*, Vol. 53, pp. 1825-1833, 2006.
52. A. Akkerman, M. Murat and J. Barak, Monte Carlo calculations of electron transport in silicon and related effects for energies of 0.02-200 keV, *Journal of Applied Physics*, Vol. 106, pp. 113703, 2009.
53. A. Valentin, M. Raine, J.-E. Sauvestre, M. Gaillardin and P. Paillet, Geant4 physics processes for microdosimetry simulation: Very low energy electromagnetic models for electrons in silicon, *Nuclear Instruments and Methods in Physics Research B*, Vol. 288, pp. 66-73, 2012.
54. A. Valentin, M. Raine, M. Gaillardin and P. Paillet, Geant4 physics processes for microdosimetry simulation: Very low energy electromagnetic models for protons and heavy ions in silicon, *Nuclear Instruments and Methods in Physics Research B*, Vol. 287, pp.124-129, 2012.
55. M. Raine, M. Gaillardin and P. Paillet, Geant4 physics processes for silicon microdosimetry simulation: Improvements and extension of the energy-range validity up to 10 GeV/nucleon, *Nuclear Instruments and Methods in Physics Research B*, Vol. 325, pp. 97-100, 2014.
56. M. Raine, A. Valentin, M. Gaillardin and P. Paillet, Improved simulation of ion track structures using new Geant4 models—Impact on the modeling of advanced technologies response, *IEEE Transactions on Nuclear Science*, Vol. 59, pp. 2697-2703, 2012.
57. A. F. Bielajew and D. W. O. Rogers, Variance-reduction techniques, in *Monte Carlo Transport of Electrons and Photons*, T. M. Jenkins, W. R. Nelson, and A. Rindi, eds. New York: Plenum, 1988, pp. 407-419.
58. T. Goorley et al., Initial MCNP6 release overview, *Nuclear Technology*, Vol. 180, pp. 298-315, 2012.
59. RSICC [Online].
60. OECD/NEA databank Online.
61. C. H. Tsao, R. Silberberg and J. R. Letaw, A comparison of neutron-induced SEU rates in Si ans GaAs devices, *IEEE Transactions on Nuclear Science*, Vol. 35, pp. 1634-1637, 1988.
62. G. Gasiot, V. Ferlet-Cavrois, J. Baggio, P. Roche, P. Flatresse, A. Guyot, P. Morel, O. Bersillon and J. Du Port de Pontcharra, SEU sensitivity of bulk and SOI technologies to 14 MeV neutrons, *IEEE Transactions on Nuclear Science*, Vol. 49, pp. 3032-3037, 2002.
63. O. Flament, J. Baggio, C. D'Hose, G. Gasiot and J. L. Leray, 14 MeV neutron-induced SEU in SRAM devices, *IEEE Transactions on Nuclear Science*, Vol. 51, pp. 2908-2911, 2004.
64. S. Agostinelli et al., GEANT4—A simulation toolkit, *Nuclear Instruments and Methods in Physics Research A*, Vol. 506, pp. 250-303, 2003.
65. J. Allison et al., Geant4 developments and applications, *IEEE Transactions on Nuclear Science*, Vol. 53, pp. 270-278, 2006.
66. Geant4 [Online].
67. F. Lei, P. Truscott, C. S. Dyer, B. Quaghebeur, D. Heynderickx, P. Nieminen, H. Evans and E. Daly, MULASSIS: A Geant4-based multilayered shielding simulation tool, *IEEE Transactions on Nuclear*

Science, Vol. 49, pp. 2788-2793, 2002.

68. G. Santin, V. Ivanchenko, H. Evans, P. Nieminen and E. Daly, GRAS: A generalpurpose 3-D modular simulation tool for space environment effects analysis, *IEEE Transactions on Nuclear Science*, Vol. 52, pp. 2294-2299, 2005.
69. A. Ferrari, P. R. Sala, A. Fasso and J. Ranft, FLUKA: A multi-particle transport code, *CERN200510*, 2005.
70. G. Battistoni, S. Muraro, P. R. Sala, F. Cerutti, A. Ferrari, S. Roesler, A. Fasso and J. Ranft, The FLUKA code: Description and benchmarking, in Proc. Hadronic Shower Simulation Workshop, Fermilab, 2007.
71. M. Huhtinen and F. Faccio, Computational method to estimate single event upset rates in an accelerator environment, *Nuclear Instruments and Methods in Physics Research A*, Vol. 450, pp. 155-172, 2000.
72. S. Koontz, B. Reddell and P. Boeder, Calculating spacecraft single event environments with FLUKA: Investigating the effects of spacecraft material atomic number on secondary particle showers, nuclear reactions, and linear energy transfer (LET) spectra, internal to spacecraft avionics materials, at high shielding mass, in Proc. IEEE Radiation Effects Data Workshop, 2011.
73. M. Brugger, Radiation effects, calculation methods and radiation test challenges in accelerator mixed beam environments, in Proc. Short Course of the Nuclear and Space Radiation Effects Conference, Paris, 2014.
74. T. Sato et al., Particle and Heavy Ion Transport Code System PHITS, version 2.52, *Journal of Nuclear Science and Technology*, Vol. 50, pp. 913-923, 2013.
75. RIST [Online].
76. H. Kobayashi, N. Kawamoto, J. Kase and K. Shiraish, Alpha particle and neutroninduced soft error rates and scaling trends in SRAM, in *Proc. IEEE Reliability Physics Symposium*, Montreal, Canada, 2009.
77. S. Abe, Y. Watanabe, N. Shibano, N. Sano, H. Furuta, M. Tsutsui, T. Uemura and T. Arakawa, Multi-scale Monte Carlo simulation of soft-errors using PHITS-HyENEXSS code system, *IEEE Transactions on Nuclear Science*, Vol. 59, pp. 965-970, 2012.

第3章　10 nm 级 CMOS 工艺制程 SRAM 多翻转的完整指南

Gilles Gasiot and Philippe Roche

3.1　引言

先进电子器件对于辐射环境的敏感性在所有可靠性问题[电迁移、栅穿、负偏置温度不稳定性（NBTI）等]中具有最高的失效率。在现代的静态随机存取存储器（SRAM）中，两类主要的单粒子效应分别是单个位翻转（SBU）和多翻转（MU）。多翻转是临近单元中的拓扑类错误。如果发生翻转的单元属于同一个逻辑字，则称为多位翻转（MBU）；否则称为多单元翻转（MCU）。近年来学者们愈加研究和重视多翻转[1~8]，因为无法通过简单的纠错码（ECC）方案来修复多翻转，从而威胁到了错误检测和纠正（EDAC）的有效性。

随着工艺微缩，每前进一个技术代则每平方毫米上的晶体管数量翻倍，而辐射特征尺寸（离化路径的半径）是常数。如图 3.1 所示，采用三维工艺计算机辅助设计（TCAD）仿真，给出了入射单个离子影响 130 nm 工艺下的单个 SRAM 位单元和 45 nm 工艺下的多个 SRAM 位单元。此外，随着特征尺寸和电源电压的共同降低，SRAM 存储电学数据（临界电荷）的能力也在降低。因此，单个粒子使得多个单元发生翻转的概率在增加[9-11]。

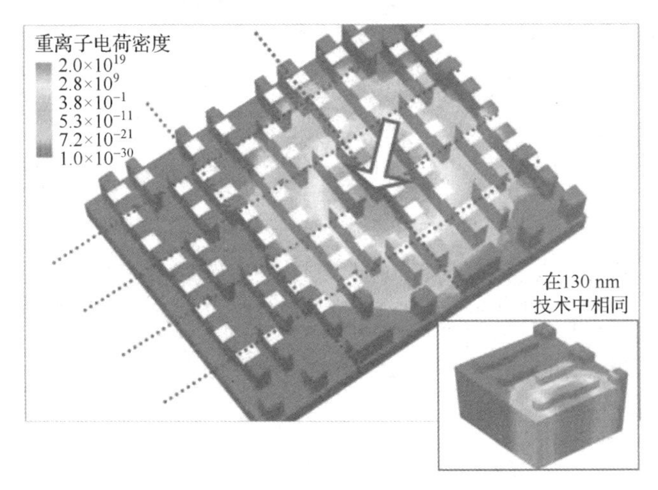

图 3.1　三维 TCAD 仿真离子入射（单个 LET 值）130 nm 工艺下的单个 SRAM 位单元和 45 nm 工艺下的 12 个 SRAM 位单元

SRAM 阵列中多单元翻转发生的机制远不止“淀积足够的能量，使得两个单元翻转”，而由所采用的辐照决定。单个粒子（α 粒子和离子等）通过直接电离辐射淀积电荷，在阱中扩散并被多个位单元所收集。通过自然的方法（放射性原子产生随机发射角度的 α 粒子）或者人工的方法，采用粒子倾角入射（加速器实验测试中，选择 0 度到 60 度的重离子），可以增强上述现象。中子和质子等非电离辐射具有不同的多单元翻转发生机制(如图 3.2 所示)。非离化粒子可以产生一个或多个次级产物。必须考虑如下情况：来自两个核子的两个次级离子使得两个以上的位单元发生翻转，来自单个核子的两个次级离子使得两个以上的位单元发生翻转，来自单个核子的单个次级离子使得两个以上的位单元发生翻转(这种情况下，该现象类似于上述的直接电离机制)。类型 1 机制可以忽略，但类型 2 机制和类型 3 机制共存[12]。然而，由于这两种机制引起的多单元翻转的比例从来都无法准确地评估。

1984 年首次从实验中观测到多位翻转，这是对 16×16 位的双极 RAM 进行重离子辐照的实验[13]。值得注意的是，检测到了单个离子入射的不同列中的 16 位错误。这意味着，整个存储阵列的 6%都发生了错误，且源于单个粒子入射。自从该实验性观测之后，还在多种不同的器件类型中检测到了多位错误，器件类型包括 DRAM[14]、多晶硅负载的 SRAM[15]和基于反熔丝的 FPGA[16]，采用不同的辐照类型包括质子[17]、中子[18]和激光[19]。

该工作的目标首先是通过实验确定多单元翻转发生与辐照类型、测试条件(温度、电压等)和 SRAM 架构等因素的定量关系。这些结果用来对产生多单元翻转敏感性因素的重要性进行排序。接下来，采用三维 TCAD 仿真来研究引发多单元翻转的机制，确定触发 2 位多单元翻转的最敏感位置，并给出多单元翻转敏感区域的版图。

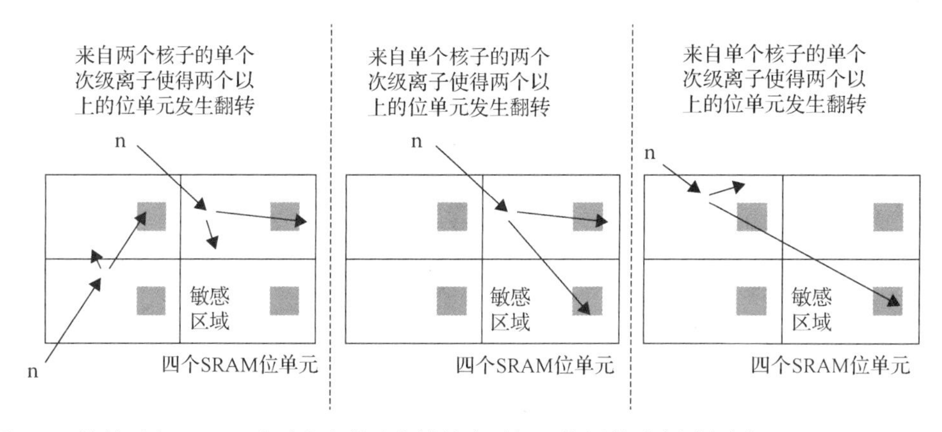

图 3.2　能够引起 SRAM 阵列中多单元翻转的中子相互作用的示意图(引自 F. Wrobel et al., *IEEE Transactions on Nuclear Science*, Vol. 48, No. 6, pp. 1946–1952, Dec. 2001)

3.2　实验装置

实验设计包括不同的测试类型和电源电压。对于 α 粒子和中子，测试程序与 JEDEC 固态技术协会软错误率测试标准 JESD89 兼容[20]；对于重离子和质子，测试程序与欧洲航天局(ESA)测试标准号 22900 兼容[21]。

3.2.1　计数多翻转的测试算法的重要性

当从实验上测量多单元翻转时，必须区分：(1)来自一簇最临近翻转的多个独立的失效，而这是由单个高能粒子引起单个多单元翻转所产生的；(2) 由于入射到冗余锁存或灵敏放大器的错误特征，从多单元翻转特征上看，这会引起整行或整列的翻转。由于单粒子事件中多个粒子入射翻转多个单元，所以测试算法允许分离独立的事件。存储器的动态测试通常包含先写入一次，然后以特定的工作频率持续读操作，每次都记录发生的事件。这使得可以深入观测多单元翻转的形貌与发生。然而，对于存储器的静态测试而言，一次性写入测试数据类型，并在回读前保持一段时间。该结果是失效位图，在其中无法区分由于多个粒子入射产生的事件和翻转多个单元的单粒子事件。然而，可以采用统计工具来定量由多个粒子引起的临近翻转率[22,23]。其中的一个工具在本章附录 3A 中进行了详述。

3.2.2　测试设施

3.2.2.1　α 源

测试采用的 α 源是镅-241 箔，有源直径为 1.1 cm。在 2002 年 2 月 1 日，测得的源活度为 3.7 MBq。在 2003 年 3 月，将 Si 探测器放置于距离源表面 1 mm 处，从而精确测量 α 粒子的通量。因为镅-241 的原子半衰期是 432 年，所以活度和通量的指标仍然非常准确。在软错误率 (SER) 实验中，镅源放置于芯片封装上方的空气中。

3.2.2.2　中子设施

采用连续能谱的中子源开展中子实验，可以使用的中子源有洛斯阿拉莫斯中子科学中心 (LANSCE) 和温哥华的三大学介子设施 (TRIUMF)。中子谱和地球环境比较接近，TRIUMF 设施中子能量范围为 10～500 MeV，LANSCE 设施中子能量范围为 10～800 MeV。采用铀裂变室测量中子通量。通过计数裂变和施加比例系数可以获得产生的中子总数。

3.2.2.3　重离子设施

采用辐射效应设施 (RADEF) 回旋加速器[24]进行重离子测试。RADEF 位于芬兰于韦斯屈莱大学 (JYFL) 的加速器实验室。该设施包括专门用于质子和重离子辐照的束线，用来研究半导体材料和器件。重离子束线由内含移动装置的真空腔和实时分析束流质量和强度的离子诊断设备所组成。JYFL 的回旋加速器是灵活的扇形加速器，产生从氢到氙的离子束流。该加速器配备了三个外部的离子源。有两个电子回旋共振 (Electron Cyclotron Resonance，ECR) 离子源，用来产生高电荷态的重离子。RADEF 中使用的重离子在硅中的射程远大于整个后端金属和钝化层的厚度 (约 10 μm)。

3.2.2.4　质子设施

质子辐照在位于瑞士的保罗谢尔研究所 (PSI) 的质子辐照设施 (PIF) 中进行。该研究所主要测试航天器组件。保罗谢尔研究所的主要优势在于可以在大气环境下开展辐照，通量/剂量大概具有 5%左右的绝对精度，束流均匀性大于 90%。实验已经采用了低能 PIF 束线，能量范围为 6～71 MeV，最大质子通量为 5×10^{8} /$cm^{-2}\cdot s^{-1}$。

3.2.3 测试器件

实验中的大部分数据都来自一款测试芯片(见图 3.3)。该测试芯片内嵌了三种不同的位单元架构，即两个单端口(SP)架构和一个双端口(DP)架构。采用商用的低功耗 65 nm CMOS(互补金属氧化物半导体)工艺制备该测试芯片。图 3.4 汇总了测试器件的主要特征。每种位单元都经过有/无三阱(triple-well，TW)层的处理。

三阱层包括 P 型掺杂衬底上的 N^+埋层，或者 N 型掺杂衬底上的 P^+埋层。因为多数器件采用 P 型衬底制备，所以三阱通常指深 N 阱或 N^+埋层(见图 3.5)。多年来，三阱层用于电学隔离 P 阱，降低来自衬底的电学噪声。通过 N 阱接触/引出连接至 VDD，P 阱接地，从而对三阱施加偏置。如图 3.6 所示，阱接触沿着 SRAM 单元阵列规则性分布。三阱工艺选项对于辐照敏感性来说，有两种主要的效应。首先，由于 PNP 基区电阻显著减小了(见图 3.1)，所以单粒子闩锁敏感度降低。对应地，三阱使得闩锁晶闸管更难以开启。文献[25,26]写道，即使在极端条件下[高压、高温和高线性能量转移(LET)值]也是完全闩锁免疫的。第二，该埋层同时减小了单个位翻转/软错误率敏感度，因为三阱层可以收集衬底深处产生的电子，通过 N 阱接触移出。文献[27–29]中写道，采用三阱层优化了软错误率。然而，也有其他的研究团队报道了相反的实验现象，在商用 0.15 μm CMOS 工艺中由于采用了三阱层，增加了软错误率敏感度[30,31]。

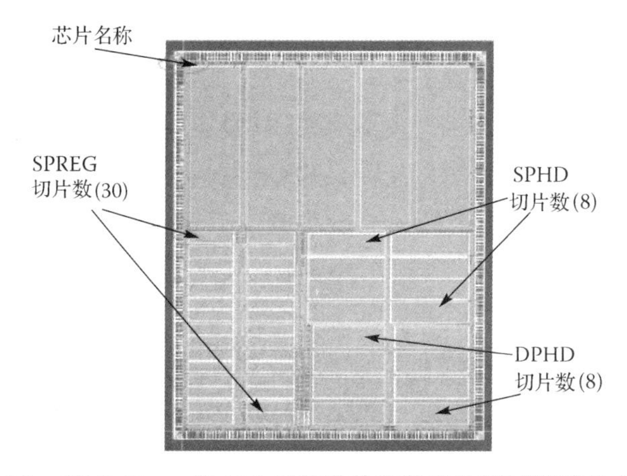

图 3.3 基于 65 nm CMOS 工艺设计和制造的测试图形的布局

位单元	位单元面积	容量	N型深阱
单端口 SRAM 高密度	0.52 μm^2	2 Mb	无
单端口 SRAM 高密度	0.52 μm^2	2 Mb	有
单端口 SRAM 标注密度	0.62 μm^2	2 Mb	无
单端口 SRAM 标注密度	0.62 μm^2	2 Mb	有
双端口 SRAM 高密度	0.98 μm^2	1 Mb	无
双端口 SRAM 高密度	0.98 μm^2	1 Mb	有

图 3.4 测试图形的内容。嵌入了三种不同的位单元架构。每种位单元都经过有/无三阱层的处理

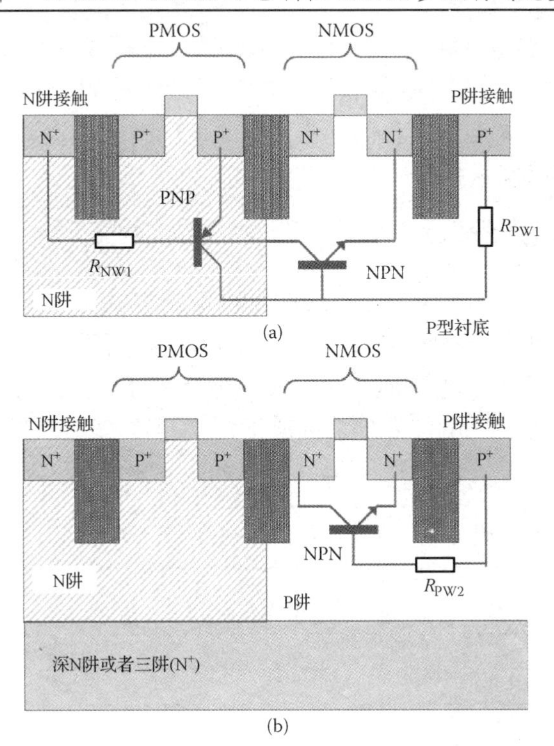

图 3.5　CMOS 反相器的截面示意图。(a) 无三阱；(b) 有三阱。三阱降低了 PNP 的基极电阻 R_{NW1}，所以 PNP 不会被触发。反之，三阱层夹断了 P 阱，增加了 NPN 基极电阻 R_{PW2}，使得 NPN 触发更容易些

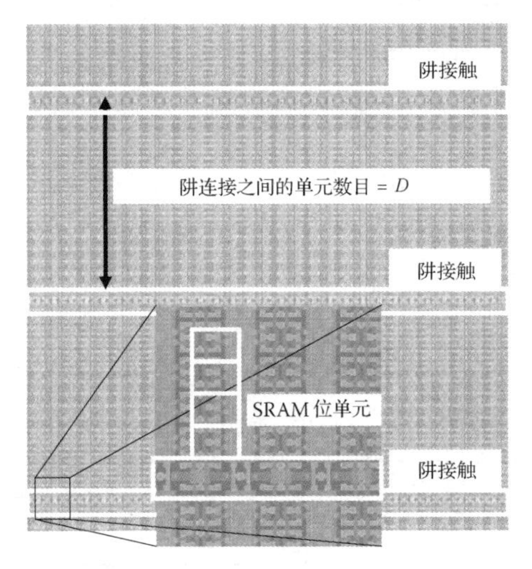

图 3.6　SRAM 单元阵列版图，显示了每隔 32 个单元的周期性分布的阱接触行

3.3　实验结果

在 65 nm SRAM 的软错误率实验中，记录下了多单元翻转(MCU)，但是并没有检测到多位翻转，这是因为测试的存储器采用了位交织技术。该工作中报道了所有的 MCU 百分比，其通过 MCU 翻转数除以总的翻转数[单个位翻转(SBU)和 MCU]获得。注意在

文献中有时使用事件而不是翻转[31]，所以在这种情况下严重低估了 MCU 百分比。除非另有说明，否则都是在室温下采用棋盘格和均匀测试图形的动态模式进行测试的。除了通常的 MCU 百分比，在本实验中我们还报道了 MCU 引起的失效率(也称为 MCU 率)。通过使用 MCU 率，可以定量比较不同工艺和不同测试条件下的 MCU 发生的情况。

3.3.1 MCU 与辐射源的关系

四种辐射源有着不同的相互作用模式,即直接电离模式(α 粒子和重离子)或间接电离模式(中子和质子)。基于相同测试结构比较不同辐射源下的 MCU 百分比是很有意义的。选择的测试结构是标准密度、无三阱工艺的单端口 SRAM。表 3.1 汇总了 MCU 百分比，可以看出 α 粒子引起较少的 MCU 发生。重离子产生更高的 MCU 百分比，而中子和质子情况类似。所以对 MCU 而言，重离子是最恶劣的辐射源。

表 3.1 在几种辐射源下，对于相同的单端口 SRAM，MCU 发生的百分比

辐射源	MCU 百分比 (单端口 SRAM，标准密度，棋盘格测试图形，无三阱层)
α 粒子	0.5%
中子	21% at LANSCE
质子	4% at 10 MeV 20% at 40 MeV 25% at 60 MeV
重离子	0% at 5.85 MeV·cm^2/mg 87% at 19.9 MeV·cm^2/mg 99.8% at 48 MeV·cm^2/mg

3.3.2 MCU 和阱工艺的关系：三阱的采用

针对有/无三阱工艺的单端口 SRAM，表 3.2 汇总和比较了 MCU 率和 MCU 百分比。表 3.3 首先指出，采用三阱使得 MCU 率增加一个数量级，而 MCU 百分比增加了 3.6 倍。因为 MCU 百分比导致信息的不完整，所以必须采用 MCU 率。如图 3.7 所示，相比于有三阱的器件，没有三阱的器件中每个 MCU 事件包含的位数更少(≤8)。该指标也意味着，对于三阱的 SRAM，3 位和 4 位 MCU 事件比 2 位 MCU 事件更容易发生。

表 3.2 有/无三阱工艺的单端口 SRAM 中 MCU 率和 MCU 百分比[a]

	MCU 率	MCU 百分比/%
SP SRAM 标准密度(无三阱层)	100(norm)	21
SP SRAM 标准密度(有三阱层)	1000	76

[a]MCU 率以无三阱层时的值做归一化处理。

表 3.3 对于棋盘格测试图形，在标称电压和室温下进行中子辐照而获得的 MCU 率和 MCU 百分比

工艺	位单元面积	棋盘格测试图形	
		MCU 百分比/%	MCU 率/(a.u.)
体硅	2.5 μm^2	16.90	100
绝缘体上硅	2.5 μm^2	2.10	10

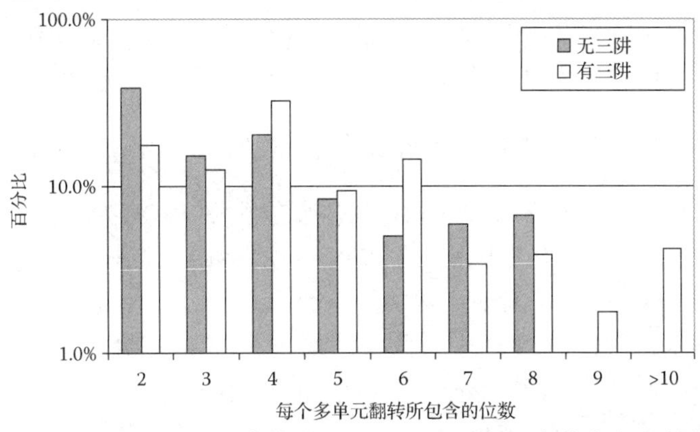

图 3.7　针对中子辐照的高密度 SP SRAM，MCU 事件中包含的位数

图 3.8 显示了重离子辐照下三阱层对于 MCU 百分比的影响。待测的 SRAM 是高密度 SP SRAM。对于最小的线性能量转移(LET)值，有三阱的样品中 MCU 占据事件数的 90%，而无三阱的样品中小于 1%。对大于 5.85 MeV·cm^2/mg 的 LET_{eff}，有三阱的 SRAM 中没有发生单个位翻转(SBU)。对大于 14.1 MeV·cm^2/mg 的 LET_{eff}，有三阱的 SRAM 中所有的 MCU 事件都引起 5 个以上的位错。对于有三阱的 SRAM，MCU 的数量显著增加，所以引起错误截面的增加。

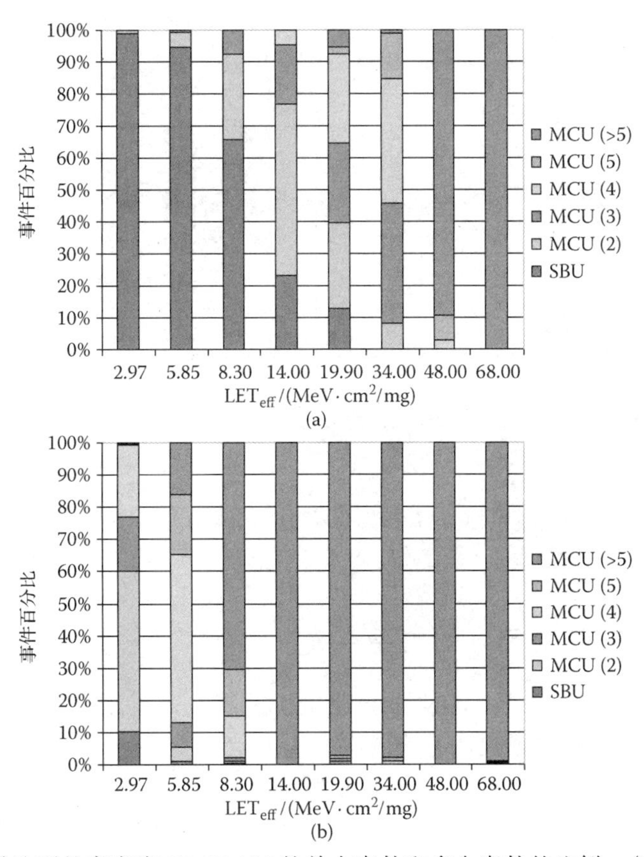

图 3.8　(a)无三阱选项的高密度 SP SRAM 的单个事件和多个事件的比例；(b)有三阱选项的高密度 SP SRAM 的单个事件和多个事件的比例(引自 D. Giot，P. Roche，G. Gasiot，J.-L. Autran and R. Harboe-Sørensen，*IEEE Transactions on Nuclear Science*，Vol. 55，No. 4，2007)

无论哪种辐射源，三阱的采用明显增加了 MCU 的发生。MCU 增加得如此之大，以至于在中子产生的总位错率和重离子产生的错误截面中都可以看到。

3.3.3 MCU 与重离子实验中入射角的关系

图 3.9 对应给出了不同离子类型引起的单个位失效和多位失效，包括垂直入射[见图 3.9(a)]和 60°倾角入射[见图 3.9(b)]的氮(N)、氖(Ne)、氩(Ar)和氪(Kr)重离子束流。对于每种离子类型，角度从 0°到 60°增加了 MBU 百分比。对于 N，MBU 百分比从 0%增加到 30%；对于 Kr，MBU 百分比随角度的增加没有那么明显，约为 10%，这是由于更高阶的 MBU(5 阶及以上)持续替换掉了更低阶的 MBU(2 阶，3 阶)。

与垂直入射情况相比，60°倾角入射时的 MBU 引起的平均位失效数量翻倍[32]。

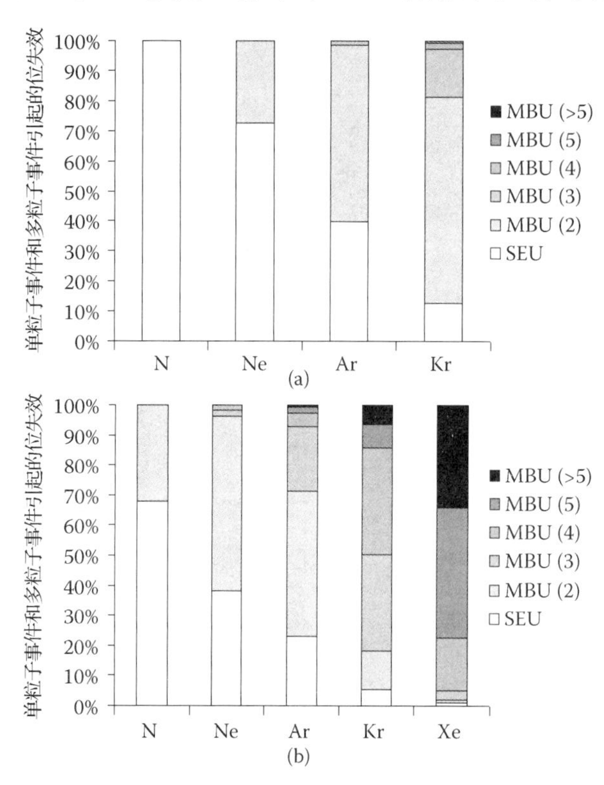

图 3.9 90 nm SP SRAM 中由于单粒子事件和多粒子事件引起的位失效数量：(a)无倾角重离子束流；(b)60°倾角重离子束流

3.3.4 MCU 与工艺特征尺寸的关系

图 3.10 显示了中子实验中 MCU 百分比是工艺特征尺寸的函数，并比较了实验中的数据和文献中的数据。该数据表明，有三阱工艺的 MCU 百分比大于 50%，而无三阱工艺的 MCU 百分比小于 20%。因此，图 3.8 建议以三阱的使用作为标准进行 MCU 百分比的排序。然而，随着工艺微缩，有/无三阱情况下的 MCU 百分比都随之增加，无三阱情况下的斜率更高，因为对于老的工艺技术而言，MCU 百分比是非常低的(150 nm 工艺节点的 MCU 百分比约为 1%)。

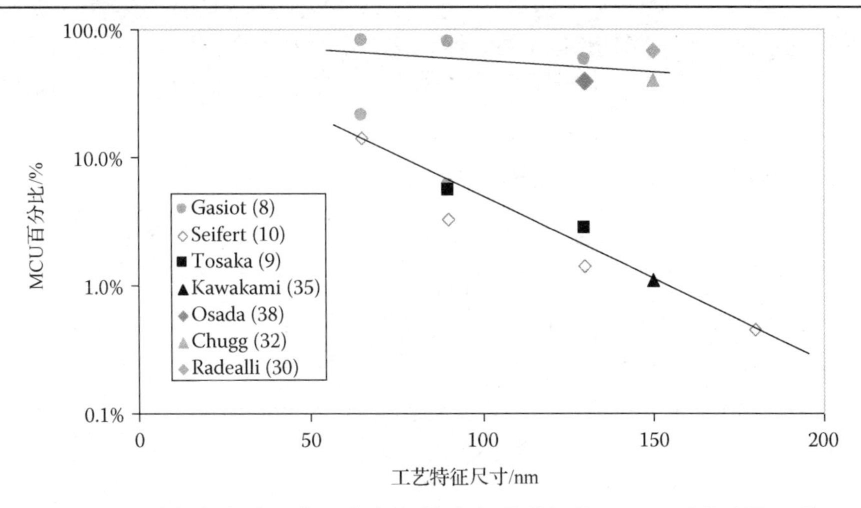

图 3.10 引自本实验工作和参考文献，中子引起的 MCU 百分比是工艺特征尺寸的函数。文献中的数据并未说明是否使用了三阱

3.3.5 MCU 与设计的关系：阱接触密度

根据测试 SRAM 版图构建三维结构进行 TCAD 仿真，如 3.4 节所示。有/无三阱情况下漏极收集电荷比的仿真结果如图 3.11 所示。该图显示，首先无论阱接触的密度是多少，有三阱情况下的收集电荷都比无三阱情况下的更高；其次，对应于最高和最低的阱接触密度，收集电荷分别增加了 2.5 倍和 7 倍。这说明当采用三阱时，增加阱接触密度会降低双极效应，从而降低 MCU 率和软错误率。

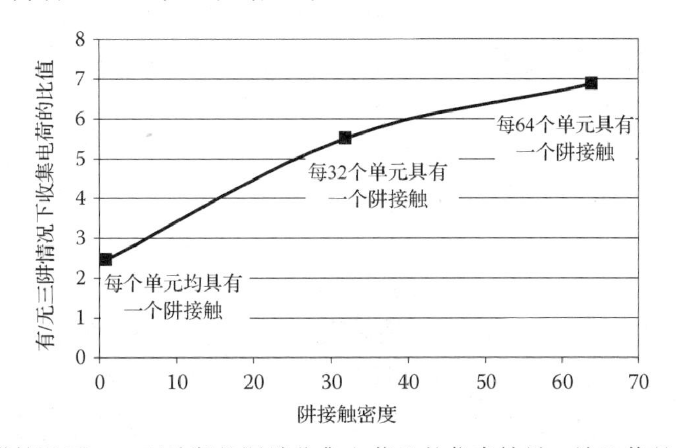

图 3.11 有/无三阱情况下，N 型关断的漏端收集电荷比的仿真结果。该比值是阱接触密度的函数

3.3.6 MCU 与电源电压的关系

人们熟知电源电压对辐照敏感度的影响：电压越高，敏感度越低，这是因为用于信息存储的电荷随电压等比例增加。然而，电源电压对于 MCU 率的影响并未被记录。针对有/无三阱选项的 HD SRAM，在 1 ~ 1.4 V 范围内不同的电源电压下，在洛斯阿拉莫斯中子科学中心进行实验测量，结果汇总在图 3.12 中。结果显示，当电源电压增加时，有三阱层的器件的 MCU 率在实验不确定度范围内保持不变。然而，对于无三阱层的器件，

观测到了不同的趋势。当电源电压从 1 V 增加至 1.2 V 时，MCU 率不变；当电源电压从 1.3 V 增加至 1.4 V 时，MCU 率增大。当 V_{DD} 等于 1.4 V 时，MCU 率增大为 220%。

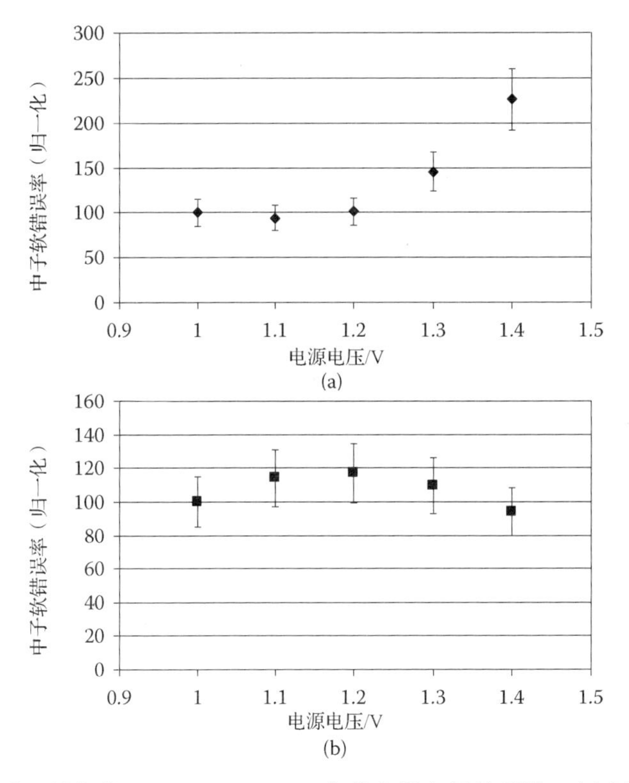

图 3.12　对于制备的 HD SRAM，MCU 率是电源电压的函数。(a)无三阱工艺选项；(b)有三阱工艺选项。MCU 率以 1 V 时对应的值进行归一化

3.3.7 MCU 与温度的关系

高温约束和汽车等高可靠性应用场景相关联。一些论文定量研究了温度对于软错误率或重离子敏感度的影响[33,34]。在本章撰写的时候，尚未发现文献中提到实验性测量温度对于 MCU 的影响。针对有/无三阱选项的 HD SRAM，分别在室温和 125℃下基于洛斯阿拉莫斯中子科学中心开展实验测量。结果汇总在图 3.13 中。结果表明，无三阱器件的 MCU 率增加了 65%，而有三阱器件的 MCU 率增加了 45%。请注意，采用 MCU 百分比将会误导，因为对于有三阱的器件，从室温到 125° 范围内 MCU 百分比不变。

3.3.8 MCU 与位单元架构的关系

图 3.14 汇总了高密度和标准密度的单端口 SRAM 和双端口 SRAM(8 个晶体管)的 MCU 率。这些制备的 SRAM 无三阱。图 3.14 表明，SRAM 密度越高，MCU 率也越大。位单元面积减小为 1/2(HD SP SRAM 和 DP SRAM 相比)，则 MCU 率减小为 1/3。

重离子辐照下，位单元架构对于 MCU 百分比的影响在图 3.15 中进行了展示。待测器件是高密度(HD) SP SRAM[见图 3.15(a)]和标准密度(SD) SP SRAM[见图 3.15(b)]。实验离子线性能量转移(LET)值范围为 2.97 ~ 68 MeV·cm^2/mg，图 3.15(a)和图 3.15(b)给出

了对应的单个位翻转(SBU)和 MCU 事件数量。对于 HD SP SRAM，首次 MCU 发生对应的 LET 小于 2.97 MeV·cm^2/mg；对于 SD SP SRAM，首次 MCU 发生对应的 LET 在 5.85～8.30 MeV·cm^2/mg 范围内。LET 值越大，MCU 事件的数量和阶数也随之增加，而单个位翻转的比例降低。对应于每个 LET 值，最低密度存储器(SD SRAM)的单个位翻转组分是最高的，而最高密度存储器(HD SRAM)的 MCU 组分是最高的[35]。

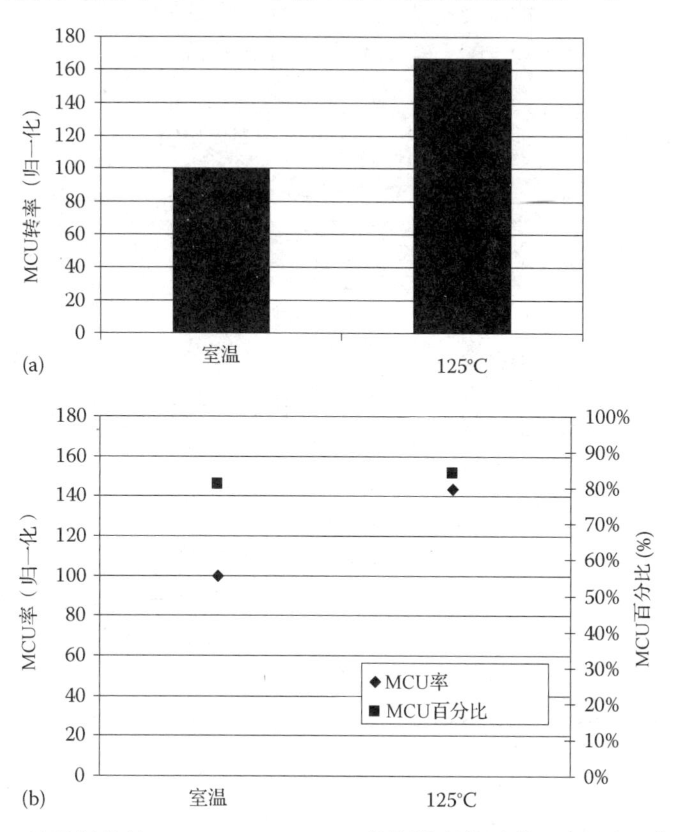

图 3.13　对于制备的 HD SRAM，MCU 率是温度的函数。(a)无三阱工艺选项；(b)有三阱工艺选项。MCU 率以室温时对应的值进行归一化

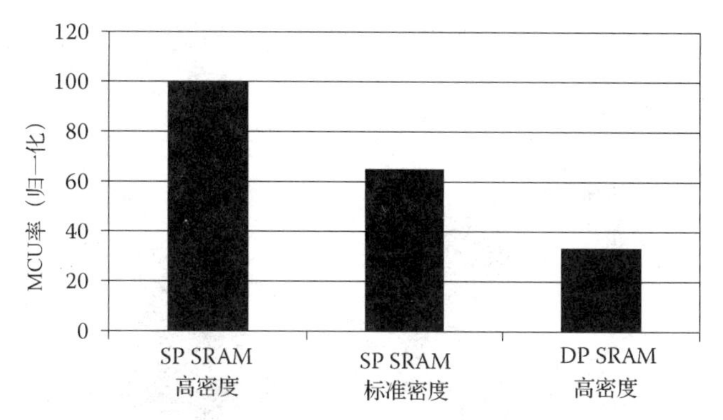

图 3.14　比较不同位单元架构下的 MCU 率。所制备的待测器件无三阱。SP—单端口，DP—双端口(8 个晶体管的 SRAM 单元)

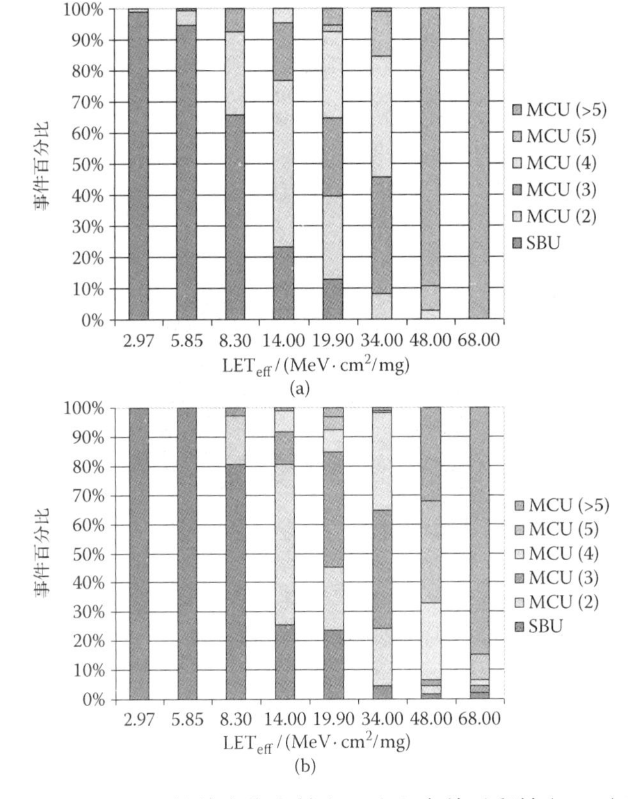

图 3.15 (a)高密度 SP SRAM 的单个位翻转(SBU)和多单元翻转(MCU)引起的位失效数量；(b)标准密度 SP SRAM 的单个位翻转和多单元翻转引起的位失效数量

3.3.9 MCU 与测试位置(LANSCE 和 TRIUMF)的关系

世界上的一些装置能够提供白中子束，进行软错误率的表征。可以在 JEDEC 测试标准中找到这些设施的详细列表[20]。最为人熟知的设施是洛斯阿拉莫斯中子科学中心(LANSCE)和温哥华的三大学介子设施(TRIUMF)。在这两处设施对相同的测试芯片开展实验测量，测试芯片包含有三阱选项的高密度 SP SRAM。两处设施的 MCU 百分比相同，都为 76%。图 3.16 显示了 MCU 率，与 LANSCE 相比，TRIUMF 处的 MCU 率降低了 22%。这可能是由于截断能不同，LANSCE 的截断能是 800 MeV，而 TRIUMF 的截断能是 500 MeV。

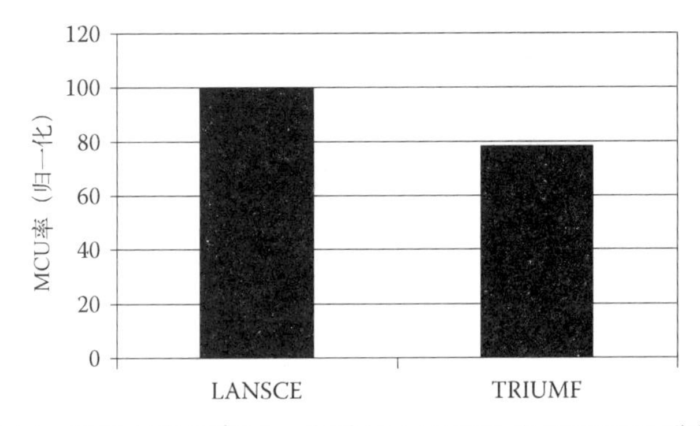

图 3.16 采用白中子束源，分别在 LANSCE 和 TRIUMF 进行实验，对比 MCU 率。待测器件是有三阱的高密度 SP SRAM

3.3.10　MCU 与衬底的关系：体硅和绝缘体上硅

基于 0.13 μm CMOS 体硅和绝缘体上硅(SOI)商用工艺制备 SRAM。出于比较的目的，体硅和绝缘体上硅两种 SRAM 的设计都严格相同。测试芯片包含 4 Mb 单端口 SRAM，嵌入了两种不同的位单元设计。本次工作仅研究标准密度的 SRAM。体硅制备工艺不包含三阱层。因此，表 3.3 汇总了针对单一测试图形棋盘格(CKB)由于 MCU 引起的失效率(也称为 MCU 率)和 MCU 百分比。值得注意的是，在表 3.3 中，与体硅相比，SOI SRAM 的 MCU 率要低很多。文献[36]研究了更多的参数，包括数据类型、位单元面积和电源电压等。

3.3.11　MCU 与测试数据的关系

采用动态测试算法，基于 LANSCE 使用一些测试图形，对高密度 SRAM 进行测量。图 3.17 汇总了结果，表明均匀的图形比棋盘格具有更高的 MCU 率。为了理解该原因，必须画出实验中 2 位 MCU 事件拓扑形貌随测试中存储器填充数据图形的变化[图 3.18(a)和图 3.18(b)]。2 位 MCU 和棋盘格图形对应的主要形貌是对角线相邻的，而均匀图形对应的主要形貌是列相邻的(如文献[37]中观测到的)。三维 TCAD 仿真表明，对于列中的 2 位单元，2 位 MCU 的线性能量转移(LET)的阈值最低(见文献[32]和 3.4.2 节)。因此与本文中的结果一致，均匀的图形具有更高的 MCU 率，因为更容易触发它们的错误簇。

图 3.18(a)和图 3.18(b)中还值得注意的是，采用三阱并没有改变 MCU 的主要形貌，无论是棋盘格还是均匀的数据图形。

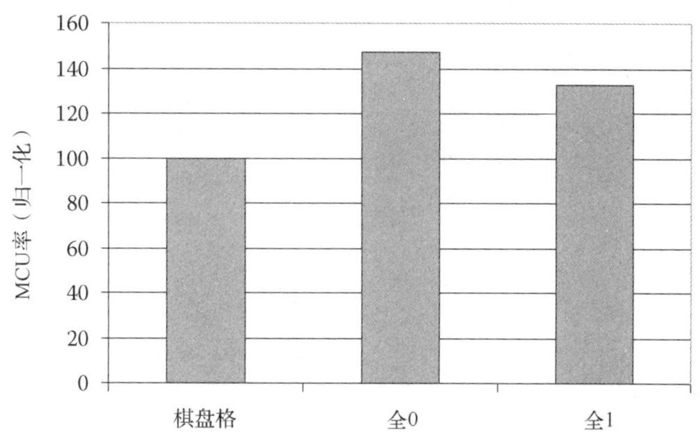

图 3.17　针对几种不同的测试数据类型，比较 MCU 率。请注意，测试数据类型是物理的。待测器件是无三阱的高密度 SRAM

3.4　MCU 发生的 3D TCAD 建模

3.3 节明确强调了 MCU 响应中三阱的重要性。在本节中，设置三维 TCAD 仿真，来分析当采用三阱时发生 MCU 增加的情况。本部分所有的三维 SRAM 结构都采用文献[38]中阐述的方法，使用 Synopsys Sentaurus v10.0 版本的工具集[39]。依据 CAD 版图和工艺步骤来定义 SRAM 单元的边界。基于二次离子质谱(SIMS)，精确建模一维掺杂形貌。添加一维掺杂形貌，从而定义晶体管的 N 阱、P 阱(有 4 μm 厚度的外延层)和有源区(见图 3.19)。对感兴趣的区域添加网格优化：沟道、轻掺杂漏极(LDD)、结边界(解决短沟道效应）和离子径迹附近（使得准确计算硅中载流子的产生）。在 SPICE 域中建模 SRAM 不同电极间的互连线（混合模式 TCAD 仿真），从而降低对 CPU 资源的需求。仿真中也考虑了金属层引入的寄生电路电容。

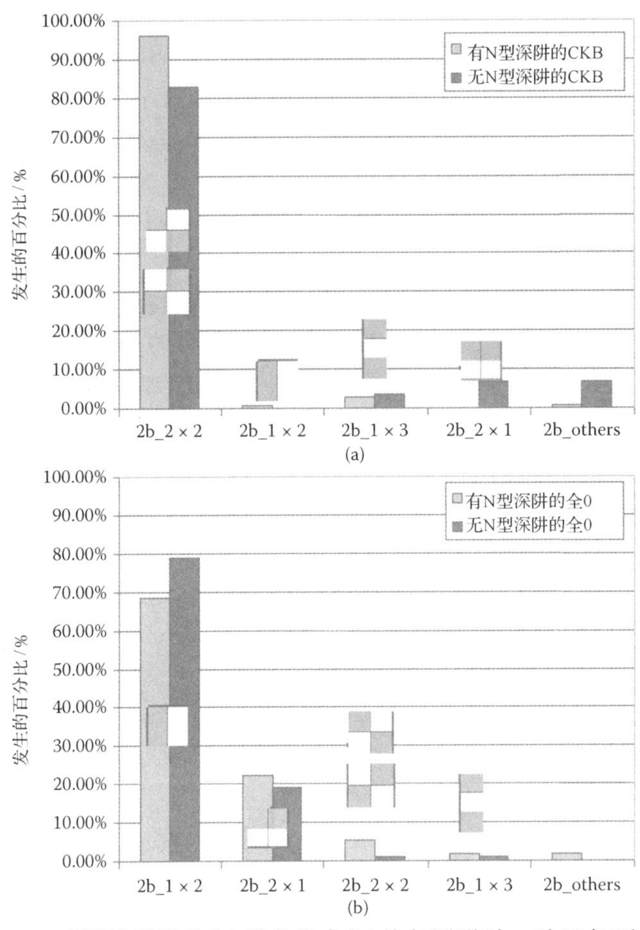

图 3.18　当测试图形是(a)棋盘格或(b)均匀图形时，对于有/无三阱的高密度 SP SRAM 进行中子辐照后的 2 位多单元翻转簇形貌

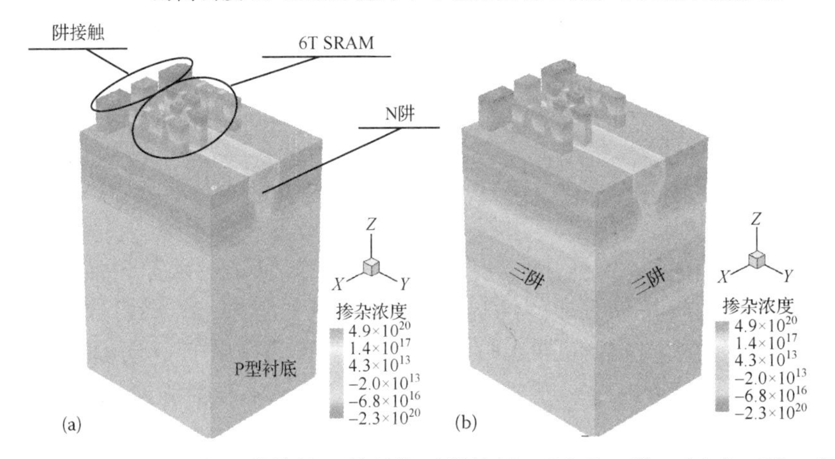

图 3.19　65 nm 6T SRAM 全三维结构，尽量靠近阱接触。(a)无三阱；(b)有三阱。每个 P 阱中包含 2 个 NMOS（一个 NMOS 是反相器中的一部分，另一个 NMOS 是存取晶体管）

采用 Sentaurus 器件仿真器进行离子入射情况下的器件仿真。出于该目的，必须激活一些物理模型：载流子的漂移扩散输运模型、Shockley-Read-Hall 模型、俄歇复合模型、载流子迁移率的电场相关模型和掺杂相关模型，以及沿粒子径迹淀积载流子的重离子模型。重离子产生模型采用电荷的高斯半径分布，固定特征半径为 0.1 μm，高斯时间分布的中心在 1 ps 处。另一个假设是沿径迹的 LET 值为常数，这是因为晶体管有源区的扩散深度较浅(约为 0.2 μm)。采用纽曼反射条件来定义边界属性[38, 39]。

3.4.1　有三阱工艺中的双极效应

为了深入分析 MCU 现象，对全 SRAM 位单元开展三维器件仿真。针对有/无三阱的情况，以及距离阱接触的不同位置，离子入射 MCU 最敏感的位置。值得注意的是，Osada 等人已经尝试建模寄生双极放大对 MCU 的影响[40]。可以采用更为简单的器件和电路混合仿真(二维均匀延展)，但不是为了定位 MCU 发生的最敏感位置[32]。

3.4.1.1　阱接触距离 SRAM 较近

图 3.19 给出了三维 SRAM 位单元，其由 6 个晶体管(6T)、2 个 P 阱、1 个 N 阱和 3 个阱接触构成。阱接触尽量靠近晶体管。图 3.20 给出了这些结构的仿真结果，比较了 1 ps 时离子入射源区之后的源电流和漏电流。当阱接触距离 SRAM 晶体管近的时候，有三阱的情况下，N-OFF 漏极的收集电荷稍多些。有三阱的情况下，对于靠近阱接触的结构，观察到有限的双极效应(关于双极触发详见 3.4.1.2 节)。这些仿真结果与文献[22,30]中的实验结果一致，即靠近阱接触则更不易发生 MCU。

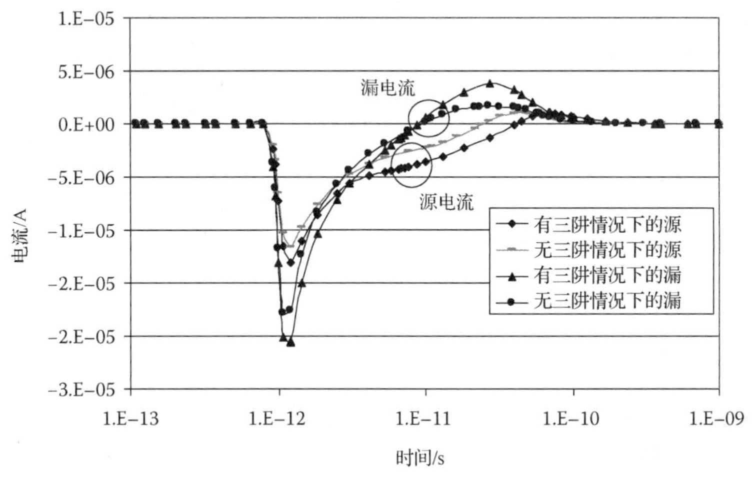

图 3.20　依据图 3.9 中结构(6T SRAM 靠近阱接触)的全三维 TCAD 仿真结果，表明由于三阱层的存在，双极效应受到了限制。重离子 LET 值为 5.5 fC/μm

3.4.1.2　阱接触距离 SRAM 较远

构建第二个三维结构集，来对有/无三阱掺杂形貌下，阱接触与 SRAM 单元间距的影响进行建模。图 3.21(a)和图 3.21(b)给出了四种结构的插图，专门对不同的阱接触密度建模。针对不同的离子特征[线性能量转移(LET)和入射位置]，图 3.22 给出了仿真结果。其 LET 和入射位置与图 3.20 中所采用的相同。当阱接触远离 SRAM 晶体管时，有三阱的情况下，源区注入的电荷与 N-OFF 漏极收集的电荷更多。

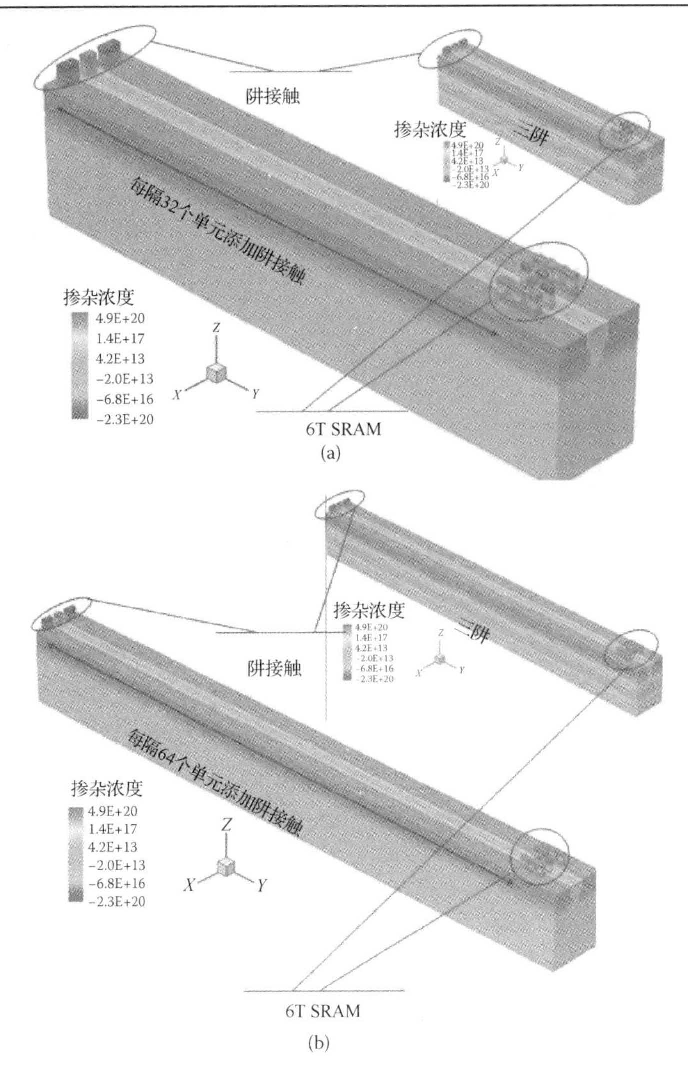

图 3.21　65 nm 6T SRAM 全三维结构，无三阱层，其阱接触距离阱连接(a) 32 个单元和(b) 64 个单元。右上角的插图中给出了有三阱层的相同结构

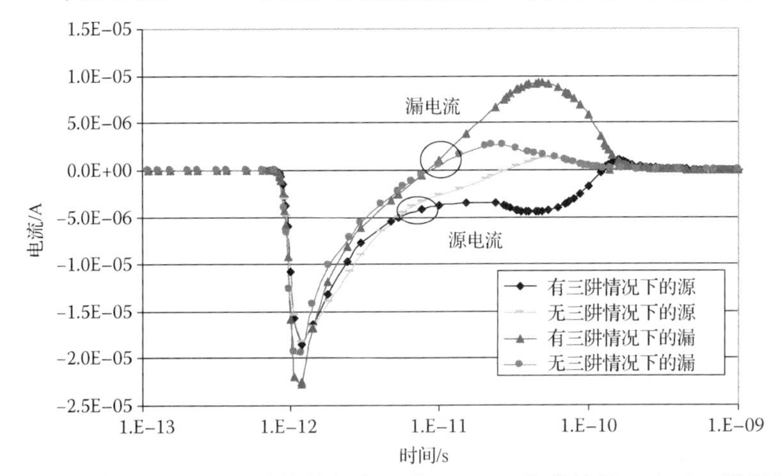

图 3.22　依据图 3.11(a)中结构的全三维 TCAD 仿真结果。由于三阱层的存在，源电流显示出很强的双极效应。重离子 LET 值为 5.5 fC/μm

源区的载流子注入是触发双极型晶体管的前兆。离子淀积的多子向阱接触流动。在源扩散区下，阱电阻引起电压降。如果淀积足够多的载流子，或者入射离子到阱接触的距离足够远，则源-阱结将会开启，过剩的载流子将注入阱中(见图 3.23)。多数过剩的载流子将被漏结所收集，因此增加漏区的收集电荷。源区注入引起的过剩载流子收集和寄生双极效应是引起位单元翻转的原因。此外，阱中的电压降可能会使得阱中多个源发生开启，从而可能使得多个位单元发生翻转，产生 3.3.11 节中报道的实验上的多单元翻转(MCU)数据图形。

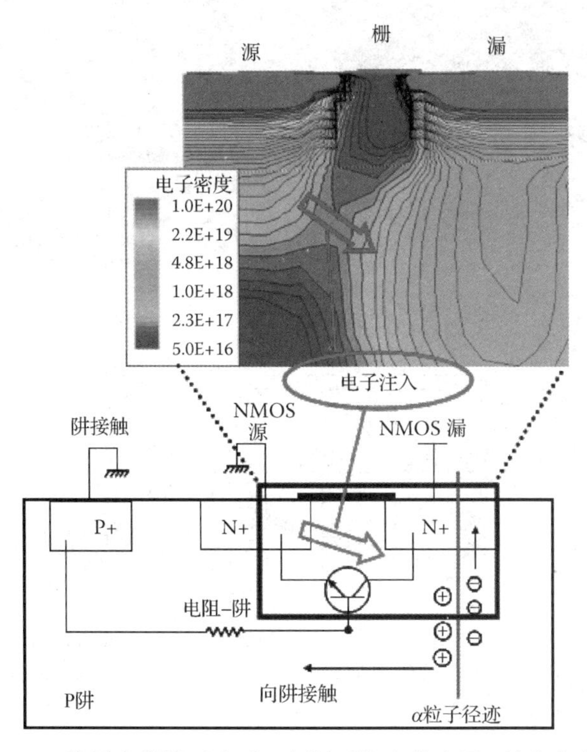

图 3.23　α 粒子入射漏区之后，由源区注入载流子，触发寄生双极型晶体管的示意图。插图来自 65 nm 三维结构的器件仿真

仿真结果表明，在有三阱层的情况下，对于远离阱接触的结构来说，可以观察到很强的双极效应(电子由源区注入)。这些仿真结果与文献[22, 30]中的实验结果一致，即远离阱接触则更容易发生 MCU。

3.4.2　针对先进工艺优化敏感区域

基于三维 TCAD 仿真表明，位单元单粒子效应敏感区不仅局限于反向偏置的 PN 结。图 3.24 给出了(a)沿列方向和(b)沿行方向排列的 2 个 SP 位单元的三维 TCAD 最终结构。这些连续的 TCAD 域分别包含 710 000 和 580 000 个网格。双位单元结构专门用于研究双多位翻转(MBU)。CPU 资源消耗很大，采用最新的高性能工作站，仿真双 SRAM 结构大概需要 1 周的时间。

图 3.25 给出了四个 SP 位单元的区域。同列的 2 个位单元共享它们 MOS 晶体管的源，而同行的两个位单元不共享任何 PN 结，均采用浅槽隔离(STI)。首先，两个临近单元的 MBU 有水平方向、垂直方向和对角线方向(图 3.25 中的配置 1、配置 2 和配置 3)，并未

仿真第三种对角线双 MBU 的情况。确实，对角线 MBU 比行 MBU 具有更高的 MBU LET_{th}，这是因为临近 SEU 敏感区域的间距更远(都被 STI 隔离)(见表 3.4)。

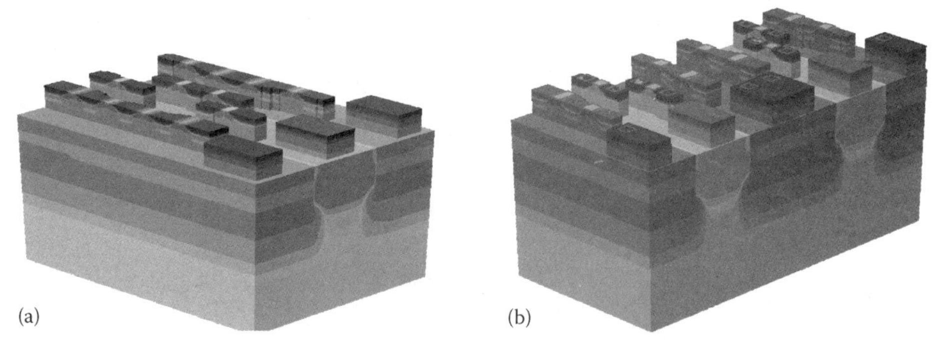

图 3.24　SRAM 三维结构(为了视野清晰，没有显示出 STI)。
(a) 一列中的双 6T 位单元；(b)一行中的双 6T 位单元

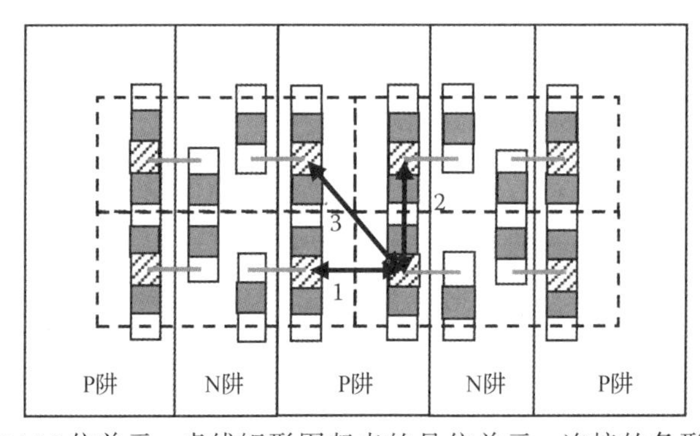

图 3.25　四个连续的 SRAM 位单元：虚线矩形围起来的是位单元。连接的条形和白方块是对应 NMOS 晶体管和 PMOS 晶体管的漏区。单一灰色方块和白色方块是 NMOS 和 PMOS 的栅区和源区

表 3.4　针对一行和一列中排列的两个单端口 SRAM，仿真得到的 MCU LET 阈值

TCAD 结构	离子入射位置	LET_{th}/(MeV·cm^2/mg)
双-行 MBU	NMOS 漏区	13.5 ± 0.5
	NMOS 漏区的中间位置	8.5 ± 0.5
双-列 MBU	NMOS 漏区	11.5 ± 0.5
	NMOS 漏区的中间位置	3.75 ± 0.25
	PMOS 漏区的中间位置	5.25 ± 0.25

3.4.2.1　仿真一行中的两个 SRAM 位单元

触发双行 MBU 最有效的存储图形是反向偏置的临近漏区，即逻辑图形“01”(见图 3.26)。在行配置中，PMOS 不能触发 MCU，因为它们被两个反向偏置的 N 阱/P 阱结所分离。对于图 3.26 中所示的两个离子入射位置，计算 MCU LET 阈值(LET_{th})。表 3.4 汇总了这些 LET_{th}，显示穿过 NMOS 漏区的离子至少需要 13.5 MeV·cm^2/mg 的 LET 值，才能够产生一个 MCU；而离子入射两个 NMOS 漏区的中间位置，仅需更低的 LET 值(8.5 MeV·cm^2/mg) 就能产生 MCU。图 3.26 中的灰色区域给出了 LET 值达到 13.5 MeV·cm^2/mg 时，行 MBU 敏感区域的扩展延伸。

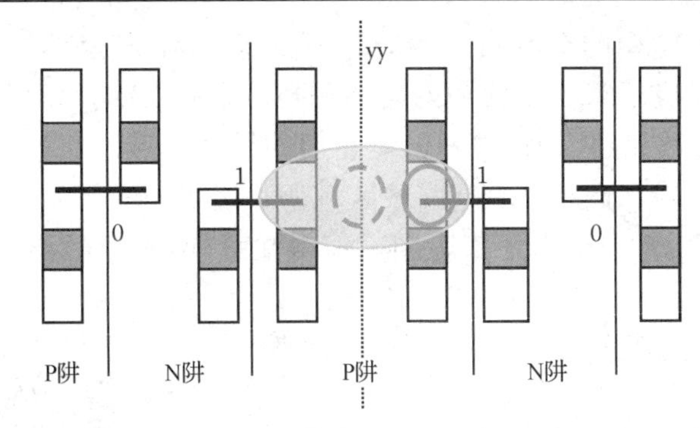

图 3.26 一行排列的两个 SRAM 位单元版图示意图。实心圆是入射 NMOS 漏区(最敏感的 SBU 位置)的离子，而空心圆是入射两个 NMOS 漏区中间位置的离子。灰色区域是 LET 值为 13.5 MeV·cm^2/mg 时，MCU 敏感区域的扩展延伸

3.4.2.2 仿真一列中的两个 SRAM 位单元

对于图 3.27 中所绘的配置，引发多位翻转(MBU)最有效的存储图形是 11 或 00，因为临近位单元的晶体管(特别是 SEU-敏感区域)共享相同的阱区，且间隔的距离相同。值得注意的是，N 沟道金属-氧化物-半导体(NMOS)和 P 沟道金属-氧化物-半导体(PMOS)都可以触发 MCU。

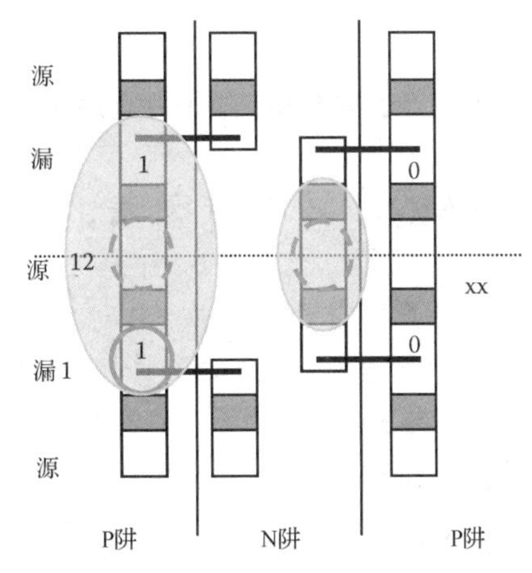

图 3.27 一列排列的两个 SRAM 位单元版图示意图。普通圆形是入射 NMOS 漏区的离子(最敏感的 SBU 位置)，而空心圆是入射两个 NMOS 或 PMOS 漏区中间位置的离子。灰色区域是 LET 值为 11.5 MeV·cm²/mg 时 MCU 敏感区域的扩展延伸

针对图 3.27 中三个离子的入射位置，计算 MCU 的 LET 阈值。表 3.4 汇总了这些 MCU LET_{th} 值。如行配置中已经观测到的，离子入射 NMOS 漏区间距中心位置时具有最小的 LET_{th}(3.75 MeV·cm²/mg)。然而，离子入射 PMOS 漏区间距中心位置时的 MCU LET_{th} 稍大一些(5.25 MeV·cm²/mg)。图 3.27 中灰色区域是 LET 值为 11.5 MeV·cm^2/mg 时，列 MCU 敏感区域的扩展延伸。

3.4.2.3 结论和 SRAM 敏感区域版图

尽管两个临近 SEU 敏感区域的间距更短，行 MCU 的 LET_{th} 是列 MBU LET_{th} 的两倍。这是因为在第一种情况下(图 3.26 中的空心圆)，离子穿过 0.3 μm 的浅槽隔离(STI)；而

在第二种情况下(图 3.27 中的空心圆)，离子直接入射 NMOS 晶体管的有源区。因此，在行 MBU 的情况下，对应于载流子淀积的硅体积更小。行 LET_{th} 和列 LET_{th} 表明，存储单元的版图(浅槽隔离区域和硅区域)强烈影响它们的敏感区域。

根据 TCAD 的结果，画出 SEE 敏感区域版图随离子 LET 值的变化，见 3.4.2.1 节和 3.4.2.2 节。图 3.28 中给出了该版图。值得注意的是，双 MBU 敏感区超过了一个位单元的面积。

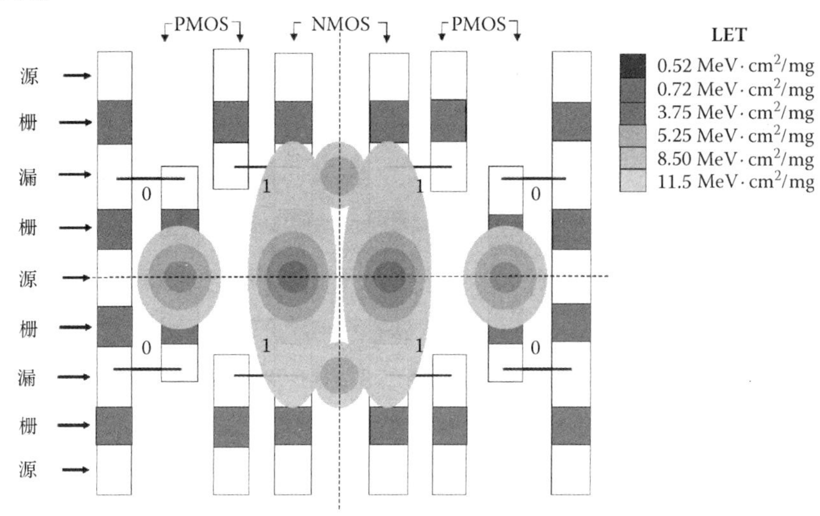

图 3.28　SEE 敏感区域版图随离子 LET 值的变化

3.5　一般性结论：影响 MCU 敏感度因素的排序

本章采用 α 粒子、中子、重离子和质子对几款 SRAM 开展 SEE 测试。基于意法半导体(公司)的 65 nm CMOS 工艺制备这些 SRAM，并且嵌入一些测试结构。本章给出了 MCU 百分比和 MCU 率随十多种参数的变化。这些参数或者是工艺相关的(特征尺寸、工艺选项等)，或者是设计相关的(位单元结构、阱接触密度等)，或者是实验测试条件相关的(电源电压、温度、测试图形等)。表 3.5 汇总了相对中子 MCU 率随这些参数的变化。值得注意的是，采用 SOI 衬底，利用全隔离晶体管的优势，是降低 MCU 率最有效的方法。采用三阱层工艺选项，MCU 率将更加恶化。另一方面，必须记住的是，采用三阱层将抑制恶劣环境下(高温、高压、重离子)单粒子闩锁的发生。

表 3.5　相对中子 MCU 率随着一些参数的变化

参　数	详述的章节	相对 MCU 率
SOI 衬底(1)[a]	3.3.10	10
位单元结构	3.3.8	30
无三阱的参考 65 nm 单端口 SRAM	—	100
测试位置	3.3.9	125
测试图形	3.3.11	145
温度	3.3.7	165
电源电压	3.3.6	230
三阱的使用	3.3.2	1000

[a] 基于 130 nm 工艺的实验结果。

3.5.1　SEE 敏感区域版图

基于 65 nm SRAM 位单元版图构建全三维结构。必须采用 SRAM 位单元远离阱接触的 TCAD 结构，来确定有三阱层的情况下双极效应增强了收集电荷。仿真也证实了，通过增加阱接触密度，可以降低双极效应，因此有效地抑制 MCU 和 SER。

构建其他包含两个 SRAM 位单元的三维结构。位单元或者在一行中排列，或者在一列中排列，从而复现真实的 SRAM 阵列。这些结构的仿真允许构建 SEE 敏感区域版图随离子 LET 值的变化。该版图表明，敏感区域超过了一个位单元的面积。

附录 3A

采用静态算法进行辐照测试之后，错误位图中包含成千上万的 SEU。在如此高密度的 SEU 情况下，关键问题是：有多少翻转是“真”MCU(例如单个离子同时产生的多个 SEU)，有多少翻转是“伪”MCU(不同的离子入射，在同一区域顺序产生的多个 SEU)[41]?

填充存储器的测试图形决定了 MCU 率和形貌。经过实验验证，棋盘格、全 1 和全 0 测试图形具有相似的 MCU 率。下文的分析和 MCU 计数都是针对棋盘格图形的。当针对 MCU 检测，分析辐照后错误位图时，选择单元间距判据(k)。该判据对应于翻转到翻转的间距(计数一个 MCU，在 X 方向和 Y 方向上两个 SEU 间最大单元数量)。图 3.29 中给出了该判据对于计数 MCU 数量的影响。该图指出，MCU 数量(0 或 1 的位翻转)和类型(两个或三个单元)是单元间距(CS)判据值的函数：该值越大(5，6…)，则 MCU 数量越大。然而，较大的 k 值会高估 MCU 率，因为两个不同的事件在临近单元产生两个 SEU(并非同时产生)，也被记为 MCU。

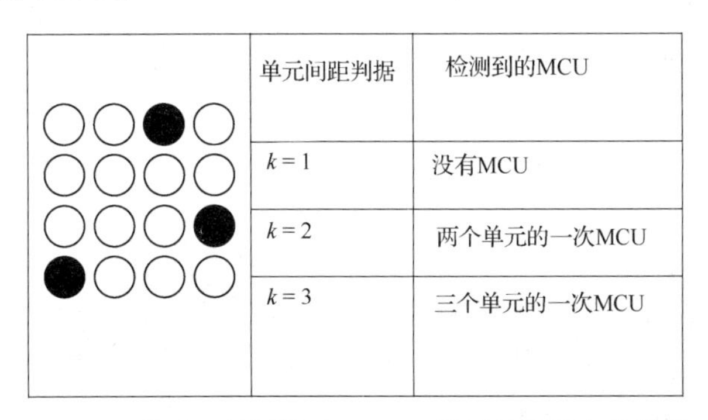

图 3.29　单元间距判据对于 MCU 检测效率影响的说明

出于该原因，提出了式(3.3)来定量分析伪 MCU 百分比，从而修正原始的实验数据，仅对真 MCU 计数。稍后将进一步详述该公式。我们相信，针对辐射源强度的选择(这里采用放射性 α 源)，以及对停止辐照前失效总数达到目标，该结果在加固保障过程中是有用的。

计数伪 MCU 的概率如下所示：

$$P = E_{\mathrm{SRP}} \times \frac{\mathrm{AdjCell}}{\mathrm{Nbit}} \tag{3.1}$$

其中，E_{SRP} 是辐照后记录的 SEU 数量(来自单个读出周期)，AdjCell 是怀疑检测到 MCU

的每个 SEU 周围的单元数量[该数量是单元间距判据的函数(见表 3.6)]，Nbit 是存储阵列中总的位数。

MCU 发生的概率是没有 MCU 发生的余概率(n=0)，且用累积泊松概率给出：

$$\mathrm{MCU_{proba}} = 1 - \sum_{i=0}^{n} \frac{\mathrm{e}^{-P} \times P^{i}}{i!} = 1 - \mathrm{e}^{-P}, \quad n = 0 \tag{3.2}$$

表 3.6 每个 SEU 周围疑似为 MCU 的临近单元数量，是单元间距判据的函数

单元间距判据	k = 1	k = 3	k = 5	k = 8
临近单元的数量 = AdjCell	8	48	120	288

SEU 总数乘以该概率，得到 MCU 的数量。MCU 数量除以 SEU 总数，就是 MCU 百分比。采用式(3.1)和式(3.2)，伪 MCU 百分比(来自两个不同事件的 SEU 记为一个 MCU)如下：

$$\text{伪 MCU 百分比} = 1 - \mathrm{e}^{-E_{\mathrm{SRP}} \times \frac{\mathrm{AdjCell}}{\mathrm{Nbit}}} \tag{3.3}$$

为了再次检查该模型的相关性，比较从式(3.3)得到的 MCU 百分比和从随机产生错误位图中计数的 MCU 百分比(见图 3.30)。该图显示，不论单元间距判据为何值，MCU 百分比都吻合得非常好。

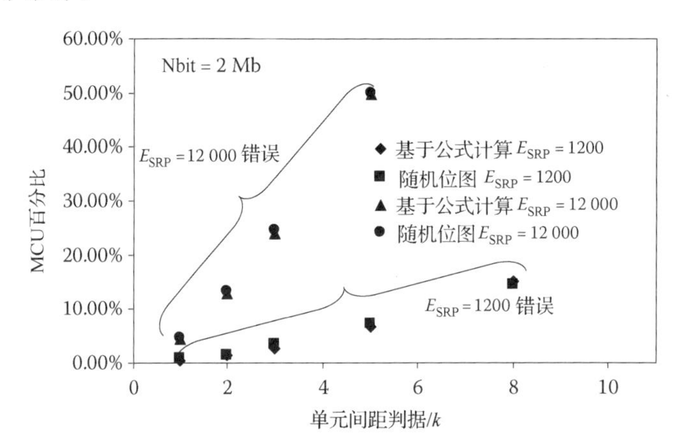

图 3.30 针对 2 Mb 存储阵列(Nbit = 2 Mb)，比较从随机产生的位图中获得的 MCU 百分比和从式(3.3)中获得的 MCU 百分比

因为易于使用，且可以针对不同的器件(SRAM 和 DRAM 等)和辐射源(α 粒子、中子和重离子等)，所以式(3.3)非常方便。

参考文献

1. X. Zhu, X. Deng, R. Baumann and S. Krishnan, A Quantitative Assessment of Charge Collection Efficiency of N+ and P+ Diffusion Areas in Terrestrial Neutron Environment, *IEEE Transactions on Nuclear Science*, Vol. 54, No. 6, pp. 2156-2161, Part 1, Dec. 2007.
2. A.D. Tipton et al., Device-Orientation Effects on Multiple-Bit Upset in 65 nm SRAMs, *IEEE*

Transactions on Nuclear Science, Vol. 55, No. 6, Part 1, pp. 2880-2885, Dec. 2008.

3. V. Correas et al., Simulations of Heavy Ion Cross-Sections in a 130 nm CMOS SRAM, *IEEE Transactions on Nuclear Science*, Vol. 54, No. 6, Part 1, pp. 2413-2418, Dec. 2007.
4. D.G. Mavis et al., Multiple Bit Upsets and Error Mitigation in Ultra-Deep Submicron SRAMS, *IEEE Transactions on Nuclear Science*, Vol. 55, No. 6, Part 1, pp. 3288-3294, Dec. 2008.
5. F.X. Ruckerbauer and G. Georgakos, Soft Error Rates in 65 nm SRAMs—Analysis of New Phenomena, presented at 13th IEEE International On-Line Testing Symposium (IOLTS 2007).
6. D. Heidel et al., Single-Event-Upset and Multiple-Bit-Upset on a 45 nm SOI SRAM, presented at IEEE International Conference NSREC, Québec City, July 20-24, 2009.
7. S. Uznanski, G. Gasiot, P. Roche, J.-L. Autran and R. Harboc-Sϕγensen, Single Event Upset and Multiple Cell Upset Modeling in a Commercial CMOS 65 nm SRAMs, was presented at IEEE International RADECS Conference, Bruges, Belgium, Sept. 14-18, 2009.
8. G. Gasiot, D. Giot and P. Roche, Multiple Cell Upsets as the Key Contribution to the Total SER of 65 nm CMOS SRAMs and Its Dependence on Well Engineering, 44th Annual International NSREC 2007, Honolulu, HI, July 2007.
9. T. Merelle et al., Monte-Carlo Simulations to Quantify Neutron-Induced Multiple Bit Upsets in Advanced SRAMs, *IEEE Transactions on Nuclear Science*, Vol. 52, No. 5, pp. 1538-1544, Oct. 2005.
10. Y. Tosaka et al., Comprehensive Study of Soft Errors in Advanced CMOS Circuits with 90/130 nm Technology, IEEE International Electron Devices Meeting IEDM Conference, Technical Digest, 2004.
11. N. Seifert et al., Radiation-Induced Soft Error Rates of Advanced CMOS Bulk Devices, presented at IRPS Conference, San Jose, CA, 2005.
12. F. Wrobel et al., Simulation of Nucleon-Induced Nuclear Reactions in a Simplified SRAM Structure: Scaling Effects on SEU and MBU Cross Sections, *IEEE Transactions on Nuclear Science*, Vol. 48, No. 6, pp. 1946-1952, Dec. 2001.
13. T.L. Criswell, P.R. Measel and K.L. Wahlin, Single Event Upset Testing with Relativistic Heavy Ions, *IEEE Transactions on Nuclear Science*, Vol. NS-31, No. 6, Dec. 1984.
14. J.A. Zoutendyk, H.R. Schwartz and R.K. Watson, Single-Event Upset (SEU) in a DRAM with on-Chip Error Correction, *IEEE Transactions on Nuclear Science*, Vol. NS-34, No. 6, Dec. 1987.
15. Y. Song, K.N. Vu, J.S. Cable, A.A. Witteles, W.A. Kolasinski, R. Koga, J.H. Elder, J.V. Osborn, R.C. Martin and N.M. Ghoniem, Experimental and Analytical Investigation of Single Event Multiple Bit Upsets in Polysilicon Load 64k NMOS SRAMs, *IEEE Transactions on Nuclear Science*, Vol. 35, No. 6, p. 1673, 1988.
16. J.J. Wang et al., Single Event Upset and Hardening in 0.15 μm Antifuse-Based Field Programmable Gate Array, *IEEE Transactions on Nuclear Science*, Vol. 50, No. 6, Dec. 2003.
17. R.A. Reed et al., Heavy Ion and Proton-Induced Single Event Multiple Upset, *IEEE Transactions on Nuclear Science*, Vol. 44, No. 6, Part 1, pp. 2224-2229, Dec. 1997.
18. N. Seifert, B. Gill, K. Foley and P. Relangi, Multi-cell Upset Probabilities of 45 nm High-k + Metal Gate SRAM Devices in Terrestrial and Space Environments, *IEEE International Reliability Physics Symposium IRPS*, April 27-May 1, 2008, pp. 181-186.

19. O. Musseau et al., Analysis of Multiple Bit Upsets (MBUs) in CMOS SRAM, *IEEE Transactions on Nuclear Science*, Vol. 43, No. 6, Part 1, pp. 2879-2888, Dec. 1996.
20. JEDEC Standard No. JESD 89, Measurement and Reporting of Alpha Particles and Terrestrial Cosmic Ray-Induced Soft Errors in Semiconductor Devices, Aug. 2001.
21. Single Event Effects Test Method and Guidelines, European Space Agency, ESA/SCC Basic Specification No. 22900, 1995.
22. G. Gasiot, D. Giot and P. Roche, Alpha-Induced Multiple Cell Upsets in Standard and Radiation Hardened SRAMs Manufactured in 65 nm CMOS Technology, *IEEE Transactions on Nuclear Science*, Vol. 53, No. 6, pp. 3479-3486, Dec. 2006.
23. E.H. Cannon, M.S. Gordon, D.F. Heidel, A.J. Klein Osowski, P. Oldiges, K.P. Rodbell and H.H.K. Tang, Multi-Bit Upsets in 65 nm SOI SRAMs, presented at the IRPS conference, Phoenix, AZ, May 2008.
24. A. Virtanen, R. Harboe-Sorensen, H. Koivisto, S. Pirojenko and K. Rantilla, High Penetration Heavy Ions at the RADEF Test Site, presented at RADECS, 2003.
25. H. Puchner, R. Kapre, S. Sharifzadeh, J. Majjiga, R. Chao, D. Radaelli and S. Wong, Elimination of Single Event Latchup in 90 nm SRAM Technologies, *IEEE International Reliability Physics Symposium Proceedings*, pp. 721-722, March 2006.
26. P. Roche and R. Harboe-Sorensen, Radiation Evaluation of ST Test Structures in commercial 130 nm CMOS Bulk and SOI, in Commercial 90 nm CMOS Bulk and in Commercial 65 nm CMOS Bulk and SOI, European Space Agency QCA Workshop, January 2007.
27. T. Kishimoto et al., Suppression of Ion-Induced Charge Collection against Soft-Error, in *Procedings of the 11th International Conference on Ion Implantation Technology*, Austin, TX, Jun. 16-21, 1996, pp. 9-12.
28. D. Burnett et al., Soft-Error-Rate Improvement in Advanced BiCMOS SRAMs, in *Proc. 31st Annual International Reliability Physics Symposium*, Atlanta, GA, Mar. 23-25, 1993, pp. 156-160.
29. P. Roche and G. Gasiot, invited review paper, Impacts of Front-End and Middle-End Process Modifications on Terrestrial Soft Error Rate, *IEEE Transactions on Device and Materials Reliability*, Vol. 5, No. 3, pp. 382-396, Sept. 2005.
30. H. Puchner et al., Alpha-Particle SEU Performance of SRAM with Triple Well, *IEEE Transactions on Nuclear Science*, Vol. 51, No. 6, pp. 3525-3528, Dec. 2004.
31. D. Radaelli et al., Investigation of Multi-Bit Upsets in a 150 nm Technology SRAM Device, *IEEE Transactions on Nuclear Science*, Vol. 52, No. 6, pp. 2433-2437, Dec. 2005.
32. D. Giot, G. Gasiot and P. Roche, Multiple Bit Upset Analysis in 90 nm SRAMs: Heavy Ions Testing and 3D Simulations, presented at the RADECS Conference, Athens, Greece, September 2006.
33. D. Tryen, J. Boch, B. Sagnes, N. Renaud, E. Leduc, S. Arnal and F. Saigne, Temperature Effect on Heavy-ion Induced Parasitic Current on SRAM by Device Simulation: Effect on SEU Sensitivity, *IEEE Transactions on Nuclear Science*, Vol. 54, No. 4, pp. 1025-1029, 2007.
34. M. Bagatin, S. Gerardin, A. Pacagnella, C. Andreani, G. Gorini, A. Pietropaolo, S.P. Platt and C.D. Frost, Factors Impacting the Temperature Dependence of Soft Errors in Commercial SRAMs, *IEEE*

Transactions on Nuclear Science, Vol. 47, No. 6, 2008.

35. D. Giot, P. Roche, G. Gasiot, J.-L. Autran and R. Harboe-Sϕyensen, Heavy Ion Testing and 3D Simulations of Multiple Cell Upset in 65nm Standard SRAMs, *IEEE Transactions on Nuclear Science*, Vol. 55, No. 4, 2007.
36. G. Gasiot, P. Roche and P. Flatresse, Comparison of Multiple Cell Upset Response of BULK and SOI 130 NM Technologies in the Terrestrial Environment, presented at the IRPS Conference, Phoenix, AZ, May 2008.
37. Y. Kawakami et al., Investigation of Soft Error Rate Including Multi-Bit Upsets in Advanced SRAM Using Neutron Irradiation Test and 3D Mixed-Mode Device Simulation, *IEDM Technical Digest*, 2004.
38. Ph. Roche et al., SEU Response of an Entire SRAM Cell Simulated as One Contiguous Three Dimensional Device Domain, *IEEE Transactions on Nuclear Science*, Vol. 45, No. 6, pp. 2534-2543, Dec. 1998.
39. Synopsys Sentaurus TCAD tools.
40. K. Osada et al., Cosmic-Ray Multi-Error Immunity for SRAM, Based on Analysis of the Parasitic Bipolar Effect, *2003 Symposium on VLSI Circuit Digest of Technical Papers*.
41. A.M. Chugg, A Statistical Technique to Measure the Proportion of MBU's in SEE Testing, *IEEE Transactions on Nuclear Science*, Vol. 53, No. 6, pp. 3139-3144, Dec. 2006.

第 4 章　动态随机存取存储器中的辐射效应

Martin Herrmann

4.1　引言

处理器需要能够进行快速随机读写操作的内存[随机存取内存(RAM)]。为了满足这种需求，最常见的两种存储技术是用触发器存储数据的静态存储器和用电容的动态存储器。这两种都是易失性存储器，也就是说，存储的内容只有在存储器加电时才会被保存着[与闪存或电可擦除可编程只读存储器(EEPROM)那样的非易失性存储不同]。与静态存储器相比，动态存储器的优点是结构单元小(6 ~ 8 F^2 而不像静态存储器那样超过 100 F^2 [1])。另外，动态存储器的动态特性需要周期性的刷新操作。

除了处理器的主内存，动态随机存储器也被用于大容量存储器模块[2]，这种情况下并不要求随机读写。在这样的应用中，动态存储与其他技术(主要是资料存储型闪存)在成本、功耗、存取速度和辐照敏感度方面相互竞争。

辐照敏感度在空间应用中尤其重要。比如，同步动态随机存取内存就不如资料存储型闪存对总粒子剂量(TID)敏感，这使得它成为高总剂量应用中切实可行的备选器件，就像欧洲航天局(ESA)即将实施的前往木星的 JUICE 任务[3]。即使在地球上进行应用，也必须考虑器件对辐照的敏感度。在商用飞行高度[4]和地面水平[5]上已经都证明了辐照效应的存在。辐照引起的错误可以导致从没有影响(如果受影响的存储器存储的数据将不会被再用到)到程序崩溃乃至到无记载的数据损坏等结果。

动态随机存储器，特别是新一代的具有同步接口的一种(同步随机动态存储器)，是非常复杂的器件；Ladbury 等[6]甚至把同步随机动态存储器比作“具备大存储阵列的微控制器”。除了实际的阵列，动态随机存储器里各种各样的电路模块可能成为辐照诱发错误的根源：

- 灵敏放大器；
- 行和列地址译码器；
- 控制逻辑和状态机。

所以，粒子轰击可以造成很多不同的结果，这是由粒子轰击的位置决定的。

操作过程中内部逻辑状态的复杂性和状态的反转也会引起很强的动态辐照效应：除了轰击的位置，当分辨率下降到一个时钟周期的时候，轰击的时间也会影响错误类型。举例来说，如果轰击的同时这个逻辑是空闲的，更新逻辑的一个翻转可能没有影响，但如果轰击发生在逻辑翻转操作进行的时候，可能会造成数据损坏。

动态随机存储器件的复杂性使制造有效抗辐照的器件模块十分艰难。所以地球和空间应用都需要求助于商用产品。遗憾的是，随机动态存储器的内部设计通常是不会被制造商公开的[7]。因此，基于这样的复杂性，人们无法对现代的动态随机存储器进行详尽的辐照测试。相反，人们通常通过操作动态随机存储器进行测试，以类比它们在目标应用功能中的使用情况，然后观察辐照引起的错误。一旦辐照引起的错误类型被识别出来，人们就可以对其做更细致的分析。一般来讲，人们设计实验同时检测几种效应以便在有限的测试时间里获得尽可能多的测试结果。检测程序必须要设计得能够使那些能够掩盖其他错误的错误尽可能少。

通常，因为缺少对器件内部结构的认识，所以很难判断造成某一类错误的根源。也有可能某一类错误很难被重复出来，因为它只在非常特殊的情况下发生。这些都是由现代动态随机存储器的复杂性造成的。

4.2　动态随机存储器基础

4.2.1　工作原理

术语“动态随机存储器”指的是以电荷形式在电容中存储数据的存储器。它的基本结构单元包括一个晶体管和一个电容(也被叫作 1T1C 单元)，如图 4.1 所示。电容器将两个可能的逻辑值中的一个存储为 $U_{cell}=+V_{DD}/2$，另一个存储为 $U_{cell}=-V_{DD}/2$。电容的下端节点连接 $V_{DD}/2$ 而非接地以最大限度地降低电容器两端的最大电压继而降低电介质应力。

DRAM 单元按包括行和列的矩阵排列，如图 4.2 所示。同一行上所有单元的三极管其栅极通过一个共同的字线连接到行译码器上。同一列上所有单元的三极管其漏极通过一个共同的位线连接到一个灵敏放大器上。位线和字线的长度，还有相应阵列的尺寸，是由位线的通行能力和灵敏放大器的噪声敏感度等技术参数所限制的。大型存储器是由多个内部阵列组成的。

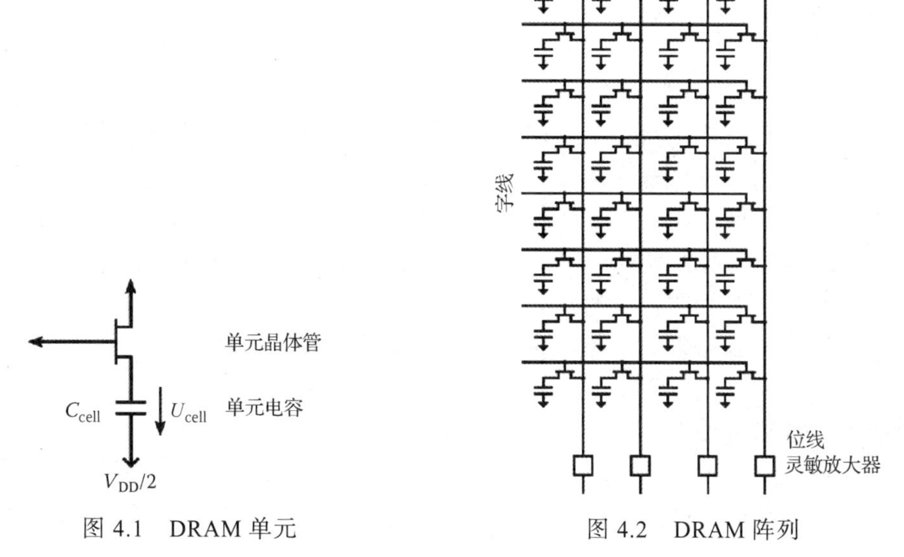

图 4.1　DRAM 单元　　图 4.2　DRAM 阵列

为了连通基本单元，首先将位线预充电到工作电压的一半：$V_{DD}/2$。然后，通过打开单元晶体管使得单元电容连通到位线。因为位线的电容值比单元电容的大，大多数电荷都会从单元电容转移到位线上，这称为破坏性读出，因为在这个过程中单元内容被破坏了。位线上的电压轻微地上升或下降，这是由要存储的信息决定的。在此之后，灵敏放大器被打开。灵敏放大器包括两个交叉耦合的变频器组成的门闩。当灵敏放大器被打开以后，在它的两个输入端有一个很小的电压差，这个电压差使得它处在亚稳态并且会不断放大这个电压差直到它处在某一种稳态下。这个时候数值就可以从位线以常规的逻辑读出。与此同时，只要晶体管仍然保持开启，单元电容电压就被存储起来。

开启结构单元中晶体管并放大电压的整个过程被称为激活。阵列中的每一列都有一个灵敏放大器。因为所有同一行上的基本单元共用一个字线，每一个行总是同时被激活。因此灵敏放大器的这种设置也被称为行缓冲器。尽管激活是一个很缓慢的过程[8]，数据仍然可以很快地从行缓冲器中被读出。

一个实际工作的 DRAM 包含很多个这样的阵列：首先，由于字线和位线的技术限制，一个逻辑阵列需再被细分成几个多样的物理阵列。其次，一个输入/输出(I/O)字长超过 1 的 DRAM 器件对在位上的每一个字有分别的阵列(或者，器件的设计者可以选择将一个字对应的几位储存在同一个阵列中)[8]。第三，DRAM 器件会被细分成几个区(一般是 8 个)，它们相互之间有很强的独立性，并且每一个都有自己的一系列灵敏放大器和控制逻辑。这是用来提高数据吞吐量的：举例来说，当某一个区正在被激活的时候数据可以从另一个区被读出。

因为单元电容介质和单元晶体管(在关断状态时)电阻是有限的，单元电容上的电荷由于漏电流的存在会随着时间而流失。为了防止数据损失，需要对所有的结构单元进行周期性的刷新。像上面阐述的那样，激活某一行会使基本单元恢复到工作电压。现代的 DRAM 器件通常以一种称为“自动刷新”的方式进行恢复：要求处理器周期性地提供最小数量的刷新命令。DRAM 器件自己记录哪一行需要被刷新并通过激活对应的行来执行实际的刷新操作。刷新操作的细节取决于具体的存储器类型。在整个内存需要周期性进行存取的应用情况下(比如视频存储)，甚至并不需要明确的刷新操作因为每一个存取过程也潜在地伴随了刷新操作。

一些类别的 DRAM 允许许多参数的配置，比如一个读的命令和数据传输到输出端口之间的延迟时间。为了达到这个目的，他们提供了许多寄存器，称为模式寄存器，它们可以被控制器写入数据。

大型半导体器件会有更大的生产缺陷概率，这会降低良率。为了提高总产量，SDRAM 器件包含了多余的行和列[9]。虽然这轻微地增大了死区的尺寸，但是它可以重新检测无功能行和列，继而可以修复有缺陷的死区。多余的行和列的替换在后期制作中实施并通过在器件上加熔丝的方式配置。在器件开启过程中，替换的数值会从熔丝载入到锁存器并被用于地址的解码过程。

在未来，大部分 DRAM 将利用某种形式的地址或数据扰频以达到不同的优化目的[9]。行列的冗余和扰频意味着在逻辑上相邻的单元(比如具有相邻地址的单元)可能在物理上并不相邻。这使得对测试结果和错误类型的解释面临很大挑战。

4.2.2　动态随机存储器的类型

早期的 DRAM 有一个包含地址总线、数据总线和许多控制信号的异步接口。行地址选通(RAS)信号用来锁定行地址和激活行。列地址选通(CAS)信号用来通过行缓冲器读出和写入数据，这取决于写使能(WE)信号。最后 RAS 信号的下降沿为阵列预充电。

现代 DRAM 用一个同步接口[同步 DRAM(SDRAM)]。这促进了与其他同步逻辑(比如微处理器)的集成并允许一些如流水线这样的性能提升的技术手段的存在。SDRAM 器件有一个组合地址/指令总线。信号名称——RAS，CAS 和 WE——仍然存在，但已经不是它们原来的意思了。这些信号组成了一个 3 位地址总线，能够进行 $2^3=8$ 种命令编码。此外，一些并不需要地址总线的命令(比如预充电命令)可能重复使用这些地址位作为额外的命令位(比如在选择是对单一的一个区预充电还是对所有区预充电的时候)。

数据吞吐量可以通过使用双数据速率(DDR)接口而成倍增长，这种情况下，在时钟高电平和低电平时都会进行数据传输。一些同步动态随机存储器(比如 DDR3[10])只用一个双数据速率接口作为数据总线和一个单数据速率(SDR)接口作为地址/命令总线，而其他的存储器(如 LPDDR3[11])用一个双数据速率接口作为数据总线和地址/命令总线。

在功耗非常关键的实际应用中，常用到特殊设计的低功耗 SDRAM。这种器件采用了一系列降低功耗的手段，比如有选择地禁用阵列中的某些部分或者根据实际的损坏温度而不是最坏情况损坏温度来调节刷新速率。

SDRAM 最杰出的贡献是作为计算机(台式计算机、笔记本和服务器)或者像手机、平板电脑这样的移动设备的内存。截至 2014 年，新一代的个人计算机存储器是 DDR3 SDRAM——DDR SDRAM 和 DDR2 SDRAM 的后继者。移动设备用 LPDDR2 或者 LPDDR3 器件(注意 LP DDR3 是第三代低功耗 DDR SDRAM，而不是一个低功耗版本的 DDR3)。显卡用 GDDR5 器件(同样地，这个名称指的是第五代显卡 DDR SDRAM)。

4.3　辐照效应

总剂量效应和单粒子效应(SEE)均会对 DRAM 器件产生影响。制造商针对可能出现的错误类型和存储标准做了大量穷举测试。文献经常单独或同时报道 SEE 和 TID 测试的结果(有时限制在重离子或质子的 SEE 测试)，这些结果包括了少量的对不同种类、不同厂商的同一代相关存储器件的测试。不同的研究组通常关注的方面和错误类型都不同，所以文献中的结果必然是不完备的。所以我们只能针对不同的研究组观察到的不同的错误和错误类型给出一个概述。

4.3.1　单粒子效应(SEE)

DRAM 器件有几种不同类型的单粒子效应：

- 单粒子翻转(SEU)，这是孤立的单个位或多位错误；
- 固定位，这是孤立的单个位错误，不能被重写；
- 单粒子功能中断(SEFI)，这是损坏行、列或整个地址范围的错误；

- 单粒子闩锁；
- 电流增加。

值得注意的是，根据应用对错误进行分类。举例来说，一个不能承受暂态电流增长的应用中可能被定义为 SEFI(必要对策)，然而其他应用就认为它是一个错误中的分支或者如果它足够小就直接忽视。

4.3.1.1 单粒子翻转(SEU)

SEU 来自阵列或数据读取路径，导致不同类型的数据的损坏：

- 阵列中的轰击径迹更改存储的数据。在此之后基本单元可以再被写入(SEU)，或是在某个特定值永久卡住(固定位)。
- 读取路径中的一个轰击可以导致瞬时错误(即在没有中间写操作的情况下再次读取同一个单元格的错误)或持久的数据错误。灵敏放大器会根据电路被打乱的区域，将错误值写回阵列之中。

表 4.1 和表 4.2 分别显示不同研究小组所报道的重离子和质子造成的 SEU 的翻转截面的相关信息。我们只给出饱和截面的值。线性能量传输 LET(值)的阈值通常非常小：通常，即使在设备可以提供的最低 LET 值(比如对于 RADEF 来讲是 1.8 MeV·cm^2/mg [12])下也能观测到错误，这表明阈值 LET 小于当时的 LET。

表 4.1 关于重离子辐照造成的单粒子翻转截面的报道

器件类型	容量	制造商	σ_{sat}/(cm^2/bit)	参考文献
DRAM	16 Mb	Various	$10^{-7}\sim10^{-6}$	Harboe-Sorensen 等[13]
SDRAM	512 Mb	Elpida	$\approx10^{-9}$	Adell 等[14]
SDRAM	512 Mb	Elpida	$10^{-9}\sim10^{-8}$	Guertin 等[15]
SDRAM	512 Mb	Unspecified	$\approx10^{-9}$	Hafer 等[16]
SDRAM	512 Mb	Various	$\approx10^{-9}$	Langley 等[17]
SDRAM		Samsung	$\approx10^{-8}$	Henson 等[18]
DDR	1 Gb	Samsung	$10^{-11}\sim10^{-10}$	Ladbury 等[6]
DDR2		Samsung	$10^{-13}\sim10^{-12}$	Ladbury 等[19]
DDR2	1 Gb	Samsung	$10^{-10}\sim10^{-9}$	Ladbury 等[20]
DDR2	1 Gb	Samsung	$10^{-11}\sim10^{-10}$	Ladbury 等[20]
DDR2	1 Gb	Micron	$10^{-11}\sim10^{-10}$	Li 等[21]
DDR2	2 Gb	Various	$10^{-15}\sim10^{-14}$	Koga 等[22]
DDR2	2 Gb	Elpida	10^{-8}	Hoeffgen 等[23]
DDR3	4 Gb	Various	$10^{-11}\sim10^{-10}$	Herrmann 等[24]
DDR3		Samsung	$10^{-10}\sim10^{-9}$	Grürmann 等[25]
DDR3		Elpida	$10^{-11}\sim10^{-10}$	Grürmann 等[25]
DDR3		Samsung	$\approx10^{-13}$	Ladbury 等[19]
DDR3		Micron	$\approx10^{-10}$	Koga 等[26]

表 4.2　关于质子辐照造成的单粒子翻转截面的报道

器件类型	容量	制造商	$\sigma_{sat}/(cm^2/bit)$	参考文献
DRAM	16 Mb	Various	$10^{-14}\sim10^{-13}$	Harboe-Sorensen 等[13]
SDRAM	512 Mb	Elpida	$10^{-19}\sim10^{-17}$	Guertin 等[15]
SDRAM	512 Mb	Unspecified	$\approx10^{-18}$	Langley 等[17]
SDRAM	512 Mb	Samsung	$\approx10^{-16}$	Langley 等[17]
SDRAM	1 Gb	Samsung	$10^{-17}\sim10^{-16}$	Ladbury 等[6]
SDRAM	2 Gb	Various	$10^{-20}\sim10^{-19}$	Quinn 等[27]
SDRAM	2 Gb	Various	$10^{-19}\sim10^{-18}$	Koga 等[22]
DDR3		Various	$\approx10^{-20}$	Koga 等[26]

在一些情况下，不同的小组会得出不同的结论。这可能是由于修正模型的不同，测量设置的差异(比如不同温度)，或者测量错误。通常质子的截面要比重离子的截面小几个数量级。

SEU 有两种可能的极性：上翻错误指基本单元写入是 0 读出是 1，下翻错误指基本单元写入是 1 读出是 0。数值 0 和 1 指的是接口处存在的逻辑值。器件的内部结构可以使某些基本单元的逻辑值以它的相对值的形式存储在一个单元中(数据扰频)。在一个典型的扰频方案中，有一半的位是以它们的相对值的形式存储的。

Harboe-Sorensen 等[13]测试了 15 个来自 8 个厂商的 16 Mb 的 DRAM 器件，除了德州仪器生产的器件，重离子引起的错误有 99%是下翻的(但不包括质子)，其他所有设备产生“上翻”和“下翻”错误的概率是一样的。Koga 等[22]认为：无论是受重离子还是质子辐照，Micron，Hynix，Elpida 的 DDR2 SDRAM 器件的所有错误都是下翻的，并且对于三星的器件，有 95%的错误都是下翻的。对于 DDR3 器件，他们发现 70%是下翻的错误[26]。

Harboe-Sorensen 等[13]也考虑到了器件的反向组合。他们假设存储器基本单元在单个离子轰击后只能被放电，而不能充电。所有影响到放电单元对应的比特值的错误都一定源于外围电路。他们把基本单元损坏的方向一个称为“软”方向，另一个称为“硬”方向。对于大多数部分和大多数离子，在所有错误中只有小于 1%的错误是硬方向的。令人惊讶的是，某些粒子会造成更多硬方向上的错误(占所有错误的 2%和 88%)，这只对一部分离子适用。对于质子测试，位的软方向失效的典型行为只有轻微的偏离。

没有器件内部的详细信息，难以确定精确的错误机制。常见的解释是电荷耗尽[28]、电荷陷阱[24]，或位移损伤[29]。

值得注意的是，观察到的一些效应很容易被误认为是 SEU，从而过高估计翻转截面。例如，考虑在整个地址空间中有 10 个位错误的运行，其中有四个在同一行中。这四个错误很可能是有相关性的，可能由同一个单一事件引起。在草率的分析中，人们可能会认为它们是 SEU。尽管这种情况很容易被发现，但它会让自动分析变得困难。由于内部地址的混乱，看似无关的错误之间有更复杂的关系，尤其是在与多位翻转(MBU)连接的时候。Bougerol 等[30]注意到这时人们很容易高估基本单元的灵敏度并建议进行激光测试，来帮助识别不同的错误模式，以便以后能够正确地解释重离子和质子测试结果。

另一种模式也说明了这个问题，如图 4.3 所示。除了单粒子功能中断(SEFI)和单粒子翻转(SEU)，这个误差图显示了两个区域的单个位错误的密度几乎比设备的其他区域高 60 倍。这可能是这些区域受到类 SEFI 作用，如参考电压变化。此外，这种情况很容易被观测到，可想而知在某种情况下这样的错误会被误解为真的 SEU，从而严重高估了 SEU 敏感性。

Koga 等[22]发现，刷新速率变化 16 倍并不会显著影响对重离子和质子的敏感度。

4.3.1.2 固定位

一些位错误是无法通过任何措施来纠正的，即使重写设备单元或反复开关电源也不行。受影响的基本单元将永久固定在一个值，因此，这些错误称为固定位。但有可能存在一些其他的单粒子效应(SEE)可以在一个电源周期后恢复(例如错误造成的灵敏放大器的永久性损伤)，据作者所知，在 DRAM 器件中还没有观察到这样的效应。

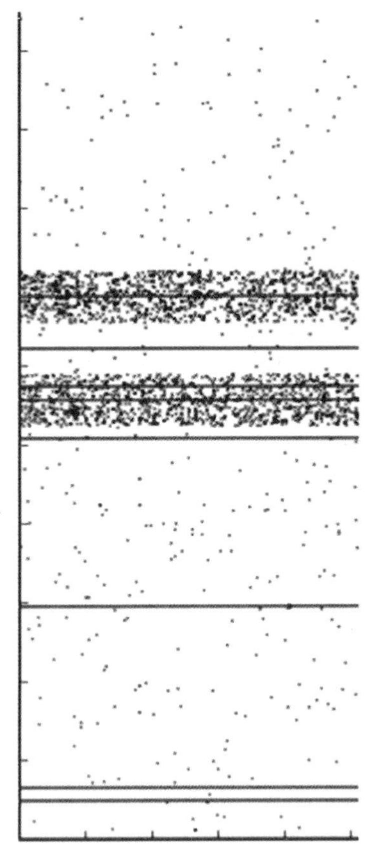

图 4.3 显示 SEFI 和 SEU 的错误图。两个区域的单个位错误的密度几乎比设备的其他区域高 60 倍。重离子辐照后的 Elpida 的 4Gb DDR3 SDRAM 器件

固定位也被称为硬 SEU。然而，术语“硬”和“软”都是模糊的，不同作者用它们来表达不同的含义(如 SEFI 只能由电源周期去除[30]，又例如不能由电容器放电解释的有极性的错误[13])。

固定位是一个大问题：他们无法通过擦洗被去除，一个在空间应用中常用的单粒子翻转(SEU)加固技术是用冗余来定期检测并纠正错误的数据。复位，甚至上电循环对于它们也没有作用，这两者都是在地面的常用错误缓解技术。

固定位是由于降低基本单元保持时间造成的[31](参见 3.2.1 节)。硬 SEU 显示了很强的温度依赖[14,29]的事实支持了这一点。对于三星和 Elpida 的 DDR3 SDRAM 器件，Herrmann 等人[32]发现固定位在室温下的截面低于要求的截面约一个数量级。换句话说，10 个 SEU 中的 1 个会造成固定位。两部分 4Gb DDR3 SDRAM 相应的截面随 LET 的分布如图 4.4 所示。

一些硬 SEU 会发生退火。Herrmann 等[24]发现，对于一个 2Gb DDR3 SDRAM 的三星设备，最硬 SEU 经过几天会退火，其逻辑错误源于电荷俘获。不同离子的辐照下 2Gb 三星 DDR3 SDRAM 部分的数据如图 4.5 所示。Koga 等[26]测试了 Micron 的 4Gb DDR3 SDRAM 器件发现，对重离子和质子来说直到辐照结束，错误(潜在错误)才出现。这些错误都没有持续过一个上电循环。

Chugg 等[29]进行了更细致的固定位检查，发现的结果令人吃惊：固定位会在没有任何缓解措施的情况下恢复，然后自发地被再次卡住，类似于在电荷耦合器件(CCD)中发现的随机电报信号(RTS)。从不同的实验结果中他们得出结论：这种行为可能是由于多个电流泄漏路径造成的。这些位移损伤所造成的路径，在热影响下自发打开和关闭，打开时导致电荷损失。该模型可以用来解释固定位的退火和其他组观察到的潜在错误。

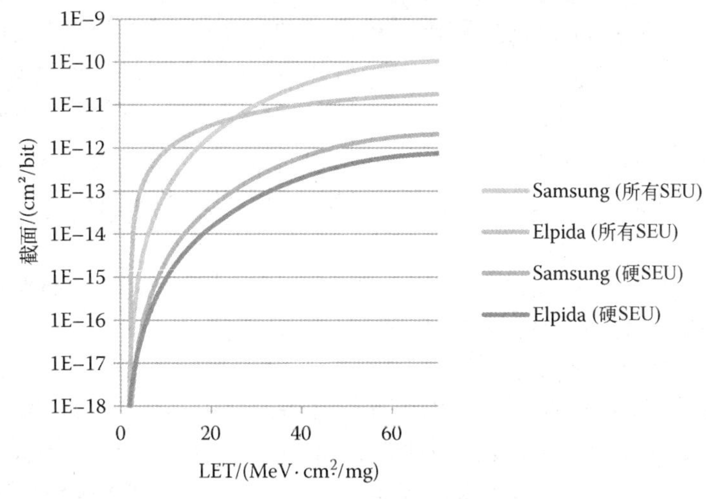

图 4.4　两个 4Gb DDR3 SDRAM 器件的 SEU 和硬 SEU 的截面随 LET 的分布[32]

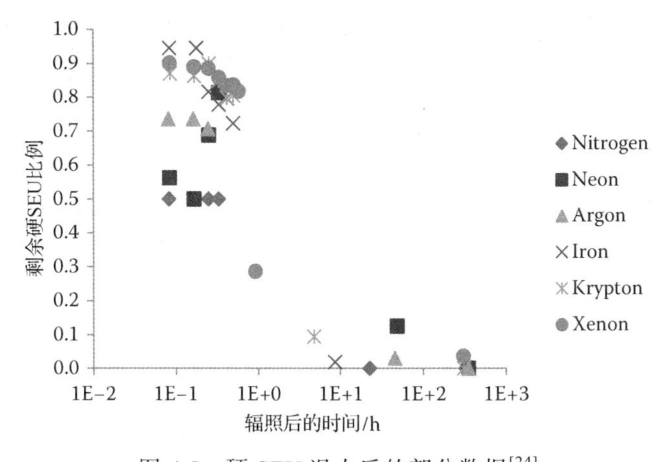

图 4.5　硬 SEU 退火后的部分数据[24]

4.3.1.3　单粒子功能中断和突发错误

单粒子功能中断(SEFI)是由重离子轰击控制电路引起的。它们通常有下列表现之一：

- 行 SEFI，毁坏器件地址空间的单个行，行的一部分或多行，(通常 2 行，4 行或 8 行为一组)①；
- 列 SEFI，毁坏器件地址空间的单个列，一列的一部分或多列；
- 器件 SEFI，毁坏了整个器件或器件的扩展区域。

值得注意的是，这些术语在文献中的使用没有被统一。特别是术语“突发错误”(或错误突发)可能被用于行 SEFI 或器件 SEFI。如果一个大面积的错误会自行恢复，则其他研究人员称其为区错误[19]，否则称其为 SEFI。同样的区别也由暂态 SEFI 和持续的 SEFI[25] 表示。

① 注意区分单个 SEFI 导致多个行损坏和多个行 SEFI 导致单个行损坏，由于时间分辨率不足，在实验上不可行。然而，通常可以通过受影响的行的相关的地址识别出前者。

像固定位一样，SEFI 也是地面和空间应用中的主要问题。空间大容量存储器的典型纠错机制使用 $n = m + k$ 存储设备存储一个由 m 位数据和 k 位冗余数据组成的字。这样一个系统的纠错能力不足以应对两个错误碰巧在同一个字上的情况[33]。但两个单粒子翻转(SEU)碰巧在不同设备的同一位置是极不可能的，在一个设备中的器件 SEFI 将导致其他装置已存在的 SEU 同时发生。这样的巧合可能无法修正。Guertin 等[15]更详细地讨论了在各种不同的存储应用中的 SEFI 轰击。

像 SEU、SEFI 这样的错误会因为刷新操作写入错误的数据阵列而变成持久的错误，所以这种数据损坏可以在错误源消失后(例如一个翻转锁存)持续存在。

一种减轻器件 SEFI 的技术称为软件调节。这个术语是对各种不同操作的总结，比如改写模式寄存器，复位器件的 DLL，或校准终结电阻(ODT)[24]。这些操作通常只在设备初始化期间执行，但可以在操作过程中任意时间重复(定时约束)。DDR3 SDRAM 也提供了一种重置设备的可能性。如果该设备被重置，该标准[34]不保证数据被保存，但是，人们已在实践中发现，在设备保持供电的情况下，复位状态保持几秒后才会丢失数据[35]。

不同小组[15,21]已证明软件调节可以降低 DDR2 SDRAM 的截面。Herrmann 等人[24]发现，对于 4Gb Elpida DDR3 装置，定期进行软件调节(在辐照期间)可以降低约一个数量级的器件 SEFI 灵敏度。对于三星 4Gb DDR3 器件，软件调节没有显著影响；Elpida 的器件的灵敏度在有无软件调节时都是一样的。截面随 LET 的分布如图 4.6 所示。

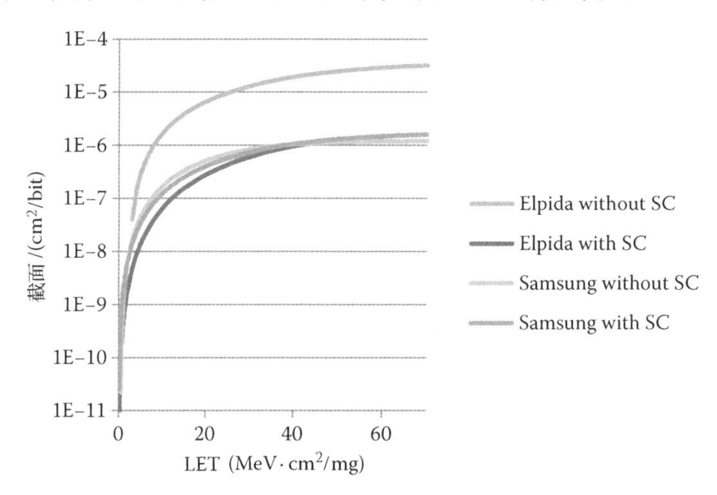

图 4.6 两种 DDR3 SDRAM 部件类型的器件的软件调节对 SEFI 的截面随 LET 的分布的影响[24]

软件处理也可以作为一种减缓以后器件的 SEFI 的手段[15]。Grürmann 等[25]发现，相当一部分器件的 SEFI 可以通过利用应用软件或复位设备进行调节的措施(没有观察到数据损失)来清除。对于设备复位，这很容易解释，例如，一个无效的状态，这可能是离子轰击到一个状态机寄存器造成的。模式寄存器包含设备配置，例如读命令和在数据总线上获取相应数据之间的定时延迟。这些寄存器中的一个错误值可能导致所有读取操作失败，但可以通过向寄存器重写正确的值来校正。对于未公开的、制造商特制的模式寄存器位，将设备放入某种测试模式时也是如此。

Bougerol 等[30] 通过比较 Micron 的 256Mb DRAM 的重离子和激光测试结果，更详细地检测了 SEFI。他们发现，一个特定的突发错误模式——特别是 512 的倍数个错误发生在同一列的时候——可以追溯到用于行/列冗余的熔丝锁存器。这些错误即使在没有写入内存的情况下也可以被模式寄存器集(MRS)命令清除。这表明这种错误只会影响读取路径。他们的结论是，MRS 命令不仅设置了模式寄存器的值，它也导致了熔丝锁存器被重载。

在同一工作中，Bougerol 等人[30]也观察到错误在长度为 100 至 300 个字的位置爆发。从详细的调查中，他们得出结论，错误是由电压缓冲器中的单事件瞬变(SET)导致的。他们识别出了一个可以控制死区电容器的共模电压($V_{DD}/2$)的模拟电路。该电路中的一组可能导致电容器放电。由于熔丝锁存器故障引起的突发错误，丢失的数据存储在受影响的单元格，因为错误值通过后续的刷新操作被写入到阵列中。另外，没有任何特定的动作(如 MRS)需要从这种错误中恢复。

没有设备内部的详细信息，SEFI 确切的错误机制甚至比 SEU 还难以确定。可能的解释是配置寄存器触发器、状态机锁存器、灵敏放大器，或地址解码电路中有翻转发生。

在空间应用中，现代 SDRAM 器件的误码率大多是由 SEFI(源自周边)而不是 SEU(源自阵列)决定的：器件 SEFI 和 SEU 非常相似[35]，但会损坏比后者多好几个数量级的数据。在一个典型应用中，误码率是由两个器件 SEFI[33]之间的一致性决定的。

4.3.1.4　单粒子闩锁

辐照可以引起闩锁[单粒子闩锁(SEL)]，如果系统未设计闩锁保护措施，它会依次破坏设备。

Harboe Sorensen 等[13]测试了来自四个厂家的 16 Mb 的 DRAM 器件，只在来自 Micron 的器件中发现了单粒子闩锁，而在来自富士通、三星、德州仪器(TI)的器件中都没有发现它。此外，从来自 Micron 的和 TI 的器件中他们发现了一些低电流锁存器，这些器件的某些部分失效了，并且只能通过重启恢复。他们在质子辐照下没有观察到 SEL。

Hafer 等[16]发现在 105℃，LET 为 111 MeV·cm^2/mg，入射角从 0°(正常)到 60°的条件下单粒子闩锁对 512Mb SDRAM 没有影响。

Koga 等[22]，Harboe-Sørensen[7]和 Li 等[21]在 DDR2 SDRAM 中没有发现单粒子闩锁，Herrmann[36]在 DDR3 SDRAM 中没有发现单粒子闩锁。

4.3.1.5　电流增加

尽管 SEL 在 SDRAM 中较为罕见，人们也观察到了其他的工作电流增加的实例。这些情况区别于闩锁，因为这时电流不增加到破坏器件部件的水平或电流在没有任何纠正措施的情况下会恢复到常规值。

Hafer 等[16]发现，对于 512Mb SDRAM，在重离子辐照时空载电流是稳定的；在有一些地方电流从空载电流约为 38 mA 增加到 46 mA，这些地方出现尖峰。文献怀疑这是由于设备暂时错误地执行了读的操作。

Hoeffgen 等[23]测试了 2Gb DDR2 SDRAM 并观察到负载电流有一个从正常时的 420 mA 到超过 600 mA 的快速上升。

Herrmann 等[36]发现，对于重离子辐照下的 4Gb DDR3 SDRAM，在辐照时，电流(空载和工作的)有一些时间是增加的(例如 1 分钟)。然后它就返回一个较低的值或基线值。

辐照结束后，空载电流在几秒内降至基线值。没有观察到永久的电流增加。在某些情况下，电流剧烈增加：例如已观察到约 200 mA 的空载电流比约 20 mA 的基准空载电流增加的幅度更大。

4.3.2 总剂量效应

在不同类型的 DRAM 器件中常见的几种总剂量效应：

- 减少保持时间，造成孤立误差；
- 电流增加；
- 功能失效。

4.3.2.1 保持时间

保持时间(基本单元被写入数据后)指的是电荷从单元电容器泄漏直到存储值不能被可靠读取的点为止的时间。每个单元必须在保持时间到达之前进行刷新。因此，刷新间隔必须小于保持时间，否则会发生错误。众所周知，保持时间强烈地依赖于设备温度[37]。

规范定义一个最小刷新间隔，设置时间长于最坏情况下的单元保持时间。例如，对于 DDR3 SDRAM，8192 个刷新操作都要求在 64 ms 内(对应于 7.8 μs 的刷新间隔①)

每单元的保持时间可以通过给存储器写入一个模式来在实验上测定，对于一个给定的时间 t 禁用刷新②，读取存储器内容并与它们的原始模式进行比较。如果单元格包含一个错误(即它读出的值不同于原有的模式中的值)，其保持时间小于 t；否则，它比 t 大。通过重复这个过程，可以确定每个基本单元的保持时间③。这样可以确定保持时间的频率分布。

一个简单的实验可以确定不同的 t 值的位错误的数目。这些位错误发生在最脆弱的单元(即由生产差异或辐照损伤所造成的有最低保持时间的单元)。

Lee 等[38]发现，一个三星的 64Mb DRAM 器件，辐射剂量达到 70 krad 后，将近 15% 位显示错误。经过 24 小时的退火，一些单元恢复，但设备仍是不可靠的。在 100℃ 环境下经过 24 小时，该设备不再显示位错误。

Bacchini 等[39]发现，一个 Promos 的 256Mb SDRAM，^{60}Co 辐照 65.1 krad 能减少 90% 以上的保持时间，对于 11 个基本单元，^{60}Co 辐照 65.1 krad 后保持时间低于规范中定义的 64 ms 刷新间隔。所观察到的错误无论是室温还是 85℃都不会退火。

Bertazzoni 等[40,41]发现，在辐照剂量增加到 70 krad 的范围内时，Micron 的 256-Mb SDRAM 的保持时间与照射剂量成比例地减少。文献还发现重离子辐照造成数据保持时间的退化，但是是在一个更小的总剂量(0.84 krad)下。文献推测，与 ^{60}Co 照射的剂量相比，这种情况是高度局部化的，所以局部的剂量可能比总体的剂量高得多。

Scheick 等[42]发现，对于一个东芝的 16Mb DRAM，平均停留时间随着吸收剂量呈指数下降。

① 刷新操作受到一定的时间限制可以推迟或停下。

② 这需要一个可以禁用刷新操作的控制器，这种控制器可能不是商业的控制器。

③ 请注意，对每一个新 t 值重复整个等待时间是必要的，因为对单元进行读取同时也是在刷新它。

4.3.2.2　数据错误

从暴露于光子辐射的设备读取数据时，会发生错误。这些错误大多是随机分布的单个位错误。这些错误可能是由保持时间的减少造成的。在这种情况下，可以通过减小刷新间隔减轻影响。

Herrmann 等[32]发现，对于三星的 4Gb DDR3 SDRAM 器件，在辐照时进行操作，没有错误发生，直到照射剂量达到 250 krad 甚至直到 300 krad 错误密度计量仍低于 10^{-6}，如图 4.7 所示。错误密度表现出强烈的温度依赖性，这表明，它可能是由保持时间的减少造成的。在室温下退火 480 小时后，有 60%到 98%的错误消失(取决于样品)。其他类型 DDR3 SDRAM 部件，如 4Gb Hynix 和 4Gb Elpida，在 85℃ 376 krad 偏照射后表现出更低的错误密度，大约 10^{-8} [13]。

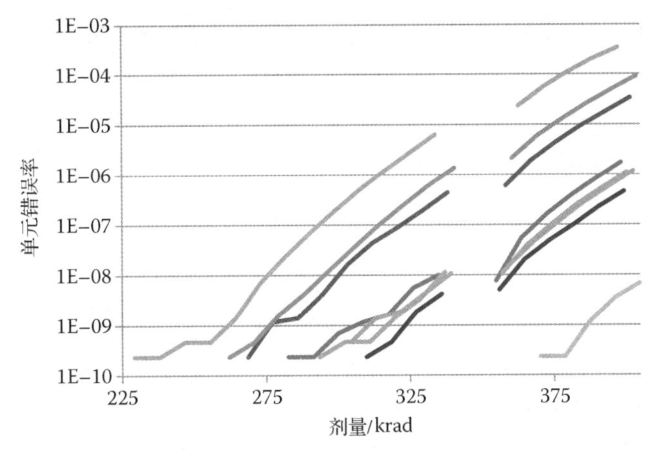

图 4.7　8 个三星 4Gb DDR3 SDRAM 器件在原位 ^{60}Co 室温辐照时的错误[32]。错误率或错误密度是设备中位错误的数目除以设备中的总位数

和单粒子翻转一样，可以区分它的两个错误方向——上翻和下翻。Harboe Sorensen 等[13]报道了 14 种测试类型，每个方向的误差约为 50%。

Herrmann 等[36]还发现了一个至今未被解释的错误模式：将设备中的一行保持较长时间(但在约束范围内)，在设备地址空间的几个不同区域会出现错误，其错误密度高达 20%。这种模式也在其他类型的部件中被观察到过。所有这些错误都是下翻错误。

4.3.2.3　电流增加

工作电流通常随吸收剂量增加而增加。

Harboe Sorensen 等[13]定义参数故障为电流增大到超过基准(未辐照)电流的 20%。他们测试了来自 8 个厂家的 15 个器件发现参数失效发生在 5 krad 和 45 krad(Si)之间。

Lee 等[38] 对用于三星设备的 64Mb DRAM 进行测试发现，在辐照剂量增加到 20 krad 时，待机电流有所增加。30 krad 时，电流增加了近 50 倍并保持这一水平至 70 krad 辐照结束。与此相反，三菱设备的待机电流逐渐增加。

Shaw 等[43]对 Micron 64Mb DRAM 器件报告了类似的结果：待机电流轻微地升高直到 15 krad，然后在 15 krad 到 19 krad 之间迅速增加 8 倍，并停留在这个水平直到在 30 krad 发生功能失效。

Herrmann 等[32,44]发现，对 4Gb DDR3 SDRAM，大约 420 krad 辐照后三星部件有不到 25%的增加，大约 120 krad 辐照后 Micron 部件增加了 10 倍，Hynix 部件在大约 420 krad 辐照后并没有增加。

4.3.2.4 功能失效

总剂量效应损伤包括设备功能和参数的逐渐退化。如果外围电路的一个关键部分损坏了，即使大部分阵列仍然完好(功能失效)，该部件可能仍不能正常工作。然而，对于实际的应用和许多类型的设备来说，设备不能使用是由于阵列中有太多错误或者参数(例如，电流需求)的故障。因此，许多研究人员制定了功能失效的标准，以确定器件可承受的最大剂量，并方便某一个具体应用中对不同器件进行比较。这些标准是由一个具体的——真实或假设的——任务来推进的。

Harboe Sorensen 等[13]定义 16Mb DRAM 的功能失效为一次运行中有 1024 个以上的错误，这相当于 6×10^{-5} 的错误密度。他们测试了 8 个厂家的 15 个设备，在 5 ~ 55 krad(Si)之间发现了功能失效。

Lee 等[38] 在 70 krad 发现三星 64Mb DRAM 器件的功能失效以及 50 krad 三菱 64Mb DRAM 器件的功能失效但没有制定相应的标准。

4.4 小结

DRAM 器件受到各种各样的辐射效应的影响，包括单一事件和总剂量效应。对辐照效应的分类高度取决于其专有用途。

许多 SEE 具有动态特性，根据辐照期间设备正在进行的活动，产生不同类型的错误。纠错码可以很容易地减轻 SEU，但会使其他的错误更严重。而现代 DDR3 SDRAM 器件似乎不受 SEL 影响，它们仍然有故障模式，可能导致设备的重启，导致存储的数据丢失。

主要的总剂量效应(a)保持时间的减少，可以通过增加刷新率在一定程度上减轻；(b)工作电流的增加，这可以通过在特定的应用情况下使用特定的设备类型来避免。现代 SDRAM 器件的总剂量具有良好的鲁棒性，使它们适用于大剂量的应用。

参考文献

1. T. Perez and C. A. F. De Rose, Non-Volatile Memory: Emerging Technologies and Their Impacts on Memory Systems, Technical Report No. 60. Pontifícia Universidade Católica do Rio, Port Alegre, 2010.
2. T. Sasada, S. Ichikawa and M. Shirakura, mass data recorder with ultra-high-density stacked memory for spacecraft, in *IEEE Aerospace Conference*, 2005.
3. ESA, JUICE is Europe's next large science mission, online.
4. A. Taber and E. Normand, Single event upsets in avionics, *IEEE Transactions on Nuclear Science,* Vol. 4, No. 2, pp. 120-126, 1993.
5. T. O'Gorman, The effect of cosmic rays on the soft error rate of a DRAM at ground level, *IEEE Transactions on Electron Devices,* Vol. 41, No. 4, 1994.

6.R. Ladbury, M. Berg, H. Kim, K. LaBel, M. Friendlich, R. Koga, J. George, S. Crain, P. Yu and R. Reed, Radiation performance of 1 Gbit DDR SDRAMs fabricated in the 90 nm CMOS technology node, in *IEEE Radiation Effects Data Workshop*, 2006.

7. R. Harboe-Sorensen, F.-X. Guerre and G. Lewis, Heavy-ion SEE test concept and results for DDR-II memories, *IEEE Transactions on Nuclear Science,* Vol. 54, No. 6, pp. 2125-2130, 2007.

8. B. Keeth, R. J. Baker, B. Johnson and F. Lin, *DRAM Circuit Design,* Piscataway, NJ: IEEE Press, 2008, pp. xv, 421.

9. A. van de Goor and I. Schanstra, Address and data scrambling: Causes and impact on memory tests, in *IEEE International Workshop on Electronic Design, Test and Applications*, 2002.

10. JEDEC, *The DDR3 SDRAM Specification*, 2009.

11. JEDEC, *JEDEC Standard No. 209-3—Low Power Double Data Rate 3*, 2012.

12. A. Virtanen, R. Harboe-Sorensen, A. Javanainen, H. Kettunen, H. Koivisto and I. Riihimaki, Upgrades for the RADEF facility, in *Radiation Effects Data Workshop （REDW）*, 2007.

13. R. Harboe-Sorensen, R. Muller and S. Fraenkel, Heavy ion, proton and Co-60 radiation evaluation of 16 Mbit DRAM memories for space application, in *IEEE Radiation Effects Data Workshop*, 1995.

14. P. Adell, L. Edmonds, R. McPeak, L. Scheick and S. McClure, An approach to single event testing of SDRAMs, *IEEE Transactions on Nuclear Science,* Vol. 57, No. 5, 2009.

15. S. Guertin, G. Allen and D. Sheldon, Programmatic impact of SDRAM SEFI, in *IEEE Radiation Effects Data Workshop （REDW）*, 2012.

16. C. Hafer, M. Von Thun, M. Leslie, F. Sievert and A. Jordan, Commercially designed and manufactured SDRAM SEE data, in *IEEE Radiation Effects Data Workshop*, 2010.

17. T. Langley, R. Koga and T. Morris, Single-event effects test results of 512MB SDRAMs, in *IEEE Radiation Effects Data Workshop*, 2003.

18. B. Henson, P. McDonald and W. Stapor, SDRAM space radiation effects measurements and analysis, in *IEEE Radiation Effects Data Workshop*, 1999.

19. R. L. Ladbury, K. A. LaBel, M. D. Berg, E. P. Wilcox, H. S. Kim, C. M. Seidleck and A. M. Phan, Use of commercial FPGA-based evaluation boards for single-event testing of DDR2 and DDR3 SDRAMs, in *NSREC*, Vol. 60, No. 6, 2013.

20. R. Ladbury, M. Berg, K. LaBel and M. Friendlich, Radiation performance of 1 Gbit DDR2 SDRAMs fabricated with 80-90 nm CMOS, in *IEEE Radiation Effects Data Workshop*, 2008.

21. L. Li, H. Schmidt, T. Fichna, D. Walter, K. Grürmann, H. W. Hoffmeister, S. Lamari, H. Michalik and F. Gliem, Heavy ion SEE test of an advanced DDR2 SDRAM, in *21. Workshop für Testmethoden und Zuverläsigkeit von Schaltungen und Systemen*, 2009.

22. R. Koga, P. Yu, J. George and S. Bielat, Sensitivity of 2 Gb DDR2 SDRAMs to protons and heavy ions, in *IEEE Radiation Effects Data Workshop （REDW）*, 2010.

23. S. Hoeffgen, M. Durante, V. Ferlet-Cavrois et al., Investigations of single event effects with heavy ions of energies up to 1.5 GeV/n, in *12th European Conference on Radiation and Its Effects on Components and Systems （RADECS）*, 2011.

24. M. Herrmann, K. Grürmann, F. Gliem, H. Schmidt, G. Leibeling, H. Kettunen and V. Ferlet-Cavrois,

New SEE test results for 4 Gbit DDR3 SDRAM, in *RADECS Data Workshop*, 2012.

25. K. Grürmann, M. Herrmann, F. Gliem, H. Schmidt, G. Leibeling and H. Kettunen, Heavy ion sensitivity of 16/32-Gbit NAND-Flash and 4-Gbit DDR3 SDRAM, in *IEEE NSREC Data Workshop*, 2012.
26. R. Koga, J. George and S. Bielat, Single event effects sensitivity of DDR3 SDRAMs to protons and heavy ions, in *IEEE Radiation Effects Data Workshop*, 2012.
27. H. Quinn, P. Graham and T. Fairbanks, SEEs induced by high-energy protons and neutrons in SDRAM, in *IEEE Radiation Effects Data Workshop (REDW)*, 2011.
28. L. W. Massengill, Cosmic and terrestrial single-event radiation effects in dynamic random access memories, *IEEE Transactions on Nuclear Science,* Vol. 43, pp. 576-593, 1996.
29. A. Chugg, A. Burnell, P. Duncan and S. Parker, The random telegraph signal behavior of intermittently stuck bits in SDRAMs, *IEEE Transactions on Nuclear Science,* Vol. 56, No. 6, pp. 3057-3064, 2009.
30. A. Bougerol, F. Miller, N. Guibbaud, R. Gaillard, F. Moliere and N. Buard, Use of laser to explain heavy ion induced SEFIs in SDRAMs, *IEEE Transactions on Nuclear Science,* Vol. 57, No.1, 2010.
31. L. Scheick, S. Guertin and D. Nguyen, Investigation of the mechanism of stuck bits in high capacity SDRAMs, in *IEEE Radiation Effects Data Workshop*, 2008.
32. M. Herrmann, K. Grürmann, F. Gliem, H. Schmidt and V. Ferlet-Cavrois, In-situ TID test of 4-Gbit DDR3 SDRAM devices, in *Radiation Effects Data Workshop (REDW)*, 2013.
33. D. Walter, M. Herrmann, K. Grürmann and F. Gliem, From memory device cross section to data integrity figures of space mass memories, in *European Conference on Radiation and Its Effects on Components and Systems (RADECS)*, 2013.
34. JEDEC, *JESD79-3E-DDR3 SDRAM Specification.*
35. M. Herrmann, K. Grürmann, F. Gliem, H. Kettunen and V. Ferlet-Cavrois, Heavy ion SEE test of 2 Gbit DDR3 SDRAM, in *12th European Conference on Radiation and Its Effects on Components and Systems (RADECS)*, 2011.
36. M. Herrmann, K. Grürmann, F. Gliem, H. Schmidt, M. Muschitiello and V. Ferlet-Cavrois, New SEE and TID test results for 2-Gbit and 4-Gbit DDR3 SDRAM devices, in *RADECS Data Workshop*, 2013.
37. J. A. Halderman, S. D. Schoen, N. Heninger, W. Clarkson, W. Paul, J. A. Cal, A. J. Feldman and E. W. Felten, Lest we remember: Cold boot attacks on encryption keys, in *17th USENIX Security Symposium*, 2008.
38. C. Lee, D. Nguyen and A. Johnston, Total ionizing dose effects on 64 Mb 3.3 V DRAMs, in *IEEE Radiation Effects Data Workshop*, 1997.
39. A. Bacchini, M. Rovatti, G. Furano and M. Ottavi, Total ionizing dose effects on DRAM data retention time, *IEEE Transactions on Nuclear Science,* Vol. 61, No. 6, 2014.
40. S. Bertazzoni, D. Di Giovenale, M. Salmeri, A. Mencattini, A. Salsano and M. Florean, Monitoring methodology for TID damaging of SDRAM devices, in *19th IEEE International Symposium on Defect and Fault Tolerance in VLSI Systems*, 2004.
41. S. Bertazzoni, D. Di Giovenale, L. Mongiardo et al., TID and SEE characterization and damaging analysis of 256 Mbit COTS SDRAM for IEEM application, in *8th European Conference on Radiation and Its Effects on Components and Systems*, 2005.

42. L. Scheick, S. Guertin and G. Swift, Analysis of radiation effects on individual DRAM cells, *IEEE Transactions on Nuclear Science,* Vol. 47, No. 6, 2000.
43. D. Shaw, G. Swift and A. Johnston, Radiation evaluation of an advanced 64 Mb 3.3 V DRAM and insights into the effects of scaling on radiation hardness, *IEEE Transactions on Nuclear Science,* Vol. 42, No. 6, pp. 1674-1680, 1995.
44. M. Herrmann, K. Grürmann and F. Gliem, TN-IDA-RAD-14/3—In-situ and unbiased TID test of 4-Gbit DDR3 SDRAM devices, 2014.

第 5 章　闪存中的辐射效应

Marta Bagatin and Simone Gerardin

5.1　引言

非易失性存储器（NVM）占据了半导体市场的很大一部分，它们被越来越多地使用于有大容量数据存储需求的应用中，也被用于单个位错误就能导致重大经济损失和重大事故的关键应用场景中。

快闪存储器（flash memory，简称快闪）有两种不同的架构：NOR 型闪存和 NAND 型闪存。从传统意义上讲，NOR 型闪存一直被用于代码存储和随机数据存取，制造商负责保证每一个数据位都能正常工作并满足一定的数据保持和耐久性标准。而当应用场景的关键是大密度存储和串行存取时，NAND 型闪存则是更好的选择。在 NAND 型闪存中可能存在坏块或位缺陷，用户必须引入相应的纠错码（ECC）技术以达到产品手册的要求。

NAND 型闪存是尺寸缩小幅度最大的器件：市场上可以获得的 NAND 型闪存的最小特征尺寸为 16 nm，对应存储密度高达 128 Gb。基于多层存储单元和多种特征尺寸的三维存储器也在大规模生产中。NAND 型闪存一直严格遵循摩尔定律的发展，但正在迅速接近等比例缩小的物理极限，半导体公司和科研机构正在积极开发基于不同存储机制的替代产品。

浮栅（FG）是闪存行业中的领先制备技术，它的基本结构是在金属-氧化物-半导体场效应晶体管（MOSFET）的栅极和沟道之间插入材料为多晶硅的浮空电极，通过在浮栅中注入和去除电荷（电子或空穴），可以改变器件的阈值电压，从而表示一位或多位数据信息。

直到大约十年前，非易失性存储器的辐照效应仅在空间应用的背景下进行分析，研究的侧重点也只在外围电路中的高压模块，这是当时器件辐照敏感性的唯一来源。后来，随着浮栅中存储电荷量越来越少，浮栅存储单元中也发现了重离子诱发的单粒子效应。最近，中子和 α 粒子也被证实会引起 NAND 闪存单元的单粒子翻转，其翻转机制在一定程度上与其他器件中的单粒子翻转相似，也可以通过引入 ECC（纠错码）对发生的错误进行修正。

本章将分析闪存在海平面及更严峻的空间环境应用中的辐照效应，并对涉及浮栅单元和外围电路的不同效应分别进行讨论。

5.2　浮栅技术

闪存单元的结构类似于 MOSFET [1,2]，但包含了一个额外的电荷存储层浮栅，置于衬底硅和称为控制栅的栅极之间（见图 5.1），浮栅通常为多晶硅材料。电荷存储层浮栅一侧被隧穿氧化物隔离，另一侧被氧化物-氮化物-氧化物（ONO）叠层隔离。

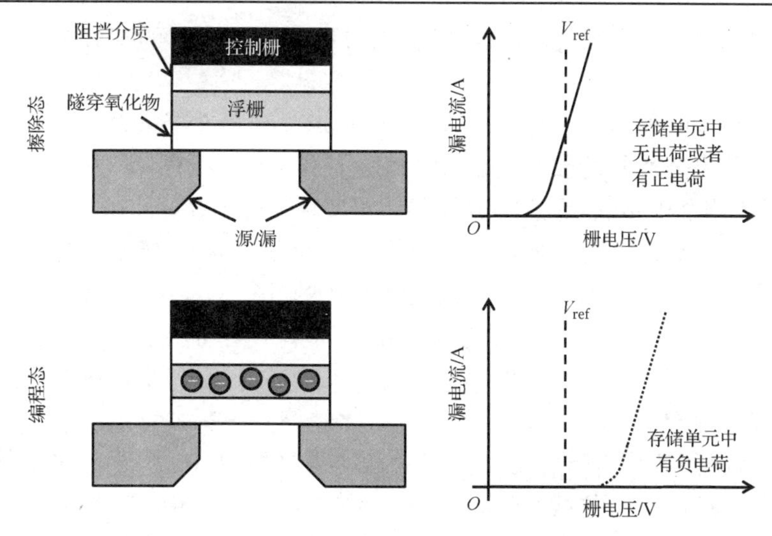

图 5.1 处于擦除态和编程态浮栅单元的结构示意图(左侧)和 I-V 特性曲线(右侧)

通过改变存储单元中的电荷量可以改变晶体管的阈值电压(V_{th})，存储单元中带正电荷或不带电荷的状态称为擦除态，带净负电荷的状态称为编程态(如图 5.1 所示)。读取过程是通过在控制栅施加固定偏压并将漏端电流与一个或多个参考电流进行比较来实现的，该电压介于编程态和擦除态单元的 V_{th} 之间。

浮栅单元的 I-V 特性接近标准 MOSFET 的 I-V 特性，但由于电荷存储结构的存在及其与其他端口的电容耦合，浮栅单元还具有一些特殊的性质。决定沟道载流子密度的浮栅电位不仅受到栅控电压的影响，而且受到漏极的影响，甚至还受到相邻浮栅单元的影响[3]。

电子或空穴可以穿过隧道氧化物势垒注入上方的存储单元中以改变存储的电荷量，这一注入过程可通过热沟道电子(空穴)完成。在该过程中，通过提高控制栅电压来打开晶体管，同时向漏极施加高压，从而在漏端附近形成一个大的横向电场[3]。热载流子注入过程的效率很低，因为它需要源漏之间必须有大的电流流动，并且只有一小部分沟道载流子会被注入浮栅电荷存储层中。

穿越势垒的电荷注入过程也可利用福勒-诺德海姆(FN)隧穿完成，该隧穿效率更高但速度较慢[3]。FN 隧穿基于量子力学效应，既可用于编程操作，也可用于擦除操作。FN 隧穿要求隧穿氧化物的厚度足够薄，大约 10 nm 或更薄。然而，隧穿氧化物的厚度是单元可靠性的重要影响因素，因为薄氧化物不仅有利于提高动态编程/擦除效率，也使载流子在静态存储模式下进出浮栅的难度降低。

在含有数十亿存储单元的器件中，不同单元的电学参数(例如 V_{th})展现出很大变化性。为了减小 V_{th} 分布的展宽，在编程和擦除操作中均采用了紧缩算法(tightening algorithms)[4]。这些算法通过引入两个额外参考电压，即编程验证电压和擦除验证电压来工作，并确保编程态(或擦除态)单元的最终 V_{th} 值高于编程验证电压(或低于擦除验证电压)。

通过对注入浮栅中电荷量的严格控制，可以在一个单元中存储多位数据(多级单元，MLC)[5]，而不是每个单元只存储一位信息(单级单元，SLC)。MLC 器件的外围电路比 SLC 器件更加复杂，具有多个参考电压和更窄的读取窗口。MLC 器件运行速度较慢，而且不太稳定，但是使用两位每单元的多级存储可以在一半成本的基础上提供近乎两倍的存储密度。

闪存阵列主要有两种结构类型：NAND 和 NOR[6]。为了避免为每个单元提供选择器和增加密度，两种类型均执行整块（几 Mb）擦除。在 NOR 型存储阵列中，几个单元平行连接到一条位线，两个相邻单元之间共用漏极，可实现随机读取（读取时间<100 ns），字编程操作速度较慢（约 5 μs），块擦除操作甚至更慢（约 200 ms）。NOR 型闪存的编程操作是通过沟道热载流子注入来实现的，高电流限制了操作的并行性，仅限于同时编程几个单元。擦除操作通过 FN 隧穿机制实现。制造商保证所有单个位均能正常工作，并符合一定数据保持特性和耐久性的规范标准。由于这些特性，NOR 型闪存非常适合用于以读取为主要应用场景的代码存储。

在 NAND 型存储架构中，存储单元通过两个选择器以 16 个或更多个单元的字符串形式相互连接，字符串再与位线相连。由于 NAND 型闪存选用 FN 编程机制而且每对单元的漏极不必相连，至少在平面结构中 NAND 物理位的大小是半导体工业中最小的，单元排布比 NOR 型要紧凑得多（因此 NAND 型可用的存储容量比 NOR 型更大）。基于 FN 编程机制很大程度保证了操作的并行性。页面编程（通常涉及几千字节）的操作时间大约在 0.2 ms 以内；涉及几 MByte 的并行块擦除操作大约需要 2 ms。NAND 型闪存访问的随机性较差，但串行访问性能非常好。由于制造商不保证每一位和每一块都能正常工作，因此必须引入必要的外部 ECC 纠错和坏块管理功能。基于这些特性，NAND 型闪存最适合做数据存储，但在配备适当缓冲器的情况下也可以用作代码存储。

由于编程和擦除过程中使用的电场较高，浮栅闪存器件的可靠性一直是需要考虑的重要问题[7]。所有存储单元统一受到高场强的内在影响，少数单元也会受到特殊缺陷（例如加工过程中的污染颗粒）或固有点缺陷的外在影响而发生单个位故障。非易失存储器的可靠性主要由耐久性和数据保持特性两个参数来衡量。耐久性的定义是存储器可以成功执行编程/擦除操作的周期数（10^5 是 SLC 闪存的典型耐久性指标）。在高电场下执行编程和擦除操作时，隧穿氧化层中产生的陷阱和电荷俘获限制了器件的耐久性[8]。数据保持特性是指信息在不被损坏的情况下存储时间的长短，它受到应力诱发漏电流（SILC）的限制[9]。SILC 是一种由陷阱辅助隧穿机制引起的穿过隧穿氧化物的泄漏电流。

闪存与其他类型的存储器相似，都包含译码器和缓冲器，但它也包含一些特有的功能模块：它需要一个微控制器来执行复杂的编程/擦除算法，并且需要电荷泵模块产生高电压来对浮栅中的电荷进行注入和去除。正如接下来要介绍的，就辐照敏感性而言电荷泵是闪存中最薄弱的模块之一。

5.3　浮栅单元的辐照效应

过去通常认为在闪存中只有外围电路是对辐照敏感的，而在当代闪存技术中浮栅存储单元也是引起辐照错误的来源之一[10–15]。我们将从浮栅单元的电离总剂量效应和单粒子效应开始讨论，然后分析外围电路中的辐照效应。

当电离辐照引起足够大的 V_{th} 漂移以至超过读取电压时，浮栅单元中会有错误发生。总剂量累积和单粒子效应都有可能引起这一结果。从历史上看，许多辐照错误数据都是首次在 NOR 型闪存器件上收集到的。然而，除非明确说明，这里作出的讨论稍作修改或不作修改都适用于 NOR 型和 NAND 型器件。

5.3.1 总剂量辐照引起的位错误

总剂量辐照使浮栅单元的 V_{th} 值向中性状态（即浮栅中没有电荷存储的状态）的 V_{th} 值漂移。换句话说，总剂量倾向于从浮栅中去除电荷。该现象可在图 5.2 所示的（质子）总剂量辐照多位单元 NOR 型器件的 V_{th} 分布看出[14]。V_{th} 分布总体上的变化为：编程态（L1、L2 和 L3）向左移动，擦除态（L0）向右移动。所有分布都朝着通常处于擦除态和第一个编程态之间的中性状态移动。稍后我们将看到，这种阈值电压漂移是导致数据错误发生的原因。届时我们也将讨论外围电路的影响。

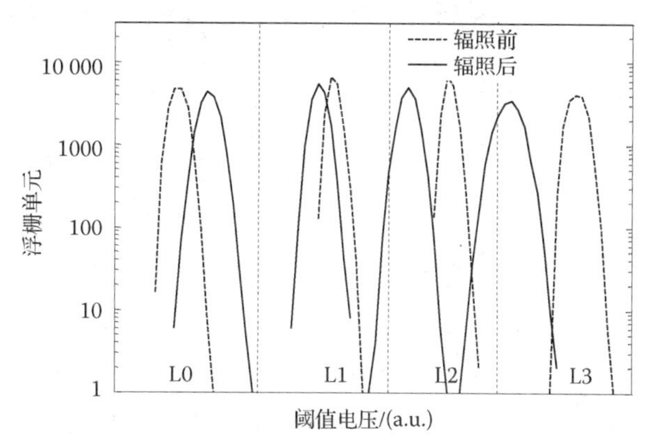

图 5.2 90 nm 多级单元 NOR 型存储阵列上电离总剂量辐照引起的四个层级的阈值电压漂移（L0 代表擦除态，L1、L2 和 L3 是编程态，V_{th} 从低到最高分布）。所有单元的 V_{th} 都受到影响，并向位于 L0 和 L1 之间的中性态移动（摘自 M. Bagatin，S. Gerardin，G. Cellere，A. Paccagnella，A. Visconti，M. Bonanomi，S. Beltrami，*IEEE Trans. Nucl. Sci.*，Vol. 56，pp. 3267-3273，December 2009）

图 5.3 示出总剂量效应引起 V_{th} 漂移的三种物理机制[16-22]：辐照在周围（隧穿和 ONO）氧化物中产生的电荷注入浮栅中；少量的辐照电荷被俘获在隧穿氧化物中；浮栅中的电荷从辐照获得足够能量从而从势阱中逃逸（光电发射效应）。除了氧化物中的电荷俘获，另外两种机制均倾向于减少浮栅中存储的电荷量。基于可靠性方面的考量，在提高集成度的过程中，隧穿氧化层的厚度没有随单元尺寸的减小而减小，因此，总剂量效应往往不太会受等比例缩小的影响[19]。使用不同的总剂量辐照源（伽马射线、X 射线、质子等）进行辐照会导致文献[23]中讨论的效应方面的微小变化。由于浮栅单元对总剂量辐照有响应，基于浮栅结构开发的剂量计已经面世[24,25]。

有文献也报道了总剂量辐照浮栅单元出现错误后的退火效应[14]。辐照之后随着时间的推移存储阵列中发现的错误数量会减少，但在某些情况下错误也会随退火时间增加而增加，特别是对于那些处于擦除态和最低 V_{th} 编程态的浮栅单元[14]。发生退火效应的原因是氧化物中俘获的正电荷随时间增加而被去除，而在擦除态浮栅单元中氧化物俘获的正电荷具有将 V_{th} 分布向更高值推移的作用。

一些文献的研究表明总剂量辐照后器件的数据保持特性和耐久性不会对器件的正常功能造成影响 [26-28]。剂量在 50 ~ 200 krad(SiO_2)之间的总剂量辐照对不同厂家 NAND 型闪存的耐久性没有显著影响。根据文献[27]的报道，电离总剂量辐照至 50 krad(SiO_2)造成了闪存阵列的数据保持特性出现问题，然而受影响的单元数量非常少，预计不会对ECC(纠错码)的有效性造成挑战。

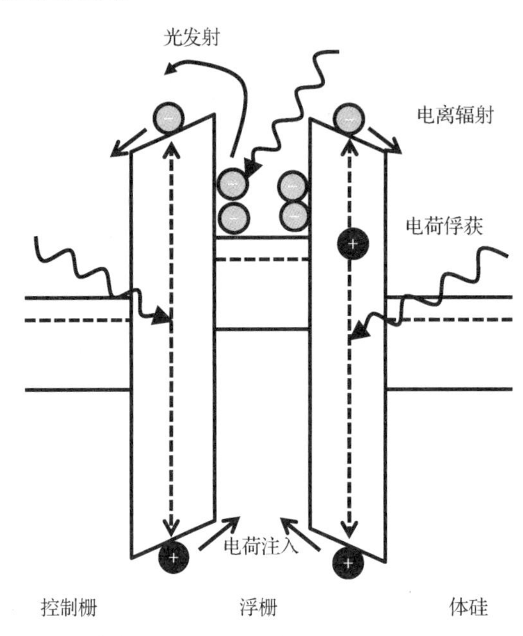

图 5.3 总剂量辐照浮栅存储阵列引起阈值电压漂移的三种物理机制：电荷注入、电荷俘获和光发射(摘自 E. Snyder, P. McWhorter, T. Dellin, J. Sweetman, *IEEE Trans. Nucl. Sci.*, Vol. 36, pp. 2131-2139, December 1989)

5.3.2 单粒子效应引起的位错误

由浮栅单元释放电荷导致的位错误也可通过重离子[29]、质子[30]、中子和 α 粒子[31]等辐照源引发的单粒子效应产生。阈值电压 V_{th} 分布受重离子影响情况如图 5.4 所示，该图给出一个 NOR 型多级单元存储阵列受大通量 Si 离子辐照的结果[29](对于 NAND 型的情况，参见文献[32])。粒子轰击后器件的 V_{th} 分布会出现次级峰[33]，对于 V_{th} 值较高的分布尤其如此。与总剂量效应的情况类似，作为单元总数的一个子集，无论是处于擦除态还是编程态的单元受辐照影响后都朝着中性态分布移动。次级峰内的单元数量与辐照离子的总通量有关。次级峰与主峰之间的距离(即平均 ΔV_{th})与辐照离子的线性能量转移(LET)和隧穿氧化物中的电场有关[34]。根据文献报道，平均 ΔV_{th} 和电场之间以及平均 ΔV_{th} 和 LET 之间通常均表现为近似的线性关系[34]。阈值电压漂移最大的单元会在输出端产生数字错误。存储阵列的统计特性(即单元与单元之间的差异)和能量沉积过程的统计特性(能量沉积离散)在确定错误率方面起着极为重要的作用[33]。

除了次级峰外，在主峰和次级峰之间还经常可以看到错误单元的分布，特别是在高度微缩的器件中[33,35]。基于 Geant4 的计算机模拟表明，次级峰中的错误是由穿过浮栅的离子引起的，而过渡区中的错误则与次级高能δ电子的轰击有关，这些次级电子甚至可以影响到远离入射离子主径迹的地方[33]。

入射离子的能量同样起着一定的影响作用，尽管其影响的效果比 LET 值的影响小很多[36]。在 LET 值一定的情况下，发生错误的数量、阈值电压漂移幅度和电荷损失量均取决于轰击粒子的能量。低能量离子由于产生径迹的半径较小、电荷密度较高，从而引起浮栅单元更有效地损失电荷[36]。

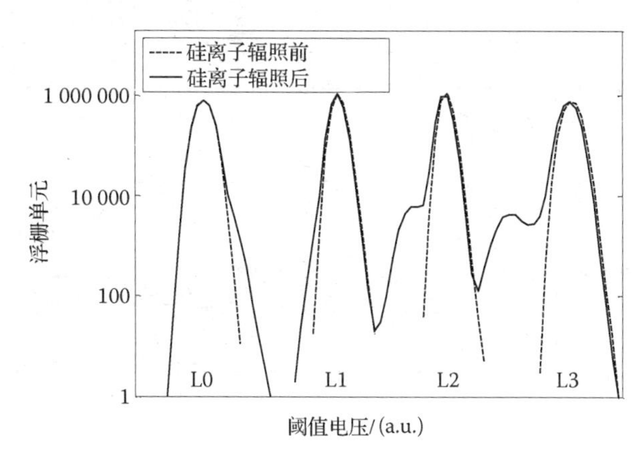

图 5.4　重离子辐照(LET = 9.8 MeV · cm^2/mg 的 Si 离子)在 90 nm 多级单元的四级单元上引起的阈值电压分布漂移(L0 代表擦除态，L1，L2 和 L3 是编程态，V_{th} 从低到高分布)。分布中次级峰是显而易见的，特别是对于两个较高 V_{th} 的状态(摘自 M. Bagatin, S. Gerardin, A. Paccagnella, G. Cellere, A. Visconti，M. Bonanomi，*IEEE Trans. Nucl. Sci.*，Vol. 57，pp. 3407-3413，December 2010)

若干工作研究了重离子引起的单粒子翻转对入射角度的依赖，以深入理解潜在蕴含的效应机制并改进错误率预估方法。在文献[37,38]中，作者通过旋转倾斜角度辐照样品，对单粒子翻转(SEU)的敏感程度进行了系统的实验研究。研究结果表明，效应对粒子入射角度有非常复杂的依赖性，产生多位翻转(MBU)的概率有一定的方向优先性，在某个方向上入射粒子使得器件发生 MBU 的频率更高[39]。在特征尺寸大于 50 nm 的传统单级单元闪存中，MBU 发生的情况仅占少数。而在更现代的闪存器件中，高 LET 值粒子引起的大多数单粒子翻转都是群集性的 MBU[40]。

研究人员在确定器件灵敏体积方面付出了诸多努力[41]。实验结果表明，在 NAND 型闪存器件中灵敏体积的大小介于隧穿氧化物和整个浮栅之间，特别是在高 LET 值入射的情况下。灵敏体积与隧穿氧化物或浮栅都没有决定性的关联。图 5.5 说明了这一点，该图给出 41nm NAND 型闪存器件单粒子效应截面与离子入射角的关系，并就不同截面的隧穿氧化物进行了明显比较。如图所示，次级峰对角度的依赖性表明效应截面随相对于字线(WL)的入射角度的增加而增加，这与包含浮栅大部分的厚灵敏体积的情况相似，尽管不完全相同[41]。

重离子轰击浮栅单元导致电荷流失的物理机制尚未完全清晰。浮栅单元的 ΔV_{th} 与入射离子 LET 之间表面上存在线性依赖关系，说明浮栅的电荷损失不依赖于辐照电荷的最终产量，而效应必须在电荷复合过程之前发生[34]。这一观点引出了一个理论，即重离子在隧道氧化物中产生了一个瞬时漏电通路，导致效应发生。当粒子轰击浮栅单元时这条本来为高阻状态的通路就会被激活，从而可以解释浮栅漏电和瞬时电场之间的线性关系。使用该模型得到的计算结果与实验数据具有良好一致性[34]。然而，漏电通路产生的确切物理起源仍然存在争议。最初的研究结果认为辐照产生的高密度载流子引起了能带结构的坍塌。最近有人提出，泄漏通路由辐照产生的临时缺陷组成，从而导致存储电荷通过陷阱辅助隧穿机制逃逸[42]。泄漏通路模型得出的结论是敏感体积为隧穿氧化物，这与文献[41]中的角度实验数据并不完全吻合。

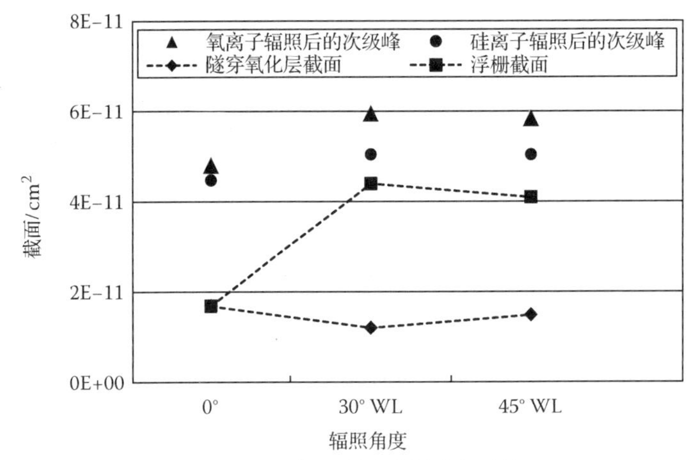

图 5.5 硅（Si）离子（LET = 9.8 MeV·cm²/mg）辐照最高编程级 41nm NAND 型闪存的效应截面和次级峰随离子入射角的变化关系。隧穿氧化层和浮栅的横截面积也在图中示出（摘自 S. Gerardin, M. Bagatin, A. Paccagnella, A. Visconti, M. Bonanomi, S. Beltrami, *IEEE Trans. Nucl. Sci.*, Vol. 58, pp. 2621-2627, December 2011）

文献[43]从离子入射产生的高能载流子开始提出另一个理论模型，即进出浮栅的载流子通量由隧穿作用产生。据文献[43]，隧穿电流之间的不平衡会导致浮栅放电。通过仔细模拟载流子的能量释放过程，在假设不存在难以解释的导电路径的情况下，模拟结果与实验数据达成了一致[43]。

早期的物理模型[44]将数据翻转和 V_{th} 的不稳定性完全归因于微剂量效应导致的浮栅氧化物电荷和界面电荷俘获[45]。虽然这一解释已被明确证据所驳倒，但也发现重离子效应的确带有小规模电荷俘获的成分[15,46]，该俘获电荷由于热退火或隧穿退火效应而呈现电中性，导致了重离子辐照引起的浮栅错误数量随时间的推移而减少[47]。

尽管翻转的位通常可以通过重写而恢复，不会引起严重问题，但有些单元可能会被辐照以不易察觉的方式造成永久损伤。在文献[48,49]中，辐照后观察到一些浮栅错误并通过新的编程操作进行了纠正。然而，纠正操作 1.5 小时后即在 V_{th} 分布中观察到拖尾现象，而且随着时间推移拖尾现象变得越来越严重，最终导致错误再次发生。这表明对于 LET 值很高的离子，辐照可以引起一些永久性损伤[48,49]，造成永久损伤的物理机制是辐照诱生漏电流（RILC）。辐照会在隧穿氧化物中产生电中性缺陷，引起永久性漏电通路，从而影响受辐照单元的数据保持能力。另外，氧化物-氮化物-氧化物（ONO）层由于具有更大的厚度和承受更低的电场，从而似乎对永久性损伤更为免疫[50]。

等比例缩小对浮栅存储单元的单粒子翻转（SEU）有着重要影响。图 5.6 显示出这一重要趋势[31,51]：浮栅单元发生单粒子翻转效应的阈值 LET 随着特征尺寸的减小而大大降低。实际上，单元尺寸的缩小伴随着浮栅存储电荷量的减少，因此，在浮栅单元及其附近沉积相同数量的辐照电荷会导致晶体管 V_{th} 向参考电压的位移增大，从而导致产生更多的 SEU 错误计数。如图 5.7 所示，利用地面中子能谱辐照源和放射性 α 源所获得的辐照实验数据表明，海平面辐照通量引起的错误情况是可以得到控制的[31,52,53]。尽管效应截面不可忽略，但辐照诱发的错误率与导致错误的其他可靠性问题相比并不严重，因此可由器件制造商提供的特定 ECC(纠错码)给予纠正。

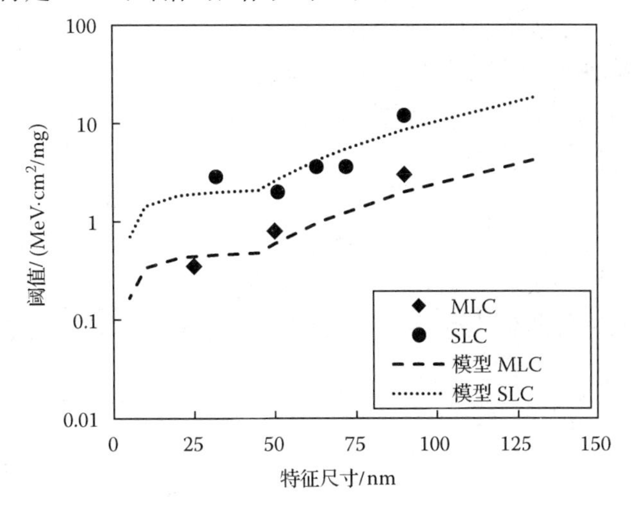

图 5.6 多级单元(MLC)和单级单元(SLC)NAND 浮栅单元单粒子翻转阈值 LET(实验和模型)对单元特征尺寸的依赖关系(摘自 A. Gasperin，A. Paccagnella，G. Ghidini，A. Sebastiani，*IEEE Trans. Nucl. Sci.*，Vol. 56，pp. 2218-2224，August 2009)

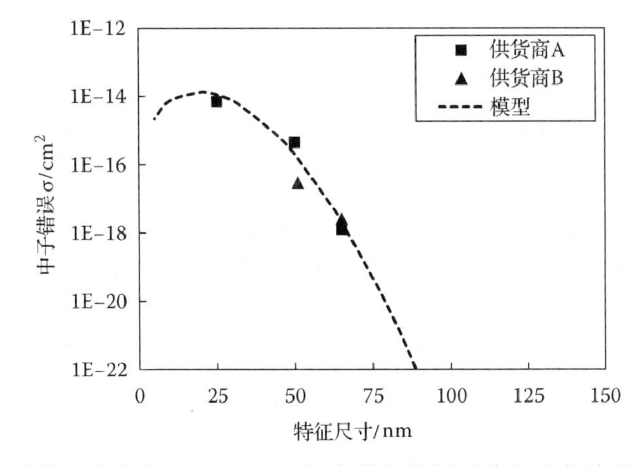

图 5.7 中子诱发单粒子效应截面随 NAND 闪存单元特征尺寸的变化关系。实验数据与基于瞬态导电通路模型的计算结果进行了比较(摘自 A. Gasperin，A. Paccagnella，G. Ghidini，A. Sebastiani，*IEEE Trans. Nucl. Sci.*，Vol. 56，pp. 2218-2224，August 2009)

最后需要指出的是，文献[29]已经表明，经累积总剂量辐照后未进行擦除纠正的单元对重离子诱发单粒子效应的敏感性会增加。这是由总剂量和重离子引发 V_{th} 漂移的叠加效应导致的。因此，在错误率预测中应仔细考虑浮栅存储单元中总剂量和单粒子翻转之间的协同作用[29]。

5.4 外围电路中的辐照效应

本节将介绍辐照在外围电路中引起的错误和故障。与之前一致，我们将从电离总剂量效应开始，然后讨论单粒子翻转效应。

5.4.1 电离总剂量效应

当同时考虑外围电路的情况时，总剂量辐照不仅会导致存储信息因浮栅放电而损坏，也会因为电荷泵模块或译码器模块故障而导致功能性的错误(例如所有存储单元被卡在逻辑 0 或 1 上)。可以通过选择性辐照存储器上的一小部分来研究每个功能模块对辐照的敏感性。图 5.8 为一个类似研究的例子[54]，它给出在受 X 射线源辐照的 90nm NAND 单级单元闪存中观察到的错误情况。通常在多级单元器件中，总剂量辐照至几 krad(Si)到几十 krad(Si)时浮栅阵列就会出现错误。在更大剂量辐照下，根据制造商、存储器类型的不同，外围电路中一些模块会陆续发生故障[55-58]。例如，图 5.8 中低剂量辐照下发生的错误是由浮栅单元中的阈值电压漂移引起的，而高剂量下的错误是由电荷泵模块的故障引起的。

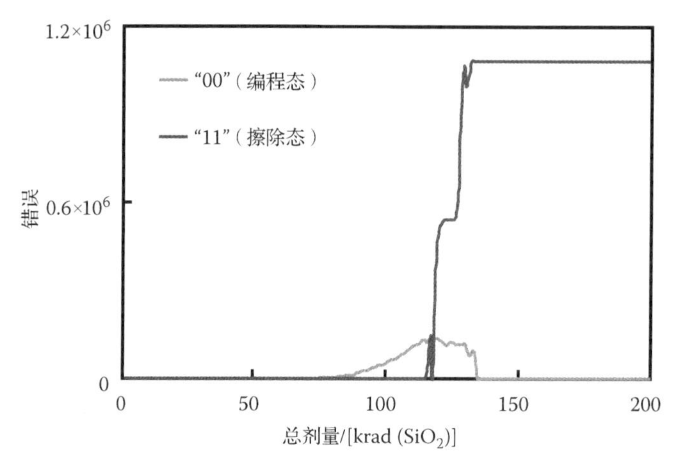

图 5.8 X 射线辐照条件下，90nm NAND 闪存编程态和擦除态单元的读出错误随辐照总剂量的变化关系。辐照期间浮栅单元阵列和电荷泵模块暴露在外，而行译码器则被遮盖(摘自 M. Bagatin, G. Cellere, S. Gerardin, A. Paccagnella, A. Visconti, S. Beltrami, *IEEE Trans. Nucl. Sci.*, Vol. 56, pp. 1909-1913, August 2009)

从总剂量损伤的角度来看，电荷泵一直被认为是最敏感的电路模块[12,55]。电荷泵的功能是对一些如编程、擦除以及最新器件中的读取等操作提供所需的高电压。

电荷泵是通过多级串联实现的，每级的工作原理是给电容器充电，然后将其串联到下一级，级数多少决定最终输出电压的高低。电荷泵的输出必须非常精准编程和擦除操作才能正常实施。由于维持高压所用厚氧化物和输出电压的精确性需求，从电离辐照的角度来看电荷泵始终是最关键的模块。在总剂量效应测试中，电荷泵通常是第一个失效的。电荷泵的输出电压随总剂量增高而降低的例子见文献[54]。

5.4.2 单粒子效应

图 5.9 给出重离子(Br, LET = 41 MeV·cm^2/mg)辐照下 NAND 型闪存在一个读周期内得到的错误次数[15]。可见，在第一部分辐照中发生了两种类型的错误：一些错误(称为静态错误)会一直持续到执行擦除/编程操作之前，这与辐照浮栅单元的情况相关；另一些错误(称为动态错误)则与外围电路有关，它们只在一个读周期中出现并在下一个周期中

消失。单粒子功能中断(SEFI)可能会以较低的概率发生并引起一些现象，例如重离子击中片上微控制器模块导致存储阵列中的整个块读取失效，爆发大量读出错误(见图 5.9)。

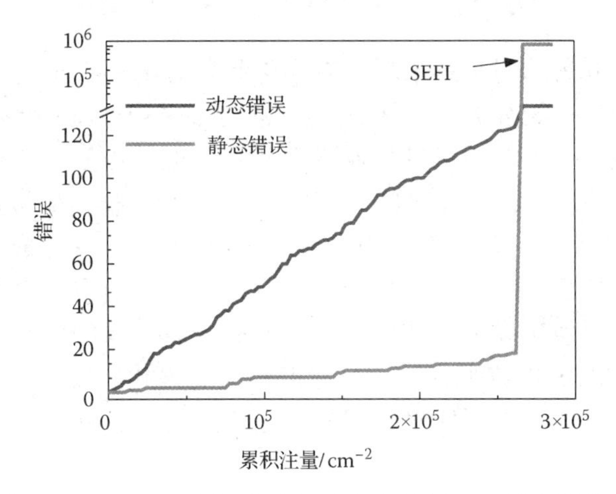

图 5.9　受 Br 离子辐照，90nm NAND 型闪存中的动态错误(由 PB 锁存器故障引起)和静态错误(由浮栅单元故障引起)随累积通量的变化关系。在大约 $2.7 \times 10^5/cm^2$ 的辐照通量后，发生了一次 SEFI(摘自 M. Bagatin, S. Gerardin, G. Cellere, A. Paccagnella, A. Visconti, S. Beltrami, R. Harboe-Sorensen, A. Virtanen, *IEEE Trans. Nucl. Sci.*, Vol. 55, pp. 3302-3308, December 2008)

动态错误的发生可能源于页面缓冲(PB)锁存器发生了故障[15]，PB 锁存器是一个临时数据存储区域，数据在输出到器件引脚之前或在编程到存储阵列之前一直停留在该区域。而当数据在 PB 中保存时可能会遭到辐照的破坏，这与在 SRAM 中发生错误的情况类似[15]。由于每次访问浮栅阵列中的页时都会重写 PB 中的数据，因此动态错误只会维持一个读取周期。

辐照测试期间经常观察到单粒子功能中断(SEFI)[59](包括块擦除 SEFI、部分擦除 SEFI、写入 SEFI、读取 SEFI 等)。这些失效几乎总与重离子击中片上微控制器模块的情况有关。错误可以通过不同的方式进行恢复：包括简单的重读、重置，在最严重的情况下则需要进行重启。闪存的非易失性在存储领域是一个重要的优势，因为在上电循环时不会发生数据丢失。

有研究组报道了 NAND 型闪存在高 LET 重离子束辐照过程中出现的大电流尖峰和破坏性效应(DE)[60−62]，这些效应导致无法对受到影响的大部分存储阵列(甚至整个阵列)进行擦除或编程操作。

一些研究人员将电流峰与破坏性效应联系起来[60]，而另一些人则推测这两个效应是彼此独立的[61]。其他一些学者认为，这些现象都是测量条件引起的而在实际空间环境中可能不是值得担心的问题[62]。研究人员在发生这些效应的相关基本机制方面还没有达成一致意见，当然还需要开展更多的研究工作。

在文献[40,62]中可以找到更多关于 DE 截面曲线的测试结果。

5.5　小结

非易失存储器(NVM)市场是由 NAND 型浮栅闪存主导的，NAND 存储器的特征尺寸缩放程度最大，也是第一个在商业上追求 3D 集成的技术。它在许多领域都具有诱人的应用前景，包括地面及太空等恶劣辐照环境中的关键应用等。目前不存在与最先进 NAND 闪存容量相当的抗辐照器件。本章对商用 NAND 器件的辐照敏感性进行了仔细的评估。

闪存浮栅单元对电离总剂量和单粒子效应都是敏感的，报道的效应包括经总剂量和单粒子辐照后观察到的存储数据的损坏，辐照源有地面中子和放射性污染物释放的α粒子等。总剂量辐照导致退化的基本物理机制已经建立，但单粒子效应机制仍在研究中。存储电荷的减少导致了阈值 LET 指标的恶化，随着每一代新技术的推进，器件发生单粒子效应的阈值 LET 越来越低。总剂量引起的失效不太依赖于器件缩放规模，但不同类型和不同制造商生产的器件之间存在很大差异。就总剂量效应而言，电荷泵很早就被认为是最为敏感的模块之一。由于高电压和不可减薄的栅极氧化物的影响，闪存的抗总剂量能力没有像标准低压 CMOS 电路那样随缩放程度提高而提高。最后，最近观察到的重离子辐照过程中产生的破坏性损伤可能对空间应用造成威胁，但这一点在研究人员中仍然存在争议。

参考文献

1. R. Bez, E. Camerlenghi, A. Modelli, A. Visconti, Introduction to Flash Memory, *Proc. IEEE*, Vol. 91, pp. 489-502, April 2003.
2. J. V. Houdt, R. Degraeve, G. Groeseneken, H. E. Maes, Physics of Flash Memories, in *Nonvolatile Memory Technologies with Emphasis on Flash*, J. Brewer, M. Gill, eds. Hoboken, NJ: John Wiley & Sons, pp. 129-177, 2008.
3. P. Pavan, R. Bez, P. Olivo, E. Zanoni, Flash Memory Cells—An Overview, *Proc. IEEE*, Vol. 85, pp. 1248-1271, August 1997.
4. G. G. Marotta, G. Naso, G. Savarese, Memory Circuit Technologies, in *Nonvolatile Memory Technologies with Emphasis on Flash*, J. Brewer, M. Gill, eds. Hoboken, NJ: John Wiley & Sons, pp. 63-128, 2008.
5. A. Fazio, M. Bauer, Multilevel Cell Digital Memories, in *Nonvolatile Memory Technologies with Emphasis on Flash*, J. Brewer, M. Gill, eds. Hoboken, NJ: John Wiley & Sons, pp. 591-616, 2008.
6. G. Forni, C. Ong, C. Rice, K. McKee, R. J. Bauer, Flash Memory Applications, in *Nonvolatile Memory Technologies with Emphasis on Flash*, J. Brewer, M. Gill, eds. Hoboken, NJ: John Wiley & Sons, pp. 19-62, 2008.
7. N. Mielke, T. Marquart, N. Wu, J. Kessenich, H. Belgal, E. Schares, F. Trivedi, E. Goodness, L. Nevill, Bit Error Rate in NAND Flash Memories, in *Reliability Physics Symposium*, 2008. *IRPS 2008.* April 27-May 1, 2008, pp. 9-19.
8. N. Mielke, H. Belgal, I. Kalastirsky, P. Kalavade, A. Kurtz, Q. Meng, N. Righos, J. Wu, Flash EEPROM Threshold Instabilities due to Charge Trapping during Program/Erase Cycling, *IEEE Trans. Device Mater. Rel.*, Vol. 4, pp. 335-344, September 2004.
9. K. Naruke, S. Taguchi, M. Wada, Stress Induced Leakage Current Limiting to Scale Down EEPROM Tunnel Oxide Thickness, *Electron Devices Meeting, 1988. IEDM '88. Technical Digest., International*,

pp. 424-427, 1988.

10. S. Gerardin, A. Paccagnella, Present and Future Non-Volatile Memories for Space, *IEEE Trans. Nucl. Sci.*, Vol. 57, pp. 3016-3039, December 2010.
11. S. Gerardin, M. Bagatin, A. Paccagnella, K. Grürmann, F. Gliem, T. R. Oldham, F. Irom, and D. N. Nguyen, Radiation Effects in Flash Memories, Nuclear Science, *IEEE Trans. Nucl. Sci.*, Vol. 60, No. 3, pp. 1953-1969, June 2013.
12. T. R. Oldham, R. L. Ladbury, M. Friendlich, H. S. Kim, M. D. Berg, T. L. Irwin, C. Seidleck, K. A. LaBel, SEE and TID Characterization of an Advanced Commercial 2Gbit NAND Flash Nonvolatile Memory, *IEEE Trans. Nucl. Sci.*, Vol. 53, pp. 3217-3222, December 2006.
13. H. Schmidt, K. Grürmann, B. Nickson, F. Gliem, R. Harboe-Søensen, TID Test of an 8-Gbit NAND Flash Memory, *IEEE Trans. Nucl. Sci.*, Vol. 56, No. 4, pp. 1937-1940, August 2009.
14. M. Bagatin, S. Gerardin, G. Cellere, A. Paccagnella, A. Visconti, M. Bonanomi, S. Beltrami, Error Instability in Floating Gate Flash Memories Exposed to TID, *IEEE Trans. Nucl. Sci.*, Vol. 56, pp. 3267-3273, December 2009.
15. M. Bagatin, S. Gerardin, G. Cellere, A. Paccagnella, A. Visconti, S. Beltrami, R. Harboe-Sorensen, A. Virtanen, Key Contributions to the Cross Section of NAND Flash Memories Irradiated with Heavy Ions, *IEEE Trans. Nucl. Sci.*, Vol. 55, pp. 3302-3308, December 2008.
16. J. Caywood, B. Prickett, Radiation-Induced Soft Errors and Floating Gate Memories, *21st Annual Reliability Physics Symposium, 1983*, pp. 167-172, April 1983.
17. E. Snyder, P. McWhorter, T. Dellin, J. Sweetman, Radiation Response of Floating Gate EEPROM Memory Cells, *IEEE Trans. Nucl. Sci.*, Vol. 36, pp. 2131-2139, December 1989.
18. P. McNulty, S. Yow, L. Scheick, W. Abdel-Kader, Charge Removal from FGMOS Floating Gates, *IEEE Trans. Nucl. Sci.*, Vol. 49, pp. 3016-3021, December 2002.
19. G. Cellere, A. Paccagnella, A. Visconti, M. Bonanomi, P. Caprara, S. Lora, A Model for TID Effects on Floating Gate Memory Cells, *IEEE Trans. Nucl. Sci.*, Vol. 51, pp. 3753-3758, December 2004.
20. J. Wang, S. Samiee, H.-S. Chen, C.-K. Huang, M. Cheung, J. Borillo, S.-N. Sun, B. Cronquist, J. McCollum, Total Ionizing Dose Effects on Flash-based Field Programmable Gate Array, *IEEE Trans. Nucl. Sci.*, Vol. 51, pp. 3759-3766, December 2004.
21. J. Wang, G. Kuganesan, N. Charest, B. Cronquist, Biased-Irradiation Characteristics of the Floating Gate Switch in FPGA, *Radiation Effects Data Workshop, 2006 IEEE*, pp. 101-104, July 2006.
22. G. Cellere, A. Paccagnella, A. Visconti, M. Bonanomi, S. Beltrami, J. Schwank, M. Shaneyfelt, P. Paillet, Total Ionizing Dose Effects in NOR and NAND Flash Memories, *IEEE Trans. Nucl. Sci.*, Vol. 54, pp. 1066-1070, August 2007.
23. G. Cellere, A. Paccagnella, A. Visconti, M. Bonanomi, A. Candelori, S. Lora, Effect of Different Total Ionizing Dose Sources on Charge Loss from Programmed Floating Gate Cells, *IEEE Trans. Nucl. Sci.*, Vol. 52, pp. 2372-2377, December 2005.
24. L. Scheick, P. McNulty, D. Roth, Dosimetry Based on the Erasure of Floating Gates in the Natural Radiation Environments in Space, *IEEE Trans. Nucl. Sci.*, Vol. 45, pp. 2681-2688, December 1998.
25. N. Tarr, G. Mackay, K. Shortt, I. Thomson, A Floating Gate MOSFET Dosimeter Requiring No

External Bias Supply, *IEEE Trans. Nucl. Sci.*, Vol. 45, pp. 1470-1474, June 1998.

26. T. R. Oldham, M. Friendlich, M. A. Carts, C. M. Seidleck, K. A. LaBel, Effect of Radiation Exposure on the Endurance of Commercial NAND Flash Memory, *IEEE Trans. Nucl. Sci.*, Vol. 56, No. 6, pp. 3280-3284, December 2009.
27. T. R. Oldham, D. Chen, M. Friendlich, M. A. Carts, C. M. Seidleck, K. A. LaBel, Effect of Radiation Exposure on the Retention of Commercial NAND Flash Memory, *IEEE Trans. Nucl. Sci.*, Vol. 58, No. 6, pp. 2904-2910, December 2011.
28. M. Bagatin, S. Gerardin, A. Paccagnella, A. Visconti, S. Beltrami, M. Bertuccio, L. T. Czeppel, Effect of Total Ionizing Dose on the Retention of 41 nm NAND Flash Cells, *IEEE Trans. Nucl. Sci.*, Vol. 58, No. 6, pp. 2824-2829, December 2011.
29. M. Bagatin, S. Gerardin, A. Paccagnella, G. Cellere, A. Visconti, M. Bonanomi, Increase in the Heavy-Ion Upset Cross Section of Floating Gate Cells Previously Exposed to TID, *IEEE Trans. Nucl. Sci.*, Vol. 57, pp. 3407-3413, December 2010.
30. M. Bagatin, S. Gerardin, A. Paccagnella, V. Ferlet-Cavrois, J. R. Schwank, M. R. Shaneyfelt, A. Visconti, Proton-Induced Upsets in SLC and MLC NAND Flash Memories, *IEEE Trans. Nucl. Sci.*, Vol. 60, pp. 4130-4135, December 2013.
31. S. Gerardin, M. Bagatin, A. Paccagnella, V. Ferlet-Cavrois, A. Visconti, C. Frost, Neutron and Alpha Single Event Upsets in Advanced NAND Flash Memories, *IEEE Trans. Nucl. Sci.*, Vol. 61, pp. 1799-1805, August 2014.
32. G. Cellere, A. Paccagnella, A. Visconti, M. Bonanomi, S. Beltrami, Single Event Effects in NAND Flash Memory Arrays, *IEEE Trans. Nucl. Sci.*, Vol. 53, pp. 1813-1818, August 2006.
33. S. Gerardin, M. Bagatin, A. Paccagnella, G. Cellere, A. Visconti, M. Bonanomi, A. Hjalmarsson, A. Prokofiev, Heavy-Ion Induced Threshold Voltage Tails in Floating Gate Arrays, *IEEE Trans. Nucl. Sci.*, Vol. 57, pp. 3199-3205, December 2010.
34. G. Cellere, A. Paccagnella, A. Visconti, M. Bonanomi, A. Candelori, Transient Conductive Path Induced by a Single Ion in 10 nm SiO2 Layers, *IEEE Trans. Nucl. Sci.*, Vol. 51, pp. 3304-3311, December 2004.
35. G. Cellere, A. Paccagnella, A. Visconti, M. Bonanomi, Secondary Effects of Single Ions on Floating Gate Memory Cells, *IEEE Trans. Nucl. Sci.*, Vol. 53, pp. 3291-3297, December 2006.
36. G. Cellere, A. Paccagnella, A. Visconti, M. Bonanomi, S. Beltrami, R. Harboe-Sorensen, A. Virtanen, Effect of Ion Energy on Charge Loss from Floating Gate Memories, *IEEE Trans. Nucl. Sci.*, Vol. 55, pp. 2042-2047, August 2008.
37. K. Grürmann, D. Walter, M. Herrmann, F. Gliem, H. Kettunen, V. Ferlet-Cavrois, SEU and MBU Angular Dependence of Samsung and Micron 8-Gbit SLC NAND-Flash Memories under Heavy-Ion Irradiation, *Radiation Effects Data Workshop, 2011 IEEE*, pp. 1-5.
38. K. Grürmann, D. Walter, M. Herrmann, F. Gliem, H. Kettunen, V. Ferlet-Cavrois, MBU Characterization of NAND-Flash Memories under Heavy-Ion Irradiation, *RADECS 2011 Proceedings*, pp. 207-212.
39. M. Bagatin, S. Gerardin, A. Paccagnella, V. Ferlet-Cavrois, Single and Multiple Cell Upsets in 25-nm

NAND Flash Memories, *IEEE Trans. Nucl. Sci.*, Vol. 60, No. 4, pp. 2675-2681, August 2013.

40. K. Grürmann, M. Herrmann, F. Gliem, H. Schmidt, G. Leibeling, H. Kettunen, V. Ferlet-Cavrois, Heavy Ion sensitivity of 16/32-Gbit NAND-Flash and 4-Gbit DDR3 SDRAM, *Radiation Effects Data Workshop, 2012 IEEE*, pp. 114-119.
41. S. Gerardin, M. Bagatin, A. Paccagnella, A. Visconti, M. Bonanomi, S. Beltrami, Angular Dependence of Heavy-Ion Induced Errors in Floating Gate Memories, *IEEE Trans. Nucl. Sci.*, Vol. 58, pp. 2621-2627, December 2011.
42. M. Beck, Y. Puzyrev, N. Sergueev, K. Varga, R. Schrimpf, D. Fleetwood, S. Pantelides, The Role of Atomic Displacements in Ion-Induced Dielectric Breakdown, *IEEE Trans. Nucl. Sci.*, Vol. 56, pp. 3210-3217, December 2009.
43. N. Butt, M. Alam, Modeling Single Event Upsets in Floating Gate Memory Cells, *IRPS 2008*, pp. 547-555, 2008.
44. S. M. Guertin, D. M. Nguyen, J. D. Patterson, Microdose Induced Data Loss on Floating Gate Memories, *IEEE Trans. Nucl. Sci.*, Vol. 53, pp. 3518-3524, December 2006.
45. S. Gerardin, M. Bagatin, A. Cester, A. Paccagnella, B. Kaczer, Impact of Heavy-Ion Strikes on Minimum-Size MOSFETs with Ultra-Thin Gate Oxide, *IEEE Trans. Nucl. Sci.*, Vol. 53, pp. 3675-3680, December 2006.
46. H. Schmidt, D. Walter, M. Bruggemann, F. Gliem, R. Harboe-Sorensen, P. Roos, Annealing of Static Data Errors in NAND-Flash Memories, *RADECS 2007 Proceedings*, pp. 1-5, September 2007.
47. M. Bagatin, S. Gerardin, G. Cellere, A. Paccagnella, A. Visconti, S. Beltrami, M. Bonanomi, R. Harboe-Søensen, Annealing of Heavy-Ion Induced Floating Gate Errors: LET and Feature Size Dependence, *IEEE Trans. Nucl. Sci.*, Vol. 57, pp. 1835-1841, December 2010.
48. G. Cellere, L. Larcher, A. Paccagnella, A. Visconti, M. Bonanomi, Radiation Induced Leakage Current in Floating Gate Memory Cells, *IEEE Trans. Nucl. Sci.*, Vol. 52, pp. 2144-2152, December 2005.
49. M. Bagatin, S. Gerardin, A. Paccagnella, Retention Errors in 65-nm Floating Gate Cells after Exposure to Heavy Ions, *IEEE Trans. Nucl. Sci.*, Vol. 59, pp. 2785-2790, December 2012.
50. A. Gasperin, A. Paccagnella, G. Ghidini, A. Sebastiani, Heavy Ion Irradiation Effects on Capacitors With and ONO as Dielectrics, *IEEE Trans. Nucl. Sci.*, Vol. 56, pp. 2218-2224, August 2009.
51. M. Bagatin, S. Gerardin, A. Paccagnella, A. Visconti, Impact of Technology Scaling on the Heavy-ion Upset Cross Section of Multi-Level Floating Gate Cells *IEEE Trans. Nucl. Sci.*, Vol. 58, pp. 969-974, August 2011.
52. S. Gerardin, M. Bagatin, A. Ferrario, A. Paccagnella, A. Visconti, S. Beltrami, C. Andreani, G. Gorini, C. Frost, Neutron-Induced Upsets in NAND Floating Gate Memories, *IEEE Trans. Device Mater. Rel.*, Vol. 12, pp. 437-444, June 2012.
53. M. Bagatin, S. Gerardin, Soft Errors in Floating Gate Memory Cells: A Review, *Microelectron. Reliab.*, Vol. 55, pp. 24-30, 2015.
54. M. Bagatin, G. Cellere, S. Gerardin, A. Paccagnella, A. Visconti, S. Beltrami, TID Sensitivity of NAND Flash Memory Building Blocks, *IEEE Trans. Nucl. Sci.*, Vol. 56, pp. 1909-1913, August 2009.
55. D. Nguyen, L. Scheick, TID, SEE and Radiation Induced Failures in Advanced Flash Memories,

Radiation Effects Data Workshop, 2003 IEEE, pp. 18-23, July 2003.

56. D. Nguyen, S. Guertin, G. Swift, A. Johnston, Radiation Effects on Advanced Flash Memories, *IEEE Trans. Nucl. Sci.*, Vol. 46, pp. 1744-1750, December 1999.
57. T. Langley, P. Murray, SEE and TID Test Results of 1 Gb Flash Memories, *Radiation Effects Data Workshop, 2004 IEEE*, pp. 58-61, July 2004.
58. D. Nguyen, C. Lee, A. Johnston, Total Ionizing Dose Effects on Flash Memories, *Radiation Effects Data Workshop, 1998. IEEE*, pp. 100-103, July 1998.
59. H. Schmidt, D. Walter, F. Gliem, B. Nickson, R. Harboe-Sorensen, A. Virtanen, TID and SEE Tests of an Advanced 8 Gbit NAND-Flash Memory, *Radiation Effects Data Workshop, 2008 IEEE*, pp. 38-41, July 2008.
60. F. Irom, D. N. Nguyen, G. Cellere, M. Bagatin, S. Gerardin, A. Paccagnella, Catastrophic Failure in Highly Scaled Commercial NAND Flash Memories, *IEEE Trans. Nucl. Sci.*, Vol. 57, No. 1, pp. 266-271, February 2010.
61. M. Bagatin, S. Gerardin, A. Paccagnella, G. Cellere, F. Irom, D. N. Nguyen, Destructive Events in NAND Flash Memories Irradiated with Heavy Ions, *Microelectron. Reliab.*, Vol. 50, Nos. 9-11, pp. 1832-1836, 2010.
62. T. R. Oldham. M. Berg, M. Friendlich et al., Investigation of Current Spike Phenomena During Heavy Ion Irradiation of NAND Flash Memories, *Radiation Effects Data Workshop, 2011 IEEE*, pp. 152-160, July 2011.

第 6 章　微处理器的辐射效应

Steven M. Guertin and Lawrence T. Clark

6.1　引言

微处理器是计算系统中的关键组件，本章讨论了微处理器的辐射效应。微处理器可以简化为由逻辑门、状态存储单元(如触发器或锁存器)、基本存储单元如静态随机存取存储器(SRAM)等组成的有限状态机。实际应用中这些单元电路的组合可以构成极其复杂的器件，特别是其中出现大量单粒子软错误后，器件的行为变得更加复杂。

图 6.1 给出了一个典型的微处理器的结构图，这是一个五级流水线、按顺序执行指令的标量处理器。许多现代微处理器采用深度流水线(八级或更多)、超标量、乱序执行指令和寄存器重命名机制。现代集成电路(IC)也会通过在单芯片中集成多个微处理器、存储器和高速输入输出电路(I/O)形成片上系统(SoC)，大大增加了复杂度。不管怎样，图 6.1 中的简单结构能够帮助我们理解微处理器中的辐射效应。

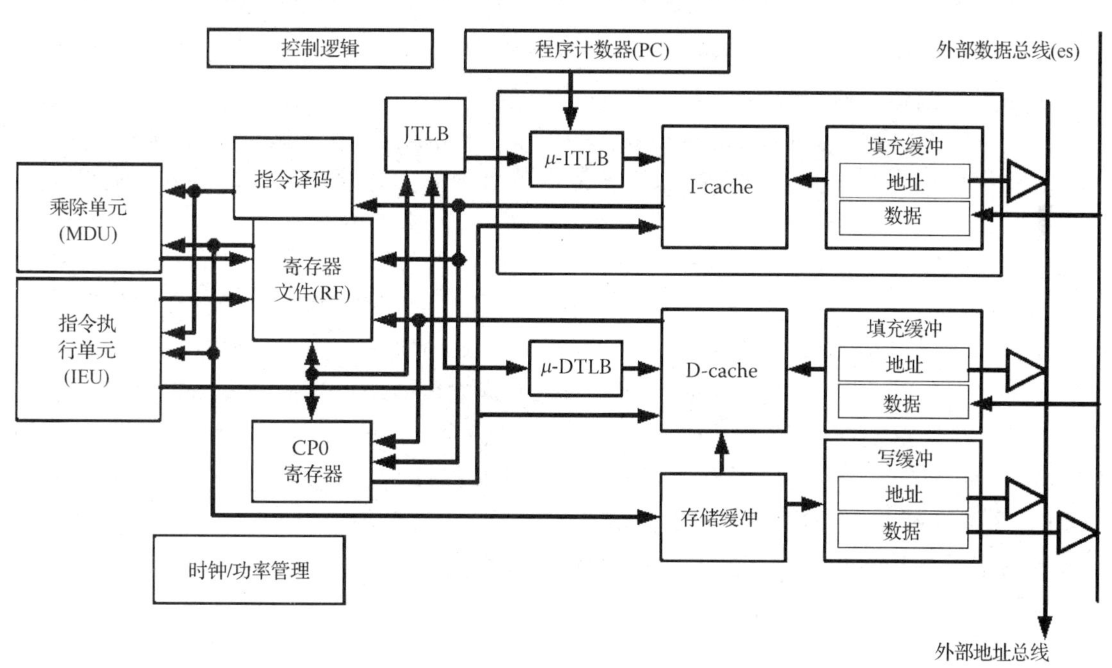

图 6.1　典型的微处理器结构图

6.1.1　软错误机制与作用电路

图 6.2 中描述了简单电路结构中的主要单粒子软错误类型。单粒子翻转(SEU)是由于存储节点(或锁存器节点)附近发生的电离过程(重离子入射的结果)，如图 6.2(a)所示，

当节点 A 收集电荷时，节点电压随之降低，锁存器的反馈作用导致节点 AN 的电压随之变化，于是锁存器的存储值发生了改变。单粒子瞬态(SET)指的是电离辐射引发的逻辑电平有限时间内的翻转。SET 发生时，由于逻辑门的输入固定不变且电路中不存在反馈机制，对应的电平变化是瞬时的。图 6.2(b)中给出了节点 E 的负向电压扰动，有限时间之后，节点 E 的电平恢复到初始状态。如图所示，SET 可能向后级传递从而影响更多的逻辑门，这种传递在后端连接锁存器或触发器并且有可能捕获瞬态电压扰动时变得不可忽视。

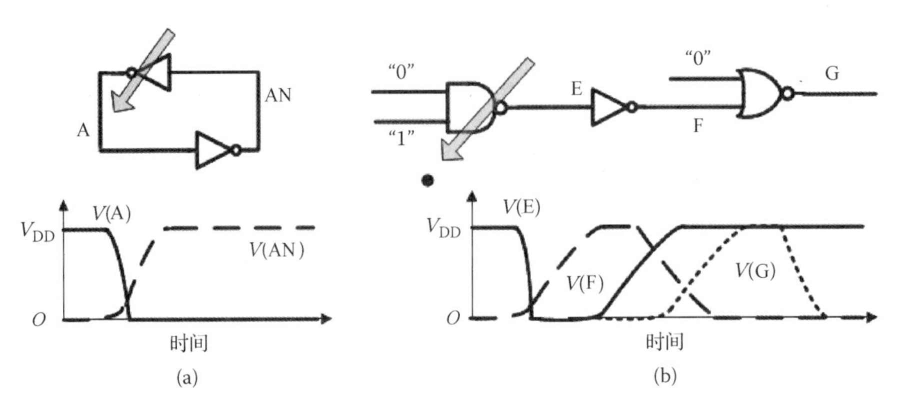

图 6.2　主要的单粒子软错误类型。(a)电离辐射所产生的电荷被锁存器中的 PN 结收集引发 SEU；(b)电离辐射所产生的电荷被组合逻辑电路中的 PN 结收集引发 SET 并传播至后级逻辑电路

从根本上来说，微处理器中的子系统都是由更底层电路所组成的[1]，这就意味着可以从底层出发描述并研究辐射效应。流水线数据和大部分配置信息都存储在触发器(FF)中[2]，锁存器中也存储了部分配置信息。参照图 6.3，锁存器是主要的非内存阵列存储，触发器的组成通常是两个背靠背的锁存器，支持时钟沿触发模式。锁存器的构造导致其对 SEU 敏感，如果沉积电荷超过单元的临界电荷 Q_{crit}，任何独立工作的锁存器都将发生状态翻转[3]。另一种情况下，如果由于 SET 产生的错误数据自输入端 D 到达存储节点 H 和 S 并且位于被关闭锁存器(即其中的 CMOS 传输门处于关闭状态)的建立保持时间窗口，错误的状态将会被捕获。由于必须满足时间窗口的要求，这类软错误的截面相对较小。另外，时钟信号受 SET 影响时也会导致软错误发生。缓存通常是由 6T SRAM 实现的[4]，可支持高密度存储。实际应用中一些 SoC 芯片包含嵌入式 SRAM 阵列和可配置 SRAM[5]。图 6.3 的底端给出了标准双端口寄存器文件(RF)单元的示意图，RF 单元常用于 RF、旁路转换缓冲(TLB)和其他存储阵列。相对于普通 SRAM 单元，RF 单元中增加了额外的端口，这对于超标量设计中实现多次存取至关重要。现代微处理器中更多的在缓存中采用 RF 单元以实现高速、低电压操作[6]。

6.1.2　章节概述与结构

本章讨论微处理器中辐射效应的一般影响，特别是单粒子软错误。首先介绍微处理器一般结构和最常见的辐照响应，本章的关注点是单粒子效应中的单粒子软错误，考虑到电子学组件之间的相似性，本书中其他章节所涉及的其他单粒子效应类型同样可能发生于微处理器。

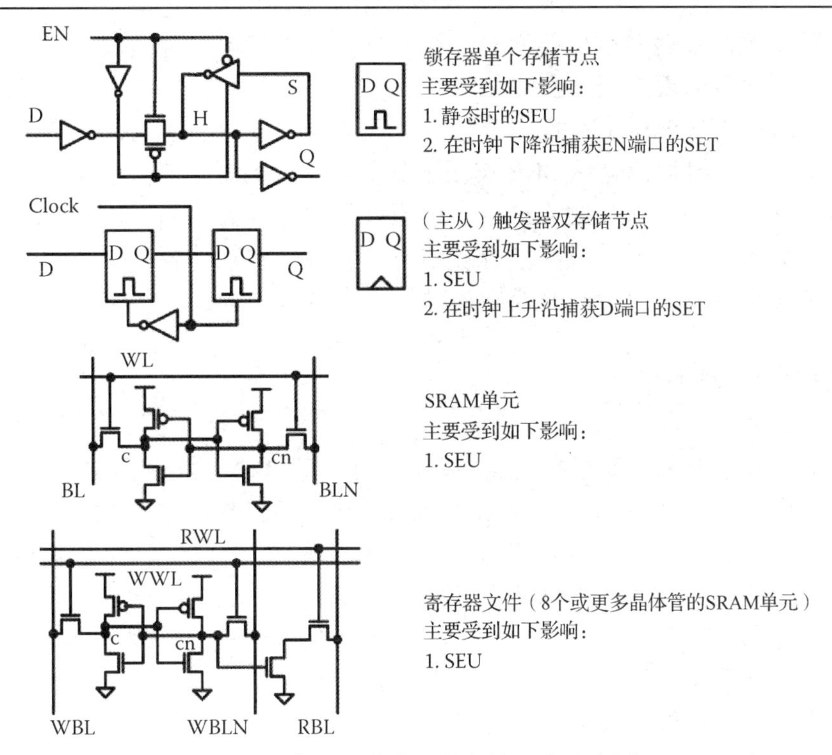

图 6.3　典型的微处理器存储电路示意图

为了便于理解为什么相当直观的单粒子效应作用机制能够引发非常复杂的器件响应，在前文中简短介绍的基础上，有必要给出关于微处理器结构的更多细节知识。接下来是微处理器结构的不同层次描述：最底层简单电路包括 SRAM 单元、触发器和逻辑门；这些简单电路的组合形成了如 SRAM 阵列和寄存器文件等的模块电路；这些模块电路和更多的逻辑电路、流水线寄存器组合起来形成了如算术逻辑单元(ALU)、乘法器、指令旁路转换缓冲(ITLB)、数据旁路转换缓冲(DTLB)、阵列、缓存和指令流水线；最后，子系统的组合形成了系统级的结构单元，如中心处理单元(CPU)内核、缓存系统或存储管理单元(MMU)。

亚利桑那州立大学(ASU)为飞行器开发的高性能抗辐照加固设计(RHBD)微处理器(HERMES)是一款能够纠正各类单粒子效应的微处理器[7]，为接下来讨论微处理器单粒子软错误提供了一个简单的例子。HERMES 使用了图 6.1 所示的基本结构但是增加了大量的冗余设计。使用双模冗余(DMR)流水线时，HERMES 在写回操作前可以比较一个 DMR 副本和另一个 DMR 副本中的数据，以避免执行错误的指令，同时允许观察 HERMES 在注入单个错误后流水线的状态响应，便于我们理解单个错误是如何在流水线中传递的。

为了理解微处理器的辐射效应，最直观的方法是理解组成微处理器的单元电路、模块电路和子系统的辐射效应，本章将会按照这种思路分析单粒子软错误如何引发系统功能错误。辐照过程中测到的微处理器辐射响应是系统级的响应，而实际单粒子效应发生于最简单的底层结构中，首先导致单元电路中产生错误，继而影响子系统的正常操作，并最终表现为系统级响应。通过分析最重要的辐射效应类型和最典型模块电路及子系统的辐射响应对于微处理器正常工作的影响有利于理解微处理器的辐射效应。在本章的后面部分会对整系统的辐射响应进行简要介绍，这部分内容不会过多展开，因为微处理器的辐射响应和所执行的用户程序密切相关且由于规模过大难以获取足够的信息。

本章的组织结构如下所示：首先介绍微处理器结构，特别是现代微处理器中对辐射敏感的基本电路，同时详细介绍 SEE 作用于基本电路的机制；接下来深入讨论微处理器的单粒子效应及相关的其他问题；最后，讨论微处理器开展抗辐射加固的措施方法。本章的内容涵盖微处理器辐射效应测试及评估方面的难题、软件容错设计的简要介绍、如何通过底层电路辐射效应理解微处理器辐射效应等方面。

6.2　微处理器结构

微处理器从根本上来说只是执行指令的状态机，所执行的指令可以很复杂，类似在复杂指令集系统计算机(CISC)中的应用，例如包含循环调节器的 x86 指令，也可能较为简单，类似于精简指令集系统计算机(RISC)中的微操作(例如简单的寄存器间传输和下载/存储操作)。微处理器内部的逻辑状态配置由指令所控制。用于后续指令的逻辑状态和连接其他器件的 I/O 端口状态被称为微处理器的结构状态[8,9]。微处理器中有相当比例的存储状态可能属于也可能不属于结构状态，我们称之为随机状态。不考虑程序间相互作用的情况下，各类操作通常情况下是确定性的。

当辐射效应作用于微处理器时，系统状态由确定性转变为非确定性，有时这种转变是良性的，比如辐射效应没有影响程序的正常执行而是引入了时间延迟，从而增加了执行延迟或导致执行了不需要但不影响结构状态的操作。有时这种转变则产生了错误的结构状态，在未能被纠正的情况下就会影响程序操作，也被称为静默数据损坏(SDC)。SDC 可能引发错误的运算，也可能导致整个器件彻底失效，或产生介于二者之间的其他响应。这些影响可能是临时的、间歇性的或永久性的。为了理解多种多样的辐射响应，有必要对此进行深入讨论。

6.2.1　流水线、随机状态和结构状态

图 6.4 中给出了一个基本的微处理器流水线。其他的微处理器可能和图中结构相差甚远，但这里的基本思想有助于理解更复杂的构造。指令存取级(I 级)包含指令填充缓冲、ITLB、缓存、程序计数(PC)寄存器和逻辑电路。假定缓存被选中，指令从缓存中被取出并传送至执行级(E 级)。透明锁存(不受时钟控制)驱动的是标识为 S0 和 S1 的寄存器文件译码器，寄存器文件在 I 级开始操作，随着被选中寄存器中内容的传输结束而结束。在 E 级，指令被完全译码用于控制算术逻辑单元(ALU)及后续操作，包括目标寄存器编码信息。需要多个周期的乘法和除法指令在该级开始执行。被译码的控制状态沿着流水线传输，下载和存储操作进入存储级(M 级)的数据缓存。DTLB、填充缓冲和数据缓存被存储缓冲所放大，该缓冲是实现写操作的必要模块。另外，这些电路和 I 级缓存中的电路非常类似，有些甚至在设计上完全一致。

任何板级支持包(BSP)引导加载器首先实现的操作之一是建立器件在板级正常运行所需的配置，且在后续执行过程中允许对配置加以更改。在 MIPS 结构中这部分信息存储在 CP0 和其他的配置寄存器中(见图 6.1)[10]。配置寄存器中发生的辐射响应改变了器

件最基本的操作模式，很可能导致器件无法正常运行。例如控制 SRAM 冗余配置的寄存器，其中的位决定了存储器阵列中由于有缺陷而被规避的部分，发生在冗余控制位的软错误可能将需规避的缺陷位暴露出来。即使是商用微处理器也会对某些控制关键操作的寄存器进行加固[11]。I/O 电路控制着器件与外围电路的连接，其中发生辐射响应会导致错误信号流入或流出微处理器。

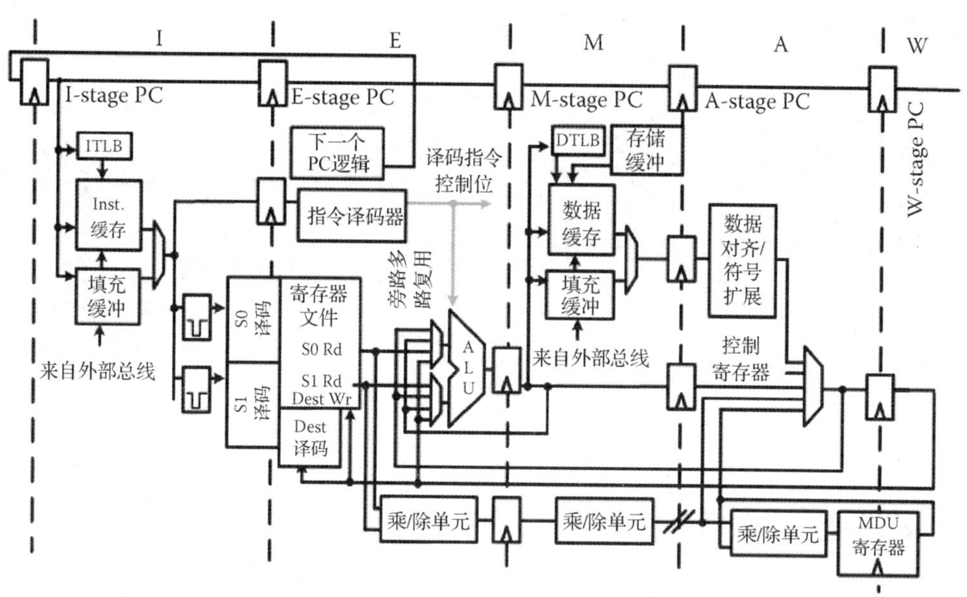

图 6.4　一个支持各级连续使用的微处理器流水线。现代微处理器可能使用调度程序控制多个流水线，被 Dest 编码器选中的目标写寄存器通过目标端口(Dest Wr)在写回级(W 级)被调用

存储部分完成指令的流水线寄存器在每个时钟周期都发挥作用。参照图 6.4，I，E，M，A 和 W 级的边界处都包含流水线寄存器。即使在不考虑单粒子软错误的情况下，这些寄存器中的数据由于处于随机状态也可能发生错误[12]，并将错误写入图 6.4 中的寄存器文件、数据缓存或外部存储器(通过写缓冲)。并不是所有的随机状态都归类为结构状态(影响系统功能的状态位)，举例如下：当微处理器预测了一个可能发生的跳转却没有成立(条件指令的执行结果)，前级的随机状态会被废弃，而微处理器接下来从正确的指令继续执行，此时不属于结构状态的随机状态即便被 SEE 影响也不会使器件发生错误[9]。分支预测是微处理器中实现深度并行的关键功能，当分支预测出现错误时，流水线中正在执行的指令必定被废弃。许多现代微处理器采用流水线和调度系统以支持在单个时钟周期内调配并追踪多条指令(见图 6.5)，这类超标量系统可能特别复杂，如在单个时钟周期内调配四条或更多的指令[13]。初始情况下，超标量微处理器仅仅按照程序顺序执行指令，只有当程序间不存在依赖关系时才能同时执行指令，这就制约了并行化的可能性。

在无序化(OOO)的 x86 微处理器中，复杂指令被编码为微指令流，接下来，重排序缓冲追踪相关性并在数据经保留站发出处于可用状态时(即按照数据流顺序)授权执行单元处理数据(见图 6.6)。这就允许硬件进行指令深度并行化的开发。和上段中描述的那样，指令在回退前属于不确定的状态(图 6.6 中 R 级)，为保证严格的异常管理，指令按顺序回退并且在处于随机状态时不发出异常指示。最初的奔腾微结构(Pentium Pro，P6)中包含 13 级流水线，单个时钟周期内能够编码和回退三条指令。奔腾-4(Intel Netburst 结构)

采用存储编码后微指令的追踪缓存替换了 L1 指令缓存，初始的版本具有 20 条流水线[14]。在 Prescott 迭代中，流水线扩充到了 31 级[15]，缓存在程序执行的路径中保持编码后的微指令流，指令存储在所预测分支序列的追踪缓存中。

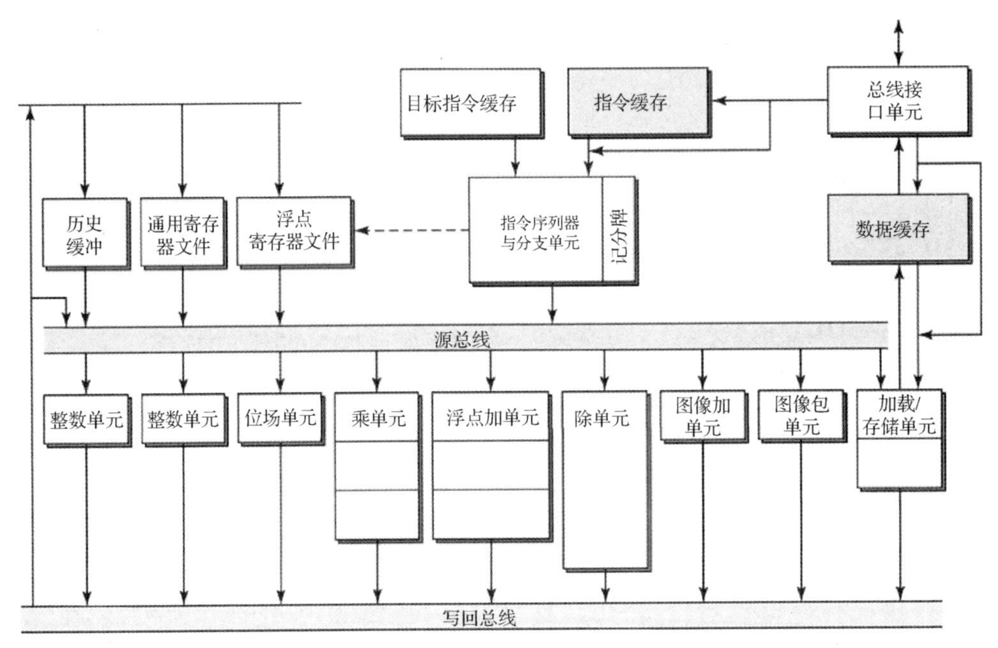

图 6.5 超标量微处理器结构图(Motorola 88110)(摘自 J. Shen and M. Lipasti, *Modern Processor Design: Fundamentals of Superscalar Processors*, McGraw-Hill, New York, 2005)

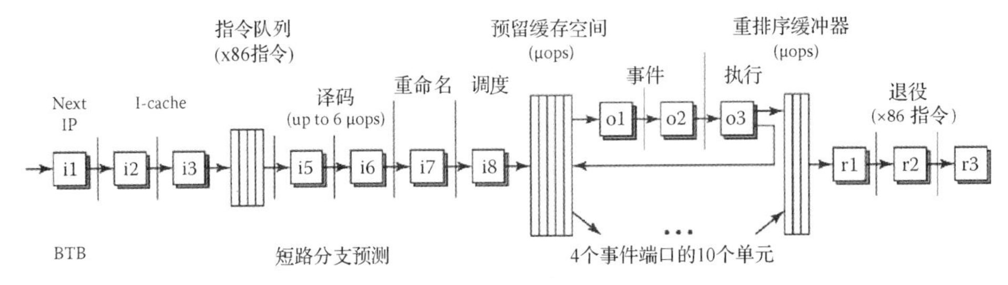

图 6.6 Intel Pentium Pro 微处理器的流水线结构，其中 o1 至 o3 是无序结构，指令可以在其中驻留超过三个时钟周期的时间(摘自 J. Shen and M. Lipasti, *Modern Processor Design: Fundamentals of Superscalar Processors*, McGraw-Hill, New York, 2005)

保留关键状态信息的内部寄存器可能受辐射影响发生状态翻转。流水线会针对特定的执行单元发出控制信号，如算术逻辑单元(ALU)、分支处理单元、浮点单元(FPU)和其他相关资源，在指令流水线和执行单元之间，辐射效应可能引发数据错误或控制流错误[16]。虽然两类错误可能导致 SDC，但只有异常是可见的。寄存器辐射效应的影响可能由于寄存器重命名而变得更加复杂，x86 架构中只存在少量的结构寄存器，大量的寄存器文件中包含无序化(OOO)部分的微指令所需的数值。从一个可见的外部行为中很难准确推测单粒子软错误发生的位置。最后要讨论的是缓存，属于与单粒子软错误密切相关的微处理器组件。现在微处理器中可能包含多达三个、速度尺寸和接口不一的片内缓存。缓存中发生的辐射效应可能导致数据崩溃、数据丢失、数据错误和不同版本数据之间的不一致。

6.2.2　时钟分布和 I/O

同步微处理器中流水线的核心是为锁存器和触发器提供时钟信号的时钟树。时钟树的顶端是锁相环（PLL）［有时是延迟锁相环（DLL）］，所提供的时钟频率由外加参考时钟频率（图 6.7 中的 RefClk）和外部电路时钟偏移共同限制[1]。时钟树允许 PLL 的驱动随扇出而增加，在高性能设计中允许其延迟接近时钟周期。上部的拓扑结构经常用栅格代替树形结构，而接近触发器的级通常用树形结构输出门控时钟。最末端的时钟级通常驱动 5 至 50 个触发器，门控时钟（图中未显示）的作用是将未使用的状态单元设置为未赋值状态以减小功耗。假如 SEE 发生在控制这些门控时钟的逻辑电路中，相关状态单元可能在错误的时间捕获状态并引发错误。在嵌入式设计中，时钟到达时间的偏移少则 ± 15 s，多则 ± 50 s。时钟树根部发生的 SET 可能影响枝干上所连接的成百上千个状态单元的存储状态。

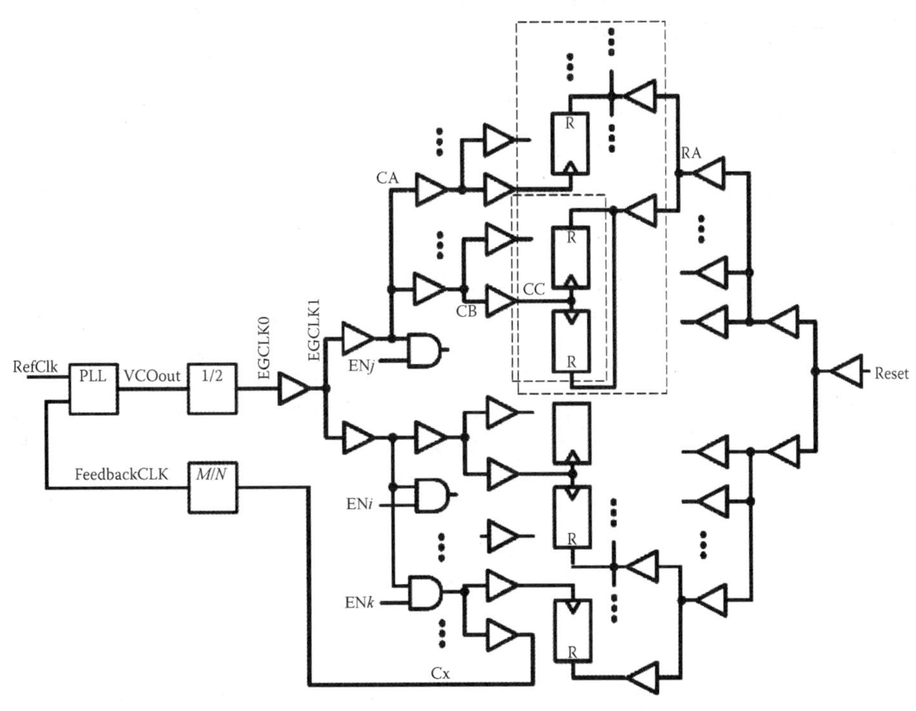

图 6.7　处理器时钟树（左）和复位树（右）。SEU 或者 SET 可能导致时钟使能信号（ENx）被错误赋值而出现错误

复位树对于时钟偏移的要求较少但仍然很严格，因为复位树必须在相同的时钟周期内对所有触发器重新赋值。如图 6.7 所示，类似于时钟树，复位树起始于单个复位信号扇出至多个复位信号，单粒子软错误的发生可能影响多个状态单元的存储值，影响范围与 SET 发生的位置和持续时间密切相关，其中持续时间还取决于受轰击节点的驱动能力。

微处理器芯片通过 I/O 驱动与外界相连，I/O 为内核电压和通常更高的 I/O 电压之间提供了电平转换，同时为板级电容提供更强的驱动能力。I/O 电路还包括静电保护（ESD）和用于调制波形的配置信息（缓冲强度和时钟偏移率等）。

6.2.3 SoC 电路

现代的新结构器件和通用微处理器，如 SoC 器件和多核器件，一样由底层电路组成。SoC 可能包含多个微处理器，如美国高通公司推出的 Snapdragon。Snapdragon 包含四个以 ARM 为基础的 Krait 内核，每个内核都类似于 ARM Cortex-A15 微处理器。芯片上还包含多媒体、图像内核、无线通信辅助设备和其他外设。其中主要的数字部分(如 DSP 和图像引擎)和图 6.2、图 6.3 中类似，也是由逻辑门和数据存储单元组成的。其他部分如片上加速计、射频模块、模拟或混合模拟电路等可能具有完全不同的辐射响应。SoC 类器件的辐射效应还包括通过直接存储器存取(DMA)传输至微处理器的数据发生状态翻转，这类辐射响应也在我们讨论的范围之内。

6.3 微处理器常见辐射效应

前文中已经讨论过组成微处理器的子系统及底层电路结构，接下来将讨论微处理器中的辐射效应及如何发生于底层结构电路中，单粒子效应方面的内容还会在下一节中重点讨论。

电离总剂量(TID)效应是指辐射导致氧化层中沉积固定电荷，从而改变了电路的实际偏压。这种改变可能是永久或半永久的，后者意味着电学参数的变化经历退火过程后得到部分恢复。第 1 章中已经讨论了 TID 的细节，对于微处理器，最主要的 TID 表征为漏电流增加和由于门延迟增加引发的时钟偏移[18-20]。因此，TID 主要导致器件正常工作范围减小，在辐射环境中工作的关键器件需要增加裕量以保证 TID 作用后仍能够正常工作。

单粒子闩锁(SEL)是指硅控晶闸管(SCR)或 PNPN 结构器件由于收集重离子入射产生过剩载流子而导通所产生的效应。这类结构在体硅 CMOS 器件中由于寄生 NPN 和 PNP 双极晶体管的存在而广泛存在，SEL 在其中产生了电源端到地端的高电流通路，从而可能导致局部或整个器件发生电流过载。SEL 的存在导致微处理器在 SEE 测试过程中必须附加额外的考虑[21,22]。绝缘体上硅(SOI)工艺器件中由于去除了 PNPN 寄生结构，对 SEL 具有本征的抵抗能力[23]。

微处理器中的状态位包括长期数据、锁存器和触发器中正在使用的时序状态和决定程序执行结果的存储器中数据，这些位均对 SEU 敏感。1.5.1 节中曾详细描述并在 6.1.1 节中回顾了锁存器中基本的电荷收集和状态翻转机制。常规(未加固)微处理器中，所有触发器和多数存储阵列均未采取软错误保护措施。Pentium II 中包含 39 个分立的存储结构，包括写缓冲、旁路转换缓冲(TLB)、队列和寄存器文件[24]。缓存通常由 SRAM 组成(如文献[4])，小规模的存储结构通常由寄存器文件或触发器单元与锁存器组成(见图 6.3)，其单粒子效应表征与缓存中的位相类似，但由于节点电容更高所以单粒子效应敏感性有所降低。

单粒子瞬态(SET)可能影响微处理器的任意组合逻辑路径，而时钟树或复位树中的 SET 是最容易甄别的。时钟树是数据同步的主要方式，对时钟偏移的严格要求导致时钟树对于软错误引发的抖动非常敏感[25-27]，发生在时钟树上的 SET 可能导致在错误的时间增加了一个时钟沿，从而引发不可预测的辐射响应。另外，复位树(全局或局部)上发生的 SET 可能导致器件的部分重置。这两类结构的高扇出意味着时钟树或复位树上任意位置发生的 SET 均可能影响多个触发器或锁存器的状态。参照图 6.7，节点 CC 发生的 SET

可能驱动其扇出的触发器（小方框中表示）。节点 RA 发生的 SET 可能导致大方框中的所有触发器发生状态重置。时钟树较高位置节点上的 SET（如 CA）显然可能影响更多的器件状态位。试验表明，全加固 DICE FF 对该类时钟和复位 SET 同样敏感[28]。最后，锁相环（PLL）和时钟分频器的单粒子效应（SEE）截面相对较小，但一旦发生单粒子效应会影响整个电路设计，这对于可能引发相位丢失的高通量、宽束辐照试验尤为重要。由于微处理器的状态位控制着门控时钟和复位信号，其中发生的单粒子翻转可能引发部分重置或产生错误的时钟沿。文献[29]中报道了关于部分重置的一个典型案例，SET 事件导致 16 位寄存器中的所有数据被重置为 0。整体来说，器件发生错误中断或异常的可能性由于 SET 的存在随之增加。

6.4　微处理器中的单粒子效应

本节中将讨论微处理器对于单粒子效应（SEE）的具体响应，具体包括缓存的 SEE 响应、寄存器翻转或流水线 SEE 事件、SEE 机制和测试中操作频率及温度的影响。考虑到缓存的尺寸、容量以及较高的软错误截面，我们将首先介绍缓存中的单粒子软错误。

程序流可以看作由节点和图形边缘描述的定向图[30,31]，控制流中的错误（即程序流被改写）影响了描述程序正常执行的图形，包括分支存在或分支插入时分支目标的改变。分支插入可能由于 PC 被破坏或计算结果不正确，另一个主要原因是分支目标缓冲（BTB）发生错误，BTB 的数据部分包含着目标地址，单粒子翻转可能改变其中的数值最终引发控制流错误。另外，数据错误可能导致分支错误，例如循环计数器中的翻转导致循环应该停止的时候却继续保持。Oh 等人利用控制流故障注入的方法研究 MIPS 4400 标量流水线中的错误类型[32]，其错误响应多种多样，与所运行程序密切相关，发生错误时间从 Hanoi 解析器 Tower 程序对应的 1.8%到快速傅里叶变换（FFT）对应的 55%。对于第二类程序，操作系统（OS）55%时间内捕获到控制流错误，推测可能是由于目标地址的防护失效。在众多程序中，正确时间只占据 10%～24%。

上述结果与超标量无序化（OOO）流水线的结果有所不同[16]，其中错误时间占据了 72%～98%，具体取决于正在执行指令的数目，测试中该数目的范围是 0～100。深度 OOO 流水线中庞大数目的随机状态导致相当比例的队列和寄存器文件中包含死状态（即不会被所执行程序使用的状态位）。

6.4.1　缓存中的单粒子效应

缓存中的单粒子效应可能以多种形式发生，具体的辐射响应取决于缓存的构造和 SEE 发生的位置。在上一节中我们特别讨论了 SRAM 中的单个位翻转（SBU），除此之外，缓存还可能对单粒子瞬态（SET）敏感。缓存中的单粒子效应还依赖于标识的结构，图 6.8 中给出了一款双路关联设置缓存的结构，该缓存由两类存储阵列构成：标识和数据阵列，还包括用于对比地址和操控数据的附加逻辑电路。微处理器缓存按照包含 16 至 64 字节的行存储数据[33]。标识的主要目的是给出存储行对应的物理存储地址，数据阵列则存储对应的数据。缓存标识也包含哪一行可用（由可用位给出）和对应状态（由修改位给出），如是否被锁住（即不能被 OS 介入所替换）等信息。缓存存储器可以进一步根据关联性拆分路数，单个索引对应的单个路径可以被同时存取。图 6.8 的例子中具有两路，可以在同一时间内存取。该构造使缓存中数据的布放更加便捷，避免具有相同地址的行中数据相互替代。

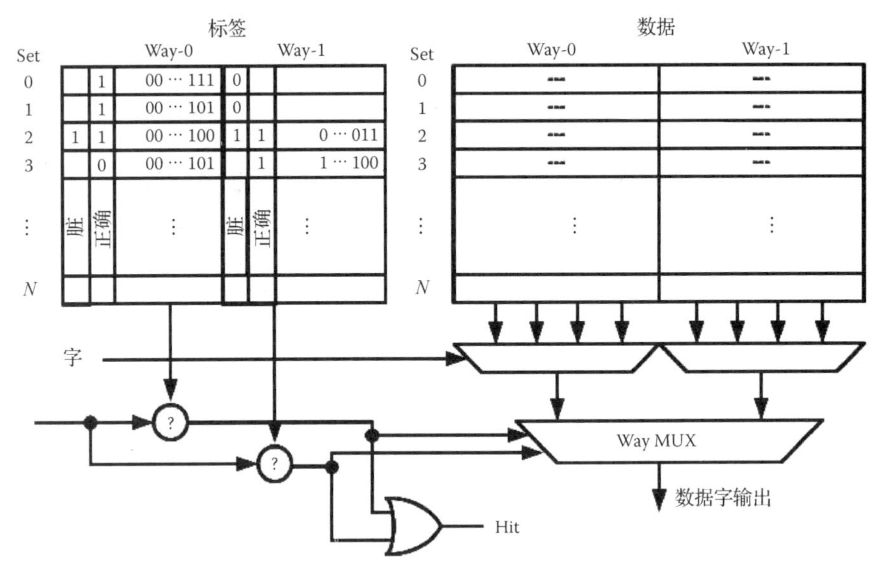

图 6.8 典型的微处理器缓存结构图

参照图 6.8，当缓存被选中时，从每一路均可读出标识和数据阵列信息，通过将未被编码的地址部分与所请求的地址相对比，在二者符合的情况下意味着缓存被选中，于是通过路径多路复用器从缓存行中选择正确的字。如果二者不相符合，说明数据并没有驻留在缓存中，则必须从主存储器或者高阶缓存中取数据。图 6.8 中的设计对标识和数据同时存取，具有速度快的优势，但却因为同时选择了不必被存取的数据而增加了功耗。尽管如此，考虑到其有限的延迟时间，该结构是一阶缓存中最常用的组织结构[4]。二阶（或更高阶）缓存通常首先查找标识，接下来只存取选中的数据阵列，从而有效降低了功耗。对于要求更高关联性的高阶缓存，其组成中除了比较器和有限的控制电路，主要包含大量 SRAM：每个字等于地址宽度通常约为 20 位的小标识 SRAM 和宽度等于行尺寸的大型数据 SRAM。

大部分现代微处理器采用了写回策略，其中缓存是最主要的数据存储载体。采用写回策略的情况下，修改后的数据被清出缓存时只被写回主存储器，这相对于同时写回主存储器和缓存的连续写入策略降低了存储器总线的压力[33]。从单粒子软错误的角度来看，连续写入策略由于存在数据备份增强了微处理器的抗辐照能力。在缓存中检测到错误的情况下，可以直接设定其为无效并重新取数据。在写回策略的情况下，存储在主存储器中的数据并没有及时更新的副本。对于可靠性要求很高的系统，OS 通常选用连续写入策略，虽然会导致损失部分性能。

研究表明，缓存中的位翻转与两项机制相关。首先是 SRAM 单元自身对于单粒子翻转（SEU）的敏感性，相关例子可参见文献[34–37]。在这类测试中，缓存被当作 SRAM 使用，首先写入已知的数据图形，然后允许 SEU 累积并持续监测缓存中的数据。该机制和实际的操作模式有所不同，SRAM 阵列的 SEU 敏感性可能高于也可能低于处于实际应用中的缓存。应该注意的是不能利用调试工具测试其辐照敏感性，因为不能保证缓存以正常速度工作。缓存由许多阵列组成（如 L3 缓存包含上百个阵列），为节省功耗，在给定时钟周期内如果没有被存取则处于无效状态。随着大部分微处理器制造商越来越重视降低功耗，缓存不同操作模式之间的差异变得越来越小[38]。处于无效状态的阵列对某些 SEU 的敏感性降低，如单粒子瞬态。但是，低功耗同时意味着降低工作电压，SEU 错误率可能由于临界电荷 Q_{crit} 的降低而增加。关闭缓存电源能够节约更多功耗，而从单粒子软错误的角度来看这等同于缓存不复存在。

如果从缓存中取出了不正确的数据，系统有三种选项对此进行处理。首先，可以将错误数据传输至用户，并不标识出错误；第二，缓存可以标识出错误数据；第三，可以试图纠正错误数据(稍后将 6.4.1.2 节中加以讨论)。具体采用哪种措施取决于微处理器微结构和软件设置。一阶缓存通常仅采用奇偶校验加以保护，更大规模的高阶缓存通常采用纠错码(ECC)加以保护。ECC 在参考文献中常被描述为错误检测与纠正(EDAC)。上述三种处理措施中仅有第二种用到了奇偶校验。EDAC 允许对错误数据进行纠正，通常在纠正不成功时给出提示信息。

缓存行的控制位包含特定的信息(如干净位或脏位)，位翻转可能导致这些信息被改变，并进一步导致错误的缓存被选中并丢失脏位(即被更改的数据未写入外部存储器)或更改位从缓存中流出进入错误的位置。例如，参见图 6.8，假设单粒子翻转改变了集合 1 中的有效位，位于路径 0 中导致状态从 1 变为 0 的翻转不会引发真正的错误，因为有效位取值为 0 时路径 0 中的数据将会被重新存取。除前文中讨论的这些，其他类型的错误可能更加难以甄别(仅见于有限的报道，实际测试中发生概率极低)，如改变了缓存线的权限等级或激活状态。文献[39]中讨论了由于地址改变、有效位改变或因为某些原因缓存线必须重新存取而丢失了缓存线的单粒子效应，其中通过将微处理器的主存储器中写入可辨识的数据图形取代了随机数据而观测到缓存线中的数据丢失，并将其归类为单粒子效应引发的缓存线失效。例如，将集合 2 有效位中的路径 0 数值从 1 更改为 0，那么相关的数据就不会被传输至主存储器从而导致数据丢失，于是针对该存储器地址读数据将返回未更新的数据，也意味着微处理器的结构状态被破坏。

最后，缓存控制位也可能发生错误，特别是当单粒子瞬态的贡献不可忽略时，如带有纠检错措施的数据写入错误的地址将会引发静默数据损坏。McDonald 等人曾经观察到，在采用 EDAC 的情况下，SRAM 译码器和控制逻辑中的单粒子瞬态并没有得到减缓[40]。这类错误影响 SRAM 的地址和控制电路，导致将带有纠错码(ECC)的数据写入错误的地址。这类控制错误可能导致静默数据损坏。Mavis 等人报道了具有层次化字线的加固 SRAM 中发生的字线(WL)错误选择[41]。采用了工艺加固的 SRAM 中也曾观察到的动态错误[42]。这些设计中，采用电阻加固的 SRAM 仅表现出静态错误和在较低线性能量转移(LET)值重离子环境中的动态错误，所发生的错误在写过程中只影响到单个位，对控制电路或者整个字未表现出影响。

单粒子瞬态引发的错误还包括将数据写入多个单元或者在位线(BL)被驱动但位线预充电尚未开始时字线上出现的毛刺导致单元中的数据被写入其他单元。单粒子瞬态可能影响指令缓存中被选中的集合，继而导致缓存失效，由于 PC 未受影响而只是所控制的逻辑，接下来的填充操作将会存取缓存中已有的列，导致缓存条目发生错误，这类错误是极为罕见的。上文中提到过，I 级缓存标识或数据阵列中的单粒子翻转可能导致存取错误的指令，在大多数微处理器中，后者将引发奇偶校验位异常，该数据列被再次存取时奇偶校验操作能够继续执行。旁路转换缓冲(TLB)倾向于发生相同类型的错误但在物理地址转换时能够恢复。

6.4.1.1　缓存加固方法及错误表征

HERMES 设计在缓存中添加了多种多样的错误探测手段[36]，能够探测 SRAM 外围电路和缓存中的错误，后者包含单粒子瞬态引发的短时钟或不匹配的双模冗余(DMR)地址。针对这种设计在宽束辐照环境中开展了静态和动态操作模式对应的试验，处于静态模式时，缓存模块与 SRAM 类似，多个粒子引发的错误得以累积。处于动态模式时，缓存中的读、写操作和错误探测手段都需加以考虑。检测到错误时，整个缓存都被读出用于观测由于多个粒子轰击引发的每个字中多于一位的潜在错误。HERMES 设计中采用了列交错(标识列中的四个单元和数据列中的八个单元)用于将奇偶校验计算中的位分隔开来。多个粒子轰击同一行可能引发两个独立的位翻转，妨碍奇偶校验的正确性。HERMES 缓存还采用了双冗余有效位，两路输出不一致时预示着错误存在。不管怎样，正常操作过程中缓存存储空间中的数据会在需要的时候被更新，这种自动的擦除(也就是刷新)屏蔽了一部分翻转。

在宽束重离子辐照试验中，HERMES 缓存从未出现奇偶位正确但数据错误的记录，说明位间距是足够的。当某个标识位发生翻转时，对应的地址位将会在编程空间以外，对这些地址位进行存取时将发生缺失。参见图 6.9，数据集 2 中存储 00…010 的标识位发生翻转变为 00…011，针对之前地址的存取操作将无法实现。当然，标识位发生翻转后也有可能仍处在编程空间以内(如受影响的是无关紧要的位)，对应的存取将引发标识奇偶校验错误但操作仍能够正确进行。奇偶校验的错误探测手段导致布线资源及功耗都随之增加，是一种昂贵的加固方法。HERMES 采用双冗余标识位比较器，选取有效位中的一位进行比较，因此这种方法并不能杜绝错误的产生。

图 6.9　缓存标识中发生的单粒子翻转导致缓存中的数据存入错误的地址

HERMES 外围电路的翻转截面比存储阵列要小得多，如图 6.10 所示，当 LET= 20 MeV·cm^2/mg 时，发生字线错误的翻转截面是发生标识比对不匹配的三倍，而后者的翻转截面是写使能错误的三倍。字线错误的翻转截面仅为 SRAM 阵列的十分之一，这是由于标识阵列的容量小，外围电路的物理面积相对于存储区域要大得多。在 LET 值较高时(大于 50 MeV·cm²/mg)字线错误的翻转截面几乎等于发生有效位翻转的截面，需要说明的是字线错误可能由于电路中的单粒子瞬态也可能由于字线编码自身的错误。数据阵列的翻转截面曲线与外围阵列相类似但存在数量级的差异，比字线错误高出约两个数量级。最后，发生时序错误时并不一定导致数据翻转，HERMES 缓存的重离子宽束辐照截面数据中已经考虑了微处理器结构及相关恢复操作的影响，结果已经修正过。

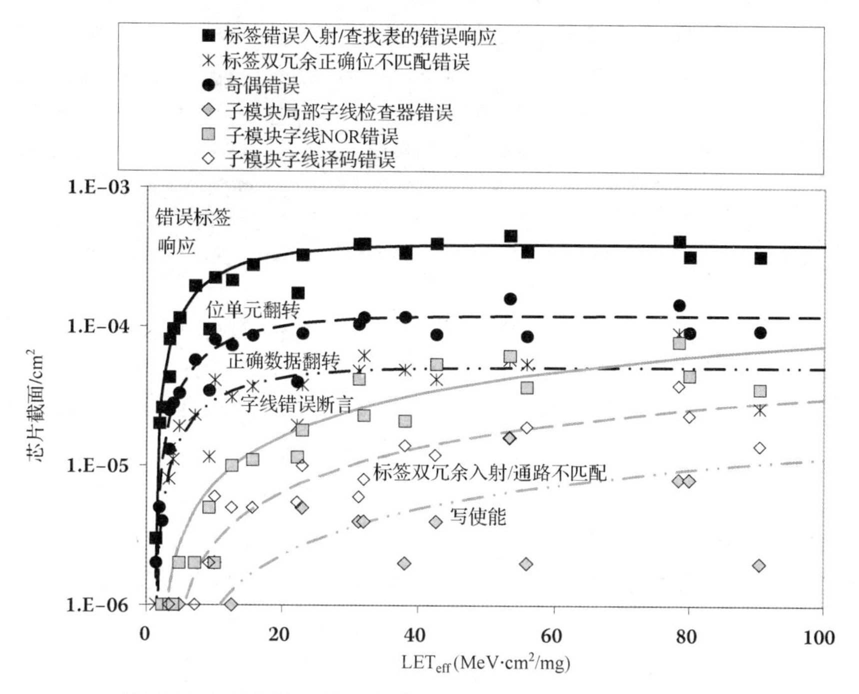

图 6.10　HERMES 测试芯片对应的重离子宽束辐照截面数据，阵列单粒子翻转占据主要地位，但也观测到控制逻辑、标识地址位、字线错误等错误现象(摘自 X. Yao，D. Patterson，K. Holbert，L. Clark，*IEEE Trans. Nucl. Science*，Vol. 57，No. 4，pp. 2089-2097，August 2010)

6.4.1.2　错误检测与纠正

由于缓存对数据位翻转的敏感性较高，通常采用完全的奇偶位校验或 EDAC 加以防护，其中奇偶位校验仅能检测错误并不能进行纠正，因此，写入型缓存受影响后，将经由常规操作重新取值，而写回型缓存却不能对检测出错误的缓存线进行类似的减缓操作。HERMES 采用了由奇偶位校验加以保护的写入型缓存，并且表征出非常高效的加固效果。最常用的加固方法是可以纠正单个位错误并检测双位错误(SECDED)的 EDAC，数据位宽过小时无法采用 EDAC，因为错误纠正所需的位数与受保护的位数成比例。大部分微处理器结构都支持按字节写入，重新计算 EDAC 通常需要开展读—修正—写的系列操作[43]，增加了复杂程度，所以，单阶缓存通常仅采用奇偶位校验的防护措施。

针对 EDAC 操作进行检验是非常重要的，文献[44]中给出缓存采用 EDAC 后敏感性反而增强的例子。针对 EDAC 开展的检验可以通过引入翻转，观察错误防护是否正常工作的方式加以实现[观测到的错误中可能同时存在单个位翻转(SBU)和多位翻转(MBU)，计算二者之间比值在防护前后的变化即可判断单个位翻转是否得到纠正]。上文中提到过，奇偶位校验提示出错误时会导致出错缓存线中的数据丢失，文献[39]中给出了相应的例子。

6.4.1.3 缓存单粒子效应案例

为研究缓存中发生的翻转对微处理器行为的影响，在 HERMES RTL 模型中关闭错误检测措施后人为注入单个单粒子效应。这个位翻转被注入 I 级缓存的标识阵列中，导致虚拟地址 0x80000450/4/8/C（物理地址为 0x00000450/4/8/C）对应缓存线的查找无法进行。这是缓存中最常见的控制位错误，因为多数的翻转情况并不会将一个缓存线地址映射为另一个缓存线地址。该标识的存储数值为 0x000029B，最后两个字节包含奇偶校验位、填充标识位（LRF）、锁定位和有效位。位翻转将存储数值更改为 0x800029B，导致该标识对应的地址缺失且该缓存线的数据被重新填充。需要注意的是，大部分设计中的奇偶校验仅检测单个位翻转，只要被破坏的标识在被导出之前不被存取，该翻转就是良性的，假如被存取就会引发校验错误。

6.4.2 寄存器中的单粒子效应

大多数微处理器中包含至少一个暂存寄存器，而其他结构寄存器如编程计数器、链接寄存器、堆栈指针等也发挥着重要的作用。这些寄存器中的位都可能发生单个位翻转[35,45]，翻转发生后初始错误级联传播后可能引发多种类型的错误。另外，也有可能初级错误对最终输出不产生影响，此时错误得到减缓。寄存器中的单个位翻转在存储内容不被调用的情况下不产生错误，而在某些情况下可能导致潜在的错误，如翻转发生在复制用户应用的过程中。

另一类错误来源于在给定应用中用到了错误的寄存器，如当结果即将存入寄存器时，目标寄存器的数目或地址受到了 SEE 的影响，结果被错误写入其他寄存器（由于指令触发器中的 SBU 或数据存储过程中的单粒子瞬态），目标寄存器和被写入寄存器中的内容都将是错误的，这种现象称之为寄存器改变。通常情况下被改变的寄存器对微处理器是否会产生影响是不确定的，如果该寄存器在被调用前发生了写操作则不会发生错误，否则错误很有可能发生。

某些现代的微处理器会采用寄存器重新标记来加速应用的执行[13,14]，此时寄存器的副本甚至包括实时存储的数值都放置于带指针的阵列中，如果标记信息受到 SEE 影响，同样可能产生寄存器改变的情况。

6.4.2.1 寄存器单粒子效应案例

本例中假设寄存器文件（RF）未采用奇偶校验保护，通过注入 SEU 将寄存器 1 中的数值从 0x0000FFFF 修改为 0x0000FFFE，且该数值本应该通过随后的在 PC=0x80000510 加一个即时读取的无符号值操作（ADDIU）变为 0x00000001，导致结果寄存器中的数据出现多个错误位，ASM 码为：

```
PC = 0x800004E4  → LUI    $1, 0x0000
PC = 0x800004E8  → ORI    $1,  $1, 0xFFFF
# 注入 SEU 将数据从 0x0000FFFF 修改为 0x0000FFFE
...
PC = 0x80000510  → ADDIU  $1,  $1, 0x0001
PC = 0x80000514  → SW    $1,  $2, 0x0099
PC = 0x80000518  → BNE    $1,  $3, 0xFF56
```

ADDIU 操作后微处理器状态中出现多个错误位，由于寄存器 1 被写作 ADDIU 指令的执行结果，所以交付给寄存器文件中的结构状态位，接下来交付给 D 缓存[经过随后的存储字(SW)指令转入存储器]。最后，本例中经过分支不相等(BNE)指令，在假设新的数值未能以相同方式进行比较的情况下显现为控制流错误。这也是导致软错误诊断困难的其中一个因素，很难根据出现于多个操作之后的无序寄存器错误判别最初发生翻转的位置。通常情况下寄存器文件会采用奇偶校验加以保护，所发生的 SBU 在读出并交付给结构状态位(W 级)时能够被探测出，之后微处理器会执行异常中断。但是，读出路径或执行单元逻辑中发生的 SET 即便存在奇偶校验保护也会输出相同的结果。

针对 HERMES 寄存器文件测试芯片开展的试验表明，寄存器文件(采用与图 6.2 相类似的八晶体管单元，但具有三个读出端口)的翻转截面与流水线相类似。流水线中的触发器数目与 RF 中的锁存器数目相类似[46]，位线错误包含累积的 SEU，考虑到数目之间的可类比性，FF SEU 引发的流水线翻转很可能与锁存器相类似，当 SET 普遍存在时，测试频率小于等于 200 MHz 情况下 SEU 远高于 SET 的影响(见图 6.11)。图 6.11 中的数据表明位线错误的主要组分为 SEU，在所选定的测试频率下 SET 并不是错误的主要原因。

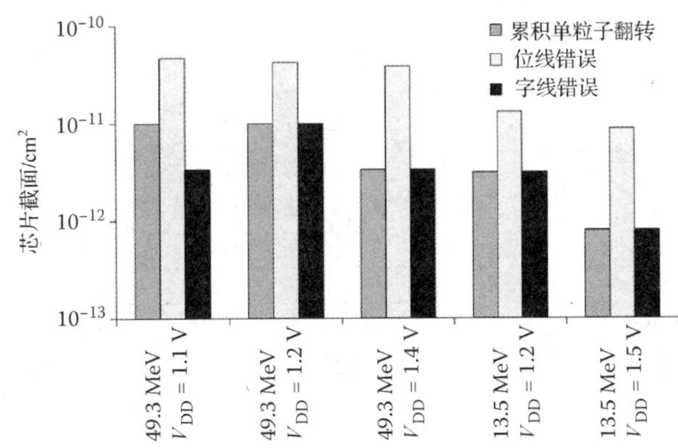

图 6.11　HERMES DMR 流水线 RF 测试芯片对应的质子翻转数据。位线错误(写回到 RF 时所捕捉到的错误)占据主要地位，三分之一的错误来自于 RF(标记为累积 SEU)，字线错误来自寄存器地址不正确或流水线 SET(摘自 L. Clark，D. Patterson，N. Hindman，K. Holbert and S.Guertin，*IEEE Tran. Nucl. Sci.*，Vol. 58，No. 6，pp. 3018-3025，2011 IEEE)

6.4.3　流水线和执行单元中的单粒子效应

执行单元也是微处理器中可能发生 SEE 的组件，其中的错误最有可能来自触发器中的翻转，也可能是 SET 引发的错误。SET 引发的错误难以捕获且不容易和其他表征类似的 SEE 加以区分。错误的结果数值可能存储在寄存器文件中，例如，文献[29]中报道了旋转操作(按位平移，移出寄存器的数据从另一边插入)中观测到 SEE，给出了操作错误相对于测试有效敏感性的截面(有效敏感性的含义将在 6.5 节中讨论)。对于大部分器件，流水线和执行单元中的错误截面远低于测试的有效敏感性，以至于在可用的通量下和有限的测试时间内无法观测到。加速器辐照环境下寄存器文件或缓存中发生的翻转导致微处理器的错误表征和流水线或执行单元很可能完全一致。进一步来说，由于测试中流水线软错误在数千个周期中都不足以表征为外部错误，即便采用特殊的测试向量也很难推断流水线错误的发生根源。当采用外部向量且全速运作情况下，也只可能测到非常有限的此类事件。

6.4.3.1 流水线错误

表 6.1 给出了一小部分利用 MIPS 汇编语言编译、通过图 6.4 中所示标量流水线执行的 Dhrystone 基准程序。每个流水线级所执行的指令暴露于来自微处理器不同部分的错误中。I 级(指令存取)可能受流水线 PC 存储单元中的 SEU 或随后地址计算逻辑单元中的 SET 影响而产生外部错误。或者即便 PC 正确，SET 通过作用于缓存也可能引发错误。参照表 6.1 中第 8 级的指令，MIPS 无操作指令(nop)是 R0(SLL R0)的逻辑左移，由于 R0 不可写，改变任意一个源寄存器都不会产生效应，所以该指令是足够安全的。而前级的非零分支指令(BNEZ)可能转换为或进入其他的非分支指令(如控制逻辑图中的指令消减)。函数返回结果时[位置 9 和 13 中跳转至寄存器 A 中的地址指令(jr ra)]被指向寄存器中发生的翻转可能导致结果返回至随机的其他地址中。本节引言部分已经提到过，这些错误可能导致会被操作系统拦截的存储器保护措施出错，很可能终止程序。

表 6.1 Dhrystone 基准程序中用于小型基本模块的指令流

时钟	流水线级 I PC			E PC	M PC	A PC	W PC
1	814:	lw	v0, 0 (a0)				
2	818:	li	v1, 65	814:			
3	81c:	addiu	a1, v0, 10	818:	814:		
4	820:	lbu	a3, –32632 (gp)	81c:	818:	814:	
5	825:	beql	a3, v1, 8000083c	820:	81c:	818:	814:
6	828:	lw	v1, –32636 (gp)	824:	820:	81c:	818:
7	82c:	bnez	a2, 80000824	828:	824:	820:	81c:
8	830:	nop		82c:	828:	824:	820:
9	834:	jr	ra	830:	82c:	828:	824:
10	838:	nop		834:	830:	82c:	828:
11	83c:	addiu	a2, a1, –1	838:	834:	830:	82c:
12	840:	addiu	a2, a1, –1	83c:	838:	834:	830:
13	844:	jr	ra	840:	83c:	838:	834:
14	848:	sw	v0, 0 (a0)	844:	840:	83c:	838:
15				848:	844:	840:	83c:
16					848:	844:	840:
17						848:	844:
18							848:

注意事项：流水线 I 级的随机状态可能通过 A 发生许多错误，为简略起见这里只显示 12-PC 的最高位(MSB)。

因为 I 级的指令到达时间较晚，指令译码逻辑跨越 I 级和 E(执行)级。寄存器文件源地址在 I 级被译码，在 E 级时钟开始时允许 RF 存取，如果被破坏则指令将会选择错误的源数据。下载/存储指令将这些数据作为基准和偏移地址数值，所以，如果是下载指令(见表 6.1 中时钟 6 对应的字线)，错误的地址将会被采用，很可能破坏寄存器文件或者将数据返回到错误的位置。与此类似，简单的 RISC 流水线中依靠加法器计算最终的下载或存储地址，其中发生 SET 或者由于寄存器文件 SEU 导致输入值不正确时可能对功能产生严重结果。E 级中的逻辑由于尺寸和时序差异具有不同的软错误敏感性等级，特别是对于 SET。E 级中的指令被完全译码为将会继续向下传播的控制信号，很小的错误也可能引发重要的影响，从根本上改变指令行为。进位链上具有高扇出的加法器发生单个错误时可能影响多个数据位，通常无扇出（也就是按位的操作）的逻辑电路敏感性较低，移位与旋转的敏感性介于逻辑和加操作之间。

M（数据存储）级对 DTLB 和 D 型缓存中的错误敏感，写回缓存发生的事件很难得到恢复。如 6.4.1 节所描述，M 级可能发生 SET 引发的缓存控制和地址错误，大部分地址错误是由于 E 级发生翻转引起的。A（存储对齐）级的逻辑电路较少但与接下来的多周期乘除操作相重合，由于具有更大的加法器和很大的组合逻辑模块（也就是 Wallace 树和 Booth 编码器），该级的错误截面高于加法器。最后，W（写回）级在第一个时钟周期（高电平）写寄存器文件，受 SET 所引发翻转或流水线缓存 SEU 影响的结果将会存储到寄存器文件中并通过旁路乘法器继续传播到算术逻辑单元（ALU），SET 又可能影响旁路乘法器，这些都导致追踪错误发生的原始位置变得更加困难。

6.4.3.2　HERMES 中流水线加固方法

错误数较多以及表征形式的多种多样导致对流水线错误进行完全防护是十分困难的。图 6.4 中的随机流水线采用了 HERMES 中用到的双模冗余（DMR），DMR 加固方法在测试芯片中得到了验证，显示出能够有效避免不正确的随机状态成为结构状态[46]。所采用的两个流水线版本完全独立且在区域上相分离以减少单个错误导致两个版本同时翻转的可能性。在写回到寄存器文件而随机状态成为结构状态的时刻，两个版本将加以比较，如果比较结果不相符则停止寄存器文件写操作并给出一个软错误中断信号，于是寄存器文件（或其他状态机）状态被清空。采用这种方法，宽束辐照试验中未发现不正确的寄存器文件状态。由于 PC 对于判定软错误中断后重启流水线中的指令至关重要，采用自纠正的三模冗余（TMR）逻辑对其加以保护。

6.4.4　频率相关性

尽管 SEU 是否能够被纠正受到工作频率的影响，SEU 本身并未表征出频率相关性。需要特别指出的是，工作频率特别低或者通量特别高时错误检测与纠正 EDAC 保护电路可能起不到作用，此时多次轰击导致的多位错误在代码中发生累积导致错误纠正失效，于是采用 ECC 时刷新操作非常重要。SET 具有相反的频率相关性，由于 SET 在时钟边沿或使能信号作用下被触发器（FF）或锁存器所捕获时表征出错误，产生错误的概率正比于时钟周期且在某些值时达到饱和。

如图 6.12 所示，最大允许的操作频率 $f_{\mathrm{CLK}}=1/P_{\mathrm{CLK}}$，其中 P_{CLK} 为时钟周期，由延迟最大的流水线所决定：

$$\text{路径延迟}=T_{\mathrm{CLK2Q}}+T_{\mathrm{CL}}+T_{\mathrm{Setup}} \tag{6.1}$$

其中 T_{CLK2Q} 为从时钟到触发器（FF）输出端的延迟，T_{CL} 为本级中组合电路的延迟，T_{Setup} 为触发器的建立时间。延迟最长的路径属于关键路径，而相对延迟较短的路径（即 T_{CL} 数值较小）不属于关键路径。为保证正常操作需满足：

$$\text{路径延迟}<P_{\mathrm{CLK}} \tag{6.2}$$

设计人员利用裕量[即利用式(6.2)评估得到的剩余值]设计电路延迟，违反式(6.2)(即裕量为负数)将导致设计处于图 6.12 的区域 I，此时电路一定失效。

减缓 SET 需要保证裕量为正。工作于辐射环境中时，持续时间为 T_{SET} 的 SET 导致路径延迟增加。当 SET 发生于图 6.12 的区域Ⅱ的关键路径时，此时时钟周期小于 $T_{SET}+T_{CLK2Q}+T_{CL}+T_{Setup}$，错误一定会发生。SET 以异步方式发生，关键路径上的 SET 总是在 P_{CLK} 范围内一个 T_{SET} 内发生。假设 P_{CLK} 等于 2 ns(最大工作频率 500 MHz)，T_{SET} 等于 400 ps，如图 6.12 所示，关键时间路径上的所有 SET(非关键时间路径上的部分 SET)会被捕获。增加 P_{CLK} 后所有路径即使在 SET 发生时也变为非关键路径。由于在时钟捕获沿(虚线)之前消失，非关键路径上发生的 SET(图 6.12 的时区 1)不会引发错误，如 SET a 和 SET b 所示。只有跨越了采样虚线、发生较晚的 SET c 能够引发翻转。SEU 在任意时刻发生的概率相等，时钟周期越长对应 SET 被捕获的概率越小，这就导致对 SET 敏感的器件错误率随时钟周期增加而减小。

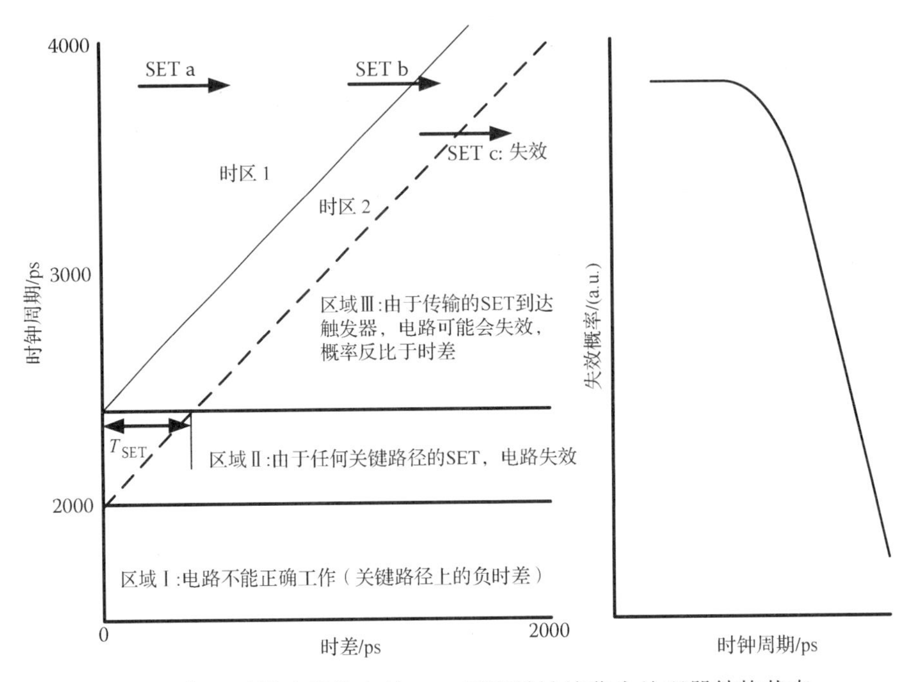

图 6.12　靠近时钟边沿发生的 SET 更容易被捕获为处理器结构状态。更高的操作频率导致时间窗口减小，于是捕获概率随之增加

研究微处理器 SEE 敏感性时并不经常关注其频率相关性，原因有以下几个方面：首先，低频情况下的出错概率约为饱和值的 20%～30%。另外，受频率影响的敏感性和不受频率影响的部分混合在一起且不受影响的部分很可能占据主导地位，如静态组件包括缓存等不存在频率相关性，当缓存和寄存器容量巨大时，微处理器很难观测到对频率的依赖关系。文献[47]中观测到 PowerPC 微处理器存在微弱的频率相关性，如图 6.13 所示。参照图 6.12，SEU 占据主导地位时失效率对于频率的敏感性很难体现出来，除非 SET 占据主导地位。抗辐照加固设计(RHBD)微处理器中由于缓存和寄存器针对 SEE 直接加固或通过错误检测与纠正(EDAC)加固后敏感性降低，而针对 SET 通过锁存加固需要更长的建立时间，此时由于加固触发器 T_{Setup} 的变化导致电路的失效概率随之增加。

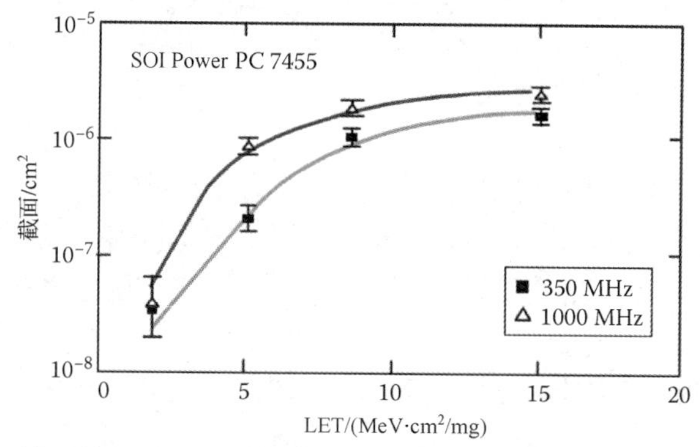

图 6.13　PPC 测试中，错误数随工作频率增加而增大，该现象显然是由 SET 造成的（摘自 F. Irom，F. H. Farmanesh，*IEEE Tran. Nucl. Sci.*，Vol. 51，No. 6，pp. 3505-3509，2004 IEEE）

6.4.5　温度效应

软错误有时会表现出与温度之间的弱相关性（电阻对温度高度敏感，所以加固设计可能表现出对温度的强敏感性）。SEL 强烈依赖于温度，随温度增加截面值甚至可以增加几个量级，同时 LET 阈值降低[48]。温度对于微处理器的 SEE 评估非常重要，原因在于现代微处理器需要散热器以保证正常工作（即在全容量和高频情况下），这导致 SEE 测试的难度随之增加。宽束测试中通常需要对待测器件（DUT）进行开盖处理使晶圆裸露出来，以保证短射程重离子能够穿透到待测器件的灵敏体积中。如图 6.14 所示，这就要求移除散热器甚至有时需要减薄芯片，这和控制温度的需要是相悖的。因此，在真空中开展现代处理器测试有时是不可行的。另一个解决办法是使器件工作于较低频率下，降低功耗和对冷却装置的需求。总的来说，温度相关的测试难题导致很难全面获取 SEE 数据。

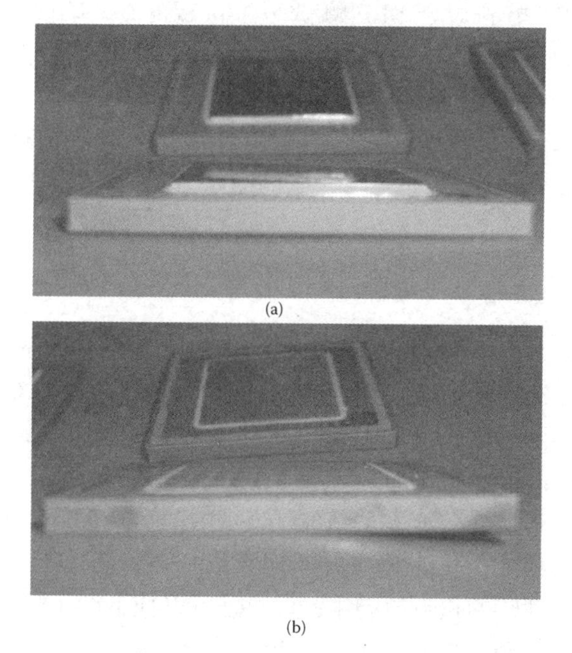

图 6.14　（a）Maestro ITC 微处理器减薄前的图片；（b）Maestro ITC 微处理器减薄后的图片（授权自 S. M. Guertin，B. Wie，M. K. Plante，A. Berkley，L. S. Walling，M. Cabanas-Holmen，Radiation and Its Effects on Components and Systems Data Workshop, Biarritz, France，2012）

6.5 专题讨论

本章主要讨论的是微处理器的辐射响应，迄今为止，除了频率、温度等议题避开了复杂的数据获取和现代复杂器件的测试细节等仅介绍了基本内容，其他主要议题都已经仔细讨论过。本节中将讨论 SEE 测试设计、器件结构对于 SEE 敏感性的影响、在线和离线通信相关的难题、MBU 和角度效应、抗辐照加固设计(RHBD)和容错方法对微处理器 SEE 整体性的影响、复杂测试系统等，最后还将讨论如何使用获取到的数据评估系统响应。

6.5.1 SEE 测试中的激励源设计

微处理器的 SEE 测试存在三种基本方法：第一，可以采用自测试软件[49]；第二，可以使用外部调试设备接入调试接口存取器件内部信号[50]；最后，可以通过读取器件的输出引脚并与正常值比较[51]，称为标准器件方法。通常情况下仅有自测试方法能够准确模拟真实的操作环境。现代 SoC 器件复杂的片上资源导致微处理器行为变得不确定，排除了标准器件或测试向量方法的可行性或者将这类方法归类为不标准的待测器件(DUT)操作。

为 SEE 测试设计的在线或自测试软件可能与标准应用和操作系统软件大不相同，后者产生 SEE 的方式与真实运作的计算机相类似，前者提供的数据更容易分析，便于理解微处理器的 SEE 敏感性。换句话说，真实的操作环境中 SEE 的根源难以判定，而自测试软件采用多种不同的措施实现容错设计[32,49]，真实的翻转响应可能需要专门的测试经验用于理解和减缓 SEE 响应。自测试的其中一种形式是在复杂操作系统上实际运行一个应用，这通常会导致非常复杂、难以解释的错误模式(见 6.5.6 节)。而针对这类结构很重要的一点是某些典型 FT 措施对于 SEE 测试是不可行的，如陷阱、中断、中断处理程序的使用。在地面或空间 SEE 环境中，翻转的发生概率很低。但是，在加速器束流环境中，SEE 的发生概率大大提高，陷阱、中断或中断处理程序的使用可能导致微处理器无法正常工作。进一步来说，真实的 SEE 测试软件可能与真实的操作环境如采用操作系统大不相同，通常有必要利用 SEE 测试获取的结果外推计算全系统响应，该部分内容将在 6.5.7 节中加以讨论。

6.5.2 利用最敏感组件探测 SEE

受到辐照影响时，本章中讨论过的所有部件都可能发生翻转或引发 SET，而必定有一类结构的贡献在所探测到的 SEE 中占据主导地位，这也导致其他部件的较低截面在测试中难以观测到。缓存由于收集面积较大被认为是最敏感的部件。

文献[52]中给出了 Freescale P2020 微处理器的敏感性数据，可以看出，缓存发生翻转的概率约为微处理器其他部分概率的 100 倍，相比之下死机和计算错误同样常见，但如计算错误等其他错误模式的发生概率并不明显高于寄存器翻转，寄存器翻转是仅次于缓存翻转之后容易发生翻转的机制。应用 P2020 时可以使 L1 和 L2 缓存处于非使能状态，尽管这种处置限制了微处理器的功能使用，但可用于了解缓存处于非使能情况下时翻转发生的变化。另外，大部分操作系统都采用某些限制缓存的指令。

测试中很容易甄别最敏感目标的错误截面，但为了全面理解 SEE，有必要同时获取其他目标的截面数据，此时可以使最敏感目标处于不工作状态，如缓存处于非使能状态，此时其他目标的错误事件就得以显现出来。文献[44]报道了 Maestro ITC 微处理器的例子，其中的 2 阶缓存无法处于非使能状态，导致其在加速器测试环境中错误数累积抑制了 EDAC。与所期望测到的 SEE 不相关的背景错误限制了能够被测到的有效截面，即限制截面。对于 Maestro ITC，限制截面如图 6.15 所示。限制截面有时会依赖于通量，从概念上看或许可以降低通量以减少不期望的错误类型。但是，微处理器的 SEE 敏感性(即给定 LET 值对应的截面)测试通常需要在少于 1 个小时的有限时间内完成，这就要求束流通量必须足够高以保证获取具有统计意义的错误计数，当然也必须尽可能低以规避不期望的事件。

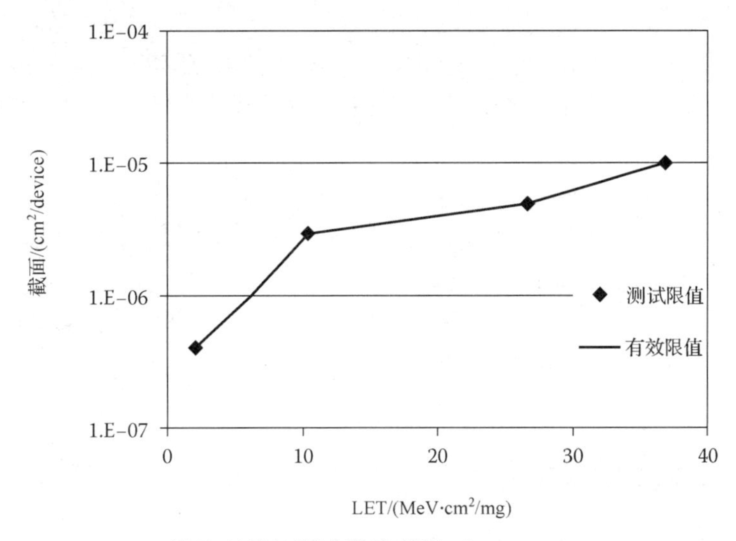

图 6.15　Maestro ITC 微处理器的测试限值(授权自 S. M. Guertin，B. Wie，M. K. Plante，A. Berkley，L. S. Walling，M. Cabanas-Holmen，Radiation and Its Effects on Components and Systems Data Workshop，Biarritz，France，2012)

6.5.3　片上网络和通信

现代器件中包含多个核和能够直接与外设如存储器接口、高速 I/O、缓存系统等相连接的通信总线。通信系统的不同部分可能失效率不同，进行归一化将非常困难，最直接的翻转敏感性是数据从器件一个部分传输到另一部分的过程中发生的翻转，计算 SEE 截面的传统方法如下：

$$\Sigma = N/(\Phi \times B) \tag{6.3}$$

其中，N 为观测到的错误数；Φ 为入射到待测器件的粒子数目；B 为总位数。

通信系统中发生翻转还可能引发锁死，最可能发生在受 SEE 影响后违反了设计规则的系统，锁死可能导致通信总线完全失效。

数据在传输前后均存储在对 SEE 敏感的缓存中，测试通信错误时首先需要估计数据未传输时的翻转敏感性，进而实现在数据存储量有限的情况下比较传输错误截面和本征错误截面。针对 P2020 观测通信错误的努力未能成功，因为测试软件并未观测到高于限制截面的有效通信 SEE 事件(见 6.5.2 节)[52]。

6.5.4 微处理器中的多位翻转(MBU)和角度效应

现代器件的特征尺寸偏小，单个重离子轰击有时会引发成簇的错误[53]，这些多单元翻转(MCU)有可能在存储(或纠错码)字中表征为多位翻转(MBU)，具体是否能够表征出来取决于单元的物理排布。图 6.16 给出了 90nm SRAM 重离子测试中发生的多单元翻转，版图设计对于 MCU 的影响非常大，因为逻辑图形和物理布局并不要求相一致。该 SRAM 中，沿 Y(列)轴方向上隔列发生翻转，所以逻辑 0 实际上产生垂直的条纹，水平的暗分隔线代表 N 阱位置(相邻行的单元共享同一个阱)，垂直的暗分隔线代表衬底和阱接触孔列的位置。当重离子沿倾斜角度入射时，电荷共享发生于多个节点，MCU 变得更加严重。簇翻转能够影响存储在块中的寄存器位和配置位。对于受 EDAC 保护的系统，一次 MCU 受到影响的位要保证在 EDAC 码中不产生 MBU。除非特别高的 LET，否则涉及多个位的 MCU 并不经常发生。常使用单元行 4 位或 8 位交错[2]，针对 MBU 实现高效的 ECC 或奇偶校验保护。

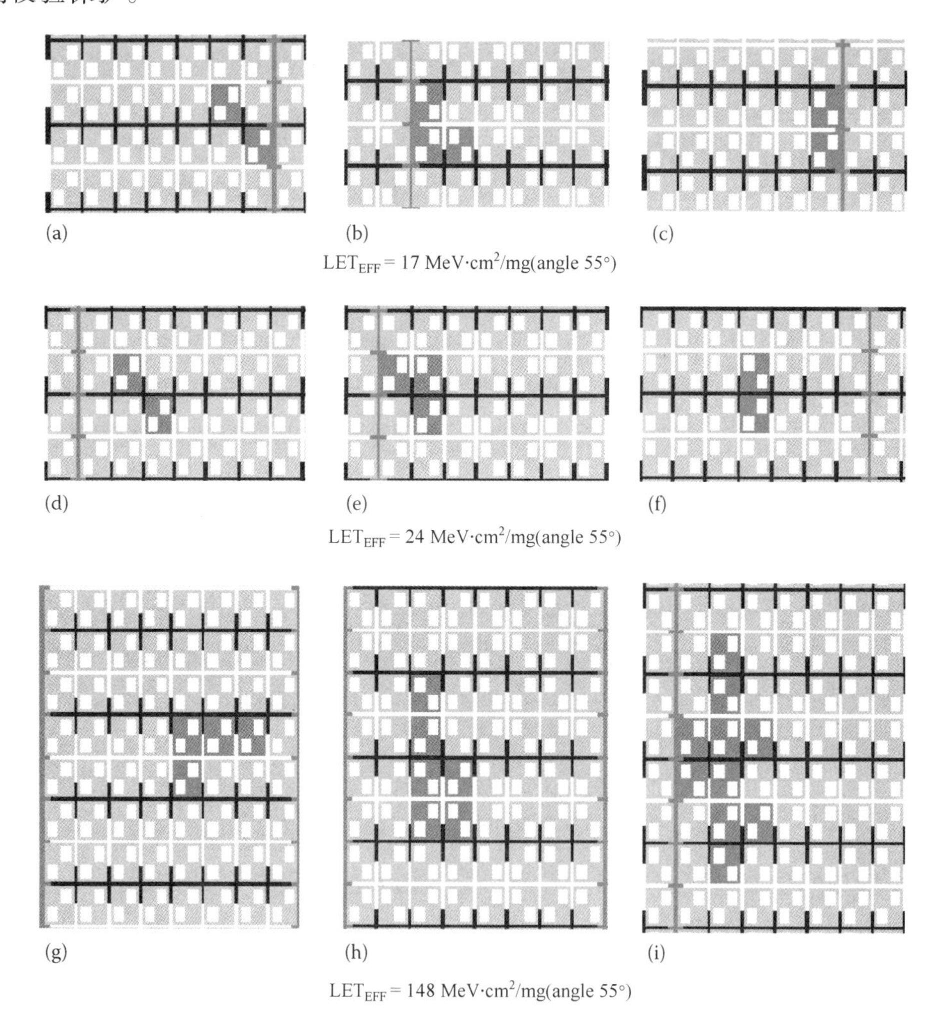

图 6.16 单个重离子入射导致簇翻转(MCU)的例子。当重离子沿倾斜角度入射时，簇翻转沿重离子入射方向分布。(a,d,g)棋盘格数据图形，(b,e,h)全零数据图形，(c,f,i)条形数据图形

MCU 还有其他重要的影响。受错误检测和纠正(EDAC)保护的系统计算错误率时需要理解 EDAC 发生失效的机制。某些情况下需要观测未被 EDAC 纠正的错误以估计存储单元的敏感性(如 EDAC 无法处于非使能状态，没有任何功能寄存器可用于观测 EDAC 纠正),此时观测到单个位错误时意味着 EDAC 字中发生了两位或更多位错误,而截面值、重离子通量和所观测到EDAC错误之间的关系依赖于EDAC措施的执行细节。发生EDAC簇错误时情况将更加复杂，和上面提到的那样，物理设计中必须考虑 MCU 保证其发生时不会妨碍 EDAC 的执行。

6.5.5　加固微处理器的辐射响应行为

下面针对加固微处理器的事件类型和测试问题展开讨论。由于加固措施总会要求一定形式的冗余，加固微处理器针对的是无须考虑功耗的应用，或考虑了功能、功耗和加固效果之间的平衡。第 7 章将详细介绍加固锁存器和触发器以及加固对于延迟的影响。最直接的加固理念是采用加固锁存器置换微处理器设计中的所有常规锁存器，包括触发器和 SRAM 单元中的锁存器。

早期的一种加固方法是在锁存器的每个反馈回路上插入电阻，在允许状态转变所需的电阻-门电容对应 RC 时间常数之前移除所收集的电荷。另外，多数工艺加固方法会采用绝缘体上硅(SOI)衬底大大减少所收集的电荷量，由于如下功率公式：

$$P = CV_{\mathrm{DD}}^2 F + I_{\mathrm{LEAK}} V_{\mathrm{DD}} \tag{6.4}$$

未受到电阻 R 的影响，总电容 C 基本保持不变，这种加固方法对于功耗的影响非常小。密集的电阻网络(特别是多晶硅，之后构建为通孔和接触层)允许复杂的加固设计[54,55]，但开发与维持制造设备、特殊工艺线的成本和在很小面积内实现足够高电阻的难度导致 HBD 工艺越来越罕见且非常昂贵。于是工业界逐渐更看重采用其他替代性的抗辐照加固设计(RHBD)手段，利用常规工艺和巧妙的电路设计及布局加以实现。目前来说 SOI 仍然是非常有用的 RHBD 手段。

RHBD 中，加固锁存器极大增加了功率和面积，而针对 SET 的加固措施增加了延迟(至少为 SET 的持续时间)，参见 6.4.4 节中的内容。与第 3 章和第 7 章中解释的那样，现代工艺中的多节点收集导致大尺寸工艺下适用的许多加固手段大打折扣。另外，任何的加固锁存器都存在临界电荷 Q_{CRIT} 或 SET 持续时间，超出该数值即发生翻转，有时加固微处理器采用受 EDAC、校验或其他纠/检错机制保护的辐射敏感 SRAM 和其他结构。加固微处理器可能包含对辐射不敏感的结构，如自纠错的三模冗余电路或锁存器。举例说明，HERMES 依赖受奇偶校验保护的写回型缓存、发现错误时重启指令的双冗余流水线和利用三模冗余(TMR)保护的关键结构状态(和控制位)[7]。

采用 RHBD 模块和辐射敏感模块组合的器件表征出复杂的单粒子效应响应，在不同 LET 值下表现出不同的现象，图 6.17 中给出了一个例子。针对某些单粒子效应机制如缓存翻转，其中应用的 EDAC 在加速辐照测试中可能随着错误累积而失效(即单个 ECC 字中由于多次粒子轰击导致错误累积)，给定环境中的 RHBD 器件响应将是敏感组件和随着 LET 值增加表现出敏感性的加固组件的组合，接下来将介绍不同响应的合成。

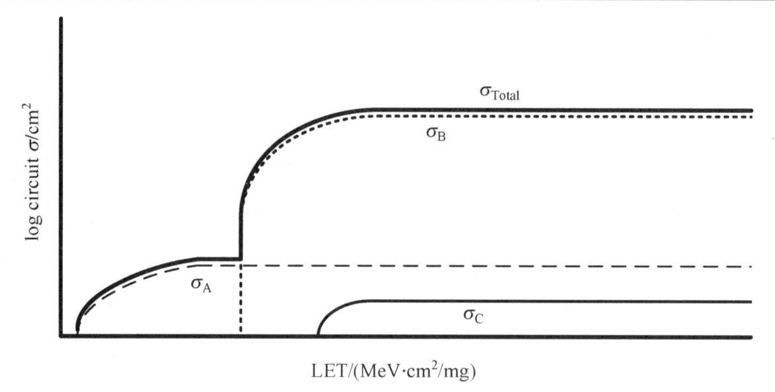

图 6.17 多个截面的加和导致器件响应更加复杂

6.5.6 复杂系统的测试

6.5.1 节表述了具有可运行操作系统微处理器的测试难度，微处理器的测试系统通常非常复杂。测试方法和硬件越简单时，推断所观测到错误如何影响实际微处理器单粒子效应敏感性响应就越直观，微处理器的复杂性使得对于简单测试方法和额外测试硬件的需求更加强烈。这种状况的另一方面就是对于非常复杂的系统，有时只利用合理但是作为权宜之计的方法开展测试。早期针对 Intel 微处理器开展测试时应用到 Windows NT OS 观测系统崩溃[56]，测到的结果难以分离出具体的 SEE 敏感性但至少提供了测试系统所采用配置的整体 SEE 敏感性。其他研究人员在 Linux kernels 和其他微处理器上开展了类似的测试[57]。

6.5.7 评估系统响应

6.5.6 节中谈到了复杂系统的 SEE 测试，针对特定配置给出最终的评估结果，鉴于本章大部分内容是在讨论底层结构的 SEE 敏感性，一般思路是理解底层结构的敏感性并整合得到系统的 SEE 敏感性。6.5.6 节中 Windows NT 的情况下，大部分系统崩溃是由于缓存校验或 SBU 事件。本专题中通过观察微处理器的操作模式、不同微处理器资源的占空比与敏感性分析更普遍的情况。

微处理器的操作模式或许是系统响应最重要的决定因素，对于许多微处理器来说缓存和片上存储是其中最敏感的组件，了解这些资源的使用情况就能判定最常见的 SEE 影响。首先，如果错误处置措施未能正确开启，发生翻转时如校验保护等机制可能导致发生中断并要求终止出错的线程(即便是关键的操作系统线程)。缓存需要工作在合适的模式(通常为写入型)以保证对出错数据进行重新取值。SoC 中外围资源的实际使用情况同样很重要。每种资源类型都必须考虑，即便是那些相对于其他结构 SEE 敏感性特别低的资源，如处理器核。对隐藏资源进行 SEE 敏感性评价是非常困难的，包括分支预测表和其他从执行程序中无法直接观测但对于指令高效执行必不可少的临时存储器区域。

一旦系统中用到的所有资源都被识别出，必须考虑每种资源的占空比，计算该数值可能非常困难。例如，当工作集合远大于缓存容量时，缓存中的信息将快速更新，此时缓存的占空比可能非常低。影响实际占空比的另一个主要因素是优化代码，现代微处理器核在每个时钟周期分配给不同的执行单元许多指令，未充分优化的指令可能导致许多执行单元处于空闲状态，大大降低了翻转率[16]。式(6.5)提供了一种针对给定事件类型考

虑器件中所有子系统计算系统翻转截面的粗略方法，

$$\sigma_i = \sum_j D_j \sigma_{ij} \tag{6.5}$$

其中σ_i为系统事件类型 i 对应的截面，求和针对的是器件中所有子系统 j，D_j为子系统 j 的占空比，σ_{ij}为子系统 j 对于系统时间类型 i 的截面，也是造成 6.5.2 节中限制截面的原因。例如，参照图 6.17，对电路 SEE 起主要贡献的三组截面值分别为σ_A，σ_B和σ_C。由于σ_A和σ_B具有明显可区分的 LET 阈值和饱和截面，二者是很容易辨识的。而σ_C被σ_B所掩盖，特别是在 Y 轴对数坐标下，此时如果占据主导地位的截面(如缓存)测试中不能被移除将导致某些组分无法表现出来。实际的状况更加复杂，可参见文献[58]中 FT-UNSHADESuP 微处理器模拟工具和文献[59]中硬件调试端口的使用以确定各参数的细节。

6.6 小结

本章讨论了发生于底层电路单元的软错误如何发展为微处理器子系统中的 SEE 错误，涉及的例子从 RHBD HERMES 微处理器到商用通信器件如 Freescale P2020。

我们采用的途径是集中讨论基本电路的 SEE 响应如何引发系统错误,可以预见的是，这些知识对于大范围的已知和未来器件都将是适用的。我们并没有紧密地观察 SEE 的发生对正在运行的系统产生的影响，因为在系统层面上，设计人员可以通过设计极大地影响计算机对于 SEE 的处理方式。本章的主题是微处理器中的 SEE，外部电路和支撑软件如何处理微处理器中表征出的 SEE 超出了讨论的范围。

我们强调了某些 SEE 实际上不产生可观测到错误的情况下，SEE 测试存在的限制。为便于读者将学到的知识应用于感兴趣的微处理器，我们针对测试和测试的构成展开专题讨论，也因为这些内容便于理解如何观测到翻转。实际系统中，预测哪类 SEE 最需要减缓是非常困难的，而某些类型的 SEE 显然是需要加以考虑的。我们认为缓存和寄存器是非加固器件中最容易发生翻转的组件。

通过探索 SEE 在微处理器结构不同抽象层面上如何影响和传播，本章中的内容对于全面理解和提升微处理器抗 SEE 能力是非常有用的。本章还包括关于 SEE 测试的知识以提供更多的工具用于理解这类事件并突破概念上的障碍。我们也希望从事 SEE 敏感性评价的工程师们参考本章中的内容进一步发展允许对微处理器进行特征提取的测试技术。

参考文献

1. A. Chandrakasan, W. Bowhill, and F. Fox, eds., *Design of High-performance Microprocessor Circuits*, IEEE Press, New York, 2001.
2. L. T. Clark, Microprocessors and SRAMs for Space: Basics, Radiation Effects, and Design, Short Course, IEEE Nuclear and Space Radiation Effects Conference, Denver, CO, July 2010.
3. P. Dodd and F. Sexton, Critical Charge Concepts for CMOS SRAMs, *IEEE Trans. Nucl. Sci.*, Vol. 42, pp. 1764-1771, 1995.

4. J. Haigh, J. Miller, M. Wilkerson, T. Beatty, S. Strazdus, and L. Clark, A Low-Power 2.5-GHz 90-nm Level 1 Cache and Memory Management Unit, *IEEE J. Solid-State Circuits*, Vol. 40, No. 5, pp. 1190-1199, May 2005.
5. Freescale Semiconductor P2020EC Data Sheet, Rev. 2, 2013.
6. L. Chang et al., An 8T-SRAM for Variability Tolerance and Low-Voltage Operation in High-Performance Caches, *IEEE J. Solid-State Circuits*, Vol. 43, No. 4, April 2008.
7. L. Clark, D. Patterson, C. Ramamurthy, and K. Holbert, An Embedded Microprocessor Hardened by Microarchitecture and Circuits, *IEEE Trans. Comput.* (in press), 2015.
8. A. Biswas et al., Computing Architectural Vulnerability Factors for Address-Based Structures, *Proc. ISCA*, 2005.
9. S. Mukherjee, J. Emer, and S. Reinhardt, The Soft Error Problem: An Architectural Perspective, *Proc. HPCA*, pp. 243-247, 2005.
10. MIPS32 Architecture for Programmers, Vol. 1, 2001.
11. J. Chang et al., A 45nm 24MB On-Die L3 Cache for the 8-Core Multi-Threaded Xeon Processor, *VSLI Symp. Dig. Tech. Papers*, pp. 152-153, 2009.
12. J. Hennessy and D. Patterson, *Computer Organization and Design: The Hardware/ Software Interface*, Morgan Kaufmann, San Francisco, 1998.
13. J. Shen and M. Lipasti, *Modern Processor Design: Fundamentals of Superscalar Processors*, McGraw-Hill, New York, 2005.
14. G. Hinton et al., A 0.18-μm CMOS IA-32 Processor with a 4-GHz Integer Execution Unit, *IEEE J. Solid-state Circuits*, Vol. 36, No. 11, pp. 1617-1627, November 2001.
15. K. Diefendorff, Prescott Pushes Pipelining Limits, *Microprocessor Report*, February 2004.
16. N. Wang, J. Quek, T. Rafacz, and S. Patel, Characterizing the Effects of Transient Faults on a High-Performance Processor Pipeline, *Proc. Int. Conf. on Dependable Systems and Networks*, pp. 61-70, 2004.
18. S. Buchner, M. Sibley, P. Eaton, D. Mavis, and D. McMorrow, Total Dose Effect on the Propagation of Single Event Transients in a CMOS Inverter String, *Proc. RADECS,* pp. 79-82, 2009.
19. T. P. Ma and P. V. Dressendorfer, *Ionizing Radiation Effects in MOS Devices and Circuits*, Wiley-Interscience, New York, 1989.
20. I. S. Esqueda, H. J. Barnaby, and M. L. Alles, Two-Dimensional Methodology for Modeling Radiation-Induced Off-State Leakage in CMOS Technologies, *IEEE Trans. Nucl. Sci.*, Vol. 52, No. 6, pp. 2259-2264, December 2005.
21. W. A. Kolasinski, J. B. Blake, J. K. Anthony, W. E. Price, and E. C. Smith, Simulation of Cosmic-Ray Induced Soft Errors and Latchup in Integrated-Circuit Computer Memories, *IEEE Trans. Nucl. Sci.*, Vol. 26, pp. 5087-5091, 1979.
22. P. E. Dodd, J. R. Schwank, M. R. Shaneyfelt et al., Impact of Heavy Ion Energy and Nuclear Interactions on Single-Event Upset and Latchup in Integrated Circuits, *IEEE Trans. Nucl. Sci.*, Vol. 54, No. 6, p. 2303, December 2007.
23. K. Iniewski, ed., *Radiation Effects in Semiconductors*, CRC Press, Boca Raton, FL, 2012.
24. A. Carbine and D. Feltham, Pentium Pro Processor Design for Test and Debug, *IEEE Design and Test of*

Computers, pp. 77-82, July-September 1998.

25. J. Leavy, L. Hoffman, R. Shovan, and M. Johnson, Upset Due to Single Particle Caused Propagated Transient in a Bulk CMOS Processor, *IEEE Trans. Nucl. Sci.*, Vol. 38, No. 6, December 1991.
26. N. Seifert et al., Radiation Induced Clock Jitter and Race, *IRPS Proc.*, Apr. 2005, pp. 215-222.
27. S. Chellappa, L. Clark, and K. Holbert, A 90-nm Radiation Hardened Clock Spine, *IEEE Trans. Nucl. Sci.*, Vol. 59, No. 4, pp. 1020-1026, 2012.
28. K. Warren et al., Heavy Ion Testing and Single Event Upset Rate Prediction Considerations for a DICE Flip-Flop, *IEEE Trans. Nucl. Sci.*, Vol. 56, No. 6, pp. 3130-3137, December 2009.
29. S. M. Guertin, C. Hafer, and S. Griffith, Investigation of Low Cross Section Events in the RHBD/FT UT699 Leon 3FT, *Proc. REDW*, 2011, pp. 1-8, July 2011.
30. A. Aho, M. Lam, R. Sethi, and J. Ullman, *Compilers: Principles, Techniques, and Tools*, Pearson/Addison-Wesley, Boston, 2007.
31. G. Saggese, A. Vetteth, Z. Kalbarczyk, and I. Ravishankar, Microprocessor Sensitivity to Failures: Control vs. Execution and Combinational vs. Sequential Logic, *Proc. Int. Conf. on Dependable Systems and Networks*, pp. 760-769, 2005.
32. N. Oh, P. Shirvani, and E. McCluskey, Control-Flow Checking by Software Signatures, *IEEE Trans. Reliability*, Vol. 51, No. 2, pp. 111-122, March 2002.
33. D. Patterson and J. Hennessy, *Computer Architecture: A Quantitative Approach*, 2nd Ed., Morgan Kaufmann, San Francisco, 1990.
34. F. Bezerra and J. Kuitunen, Analysis of the SEU Behavior of PowerPC 603R under Heavy Ions, Radiation and Its Effects on Components and Systems, *Proceedings o f the 7th European Conference on European Space Agency SP-536*, IEEE 03TH8776, pp. 289-293, 2003.
35. G. M. Swift, F. H. Farmanesh, S. M. Guertin, F. Irom, and D. G. Millward, Single-Event Upset in the Power PC750 Microprocessor, *IEEE Trans. Nucl. Sci.*, Vol. 48, No. 6, pp. 1822-1827, 2001.
36. X. Yao, D. Patterson, K. Holbert, and L. Clark, A 90 nm Bulk CMOS Radiation Hardened by Design Cache Memory, *IEEE Trans. Nuc. Science*, Vol. 57, No. 4, pp. 2089-2097, August 2010.
37. F. Irom, *Guideline for Ground Radiation Testing of Microprocessors in the Space Radiation Environment*, JPL Publication 8-13, Jet Propulsion Laboratory, California Institute of Technology, Pasadena, CA, April 2008.
38. S. Narendra and A. Chandrakasan, *Leakage in Nanometer Technologies*, Springer, New York, 2006.
39. S. M. Guertin, P2020 Proton Test Report March 24, 2011, NASA Electronic Parts and Packaging Program (Internal Document), Goddard Space Flight Center, Greenbelt, MD, 2012.
40. P. McDonald, W. Stapor, A. Campbell, and L. Massengill, Non-Random Single Event Upset Trends, *IEEE Trans. Nucl. Sci.*, Vol. 36, No. 6, pp. 2324-2329, December 1989.
41. D. Mavis et al., Multiple Bit Upsets and Error Mitigation in Ultra-Deep Submicron SRAMs, *IEEE Trans. Nucl. Sci.*, Vol. 55, No. 6, pp. 3288-3294, December 2008.
42. L. Jacunski et al., SEU Immunity: The Effects of Scaling on the Peripheral Circuits of SRAMs," *IEEE Trans. Nucl. Sci.*, Vol. 41, No. 6, pp. 2324-2329, December 1989.
43. K. Mohr and L. Clark, Delay and Area Efficient First-Level Cache Soft Error Detection and Correction,

ICCD Proc., pp. 88-92, October 2006.

44. S. M. Guertin, B. Wie, M. K. Plante, A. Berkley, L. S. Walling, and M. Cabanas-Holmen, SEE Test Results for Maestro Microprocessor, Radiation and Its Effects on Components and Systems Data Workshop, Biarritz, France, 2012.
45. F. Bezerra et al., Commercial Processor Single Event Tests, in *Proc. RADECS Conf. Data Workshop Record*, 1997, pp. 41-46.
46. L. Clark, D. Patterson, N. Hindman, K. Holbert, and S. Guertin, A Dual Mode Redundant Approach for Microprocessor Soft Error Hardness, *IEEE Trans. Nucl. Sci.*, Vol. 58, No. 6, pp. 3018-3025, 2011.
47. F. Irom, F. H. Farmanesh, Frequency Dependence of Single-Event Upset in Advanced Commercial PowerPC Microprocessors, *IEEE Trans. Nucl. Sci.*, Vol. 51, No. 6, pp. 3505-3509, 2004.
48. A. H. Johnston, B. W. Hughlock, M. P. Baze, and R. E. Plaag, The Effect of Temperature on Single Particle Latchup, *IEEE Trans. Nucl. Sci.*, Vol. 38, No. 6, pp. 1435-1441, December 1991.
49. S. M. Guertin and F. Irom, Processor SEE Test Design, presented at Single Event Effects Symposium, La Jolla, CA, 2009.
50. Freescale, CodeWarrior™ Development Studio for Microcontrollers V6.3, Freescale Document 950-00087, 2009.
51. R. Koga, W. A. Kolasinski, M. T. Marra, and W. A. Hanna, Techniques of Microprocessor Testing and SEU Rate Prediction, *IEEE Trans. Nucl. Sci.*, Vol. 32, No. 6, pp. 4219-4224, 1985.
52. S. M. Guertin and M. Amrbar, SEE Test Results for P2020 and P5020 Freescale Processors, *Proc. REDW*, pp. 1-7, 2014.
53. G. Gasiot, D. Giot, and P. Roche, Multiple Cell Upsets as the Key Contribution to the Total SER of 65 nm CMOS SRAMs and Its Dependence on Well Engineering, *IEEE Trans. Nucl. Sci.*, Vol. 54, No. 6, December 2007.
54. H. Weaver et al., An SEU Tolerant Memory Cell Derived from Fundamental Studies of SEU Mechanisms in SRAM, *IEEE Trans. Nucl. Sci.*, Vol. 34, No. 6, pp. 1281-1286, December 1987.
55. T. Hoang et al., A Radiation Hardened 16-Mb SRAM for Space Applications, *Proc. IEEE Aerospace Conf.*, pp. 1-6, 2006.
56. J. W. Howard, Jr., M. A. Carts, R. Stattel, C. E. Rogers, T. L. Irwin, C. Dunsmore, J. A. Sciarini, and K. A. LaBel, Total Dose and Single Event Effects Testing of the Intel Pentium III（P3）and AMD K7 Microprocessors, Radiation Effects Data Workshop, Vancouver, Canada, 2001 IEEE, pp. 38-47, 2001.
57. W. Gu, Z. Kalbraczyk, and R. Iyer, Error Sensitivity of the Linux Kernel Executing on PowerPC G4 and Pentium 4 Processors, *Proc. Int. Conf. on Dependable Systems and Networks*, pp. 887-896, July 2004.
58. H. Guzman-Miranda, J. N. Tombs, and M. A. Aguirre, FT-UNSHADES-uP: A Platform for the Analysis and Optimal Hardening of Embedded Systems in Radiation Environments, *IEEE International Symp. on Ind. Electronics*, pp. 2276-2281, Cambridge, UK, June/July 2008.
59. M. Portela-García, C. López-Ongil, M. G. Valderas, and L. Entrena, Fault Injection in Modern Microprocessors Using On-Chip Debugging Infrastructures, *IEEE Trans. Dependable Secure Comput.*, Vol. 8, No. 2, March/April 2011.

第7章　锁存器和触发器的软错误加固设计

Lawrence T. Clark

7.1　引言

对锁存器和触发器进行单粒子加固是对逻辑电路进行软错误加固最直接的方法之一，该方法无须对数字电路进行重新设计，重点加固锁存器和触发器等时序电路，并对存储器电路进行合理加固。本章重点讨论锁存器和触发器的加固技术及其对电路时序的影响。

本章重点介绍了常用电路的性能和加固技术，并给出了电路级仿真验证方法。该方法需要芯片设计和制备、重离子宽束、激光测试、电路的优化迭代等各个方面的协同处理。

本章将基于互补金属氧化物半导体工艺(CMOS)对电路的单粒子加固技术进行研究，该方法对绝缘体上硅(SOI)工艺同样适用，SOI工艺可以明显缓解电荷收集效应，从而实现更好的加固效果。

7.1.1　未加固的锁存器和触发器

7.1.1.1　锁存器的电路及其时序

本节首先介绍未加固的锁存器和触发器电路，并将其设定为参考电路。在此基础上，对加固电路的性能(延迟)进行量化，并与未加固电路进行对比。图7.1为一种D型CMOS锁存器电路，当锁存器的时钟为高电平时，为传输状态，输出Q与输入D的逻辑状态相同。图7.1(a)至图7.1(c)所示的各个电路功能相同，图7.1(b)所示的三态门锁存器在大尺寸线宽工艺中的版图密度较高；图7.1(c)中的输入信号CLK在反馈和前馈支路进行传递，且输出与输入的极性相反。一般来说，触发器输出锁存信号Q或QN与电路的速度与功耗有关。先进的计算机辅助设计工具(CAD)可以高效地处理以上问题。

图7.1(d)为锁存器的时序图，锁存器有四个关键时序：建立时间(t_{Setup})是D引脚信号被采样并达到正确状态所需的时间，在时钟的下降沿处，锁存器关闭时，反馈通道处于建立状态并保持；保持时间(t_{Hold})是在时钟下降沿来临之前D必须要保持的时间，以确保Hold节点没有错误状态，再次使得Q = D处于反馈状态；当锁存器从不透明状态转换到透明状态时，Q从存储值转换为D，该延迟是t_{CLK2Q}，该值可以通过连接反相器驱动Q至Hold节点而非Setup节点得到；当锁存器处于透明状态时，D变化至输出Q的时间为t_{D2Q}。为便于对不同电路进行比较，可以通过计算引脚之间的翻转延迟来估计时序情况，这也是本章采用的方法。

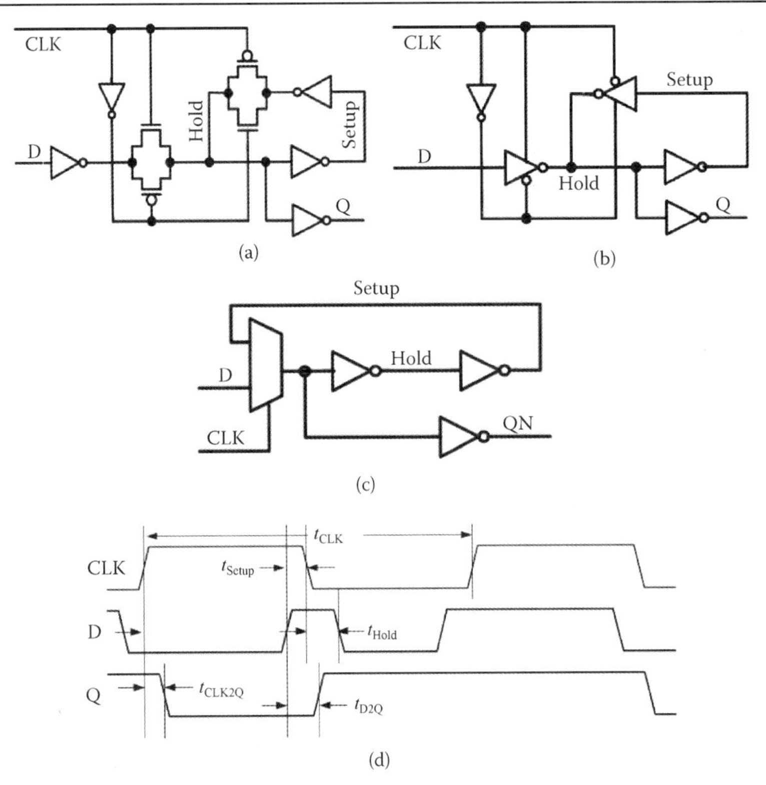

图 7.1　未加固 CMOS 锁存器电路图及其时序图。(a)采用 CMOS 传输门的 D 型锁存器；(b)采用三态门的 D 型锁存器；(c)等效电路；(d)锁存器和触发器的时序

7.1.1.2　触发器的电路及其时序

标准 D 型触发器电路和时序如图 7.2 所示。边沿触发操作是通过分别串联两个主从锁存器来实现的，该方法将锁定时间消除(即 t_{D2Q} 为 0)，由于主锁存器在时钟高电平期间处于保持状态，因此建立和保持时序被测量到主锁存器的内部节点。因为存在整个时钟相位来满足节点 SS 的建立时间，而且从锁存器确保了节点 SH 的保持时序，所以从锁存器的时序并不重要。另外，需要在主锁存器的输入端加入 CMOS 传输门，以避免引入不必要的反转延迟。

基本的电路质量规则可以保证电路的可靠性，但是有时候在提出的锁存器和触发器设计中不遵循这些规则也能成功商业化，所以这些规则需要进一步讨论。首先，D 端应该被缓冲输入(即驱动门)而不是扩散输入，噪声通过导线交叉电容耦合，扩散输入会耦合到电源线下方或上方，使保持节点放电并改变锁存状态，这可以通过缓冲来避免。因此，标准单元设计很少使用无缓冲级的传输门输入(并且仅适用于具有复杂噪声分析能力的环境)。其次，存储节点不应该是单元引脚，因为耦合到导线的噪声可能会使得锁存器状态翻转。在存储节点 SS 和 SH 与 Q 或 QN 输出之间，需要加入缓冲反相器，锁存电路(单元)内合理的输入和输出缓冲保证了噪声耦合低且均匀。最后，在某些电路中，特别是一些加固设计电路中，可能会产生从主级到从级锁存器的回写问题。如图 7.2(a)所示，当 CLK 转换为高电平时，从级的节点 SH 覆盖了主节点的建立，因此变成主级由从级写入而非主级写入从级，产生了回写，适当的电路尺寸和内部时钟时序可以避免回写。

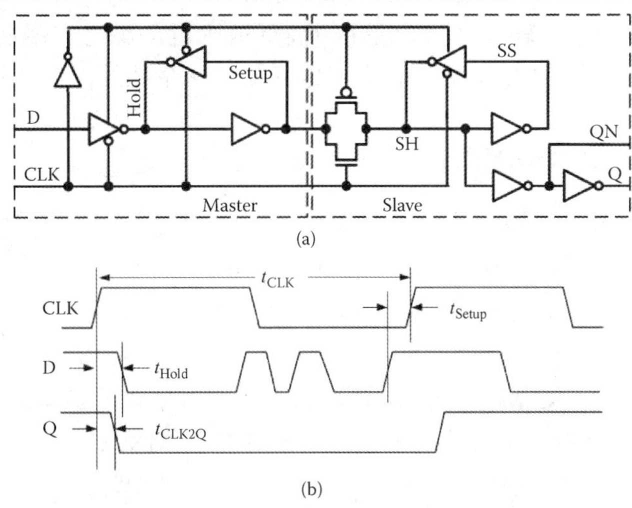

图 7.2　基本 CMOS(未加固)触发器的电路图和时序图。(a)采用主从锁存器串联对电路进行微小改变以提高版图布局效率；(b)时序图

7.1.2　单粒子翻转的机制

单粒子效应(SEE)是指，由于高能粒子轰击辐射，在电路中产生沉积电荷，使得敏感节点发生翻转，从而导致器件失效。根据入射粒子、器件和电路类型的不同，沉积的电荷可能导致不同类型的单粒子效应。单粒子效应分为软错误和硬错误，但本章的重点是软错误(即状态扰乱不会永久性地损坏电路)。第 1 章回顾了相关的翻转机制，硅中单个线性能量转移(LET)在每微米的径迹长度上产生约 10 fC 电荷。32 nm 工艺节点的晶体管每微米栅极宽度的总电容小于 1 fC，这说明等比例缩小技术中的软错误需要引起重视[1]。电荷在反偏二极管处被收集，其中电子被 N 型区收集而空穴被 P 型区收集。在体硅 CMOS 工艺中，后者位于有限深度的 N 阱中，空穴收集产生的电荷远小于电子收集产生的电荷。集成电路(IC)通常会在中子、质子或离子束辐照环境下进行地面测试，以确定它们对 SEE 的敏感性。电路翻转的概率是通过表面靶材尺寸(即翻转截面，以面积为单位)来确定的，由下式给出：

$$\sigma = \frac{\text{Errors}}{\text{Fluence}} \tag{7.1}$$

其中通量以颗粒数/cm^2 计。SEE 加固的主要目标是限制错误数量，从而限制翻转截面。

7.1.2.1　单粒子翻转与单粒子瞬态

实际波形高度依赖于沉积的电荷量以及驱动或恢复电路，而驱动或恢复电路必须去除沉积的电荷。对于锁存器，沉积的电荷可能足以破坏双稳态电路状态，导致单粒子翻转(SEU)，发生翻转的临界电荷量用 Q_{crit} 表示[2]。在这种情况下，恢复电路被反馈关闭，锁存状态发生翻转。对于组合电路，SEE 被称为单粒子瞬态(SET)，它可以干扰信号，或者在锁存器采样时被捕获为机器状态。在 SET 期间，当收集节点被驱动到电源轨时，直到驱动器移除了足够的电荷后，二极管中的电场才有利于电荷收集。一些电荷可能被复合，但由于现代硅(Si)衬底中载流子寿命较长，这些电荷可能以类似于二极管扩散电容的方式存在，因此，SET 时间可能被延长。假设 N 型(衬底)收集，PMOS 晶体管可以提供其最大电流 $I_{\text{DSAT(P)}}$，直到足够的沉积电荷已经被去除，这使得 NMOS 漏极二极管电

流小于 $I_{DSAT(P)}$。此时，电路输出节点电平在 V_{SS} 处或附近的瞬态转变回 V_{DD}。产生的 SET 可能导致电路发生错误，尤其是动态电路。尽管实验测量持续时间长达 3 ns，但通常提到的 SET 持续时间约为 1 ns[3,4][5]。SET 持续时间是 LET 和驱动电路的函数。因此，扩大电路尺寸可以限制 SET 持续时间以进行电路加固。

7.1.2.2 多节点电荷收集

在传统工艺中，电荷可能通过单个 N +或 P +扩散区收集。然而，在现代等比例缩小进程中，沉积的电荷通常由多个电路节点收集[6-10]。图 7.3 给出了单粒子轰击下的多个静态随机存储器(SRAM)单元翻转图，SRAM 的结果可为其他电路的加固提供有用的指导，长期以来我们一直使用 SRAM 多单元翻转作为测量多节点电荷收集(MNCC)翻转程度的指标[6]。特别是，使用 SRAM 的结果可以很容易地分析 MNCC。

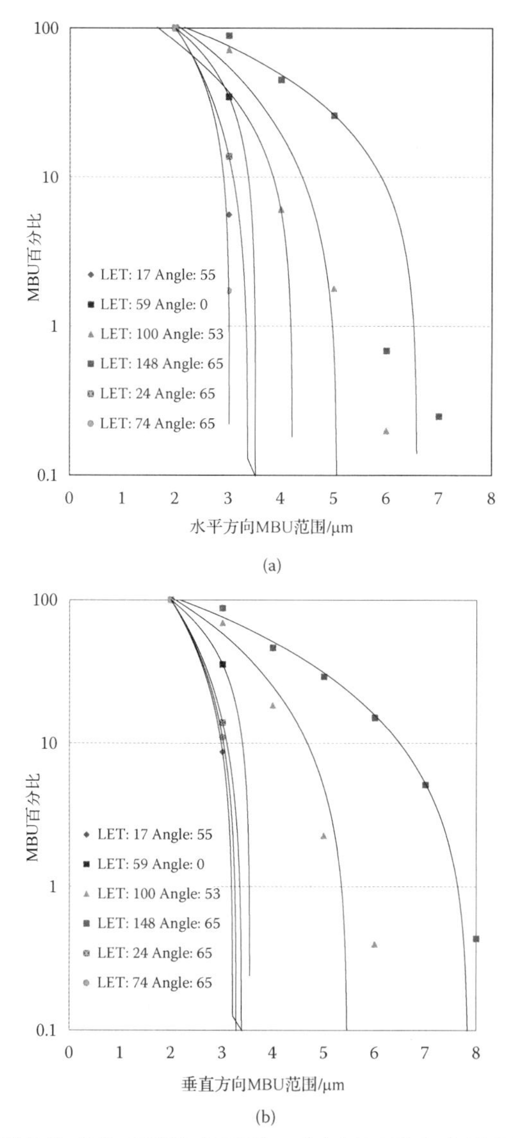

图 7.3 在 90 nm SRAM 中测量的多单元翻转(MCU)。(a)与 N 阱方向平行；(b)与 N 阱方向垂直。无论粒子轰击的角度如何，LET 低于 100 时，多位翻转(MBU)空间分布范围偏离不会超过几微米

将 90 nm SRAM 测试芯片置于德州 A&M 回旋加速器上，用不同的 LET 和不同入射方向的离子进行辐照，可以分析获得图 7.3 所示的结果。FF NMOS 反馈节点晶体管的尺寸非常接近逻辑规则中 SRAM 单元中的尺寸：SRAM NMOS 晶体管尺寸为 $W / L = 190/100$，而触发器中宽长比为 200/100。此外，SRAM 单元高度为 1.64 μm，相当接近 FF 设计的目标 7 轨道库的高度——1.96 μm。最后，在 SRAM 和库中，阱都是水平的。参考图 7.3，由于 MNCC 引起的水平(沿 N 阱)和垂直(跨越 N 阱)同时多位翻转(MBU)的空间分布范围分别如图 7.3(a)和图 7.3(b)所示。

只能承受单节点翻转的闩锁设计，必须使电荷收集扩散距离分开超过 MNCC 范围，以确保加固程度。幸运的是，对于大多数应用，加固至 50 MeV·cm^2/mg 的 LET(航天器通常遇到的最高值)是足够的，因此所需的间距约为几微米。在地面应用中，α 粒子和中子二次离子的 LET 较低，甚至更小的间距就足够了。在 90 nm 工艺中，这大于或约等于两个标准单元高度。在现代亚 45 nm 工艺中，这可能等于几个标准单元高度。

7.1.3　工艺加固

如图 7.4 所示，工艺加固的一个典型例子是在反馈环路中添加一个或多个电阻，抑制锁存器的翻转。RC 时间常数为驱动电路提供了一段时间(t_{Delay})，在反馈回路关闭驱动器之前去除沉积的电荷，以完成翻转[11,12]。例如，在节点 S 处沉积的电荷直到大约 $t_{\text{Delay}} = 0.69\,RC$ 后才影响设置节点。遗憾的是，在 0.35 μm 和 0.25 μm 工艺中，所需的电阻 R 大约为几百 kΩ，由于电容 C 尺寸每代工艺缩小为之前的 7/10，因此电阻 R 的尺寸必须相应地增大，这在小尺寸范围内越来越难以实现。大多数抗辐射工艺使用 SOI 衬底来降低收集的电荷量，从而降低所需的电阻。

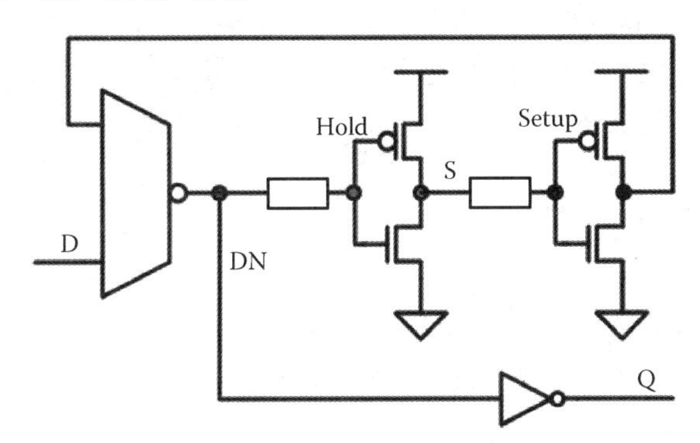

图 7.4　经典的锁存工艺加固。由电阻和驱动电路的电容构成的 RC 时间常数提供移除沉积电荷所需的时间

通过锁存器加固数字电路的一个关键方面是降低时序的影响。图 7.4 显示根据设计要求，建立时间 t_{Setup} 最多增加两倍的 t_{Delay}，相反，保持时间最多减少为 1/2 的 t_{Delay}[在时钟下降沿(锁存器关闭)之前的 t_{Delay} 内，D 输入出错并且被锁存器锁存]。这使得许多加固后的集成电路面对如高时钟偏差等不良设计时表现非常稳定，但与未加固的集成电路相比，它们的速度可能要慢得多。

由于针对特制工艺的制造设备成本太高，使得研究重点转向通过抗辐照加固设计(RHBD)方法来进行辐射加固。RHBD 完全使用传统的工艺，依赖于巧妙的电路设计和版图布局以缓解辐射效应的影响[13,14]。此外，RHBD 技术具有适用于地面电路的优点，在地面电路中，关键部件的加固越来越重要。如上所示，FF 就是由两个串联锁存器组成的，所以我们首先关注锁存器的加固设计。

7.2 锁存器和触发器的软错误电路加固设计技术

7.2.1 电路冗余技术

三模冗余技术是锁存器加固设计中最常见的技术之一，如图 7.5 所示。三模冗余技术的核心是对输出信号进行表决，采用加法器中常见的简单多数表决电路进行逻辑判断，当一个模块输出信号发生翻转时由另外两个锁存器提供正确的输出信号。图 7.5(b)是一个多数表决电路的例子，输出信号为任意两个相同的输入信号值取反。晶体管 MP3 和 MP5，以及 MN3 和 MN5 的版图可以绘制在一起，该方法虽然不能节省版图面积，但可以减小 *C* 端口的输入负载。由于该电路共用时钟和 D 输入，所以在时钟上升沿处，D 输入端的单粒子瞬态信号均会被三个触发器捕获，从而使输出信号发生错误。此外，时钟信号的 SET 也会导致错误信号产生。所以该电路结构抗单粒子翻转(SEU)的能力很差。此外，该电路结构无法实现自我修正，如果不刷新，错误可能会发生累积，大多数门延迟增加到 t_{CLK2Q}，但其他时序是正常的。整个数字模块可以通过类似的方式进行组合，除了功率和面积更大，三模冗余(TMR)设计的主要困难是需要在一个模块出现翻转后重新同步存储状态。

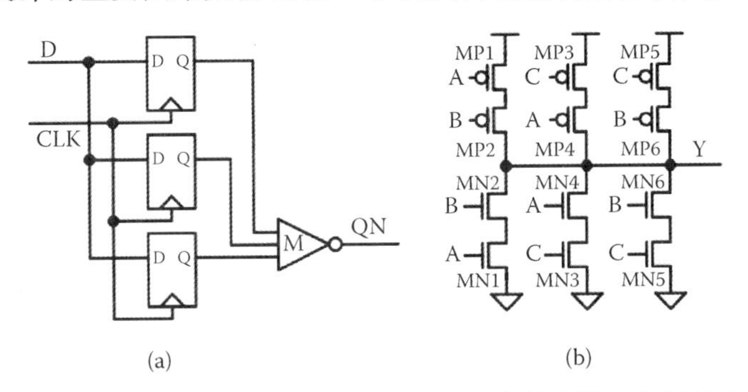

图 7.5 (a)抗 SEU 的三模冗余触发器。在其中一个触发器发生翻转后，多数表决电路 M 对输入信号进行表决以输出正确的信号；(b)多数表决电路图

7.2.1.1 双重冗余技术

内建软错误恢复型触发器(BISER)是三模冗余电路的变体，该结构由两个触发器构成[15](见 7.2.1 节)。BISER 触发器的原型如图 7.6(a)所示，在此基础上也衍生出很多电路变体。该电路由两个双模冗余(DMR)触发器驱动 Muller C-element 构成。图 7.6(b)中的 C-element 可以追溯到大规模集成电路的同步器设计中(参见 Mead and Conway [16])，其中输入 A 和输入 B 必须严格匹配才能使输出变化。由于在发生翻转之后输出处于三态，因此触发器的输出 QN 必须由阻塞锁存器保持(没有使能端，该值被阻塞在反馈路径中，因此必须非常弱)。图 7.6(a)中的阻塞锁存器中具有敏感存储节点，并且会受到输出电荷共享噪声的影响。在触发器的状态翻转之后，锁存器变为临界状态，此时如果受到噪声

影响，错误信号将保持。缓冲输出级的可靠性提升要以稍微增加 t_{CLK2Q} 为代价，如图 7.6(c)所示。与 7.1.4.1 节中的电路一样，该设计只针对单粒子翻转(SEU)进行加固，并且会造成错误信号的积累等问题。

与三模冗余(TMR)方法相比，该方法会减少一个锁存器的面积(1/6)，但由于阻塞锁存器串联，该电路会稍微变慢。时钟负载减少了三分之一，但由于这些电路不能对单粒子瞬态(SET)免疫，因此它们最适用于一些状态不经常变化的逻辑单元，如配置位等。这种应用的关键是配置 SRAM 冗余，由于软错误造成的冗余配置发生变化，可能会导致 SRAM 模块的行或列到状态机出现故障(实际上是未写入的)，这很可能是灾难性的。

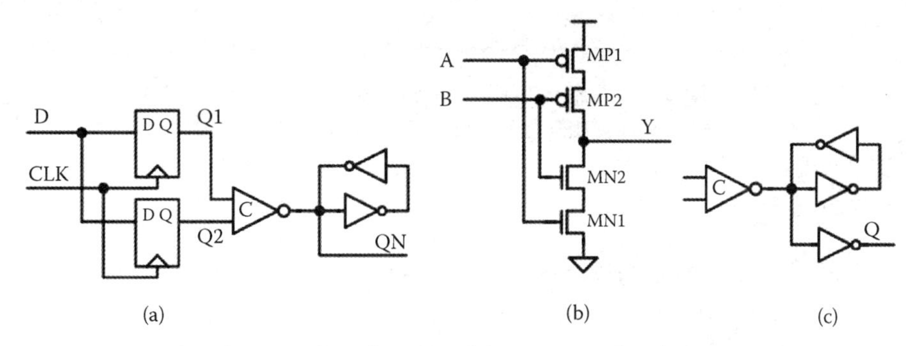

图 7.6　BISER 型触发器，该电路具有两个触发器。(a)若两触发器不匹配，Muller C-element 的输出 QN 为三态；(b)Muller C-element 电路；(c)具有良好抗噪声性能的输出锁存器与一般锁存器晶体管的数量和面积相同

BISER 型触发器无自校正——双模冗余触发器在下一个时钟边沿到来之前将维持错误输出，且可能由于继发事件导致更复杂的错误。文献[17]提出了使该类电路面积更小且能自校正的设计方法。

7.2.1.2　双互锁单元技术

目前最广泛采用的冗余锁存器设计是双互锁单元(DICE)锁存器，如图 7.7 所示[18]。相对于简单冗余设计，它的优点是可以自动纠正翻转节点。如图 7.7(a)所示，DICE 锁存器的基本思想是将两个锁存器通过反相器连接起来，但是，这些增加的反相器必须是双向的，以实现四个互锁的锁存器，如图 7.7(b)所示。通过巧妙地删除 8 个反相器的冗余部分，使得每个节点一旦发生翻转，可以由其他两个节点中的一个恢复。如图 7.7(c)所示，奇数反相器中的 PMOS 晶体管和偶数反相器中的 NMOS 晶体管均保留在电路中。该电路环路具有沿顺时针方向的逻辑 0 驱动和逆时针方向的逻辑 1 驱动，当节点翻转时(例如存储逻辑 1 的 N1 节点被收集的电荷变为逻辑 0)，晶体管 MP11 可将其恢复为逻辑 1。在恢复期间，节点 N4 短暂出现竞争，因为 MN22 和 MP21 同时导通并且由于 MN42 被关断，节点 N2 处于三态，但是逻辑翻转不会沿反馈环路传播，因为现在反馈环路是四个反相器而非通常的两个反相器。要写入 DICE 锁存器，至少有两个节点被驱动到所需的电压。尽管 DICE 锁存器能抗单粒子翻转(SEU)而不能抗单粒子瞬态(SET)，其仍然有广泛的应用，其时序也与传统的锁存器类似。

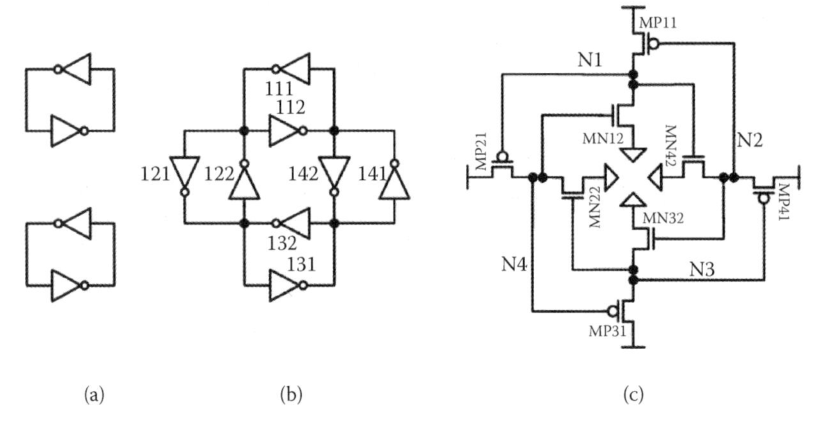

图 7.7 DICE 锁存器。(a)双冗余锁存器；(b)连接锁存器使每个锁存器相互修复；(c)去除冗余晶体管的 DICE 电路

7.2.2 时间冗余技术

无论是数据还是异步控制的逻辑输入信号，锁存器都可以对单粒子翻转(SEU)加固，但无法对单粒子瞬态(SET)加固。SET 对数字设计牢固性的影响随时钟频率线性增加[19]，在现代高性能设计中变得越来越重要。因此，在研究锁存器抗 SEU 加固的基础上，还需要对其抗 SET 方法进行研究。

Mavis 和 Eaton 采用了时间冗余的思想进行电路加固设计，如图 7.8 所示[20]。在该设计中，延迟单元将反馈信号变为零个、一个和两个延迟间隔。在反馈(Hold)模式中，时钟 CLK 为低电平，由 Hold，S1，S2 和 S3 和 Setup 节点形成环路。如果 Hold 节点翻转，则在一个反相器延迟后 S1 立即发生翻转，具有输入到输出延迟 t_δ 的延迟元件为多数门提供了移除电荷的时间。在整个瞬态过程中，节点 S2 和 S3 具有正确的值所以 Hold 节点被恢复为正确值。对 S1，S2，S3 或 Setup 节点的翻转加固机制与此类似。当 SET 出现在 CLK 中时，如果 D 与 S1 上的值不同，则 Hold 信号会出现毛刺，若毛刺持续时间小于 t_δ，该毛刺会被以上机制滤除掉。代价是建立时间有所延长：

$$t_{\text{Setup}} = t_{\text{Setup0}} + t_\delta \tag{7.2}$$

其中，t_{Setup0} 是标准 D 型锁存器的建立时间。延迟单元将会使功耗增加，设计低功耗和小尺寸但高延迟的延迟单元是很困难的，详见 7.2.4 节。

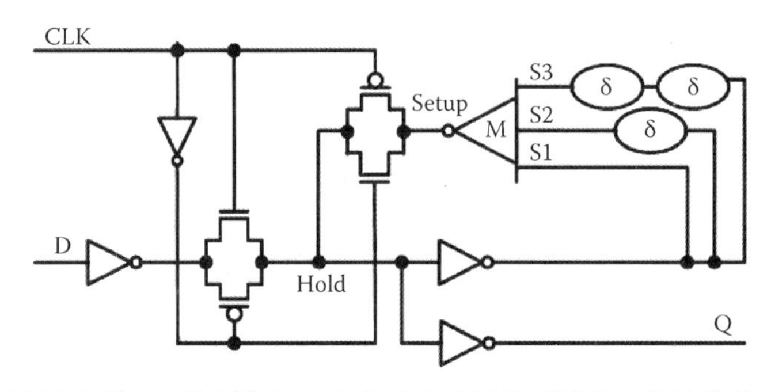

图 7.8 时间冗余锁存器。三模冗余(TMR)的反馈时间是不同的，翻转信号在节点 S1 到 S3 中连续地传播，Setup 节点不会出现扰动。该结构是同时抗 SEU 和 SET 的电路结构

7.2.3　综合加固策略

本章已经回顾了基本锁存器和触发器的加固方法。大多数设计采用了这些方法的变体或组合形式，对所有方法的有效性进行评估是没有意义的，本章只针对典型的综合加固策略进行讨论。

7.2.3.1　延迟滤波 DICE 锁存器

DICE 触发器的时钟节点和预置位/复位节点容易发生翻转，延迟滤波 DICE 结构(DF-DICE)采用对输入信号进行滤波的方法解决了 DICE 锁存器只能对单粒子翻转(SEU)进行加固的问题。DF-DICE 锁存器电路如图 7.9 所示[21]，标准触发器与图 7.9 的 DICE 触发器的晶体管数量相差很大，未加固的触发器由 20 个晶体管组成。如果每个延迟滤波器单元由四个反相器产生延迟，则 DF-DICE 触发器的晶体管数量大约是未加固触发器的三倍(这是对文献[21]中电路面积的保守估计)。该电路由两个延迟滤波器(DF)组成，每个输入端各有一个。在时钟树或复位树的末级，Set 和 Reset 节点通过延迟滤波单元进行加固。但是，单粒子瞬态(SET)加固并未完全进行。如果 SET 在灵敏窗口出现，则 DF 电路输出端的 SET 将传播并引起翻转。根据所需的加固水平，这可能足够也可能不足——这些节点具有与存储节点类似的翻转截面。DF 驱动多个触发器会导致更高的错误率，当 DF 驱动单个触发器时，触发器不发生翻转的概率为 50%，对于 N 个触发器，无翻转概率减少到 $1/2^N$。因此，该方法比基于时间冗余锁存器的加固效果差。

由于 DF 电路延迟时钟信号和 D 输入信号使 t_{CLK2Q} 增加，因此，内部时钟与引脚处信号存在 t_δ 的延迟，输出信号 Q 延迟并且建立时间不受影响(即必须超过时钟沿)。Mavis 指出，触发器的死区时间($t_{Setup}+t_{CLK2Q}$)增加了 t_δ，对于所有时序逻辑器件的输入，这个较大死区时间对所有 SET 加固来说都是一致的。

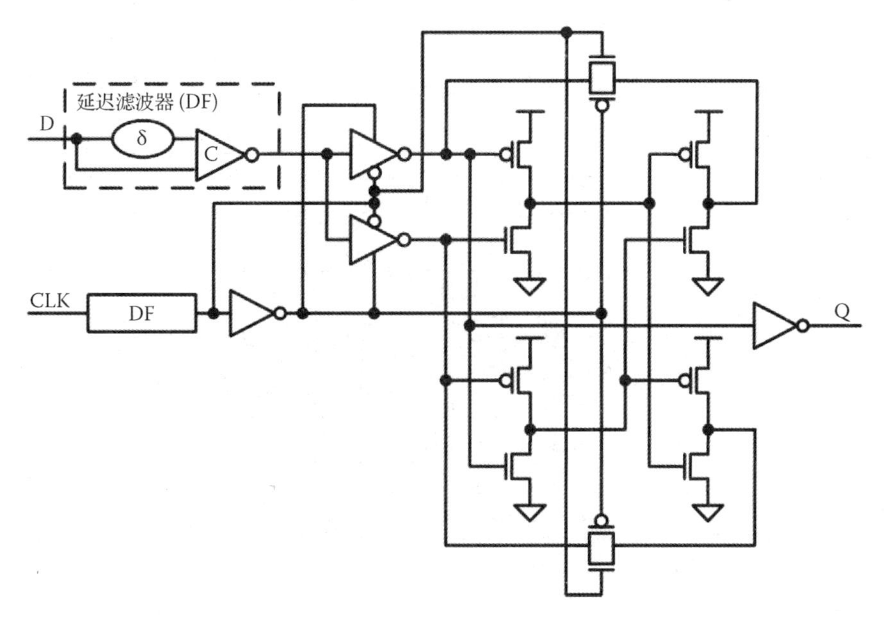

图 7.9　DF-DICE 锁存器。先进工艺通常要求中断反馈至写入的通道，该方法会大大增加晶体管数量和尺寸

7.2.3.2 时间冗余 DICE 触发器

DICE 结构可以加固 SEU 但不能加固 SET，而时间冗余锁存器可以对 SEU 和 SET 完全加固。该结构需要 6 个单位延迟单元，其中每个延迟稍长于要加固的最坏情况下 SET 的持续时间。如 7.2.4.1 节所述，采用延迟单元将在面积和功耗两个方面付出巨大的代价。和 DF-DICE 方法类似，因为时钟具有相对较高的活动因子，所以功耗急剧增加的问题非常突出。图 7.10 是一种采用时间冗余作为主级，DICE 作为从级得到的时间冗余 DICE(temporal-DICE)加固设计方法，该结构可以对输入端 D 的 SET 进行加固，但无法加固低频时钟 CLK 的 SET[21]。如图所示，时钟为高时，SET 可能会使得 DICE 从锁存器翻转；然而，当时钟为低电平时，一个 SET 将其触发为高电平，将在最坏情况下传播故障，其效果与任意下游逻辑中的 SET 相同。

该触发器中的 DICE 单元与图 7.9 有很大不同，在电路非常复杂时，DF-DICE 完全中断了对两个必需的锁存节点进行写入反馈。这种设计将值写入，要求 PMOS 晶体管克服锁存器反馈器件的驱动。然而，这并没有节省晶体管数量，因为通过反馈写入零是困难的，并且还要保证所有 4 个 DICE 节点都必须写入。DF-DICE 锁存器在图 7.7(c)的基本 DICE 设计基础上增加了 12 个晶体管，实现写入功能(两个三态反相器和两个 CMOS 传输门)。DF-DICE 设计中使用的方法可能是更好的——在先进工艺中，控制写入的反馈稳定性更好，注意该单元不是缓冲输入而是下降沿触发的。

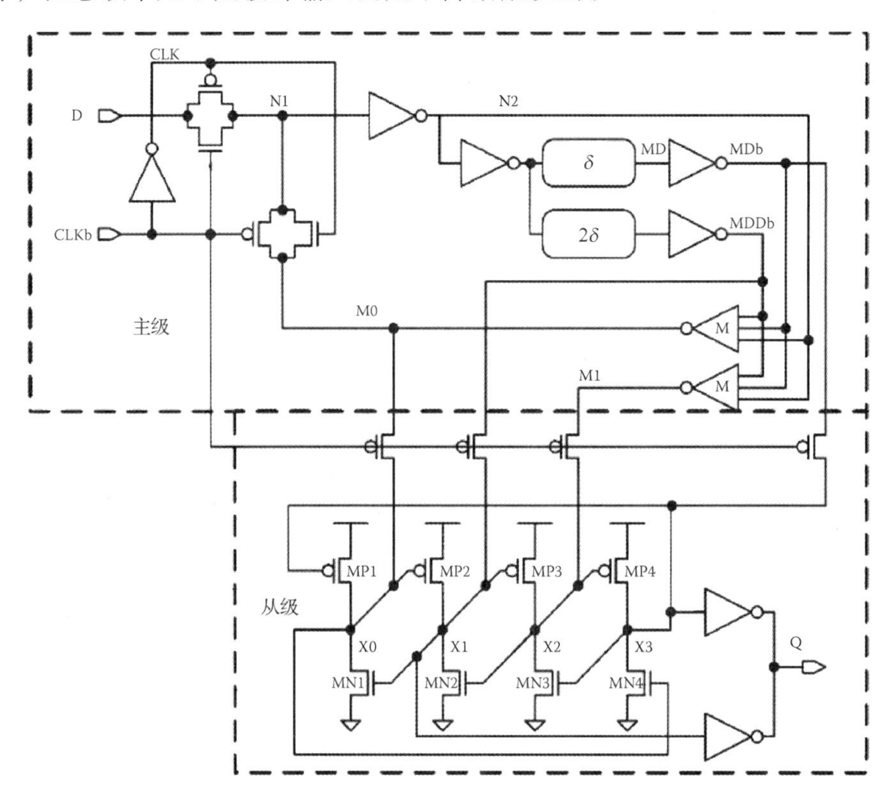

图 7.10　时间冗余 DICE 触发器(引用自 J. Knudsen and L. Clark, *IEEE Trans. Nucl. Sci.*, Vol. 53, No. 6, pp. 3392-3399, Dec. 2006)

7.2.3.3　双稳态交叉耦合型双模冗余触发器

双稳态交叉耦合 DMR(BCDMR)触发器是一种改进的 BISER，如图 7.11 所示[22]。这种电路结构以几乎相反的方式展现了 DICE 方法的优越性。DICE 去除了额外的晶体管，存在冗余但代价最小，而 BCDMR 触发器含有 6 个锁存器、4 个 C-element 和 1 个延迟电路。此外，设计人员在设计的一个具体实例中采用了非标准锁存器。参考图 7.11，可能是因为 PMOS 传输门难以克服反相 NMOS 晶体管的反馈，所以在主锁存器中使用 NMOS 和 PMOS，上拉和下拉晶体管的组合。从锁存器使用传统 NMOS 下拉——这里 NMOS 拉动 PMOS 以将逻辑 0 写入拉低的一侧。该锁存器比传统锁存器使用了更多的晶体管[与图 7.1(b)相比]，但省略了时钟反相器电路。

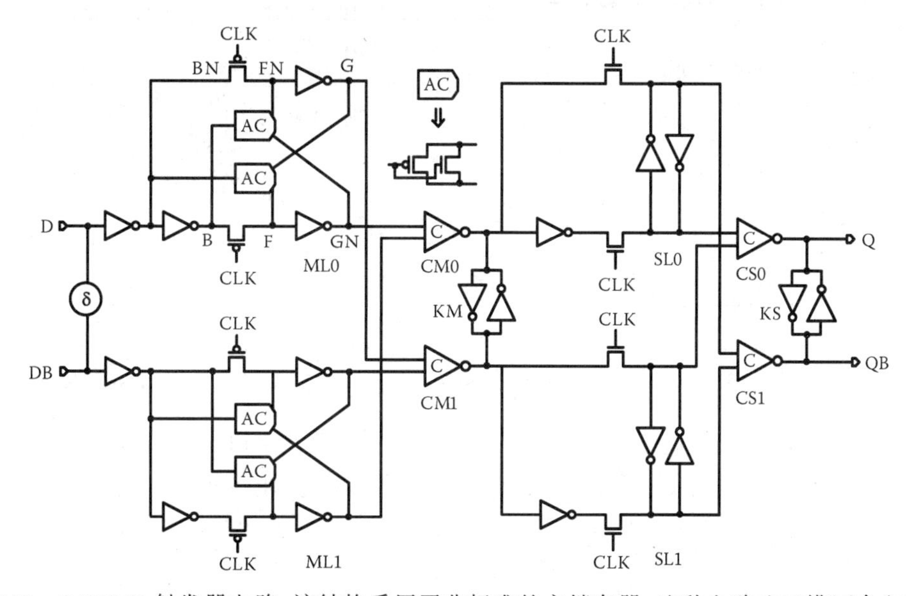

图 7.11　BCDMR 触发器电路。该结构采用了非标准的主锁存器，这种电路比三模冗余(TMR)的触发器面积更大(引用自 R. Yamamoto，C. Hamenaka，J. Furuta，K. Kobayashi，and H. Onodera，*IEEE Trans. Nucl. Sci.*，Vol. 58，No. 6，pp. 3053-3059，Dec. 2011)

该电路沿用了 DF-DICE 方法，采用延迟元件实现对输入信号 D 的单粒子瞬态(SET)加固。冗余主从锁存器具有相反的极性，这是电路工作的关键，因为驱动第三级主从锁存器(分别为 KM 和 KS)的 C-element 必须驱动相反的极性，如果主锁存器 ML0 和 ML1 其中的一个捕获正确的值而另一个没有，则该值不传递，并且由 C-element 驱动的第三级主锁存器保存正确的值。当锁存器 ML0 和 ML1 透明时，它们的状态被转移到第三级(KM)锁存器。如果它们的值不匹配，则 C-element 为三态。但是，KM 中包含正确的值，它驱动从锁存器。与时间冗余 DICE 结构类似，正时钟 SET 将把主级状态错误地捕获到从级。

这种复杂设计的重大风险是节点大量增加，这些节点在抗辐照加固设计(RHBD)中也可能收集电荷并导致翻转。该结构还会使分析复杂化，特别是多节点电荷收集(MNCC)诱导翻转的敏感性分析。与 BISER 一样，此设计应对阻塞锁存器进行输出缓冲，因为 C-element 都有着相同的输入，会同时使阻塞锁存器输出处于三态。这个触发器的 t_{Setup} 是最差的，因为它不仅增加了一个延迟元件，而且需要通过两个锁存器串联进行传播延迟，t_{CLK2Q} 也受到串联锁存器的影响。

7.2.3.4 锁存器反馈环路中的滤波单元

图 7.12 为一种与时间冗余锁存器类似的触发器，该触发器在反馈环路中增加了延迟元件[23]。图 7.12 中的触发器具有针对所有单粒子翻转(SEU)和单粒子瞬态(SET)的加固手段，并将触发器延迟元件数量从 6 个减少到 4 个。由于采用了时间冗余锁存器，触发器的面积和功耗大大改善。该结构(包括之前的设计[23,24])采用了全版图交错布局，通过交织多个触发器电路，对多节点电荷收集(MNCC)引起的错误进行加固。重离子测试结果证明了四个触发器版图交错的效率。现代综合和自动布局布线工具(APR)可以实现多位触发器单元，这在非加固设计中也很常见。

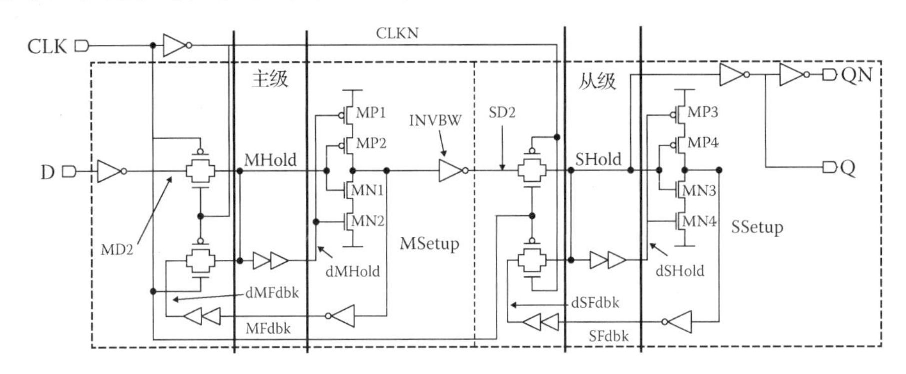

图 7.12 具有四个延迟元件的时间冗余触发器，可加固所有 SEU 和 SET(引用自 B. Matush，T. Mozdzen，L. Clark，and J. Knudsen，*IEEE Trans. Nucl. Sci.*，Vol. 57,No. 6，pp. 3180-3184，Dec. 2009)

图 7.12 所示的电路通过在 Setup 和 Hold 节点之间添加若干 DF 来实现。首先，前馈 DF 似乎足够了——如果从每个锁存器中忽略反馈 DF，则只有一个节点容易翻转。如图 7.12 所示，如果前馈 C-element 节点 MSetup 的输出翻转，则没有反馈延迟，该值沿反馈环路传播并使得 C-element 失效，使其输出处于三态。此时，没有电路从 C-element 输出 MSetup 移除电荷，会发生超过前馈延迟元件持续时间的 SET。遇到这种情况时，锁存器会翻转。在该设计中，会出现由从级到主级反向写入的故障，这需要在主级和从级之间添加一个反相器来解决，在图 7.12 中标记为 INVBW。在 MHold 节点处收集的电荷使后一级 C-element CM1 处于三态，如果此时时钟变为高电平，则从锁存器会写入主反馈环路而不是写入从锁存器，通过反馈延迟滤波器传播从级的值，从而写入从级锁存器。反相器 INVBW 消除了这种可能性。

我们回顾了触发器加固设计的一些形式，并仅使用两个延迟单元对该设计进行了优化。图 7.13 所示的这种设计与图 7.12 中的设计非常相似，区别在于用单个 C-element 代替反馈延迟元件[25]。C-element 通过两个最小多晶间距实现，而延迟单元需要至少 4 个，为实现大延迟，更有可能采用 12 个最小多晶间距。反馈路径需要一个额外的反相器，可产生四次反转和在一次延迟之后产生两次反转。这种设计似乎是迄今为止最小、最低功耗的时间冗余抗辐照加固设计(RHBD)触发器。通过适当的版图布局和电路设计，它可以对 SEU 和 SET 完全加固。在 90 nm 低功耗(LP)工艺中，从主从锁存器中去除第二个延迟元件，可在全时钟活动条件下将每个周期的触发器功耗降低 27%，版图面积减少 19.5%。t_{Setup} 和触发器死区时间与其他时间设计类似。

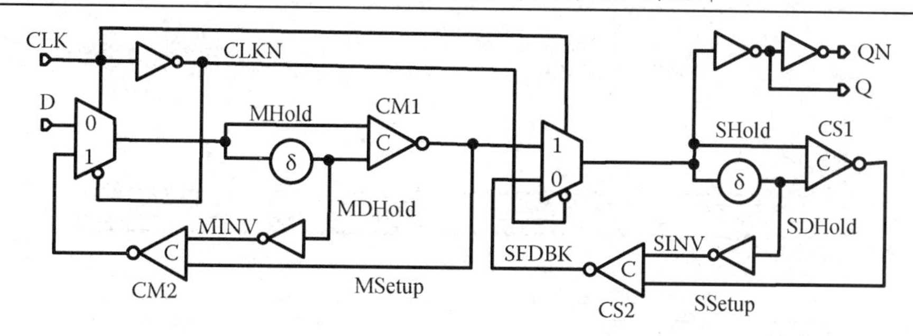

图 7.13 使用两个延迟单元加固所有 SEU 和 SET 的时间冗余触发器
(引用自 L. Clark and S. Shambhulingaiah, *Proc. ISVLSI*, July 2014)

7.2.3.5 版图与电路的协同设计

对未加固的商业单元库来说，版图密度是关键因素。在单元高度可以小到七层金属间距的更小节点和高密度库中，使用单金属层布局触发器和锁存器变得越来越困难。从冗余锁存器可以看出，加固设计通常会牺牲电路密度，并显著增加版图面积。然而并不总是能直接估计其影响，而且标准的提高密度的方法会对实际加固产生负面影响。

我们在 90 nm 低功耗(LP)工艺中实现了图 7.13 中的设计，其中的单元与七轨单元库兼容。该单元的高度要求晶体管非常窄。传统上，如图 7.14(a)所示，触发器电路节点通过在版图中最大化相邻扩散来提供最小的区域，由此产生的密集电路实现了触发器主锁存器功能。传统上，D 输入应该控制堆叠上最外层的器件，但是会造成布局较为稀疏。C-element、多路复用器和三态反相器具有连续的扩散。遗憾的是，反馈到节点 MHold 的三层 NMOS 和 PMOS 堆叠提供的驱动电流相当差，使得 MHold 容易翻转。图 7.14(b)显示时钟高电平数据输入为逻辑 0 时，MHold 节点上出现了持续 300 ps 的低单粒子瞬态(SET)。在 t_1 时刻，MHold 节点开始恢复到其原始逻辑状态(逻辑 1)，但是，由于三个堆叠晶体管提供的电流驱动较差，恢复时间过长(见图 7.14 中的虚线)，在 t_2 时刻，MHold 节点上的逻辑状态(逻辑 0)在通过延迟单元之后完全传播到 MDHold 节点。此时，MHold 节点电压仍然低于 C-element 的开关阈值。由于两个 C-element 输入均为逻辑 0，因此其输出(MSetup)切换到逻辑 1 状态，正反馈将节点 MHold 驱动到逻辑 0，保持错误的状态。

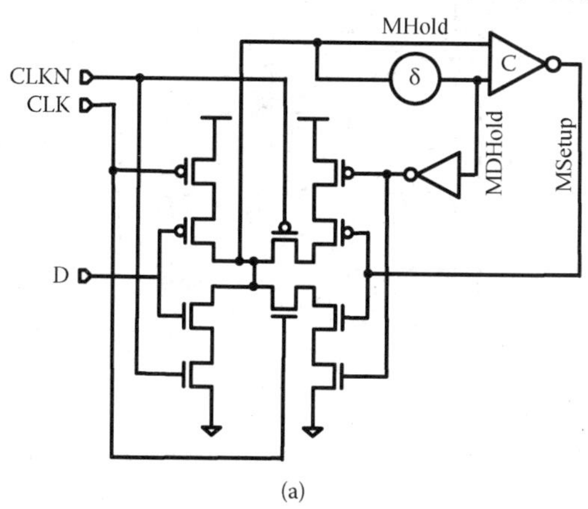

图 7.14 (a)初始最密集的锁存器设计具有三个晶体管深 PMOS 堆叠；
(b)其在反馈环路出现 SET 的情况下不能提供及时恢复

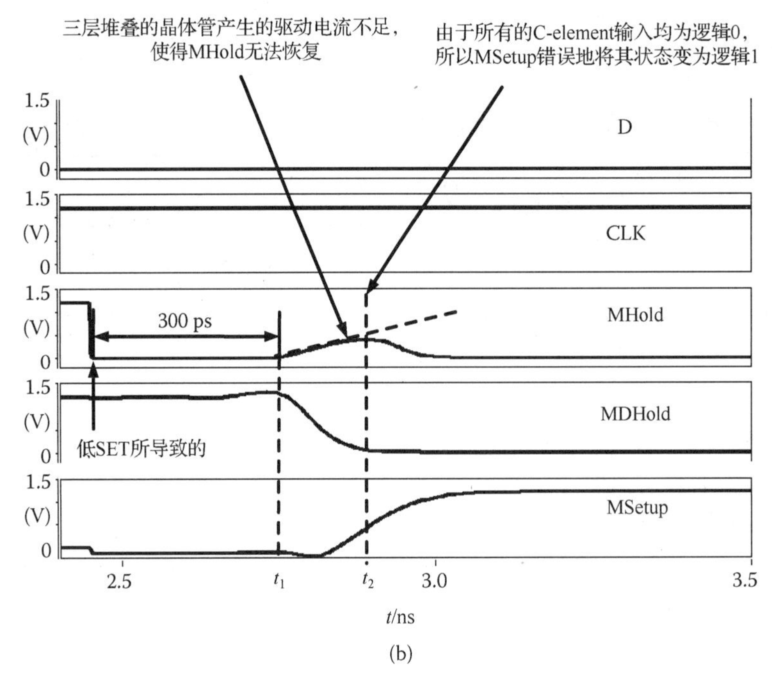

(b)

图 7.14 (a)初始最密集的锁存器设计具有三个晶体管深 PMOS 堆叠；(b)其在反馈环路出现 SET 的情况下不能提供及时恢复(续)

具有相同功能但堆叠深度减小的修正电路如图 7.15(a)所示。通过在每个 C 元件之后添加反相器来移除三个晶体管深度的堆叠，导致堆叠深度最多为两个。反馈回路现在具有四个反转，但是在所有受时间保护的设计中，由前馈延迟元件主导的总建立时间是相似的。图 7.15(b)显示了 MHold 节点在相同的仿真条件下可以正确恢复。随着转换速率提高，MHold 节点电压足以使 C 元件的输入处于相反的逻辑状态，从而导致 MSetup 节点保持在逻辑 0 状态。

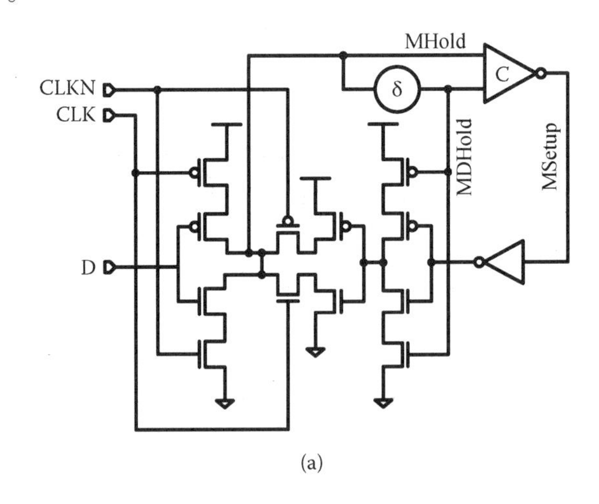

(a)

图 7.15 (a)通过将堆叠深度减少为两个晶体管来改善加固程度；(b)得到的电路增加了多轨道，但对反馈环路的翻转有更好的响应

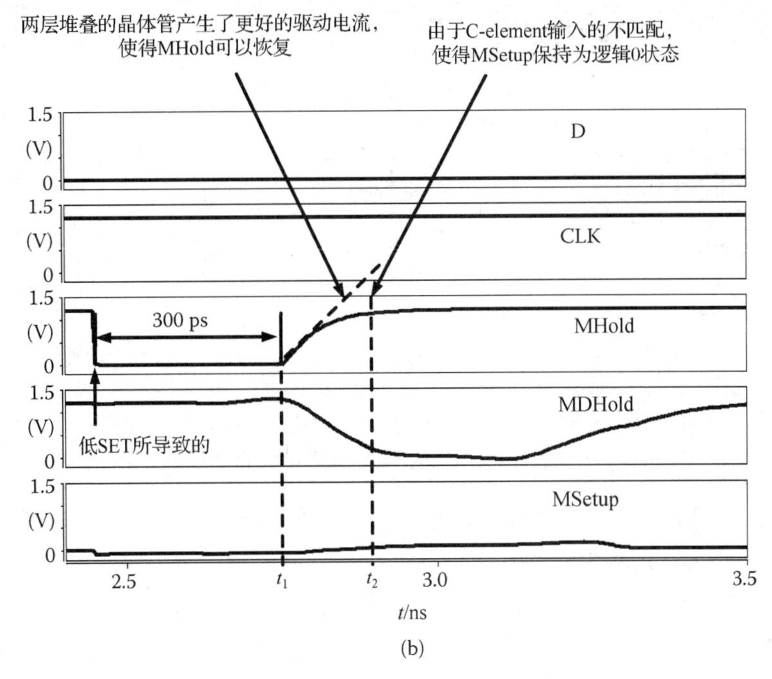

(b)

图 7.15　(a)通过将堆叠深度减少为两个晶体管来改善加固程度；(b)得到的电路增加了多轨道，但对反馈环路的翻转有更好的响应(续)

7.2.4　延迟单元电路

延迟单元是一种 SET 加固的时间冗余方法，理想的延迟电路具有最小的版图面积和功耗，但延迟很大，工艺尺寸缩小导致每一工艺代的延迟和线度都减少约 0.7 倍。这使得数字电路的电容同样减少约 0.7 倍，从而减小了功耗与延迟。直到最近的研究表明，延迟减少能使性能显著改善，但是产生较大的延迟变得越来越困难。

7.2.4.1　反相器型延迟单元

在加固工艺中，用于加固锁存器的电阻面积很小并且不收集电荷。然而，抗辐照加固设计(RHBD)中的延迟电路由 CMOS 晶体管组成，面积很大，并且每个扩散节点都可以收集电荷，将会提高电路的软错误率。由串联反相器组成的标准延迟电路如图 7.16(a)所示。CMOS 门或反相器延迟可以由下式近似得到：

$$\tau = \frac{CV}{2I_{\mathrm{EFF}}} \tag{7.3}$$

其中 τ 是门延迟，C 是总节点电容，I_{EFF} 是晶体管的有效驱动电流。因为我们的目标是增加延迟单元的延迟时间，面积较大的电容会线性地增加延迟。然而，功耗仅是电路电容的函数，因此增加 C 可以明显对功耗效率进行折中。另外，较长的沟道会降低 I_{EFF} 并增加每一级的电容。在亚 45 nm(和一些 45 nm)工艺中，跨芯片线宽(栅长)的变化使得恒定的栅极间距和长度最小化，因此不再需要使用更长的沟道。在这种情况下，在面积方面付出代价，叠层栅[图 7.16(b)]将降低驱动电流。由于通常需要不止一个反相器来实现所需的延迟，所以含叠层栅或长沟道栅通常也会增加反相器的电容负载。

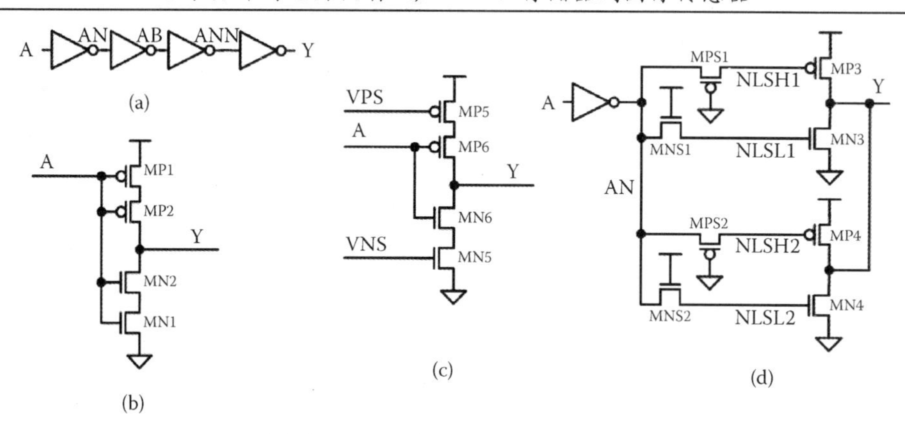

图 7.16 延迟单元电路。(a)串联反相器；(b)串联晶体管；(c)电流受限制反相器；(d)冗余低摆幅延迟单元

延迟单元中使用的实际沟道长度或堆叠深度存在限制。由于 I_{EFF} 也可以驱动电路移除收集的电荷，因此它还控制当延迟节点由于电离辐射而收集电荷时，向前传播的单粒子瞬态(SET)的持续时间。图 7.17 显示了改变驱动晶体管 W/L 产生的相对 SET 持续时间。显然，t_{SET} 随着 I_{EFF} 减少而增加。因此，为了避免成为限制因素(即产生最坏情况 t_{SET} 的电路)，延迟单元中由式(7.3)得到的 τ 不应大于设计中使用的最低驱动门的 τ。最低驱动库逻辑单元通常是四输入 NAND(NAND4)和三输入 NOR(NOR3)门，但由于保持缓冲器中使用的长沟道，电路情况可能更糟。

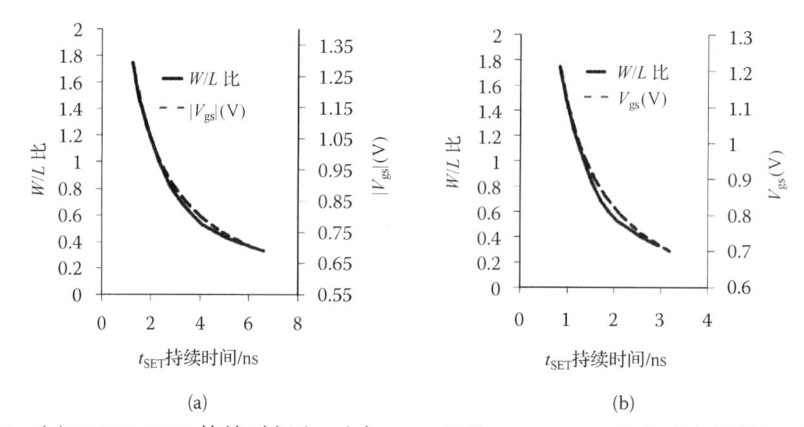

图 7.17 (a)PMOS SET 持续时间(t_{SET})与 W/L 以及 130 nm 工艺中减少的栅极过驱动电压；(b)NMOS SET 持续时间(t_{SET})与 W/L 以及 130 nm 工艺中减少的栅极过驱动电压(引用自 S. Shambhulingaiah et al., *Proc. RADECS*, pp. 144-149, 2011)

7.2.4.2 电流受限型延迟单元

文献[5]和[26]使用了电流受限型延迟单元[图 7.16(c)]。其优点是在版图面积最小时具有低驱动电流，但需要两个模拟控制电压限制电流，通过降低栅极过驱动电压 $V_{GS}-V_T$，从而产生较长的延迟。当长延迟偏置节点(VPS 和 VNS)电压幅度降低到接近 V_T 时，意味着少量噪声会显著影响延迟。因为担心模拟电压需要靠屏蔽才能保证可靠性，我们已经放弃了这种方法，而且这种情况使得自动布局布线(APR)变得非常复杂。此外，当使用电流饥饿型延迟单元时，测得最长的体硅 CMOS SET 持续时间超过 3 ns[5]。

7.2.4.3　低栅压冗余型延迟单元

图 7.16(d)是一种通过减少堆叠晶体管上的栅极过驱动电压产生长延迟的方法[27]，该方法的目标是产生长延迟而不会出现最差(即限制)的 t_{SET}。该电路是冗余设计，因此我们首先关注由节点 AN，NLSH1 和 NLSL1 组成的顶层电路。晶体管 MPS1 在 NLSH1 节点处产生 V_{DD} 至 V_{TP} 的低摆幅。类似地，晶体管 MNS1 在节点 NLSL1 上产生 0 V 至 $V_{DD}-V_{TN}$ 的有限电压摆幅。这些减少的摆动节点驱动 PMOS 和 NMOS 晶体管 MP3 和 MN3，分别提供减小的栅极过驱动电压 $V_{GS}-V_T$，其负责提供低的驱动电流受限功能，而无须提供模拟电压的路径。节点 NLSH1 只有 P 型扩散，因此只能通过该节点的电荷收集来驱动高电平，从而切断晶体管 MP3，但是冗余的 MP4 晶体管会驱动输出节点 Y。类似地，冗余晶体管 MN3 和 MN4 保护节点 NLSL1 和 NLSL2 免于 SET 干扰，并且由于这些节点是 N 型扩散，它们只能收集电子并驱动至低电平，从而关断其中一个 NMOS 器件。通过在空间上分离低摆幅节点，最坏情况是标准延迟的两倍。与相同延迟的串联反相器相比，该电路的功耗降低约 25%，但是面积减少的幅度不大。

7.2.5　分类和比较

本节将总结设计的相对面积、时序和软错误恢复能力，将延迟单元乐观预估为 6 个反相器的面积。当使用 CMOS 门延迟大于 400 ps 时，90 nm 至 32 nm 的测试版图需要多达 12 个通道。表 7.1 比较了几种不同的设计。

t_{Setup} 和 t_{CLK2Q} 遵循计数反转，这种分析避免了尺寸的差异，并着重于拓扑结构的相对优点。通过 CMOS 传输门的传输时间为反相器延迟的一半。DICE 触发器使用带时钟反馈的设计，这是现代设计中最常用的。如前所述，BISER 和 BCDMR 电路采用缓冲输出，这使得锁存器节点的引脚不可靠。由于不需要时钟反向来开启从锁存器，BCDMR 的 t_{CLK2Q} 得到改善，时间 DICE 设计同样被改善。

表 7.1　未加固的触发器(FF)与加固触发器设计的比较

触发器类型	参考文献	Basis			t_{Setup}	t_{CLK2Q}	相对稳固性		晶体管数量
		DICE	Temporal	Simple			SET	SEU	
未被加固的					2	2.5	0	0	20
DICE	[28]	X			2	3	0	1	48
Temporal	[25]		X		9.5	2.5	1	1	112
TMR FF				X	2	3	0	1	70
BISER	[29]			X	2	4	0	1	50
BCMDR	[30]		X	X	11	3.5	0.9	1	82
DF-DICE	[28]	X	X		2	9	0.9	1	72
Temp-DICE	[22]	X	X		10.5	2	0.8	1	68
4-DF FF	[27]		X		8	2.5	1	1	76
2-DF FF	[9]		X		8	2.5	1	1	64

对于无法缓解单粒子瞬态(SET)效应的设计，加固程度被认为是 0，如果能加固到设计所需的 t_{SET}，则加固程度被认为是 1。如表中所示，所有评估的设计都进行具有适当关键节点间距的单粒子瞬态(SEU)加固。许多设计尤其是先进工艺上的 DICE 已被证明是错误的[31,32]，因其没有缜密的版图布局来加固多节点电荷收集效应(MNCC)。DICE FF 在标准触发器上的晶体管数量增加最少，与 BISER 大致相同，BISER 也只是进行 SEU 加

固。基于时间冗余锁存器的触发器具有最多的晶体管数目但加固程度很高。保持晶体管数量很少又要达到相同的加固程度是很困难的。BCMDR，DF-DICE 和 Temp-DICE 只针对某些并不是所有时钟的 SET。基于四延迟元件和双延迟元件滤波器的触发器的 t_{Setup} 和死区时间会有所增加，但与基于时间锁存器的触发器相比，它能实现对于所有 SEU 和 SET 相同的加固程度，同时可以节省相当多的晶体管。

7.3 电路级加固分析技术

单元设计在电路设计和仿真级是最有效的。在设计之初，我们还没有选择电路，更不用说具体的布局，所以此时器件级的仿真需要未确定的布图信息。在本节中，我们描述了基于电路仿真的基本翻转建模，并精确验证了锁存器和触发器加固的过程。该分析扩展到了多节点电荷收集(MNCC)效应分析，并系统地确定了 MNCC 故障场景来进行加固，同时自动确定所需的临界节点间距。

7.3.1 电路仿真建模

7.3.1.1 单粒子翻转建模

为了模拟翻转，需要某种电路级扰动模型，SOI 集成电路的双极收集模型已被证明是有效的[28]。对于确定电路对所收集电荷的响应，最常用的方法是用双指数电流源对电荷进行建模。通常情况下，在基于 SPICE 的电路模拟器中，这个操作都是比较简单并直接支持的。对于图 7.18 中一个电流源的响应来说，响应是不符合物理实际的，振幅大大超过电源线，可能是惊人的负 3 V，这取决于当前电流源所选择的参数。它是不符合物理的，因为当电压大大超过供电线路时，电荷收集二极管变成正向偏置，倾向于注入衬底而不是从衬底中收集。此外，驱动电路的改变不一定会以物理方式影响响应，特别是因为驱动晶体管的漏极电压可能有很大的误差。翻转的持续时间完全是模型的一个函数，对驱动电路的影响有限。

具有物理响应的 SPICE 子电路模型如图 7.19(a)所示。在这里，收集的总电荷存储于电容 C_{REF} 中，电流作为一个反曲函数(威布尔)被驱动到节点中

$$I_{\text{COLLECT}} = G\frac{\text{PK}}{\text{PL}}\left\{\frac{V_{\text{CREF}}V_{\text{COLLECT}}}{\text{PL}}\right\}^{PK} \mathrm{e}^{-(V_{\text{CREF}}V_{\text{COLLECT}}/\text{PL})^{\text{PK}-1}} \tag{7.4}$$

对于 N^+节点集合，

$$I_{\text{COLLECT}} = G\frac{\text{PK}}{\text{PL}}\left\{\frac{V_{\text{CREF}}(V_{\text{DD}}-V_{\text{COLLECT}})}{\text{PL}}\right\}^{PK} \mathrm{e}^{-\{V_{\text{CREF}}(V_{\text{DD}}-V_{\text{COLLECT}})/\text{PL}\}^{\text{PK}-1}} \tag{7.5}$$

对于使用 SPICE 电压控制电流源(G 元素)的 P^+节点集合，G，PK 和 PL 是增益和形状参数，主要控制幅度和轨迹边缘的收集。良好的仿真稳定性需要反曲电流波形提供连续的导数。当电压接近 V_{SS} 或 V_{DD} 电源线时，电流趋于零；$V_{\text{DD}}-V_{\text{COLLECT}}$ 项检查与连线的紧密程度，并在收集节点电压接近连线时降低电流。一个消极的假设是，所有基于目标扩散节点下的轨迹长度和 LET 注入的电荷都被收集，并且可以用来确定电容器 C_{REF} 上的初始电荷 Q_{COLLECT}。因此，可以适当调整 Q_{COLLECT} 的大小，作为 C_{REF} 的初始条件(对于 1 V 初始条件，C 和 Q 相等)。

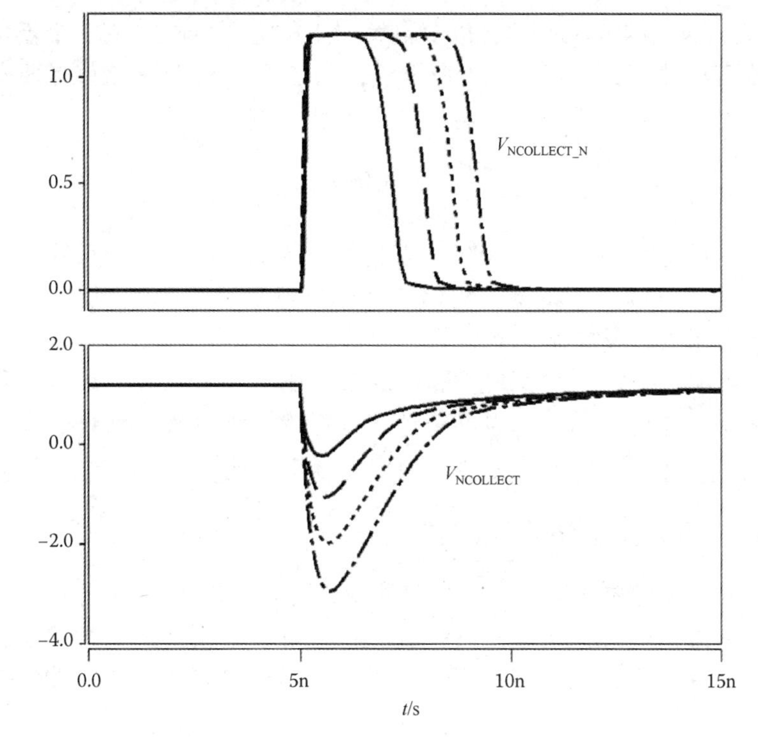

图 7.18 采集节点 NCOLLECT 电压响应与一次翻转后节点电压响应(节点 NCOLLECT_N)。前者是不符合物理的，根据参数的选择产生的电压远远超过电源线

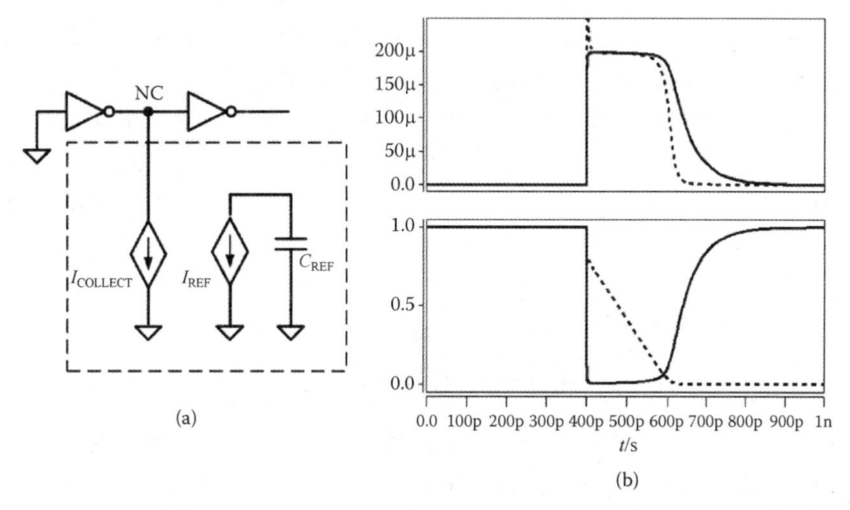

图 7.19 向采集节点 NC 注入总电荷的物理模型。用这个电荷收集模型，单粒子瞬态(SET)的持续时间 t_{SET} 取决于驱动电流以及存储的电荷。Y 轴单位分别是 A 和 V。(a)显示相关电流源的电流模型；(b)I_{COLLECT}响应的驱动(虚线)和 PMOS 晶体管漏极(实线)在顶部瞬态的总节点电流，底部显示 SET 电压(实线)和 C_{REF} 的电压(虚线)

电流相关的电流源在注入收集节点时从 C_{REF} 中移除电荷，如式(7.4)和式(7.5)所示，充完电则注入停止。仿真电路响应如图 7.19(b)所示，顶部虚线波形为采集电流，实线为总电流。后者随着驱动晶体管 RC 时间常数和负载电容的增大而延长(当收集停止时，晶体管将节点驱动到初始线，但移除存储在节点上的电荷会产生标准的 RC 响应)，底部电

压波形为采集节点 NC 的电压(实线)以及电容器上的电压(虚线)。这个模型总能提供一个物理结果，改变负载电路，正确地调整 t_{SET}。SET 的持续时间恰好是驱动电路消除电荷能力的函数[33]，此时可以近似认为 I_{EFF} 用于驱动电路。

$$t_{SET} \propto \frac{Q_{COLLECT}}{I_{EFF}} \tag{7.6}$$

驱动晶体管饱和时的电荷去除能力有限。当收集到的电荷从节点上移除，但以相同的速率输入时，暂态过程持续并维持翻转。因此，以单粒子瞬态(SET)持续时间作为驱动电路和总收集电荷的函数，反应是非常符合物理的。

通常模拟一个简单的电路时，将受影响的节点驱动到电源线上固定一段时间就足够了。为获得分析中所需的 t_{SET}，可以简单地将这个由低阻抗或高阻抗的开关组成的简化模型设定到连线电平上，此模型会在随后的许多分析中使用。

7.3.2　多节点电荷收集(MNCC)的加固技术

常采用定向电离辐射粒子进行宽束离子测试，但是在正常 IC 操作中，引起翻转的电离粒子可以从任何方向进行作用(即各向同性)，来自质子或中子辐射的次级粒子也是各向同性的。因此，为完全量化加固程度，离子测试需要从所有可能的方向进行。作者描述了触发器(FF)设计迭代，围绕目标节点使用宽波束测量，测量整个球面范围可能的离子轨道方向，来确定临界节点间距[34]。从时间和预算的角度来看，这种方法对大多数设计都是不实用的。另一种方法是使用结果大致相等的全面三维器件模拟[32]，器件仿真要比电路仿真慢几个数量级，并且需要一个已知的单元布局。理想情况下，通过算法决定的加固设计，布局可以随意迭代或更新。目前已提出的许多估算 SER 值的方法[35]，大多数是基于矩形平行管道近似的敏感收集体[36]。然而，不同的器件和电路结构具有不同的敏感体积。Fulkerson 等人提出了一种估算设计中敏感体积盒子的方法，这需要一个离子同时撞击两个这样的关键节点来产生一个翻转[37]。该方法与实验束流测量 SOI 的结果拟合较好。本节介绍系统地确定锁存器和触发器翻转耐受性的电路级设计方法，并描述了为避免 MNCC 引起的翻转，必须将哪些节点分开，它们遵循概述的 SOI 方法[37]。此外，给出了电路节点分组的算法和一个简单的翻转电路仿真模型。

7.3.2.1　采用空间节点分离的加固技术

Calin 等人首先描述了由于 MNCC 导致的 DICE 失效，发现某些布局拓扑会同时收集电荷，导致 DICE 的加固失效[38]。在 1.2 μm 工艺中，自然节点隔离大于 2 μm。激光探测表明，罪魁祸首是共享源节点，提出了一种基于阱间接触分离的缓解技术。图 7.20 显示了一些已被利用的交错方法。加固触发器设计的试验表明，如果不仔细控制临界节点间距，将会表现出与未经加固的设计类似的故障率[31]。Knudsen 等人介绍了触发器节点的系统空间隔离[26]，如图 7.20(a)所示，宽束测试表明，该方法是有效的。插入空格，该方法具有良好的隔离性，但使用面积较大[图 7.20(b)][32,34]。可以通过交叉组成触发器电路，或在一个多位触发器宏中交叉多个触发器来避免浪费电路面积，如图 7.20(c)所示，但这种方法仍然会带来相当大的关键节点间距。这些方法都证明是有效的[23]，但都是基于 ad hoc 节点集群的。文献[27]也给出了垂直和水平交叉的一个触发器组成电路，并首次提出系统分析方法。最近水平交叉在 SOI 工艺上被证明对 DICE 锁存器是有效的[39]。然而，在体硅 CMOS 工艺中，DICE 锁存器在空间上很难有效地隔离。垂直交错结构中的 N 阱能非常有效地收集衬底中的电荷，其在与地表平行的角度工作时会面临最大的失效风险，这种方法如图 7.20(d)所示。垂直交叉虽然是最有效的，但可能会导致奇怪的单元形状，不过这并不一定是个问题。图 7.20(e)显示了非矩形触发器的 APR，APR 工具可以通过更改一些最小的 CAD 流程，从而将其他单元格放入凹槽中。

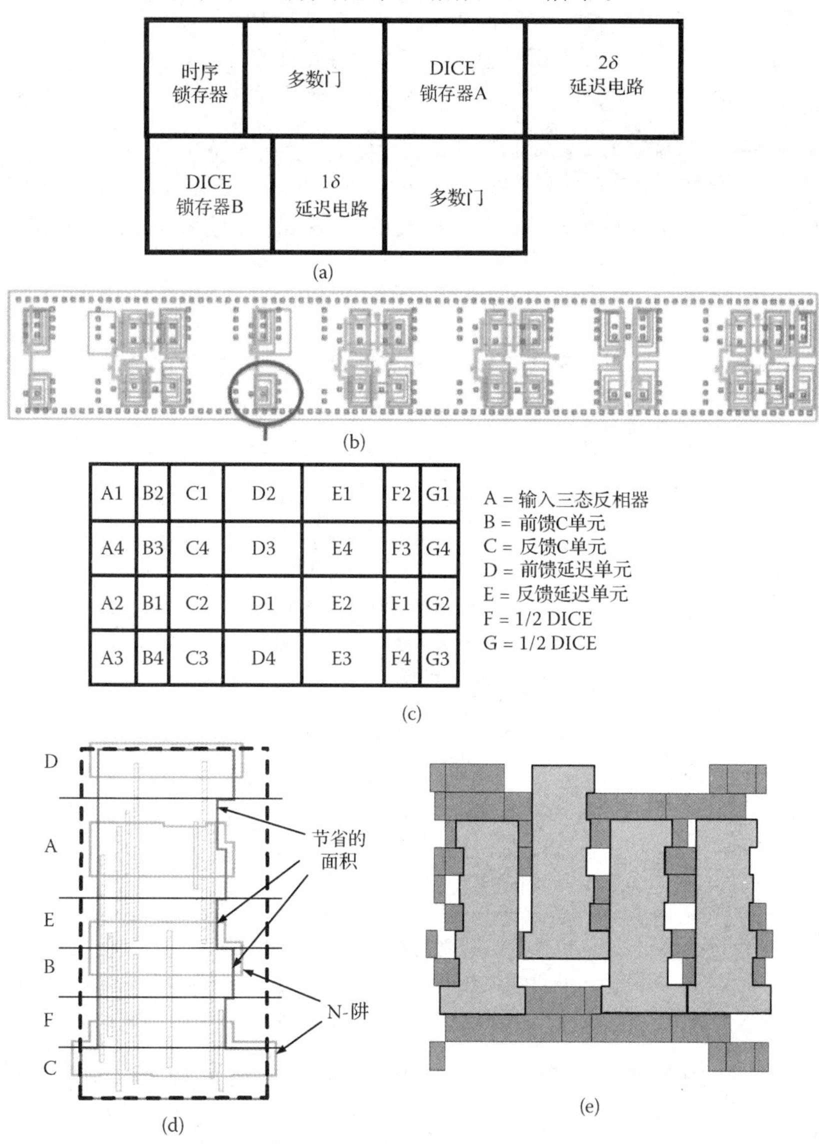

图 7.20　为隔离 FF 和锁存器关键节点的布局拓扑。(a)时序 DICE 电路在 130 nm 体 CMOS 中的交错；(b)90 nm 体 CMOS 中的 DICE FF 隔离。(c)90 nm 的 FF 交错；(d)垂直交错组成部分；(e)APR 流中的非矩形 FF(引用自 J. Knudsen, M.S. Thesis, Arizona State University, Dec. 2006; J. Knudsen and L. Clark，*IEEE Trans. Nucl. Sci.*，Vol. 53，No. 6，pp. 3392-3399，Dec. 2006; B. Matush，T. Mozdzen，L. Clark，and J. Knudsen，*IEEE Trans. Nucl. Sci.*，Vol. 57，No. 6，pp. 3180-3184，Dec. 2009; S. Shambhulingaiah，S. Chellappa，S. Kumar，and L. Clark，*Proc. ISQED*，pp. 486-493，March 2014; K. Warren et al.，*IEEE Trans. Nucl. Sci.*，Vol. 56，No. 6，pp. 3130-3137，Dec. 2009)

虽然在多位设计中交叉多个 FF 电路是有效的，但在某些情况下是没有必要的(充分但不必要)。下一节将介绍一种通用设计方法，用于确定需要隔离哪些节点，并在无须借助设备模拟或波束测试的情况下估算设计的相对截面。

7.3.2.2 多节点翻转与空间分离

由单个节点的电荷收集引起翻转的截面可近似为节点面积(加上沉积电荷轨道直径)。显然，没有经过加固的 FF 应该容易受到单节点翻转的影响。例如，当延迟滤波器(DF)电路的输出受到冲击时，DF-DICE 设计很容易发生翻转。一般意义上，MNCC 翻转的两个节点都必须靠近经过的离子轨道。图 7.21 为第二节点在球面上的投影，球面的中心在第一收集节点上。硅平面是穿过球体的赤道。我们假设粒子通过节点 A，并在节点 B 下方足够靠近，以便同时收集电荷。收集的深度定义了由立体角和第二节点宽度定义的曲面的垂直范围，加上电荷轨迹直径，水平的范围。这样定义的曲面面积为

$$A=\int_{-\phi}^{\phi}\int_{-\theta}^{\theta}\sin\phi\,\mathrm{d}\phi\,\mathrm{d}\omega \tag{7.7}$$

其中，θ 是两倍于收集垂直深度的对向角度，ω 是对向角度 ϕ 的收集宽度。

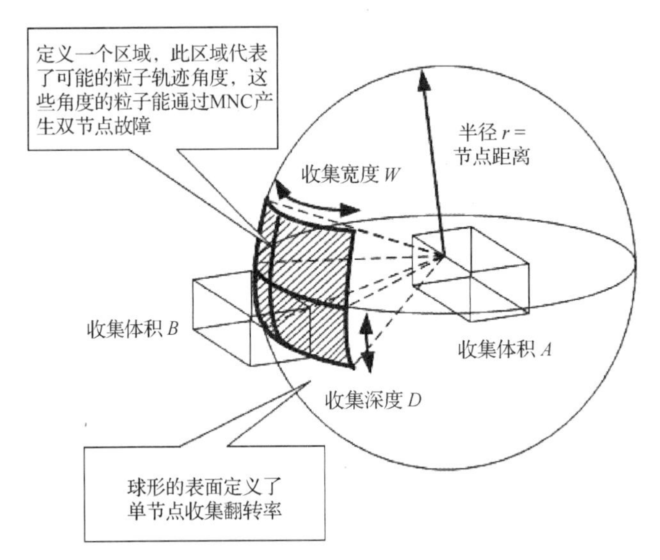

图 7.21 单离子轨迹的多节点电荷收集。以收集节点之一为中心形成的球体，其半径是到第二个节点的距离。与宽度匹配的弧所对应的角(加上电荷轨迹半径)提供了截面宽度 *W*，收集的深度提供了垂直面(引用自 L. Clark and S. Shambhulingaiah，*Proc. ISVLSI*，July 2014)

我们重点关注设计过程，实际收集情况对相邻扩散体的尺寸、电压等二阶参数敏感，这在电路级分析中并不容易理解。因此，在可能的精度范围内假设球是相对平坦的，则敏感表面可近似为 $A = 2DW$[25]。两倍 D 说明了收集扩散位置是可互换的(粒子可通过节点 B 和节点 A 下面)。然后将 MNCC 引起的翻转的相对截面乘以图 7.21 中矩形的面积除以球面的面积，表示从任意角度命中节点 A。这就产生了一个有效的 MNCC 截面

$$\sigma_{\mathrm{Node}_{\mathrm{MNCC}}}=(\sigma_{\mathrm{NodeA}}WD)/(2\pi r^2) \tag{7.8}$$

σ_{NodeA} 是节点 A 的截面(这里近似为它的面积)。用式(7.8)可以估算 MNCC 引发错误的截

面。下面的方法将捕捉到任何可能发生在单节点集合中的错误，足够的临界节点间距(r)将主导 MNCC 的收集错误。

7.3.2.3　系统级失效分析

在使用 ad hoc 基于仿真验证的设计中，我们经历了意外的加固失效。一个例子是 7.2.3.2 节描述的 Temp-DICE 模板设计，因为有两个相邻节点的 MNCC，而在高 LET 时，有显著的失效截面。图 7.12 中的触发器(FF)设计源于文献[23,24]中的设计。每个锁存器也有两个延迟单元，我们的目标是将每个锁存器所需的延迟单元减少到一个，同时符合 DF-DICE 设计的尺寸，并具有更简单的节点交错。最初的设计缺少反馈延迟单元[25]，在 C 单元输出处发生了单节点收集失效。通过添加反馈延迟单元，消除了该失效模式，但是每个 FF 会增加两个延迟电路的面积。可以采用系统加固的验证方法，检查所有可能的翻转，以避免这种加固失效。该方法与双故障分析有关，长期应用于可靠系统[30]。然而，传统的双失效分析方法是自底向上的，而电路仿真，对于 FF 或锁存器来说，可以模拟每个可能的双节点 MNCC 情况，然后对失效进行自上而下的分析。

可以通过在所有可能的搭接节点上施加反向的诱导电压，实现对同时发生的节点翻转进行严格的基于仿真的 MNCC 分析[29]。使用 SPICE 中的压控电阻(VCR)元件对节点电压翻转进行建模，这是最简单情况下的理想开关，无论驱动电路的强度如何，节点都处在最坏情况下的 t_{SET} 持续时间内。这种简化虽然是不符合物理的，但有助于避免因为电路强度的微小变化对分析产生重大影响。反过来，这样就可以将重点放在电路拓扑结构上，而不是尺寸上，图 7.22 说明了该方法。

除了与电源线相连的晶体管外，所有晶体管的扩散区都能收集电荷。如上所述，在 N^+的扩散区，驱动节点从 V_{DD} 到 V_{SS} 翻转，P^+的扩散区产生正电压翻转，分别对应于电子收集和空穴收集。将正翻转应用于 N^+，负翻转应用于 P^+会导致更多的错误(例如，无意中通过 NMOS 晶体管写入了一个逻辑)，但这个错误不是物理上的。包含 N 个节点的 FF 有总数为 $^{N}C^{2}$ 的可能的节点对，分析中，每次都在一对节点上注入翻转。为了解释翻转发生时所有可能的 FF 状态，对于两种 D 输入逻辑状态，如图 7.22 所示，这些翻转分别由窗 A、窗 B、窗 C、窗 D 所示的时钟上升、时钟高、时钟下降、时钟低的时刻诱导。最后，FF 的输出取决于主节点和从节点的状态，因此，主和从保持的节点也被初始化为这四种可能状态中的一种。之后进行仿真，如果生成的 FF 输出或存储的状态与期望值不匹配，则表明这是由 MNCC 导致的加固失效。我们认为，有一种情况可能会发生，即第三个节点翻转将修复两个收集节点产生的不正确逻辑状态。忽略这些情况会使分析变得保守，预测的错误率略高。

我们通过举例来说明这种用法，图 7.23(a)显示了 DICE FF 电路和由此产生的节点分组，主锁存器和从锁存器是相同的。由于 DICE 锁存器有四个存储节点，每个节点必须位于不同的组中，所得到的双故障结果矩阵如图 7.23(b)所示[29]。通过的双重 MNCC 案例(没有错误操作)被标记为灰色，失败节点对(其中收集的电荷使模拟中的 FF 状态翻转)为黑色。上对角线是对称的，减少了近一半的模拟工作。粗体轮廓表示电路组(节点一起排列)，分组是确定的，仿真–节点分组的算法将在 7.3.2.4 节中进行讨论。矩阵对角线表示单粒子节点错误，理想情况下没有这样的节点，因为单粒子节点故障将主导 MNCC 引起的故障。由于同一组中的节点可能位于较近的位置(可能是邻边)，对角线上的组不应该有任何错误。非对角组可以有错误，但不能在空间上相邻，以减轻 MNCC 冗余错误。

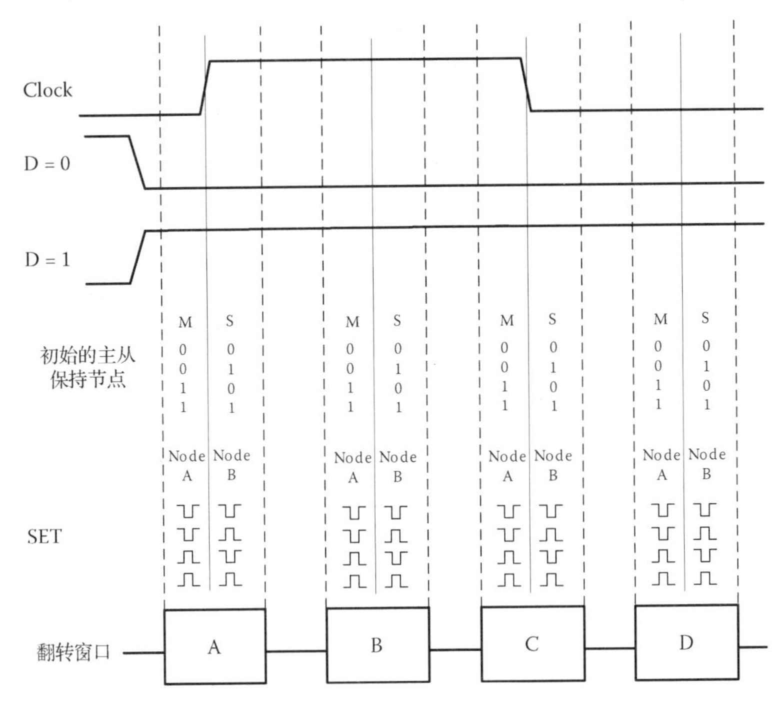

图 7.22 仿真方法。模拟所有 FF 条件，主和从锁存器的不透明和透明，D = 1 和 0，时钟上升和下降。所有易受影响的节点都有适用于每种情况的电压瞬态(引用自 S. Shambhulingaiah, S. Chellappa, S. Kumar, and L. Clark, *Proc. ISQED*, pp. 486-493, March 2014)

对于 DICE 的设计，每个锁存器被分为如下所示六组。由于 DICE 锁存器的时钟设置并不难，只有在时钟高和时钟低的阶段才会引起翻转(主锁和从锁的保持模式)。图 7.23(b)显示，从组节点 G、H、I、J、K 和 L 以及主组节点都没有出现故障。因此，可以采用一个简单的布局安排，以加强 DICE 的 MNCC 主节点与从节点的交错，产生一个 A-G-B-H-C-I-D-J-E-K-F-L 的排序。遗憾的是，DICE 单元非常小，许多只占据了 2 到 4 个多晶硅的节距。如图 7.3 所示，理想情况大约 2 μm，但是必须要向单元格添加空白区域，并且大量的电路组使得垂直交叉也出现问题。

图 7.24(a)显示了将该方法在多数表决 temporal FF 中的应用，电路组 B 和 E 有两个串联的延迟元件，节点 Md21mhold 和 Sd21shold 分别为连接两个延迟单元的中间节点。可以通过检查对初始节点进行分组。由于延迟元件是加固元件，它们必须放在单独的组中。组 A、B、D 和 E 包含延迟单元。主锁存器和从锁存器中的多路选择器、反相器和多路复用器形成一个组合逻辑路径，并因此分在同一组，其中还包括组 C 和组 F。分析结果得到的矩阵如图 7.24(b)所示，对角线组中没有出现错误，说明分组是正确的。要确定布局组的顺序，首先要确定非法邻接，有六个组要交错，因此有 15 种可能的组邻接方式。如图 7.24(b)所示，A-C、B-C、C-E、D-F、E-F 为非法邻接，完整的 FF 的一个合法顺序是 A-D-E-B-F-C。

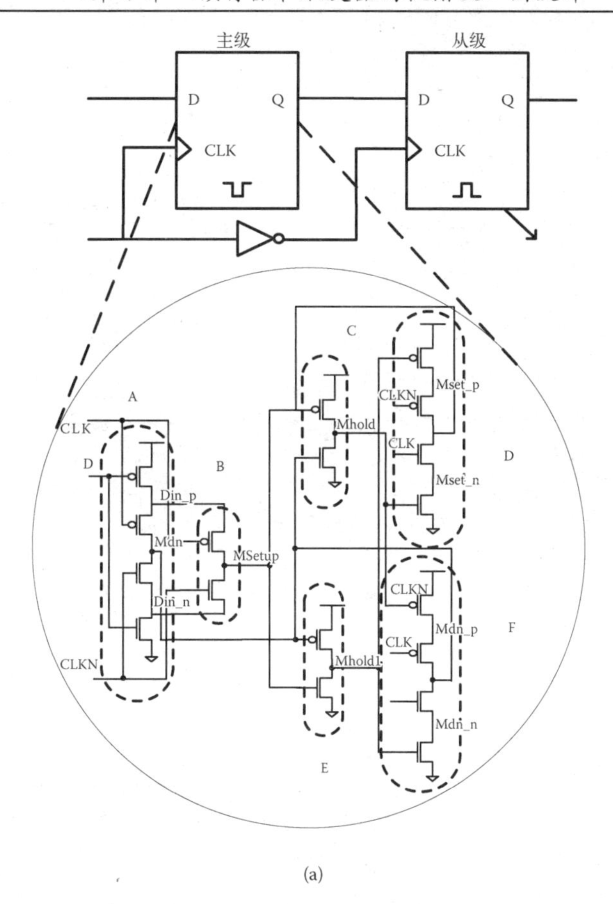

(a)

		A			B	C	D		E	F		G			H	I	J	K		L	
		Din_n	Din_p	Mdn	Msetup	Mhold	Mset_n	Mset_p	Mhold1	Mdn_n	Mdn_n	Sd_n	Sd_p	Sdn	Ssetup	Shold	Shold1	Sset_p	Sset_n	Sdn_n	Sdn_p
A	Din_n																				
	Din_p																				
	Mdn																				
B	Msetup																				
C	Mhold																				
D	Mset_n																				
	Mset_p																				
E	Mhold1																				
F	Mdn_n																				
	Mdn_n																				
G	Sd_n																				
	Sd_p																				
	Sdn																				
H	Ssetup																				
I	Shold																				
J	Shold1																				
K	Sset_p																				
	Sset_n																				
L	Sdn_n																				
	Sdn_p																				

(b)

图 7.23　(a) DICE FF 电路图。从级遵循主级内部节点相同的命名惯例(和顺序)。已标出电路组群的轮廓。注意 DICE 需要很多的电路组群。(b) 节点组群。从级遵循主级内部节点相同的命名惯例(和顺序)。已标出电路组群的轮廓。注意 DICE 需要很多的电路组群(引用自 S. Shambhulingaiah, S. Chellappa, S. Kumar, and L. Clark, *Proc. ISQED*, pp. 486–493, March 2014)

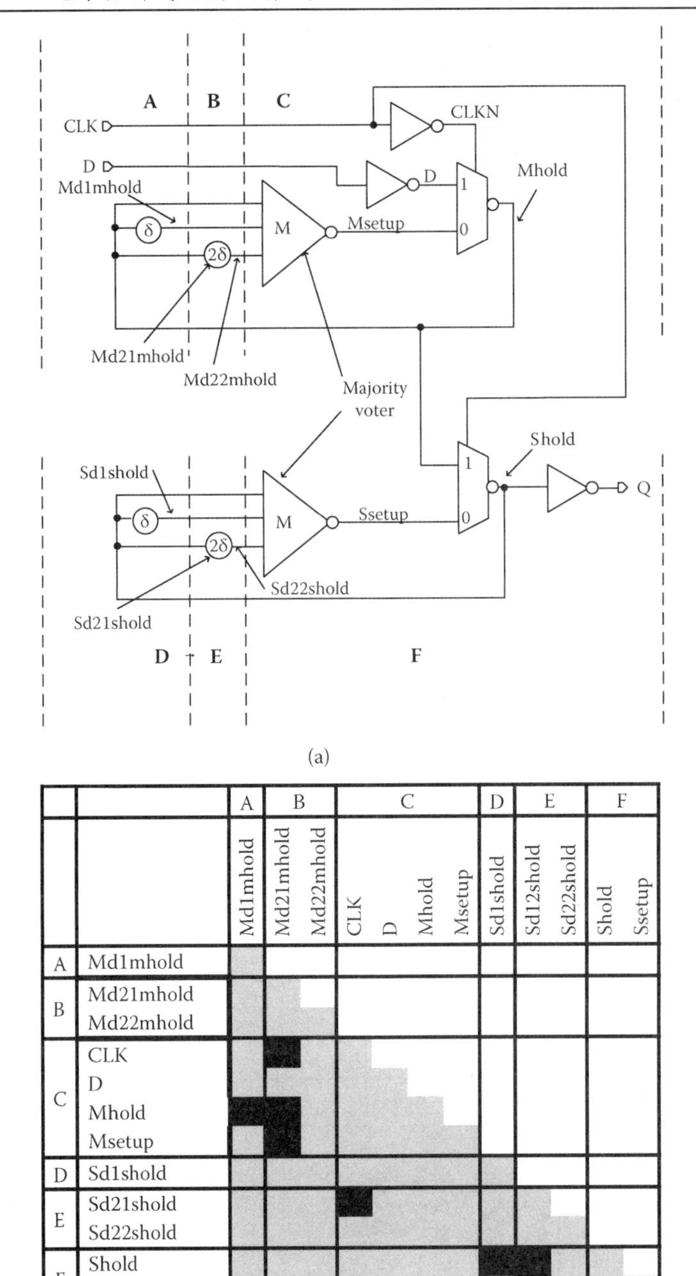

图 7.24　(a)具有多数表决示意图的 temporal FF；(b)经过 SET 仿真得到的节点矩阵。注意，二维延迟元件是由实际电路中的两个串联单元延迟产生的，因此有两个集合节点(引用自 S. Shambhulingaiah，S. Chellappa，S. Kumar，and L. Clark，*Proc. ISQED*，pp. 486-493，March 2014)

7.3.2.4　节点组排序

通过检查，确定节点组是有效的，本节还讨论了一种基于启发式的节点分组的算法。

电路节点分组基于以下启发：首先，所有的强化单元输出节点应该位于不同的组中，加固元件包括 C 元件、主要特性门、延迟电路输出节点或 DICE 节点；第二，组成组合逻辑路径的节点应该在同一组中，直观地来看，如果早期的一个节点收集了电荷并转换到一个新的电平状态，单粒子瞬态(SET)会以最小的延迟传播到逻辑路径中的其他节点。在分析中，这样的组合逻辑组成的节点可以视为一个超节点。

为了说明该方法，我们将其应用于加固的 FF。如图 7.12 所示，FF 有 6 个加固元件：4 个延迟单元和 2 个 C 元件。电路组的确定本质上是一个节点集群的问题，将电路表示为有向图(digraph)是非常有帮助的[25]。图 7.25(a)为来自加固 FF 电路的有向图。有向图边缘箭头表示信号流。连接节点 D-MDN 的组合路径，MDN-MHold、CLK-MHold、CLK-CLKN、CLKN-MHold 和 MHold-MDFDBK 与实箭头连接，表示它们可能位于同一组中。加固 MHold-MSetup、MHold-MDHold 和 MFDBK-MDFDBK 的节点连接用虚线箭头标记。虚线表示必须是集群边界的内容。延迟单元中的所有节点都被认为是相同的超节点，因为它们可以对输出产生类似的影响。许多节点(例如，CLK、CLKN、D、MDN、Q 和 QN)可以驻留在任何集群中。由于设计意图很难考虑到输入时钟单粒子瞬态，其可能来自外部，因此将这些信号的内部扰动归于任何分组都是可以的。这些节点在平衡电路组大小方面提供了一定的灵活性。虚线表示基于有向图的由三个组组成的初始集群。

图 7.25(b)为双失效矩阵，用粗线划分三个节点组。这个双失效矩阵增加了失效发生时间的指示。左上、右上、左下和右下的圆点分别表示错误发生在时钟上升沿、时钟高时、时钟下降沿和时钟低时。我们发现这对于调试和理解故障分析结果非常有帮助。

为将集群作为邻接矩阵分析，可以在任何可能不与组相邻的导致 MNCC 错误的组中放入 0，其他条目则表示合法的邻接，如图 7.26(a)所示。使用这些非法邻接的 FF 布局没有连续的合法组顺序，在全 0 列的邻接矩阵中很明显(破折号计数为 0，因为单元格必须与自身相邻)。对于这些集群，最好的区域解决方案是将两个 FF 组成的电路组交错在一起。图 7.26(c)显示，通过添加集群，实现了满足单个(而不是空间交错的)多位 FF 布局的，且具有合法顺序的邻接矩阵，从而得到有向图。图 7.26(b)中的邻接矩阵显示了电路按有向图所示重新划分后的结果。这个邻接矩阵表明存在合法的组序。

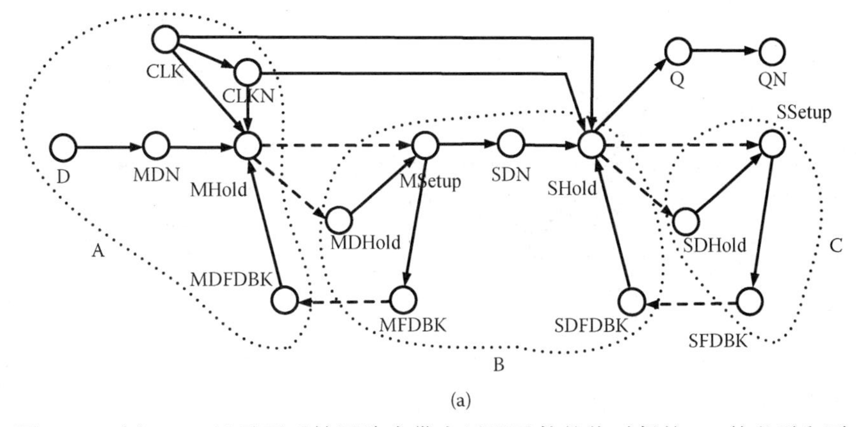

(a)

图 7.25　(a)DAG 显示了反馈回路中带有延迟元件的临时保护 FF 的必要和可选的电路分组；(b)具有失效类型指示的有助于设计分析的失效矩阵(引用自 L. Clark and S. Shambhulingaiah, *Proc. ISVLSI*, July 2014)

		A						B						C		
		CLK	CLKN	D	MDN	MHold	MDFDBK	MDHold	MSetup	MFDBK	SDN	SHold	SDFDBK	SDHold	SSetup	SFDBK
A	CLK															
	CLKN															
	D															
	MDN															
	MHold															
	MDFDBK															
B	MDHold				•	• •	•									
	MSetup			•	•	• • •	• •									
	MFDBK			•	•	• • •	• •									
	SDN															
	SHold															
	SDFDBK															
C	SDHold										•	• •	•			
	SSetup								•		•	• •	• •			
	SFDBK								•		•	• •	• •			

r h
l f

r CLK上升沿
h CLK高
f CLK下降沿
l CLK低

(b)

图 7.25　(a)有向图显示了反馈回路中带有延迟元件的临时保护 FF 的必要和可选的电路分组；(b)具有失效类型指示的有助于设计分析的双失效矩阵(引用自 L. Clark and S. Shambhulingaiah，*Proc. ISVLSI*，July 2014)(续)

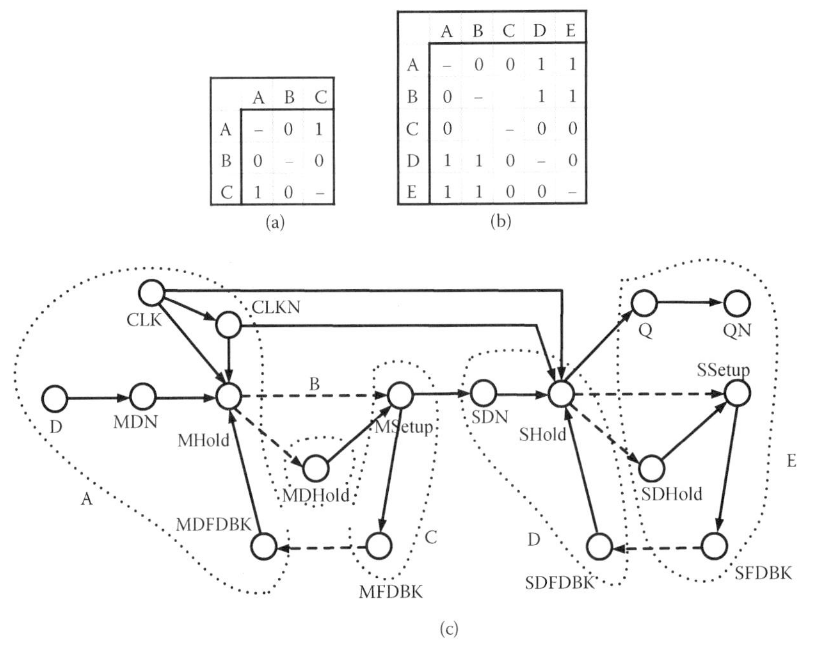

	A	B	C
A	–	0	1
B	0	–	0
C	1	0	–

(a)

	A	B	C	D	E
A	–	0	0	1	1
B	0	–		1	1
C	0		–	0	0
D	1	1	0	–	0
E	1	1	0	0	–

(b)

(c)

图 7.26　(a)邻接矩阵表示了三组没有使用单独的触发器电路的交错排列；(b)图(c)所示电路的五组邻接矩阵。时钟和输出反相器的位置是任意的，因此应该从最佳布局区域得到(引用自 L. Clark and S. Shambhulingaiah，*Proc. ISVLSI*，July 2014)

图 7.27(a)为改进后只使用两个延迟单元的 FF(如图 7.13 所示)的双失效矩阵。同样，虚线连接器表示加固了的电路输出节点。有向图如图 7.27(b)所示。非法邻接是 A-B、A-C、B-C、C-D、C-F 和 E-F，从而得到一个可用的邻接矩阵。C 组只有一个合法邻接 E，所以 C 必须在最后，然后是 E。一个合法的分组是 C-E-B-F-A-D。

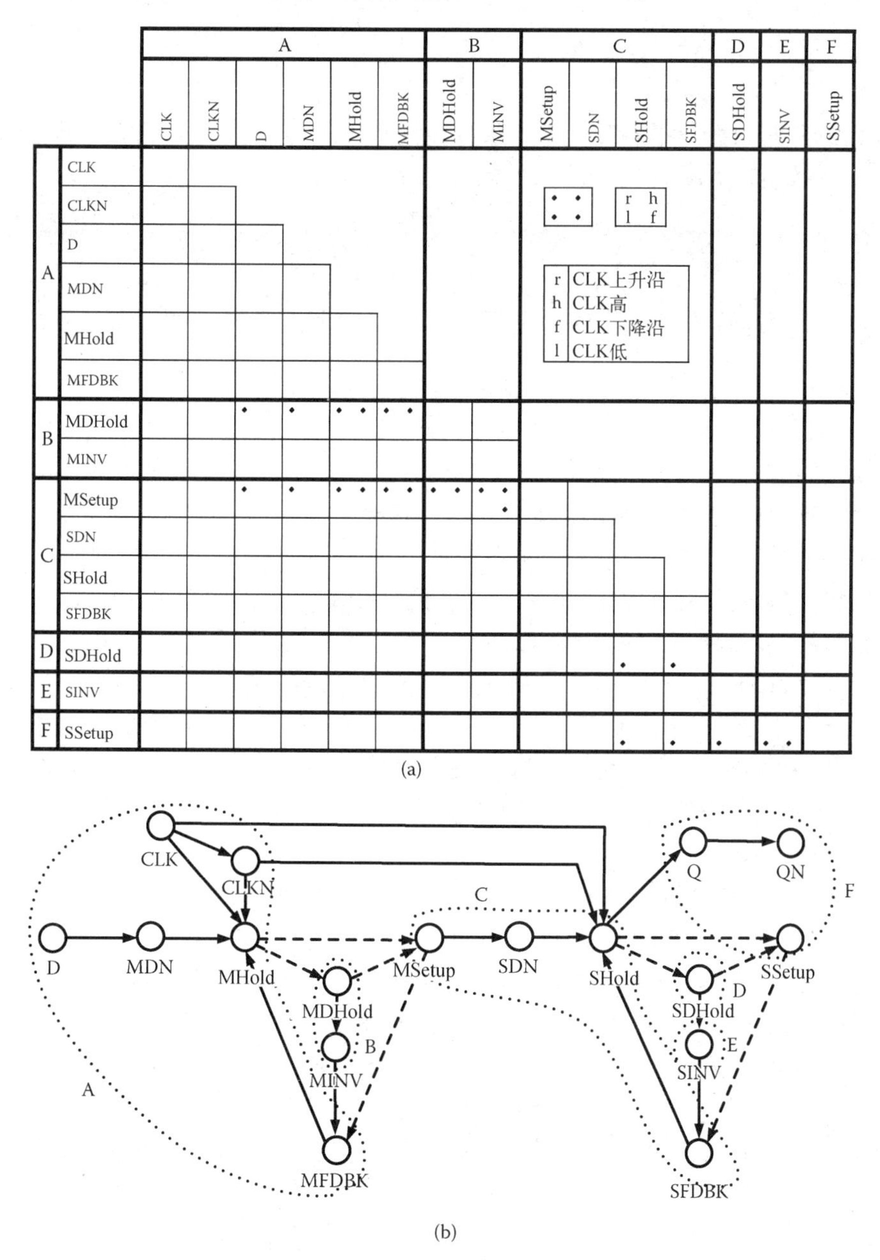

图 7.27　(a)双失效矩阵的两个延迟电路临时加固了 FF；(b)有向图显示了分组来避免 MNCC 引起翻转的电路(引用自 L. Clark and S. Shambhulingaiah, *Proc. ISVLSI*, July 2014)

7.3.2.5　考虑 MNCC 的翻转截面估算方法

为估计总的 FF 交叉值，我们的分析可以再次扩展。双失效矩阵对角线上的误差表示，如果该节点被击中，就会发生错误。图 7.25(b)和图 7.25(a)中的点符号表示的时间有助于我们作出假设，即时钟一半高一半低，在时钟边缘捕捉单粒子瞬态的易感性却只有一个小的时间窗口。分析得到的双失效矩阵通过对单个节点截面求和，来估计相对 FF 截面 σ_{FF} 的输入，即

$$\sigma_{FF}=\sum_{i=0}^{N}\sigma_{NODE_i} \tag{7.9}$$

时钟模式和保持模式的计算不同，在时钟模式下，所有 4 个时钟阶段都考虑节点翻转[上升(r)，高(h)，下降(f)，低(l)]，截面由下式给出：

$$\sigma_{NODE_{Single\text{-}clocked}}=NODE_{Area}\sum_{weight}^{r,h,f,l}\text{Timing window}_{weight} \tag{7.10}$$

保持模式下的截面计算只考虑时钟高电平和低电平的节点翻转，如下所示：

$$\sigma_{NODE_{Single\text{-}hold}}=NODE_{Area}\sum_{weight}^{h,l}\text{Timing window}_{weight} \tag{7.11}$$

我们赋予时钟的上升沿和下降沿 5%到 15%的权重，赋予每一个高低时钟 30%到 45%的权重，来考虑时钟活动因素和 SET 捕获窗口，这个数字会改变时钟活动因子。如果一个节点在单独命中时发生翻转，可以通过节点面积乘以定时窗口权重之和来计算它的截面。式(7.10)或式(7.11)给定了调整时间窗口的模拟失败率，失败率同时还取决于由时钟或保持模式决定的σ。节点隔离是基于物理设计的，我们最初使用了可以提供更好强度的垂直交错设计，因为 N 阱可以收集电荷，从而减轻衬底中的扩散。对于 MNCC 情况，假设垂直交叉，$r=1$，2，3，或 4 个单元高度，需要根据介入单元的数量而定。对于内联隔离，节点距离可以小于或大于垂直交叉，这取决于设计。根据式(7.8)调整节点间距，得到相应的 MNCC 截面。粗略的检查表明，随着临界节点分离的增加，影响翻转敏感性的只有截面显著减少的 MNCC。

图 7.13 中介绍的 FF 设计，以及随后图 7.15 中描述的修改版本，都已经用体硅 CMOS 90 nm 工艺实现，并与已有的其他 FF 设计进行比较。这些单元是在一个密集的七轨道库中使用垂直电路组交错实现的。将单个节点截面按式(7.9)求和来生成加固分析表。标准化未经加固的基础 FF 截面，如图 7.13 所示，FF 在垂直交错时截面减小了 98%以上[25]。具有 4 个延迟元件的锁存器的相对截面与未加固的基础 FF 相比降低了 97%，如图 7.12 所示。在四延迟元件设计中，更大的整体面积(更多的 MNCC 敏感节点)具有更大的截面。不同的 SET 敏感性时序假设会影响数值，但是这种方法对比较设计加固是有效的，而无须借助任何三维器件仿真。

7.4 小结

在文献中有许多锁存器和触发器加固设计的例子。本章回顾了基本加固方法以及一些组合加固的方法。通过对提出的触发器进行分析可以发现，加固的基本思想就是空间冗余、DICE 和时间冗余，对电路的重新绘制会使加固设计的思路更加清晰易懂。一般情

况下，对单粒子翻转(SEU)的加固设计要求对关键节点进行物理隔离，在高 LET 各向异性离子的条件下，一定工作频率下，该方法可以将翻转截面降低 90%以上。时钟端口和 D 端口的单粒子瞬态(SET)加固与设定的敏感时间窗口与数据活动因子有关，以上因素可以将 SET 敏感性降低一个数量级。而采用该方法对 SET 进行加固的明显缺点就是引入的延迟单元将会严重影响建立时间或 t_{CLK2Q} 时间，该参数将极大降低电路可达到的最高工作频率。小错误或不佳的电路设计将明显影响电路加固的效果，因此，对触发器加固效果的验证是非常重要的工作。

回顾了基于仿真的简单方法来验证加固效果，并讨论了在加固单元版图中采用正确的关键节点隔离技术的可行性。重离子宽束试验是验证加固效果的有效手段之一，尽管如此，在合理的预算和时间内，也几乎不可能对一个触发器的抗辐照加固特性进行全面的分析。通过估计最劣入射角度，采用电路仿真的方法进行分析可以确保在特定电路的拓扑和布局中不会出现意外的加固疏漏。除此之外，仿真也是全面分析未发现的单粒子翻转的重要手段，例如一些只能在质子、中子或者特殊离子辐照下才能推断出来的情况。仿真同样也是比较电路加固程度的有效方法。

参考文献

1. P. Hazucha and C. Svensson, Impact of CMOS technology scaling on the atmospheric neutron soft error rate, *IEEE Trans. Nucl. Sci.*, Vol. 47, No. 6, pp. 2586-2594, Dec. 2000.
2. P. Dodd and F. Sexton, Critical charge concepts for CMOS SRAMs, *IEEE Trans. Nucl. Sci.*, Vol. 42, pp. 1764-1771, 1995.
3. T. Makino et al., Soft-error rate in a logic LSI estimated from SET pulse-width measurements, *IEEE Trans. Nucl. Sci.*, Vol. 53, Vol. 6, pp. 3575-3579, Dec. 2006.
4. B. Narasimham et al., Characterization of digital single event transient pulse-widths in 130 nm and 90 nm CMOS technologies, *IEEE Trans. Nucl. Sci.*, Vol. 54, No. 6, pp. 2506-2511, Dec. 2007.
5. J. Benedetto, P. Eaton, D. Mavis, M. Gadlage, and T. Turflinfer, Digital single event transient trends with technology node scaling, *IEEE Trans. Nucl. Sci.*, Vol. 53, No. 6, pp. 3462-3465, Dec. 2006.
6. J. Black et al., Characterizing SRAM single event upset in terms of single and multiple node charge collection, *IEEE Trans. Nucl. Sci.*, Vol. 55, No. 6, pp. 2943-2947, Dec. 2008.
7. E. Cannon, Soft errors from neutron and proton induced multiple-node events, *Proc. IRPS*, pp. SE2.1-SE2.7, 2010.
8. G. Gasiot, D. Giot, and P. Roche, Multiple cell upsets as the key contribution to the total SER of 65 nm CMOS SRAMs and its dependence on well engineering, *IEEE Trans. Nucl. Sci.*, Vol. 54, No. 6, Dec. 2007.
9. D. Giot, P. Roche, G. Gasiot, and R. Sorenson, Multiple-bit upset analysis in 90 nm SRAMs: Heavy ions testing and 3D simulations, *IEEE Trans. Nucl. Sci.*, Vol. 54, No. 4, pp. 904-911, Aug. 2007.
10. D. Heidel et al., Single-event upsets and multiple-bit upsets on a 45 nm SOI SRAM, *IEEE Trans. Nucl. Sci.*, Vol. 56, No. 6, pp. 3499-3504, Dec. 2009.
11. S. Deihl, J. Vinson, D. Shafer, and T. Mnich, Considerations for single event immune VLSI logic, *IEEE*

Trans. Nucl. Sci., Vol. 30, No. 6, pp. 4501-4507, Dec. 1983.

12. T. Hoang et al., A radiation hardened 16-Mb SRAM for space applications, *Proc. IEEE Aerospace Conf.*, pp. 1-6, 2006.
13. G. Anelli et al., Radiation tolerant VLSI circuits in standard deep submicron CMOS technologies for the LHC experiments: Practical design aspects, *IEEE Trans. Nucl. Sci.*, Vol. 46, No. 6, pp. 1690-1696, Dec. 1999.
14. R. Lacoe, J. Osborn, R. Koga, S. Brown, and D. Mayer, Application of hardness-bydesign methodology to radiation-tolerant ASIC technologies, *IEEE Trans. Nucl. Sci.*, Vol. 47, No. 6, pp. 2334-2341, Dec. 2000.
15. M. Zhang et al., Sequential element design with built-in soft error resilience, *IEEE Trans. VLSI*, Vol. 14, No. 12, pp. 1368-1378, Dec. 2006.
16. C. Mead and L. Conway, *Introduction to VLSI Systems*, Addison-Wesley, Reading, MA, 1980.
17. A. Drake, A. Klein Osowski, and A. Martin, A self-correcting soft error tolerant flipflop, *Proc. 12th NASA Symp. VLSI Design*, pp. 1-5, Oct. 2005.
18. T. Calin, M. Nicolaidis, and R. Velazco, Upset hardened memory design for submicron CMOS technology, *IEEE Trans. Nucl. Sci.*, Vol. 43, No. 6, pp. 2874-2878, Dec. 1996.
19. R. Reed et al., Single event cross sections at various data rates, *IEEE Trans. Nucl. Sci.*, Vol. 43, No. 6, pp. 2862-2867, 1996.
20. D. Mavis and P. Eaton, Soft error rate mitigation techniques for modern microcircuits, *Proc. IEEE IRPS*, pp. 216-225, 2002.
21. R. Naseer and J. Draper, DF-DICE: A scalable solution for soft error tolerant circuit design, *Proc. IEEE Int. Symp. on Circuits and Systems*, pp. 3890-3893, May 2006.
22. R. Yamamoto, C. Hamenaka, J. Furuta, K. Kobayashi, and H. Onodera, An area efficient 65-nm radiation-hard dual-modular flip-flop to avoid multiple cell upsets, *IEEE Trans. Nucl. Sci.*, Vol. 58, No. 6, pp. 3053-3059, Dec. 2011.
23. B. Matush, T. Mozdzen, L. Clark, and J. Knudsen, Area-efficient temporally hardened by design flip-flop circuits, *IEEE Trans. Nucl. Sci.*, Vol. 57, No. 6, pp. 3180-3184, Dec. 2009.
24. J. Knudsen, Radiation hardened by design D flip-flops, M.S. Thesis, Arizona State University, Dec. 2006.
25. L. Clark and S. Shambhulingaiah, Methodical design approaches to radiation effects analysis and mitigation in flip-flop circuits, *Proc. ISVLSI*, July 2014.
26. J. Knudsen and L. Clark, An area and power efficient radiation hardened by design flipflop, *IEEE Trans. Nucl. Sci.*, Vol. 53, No. 6, pp. 3392-3399, Dec. 2006.
27. S. Shambhulingaiah et al., Temporal sequential logic hardening by design with a low power delay element, *Proc. RADECS*, pp. 144-149, 2011.
28. D. Fulkerson and E. Vogt, Prediction of SOI single-event effects using a simple physics-based SPICE model, *IEEE Trans. Nucl. Sci.*, Vol. 52, No. 6, pp. 2168-2174, 2006.
29. S. Shambhulingaiah, S. Chellappa, S. Kumar, and L. Clark, Methodology to optimize critical node separation in hardened flip-flops, *Proc. ISQED*, pp. 486-493, March 2014.

30. W. Vesely, F. Goldberg, N. Roberts, and D. Haasl, *Fault Tree Handbook*, U.S. Nuclear Regulatory Commision, Pub. NUREG-0492, Jan. 1981.

31. N. Gaspard et al., Technology scaling comparison of flip-flop heavy-ion single-event upset cross sections, *IEEE Trans. Nucl. Sci.*, Vol. 60, No. 6, pp. 4368-4373, Dec. 2013.

32. K. Warren et al., Heavy ion testing and single event upset rate prediction considerations for a DICE flip-flop, *IEEE Trans. Nucl. Sci.*, Vol. 56, No. 6, pp. 3130-3137, Dec. 2009.

33. D. Kobayashi, T. Makino, and K. Hirose, Analytical expression for temporal width characterization of radiation-induced pulse noises in SOI CMOS logic gates, *Proc. IRPS*, pp. 165-169, 2009.

34. M. Baze et al., Angular dependence of single event sensitivity in hardened flip/flop designs, *IEEE Trans. Nucl. Sci.*, Vol. 55, No. 6, pp. 3295-3301, Dec. 2008..

35. E. Peterson, V. Pouget, L. Massingill, S. Buchner, and D. McMorrow, Rate predictions for single-event effects—Critique II, *IEEE Trans. Nucl. Sci.*, Vol. 52, No. 6, pp. 2158-2167, Dec. 2005.

36. J. Pickel and J. Blandford, Cosmic-ray-induced errors in MOS devices, *IEEE Trans. Nucl. Sci.*, Vol. 27, No. 2, pp. 1006-1012, 1980.

37. D. Fulkerson, D. Nelson, and R. Carlson, Boxes: An engineering methodology for calculating soft error rates in SOI integrated circuits, *IEEE Trans. Nucl. Sci.*, Vol. 53, No. 6, pp. 3329-3335, Dec. 2006.

38. T. Calin et al., Toplogy-related upset mechanisms in design hardened storage cells, *Proc. RADECS*, pp. 484-488, 1997.

39. M Cabanas-Holmen et al., Robust SEU mitigation of 32 nm dual redundant flip-flops through interleaving and sensitive node-pair spacing, *IEEE Trans. Nucl. Sci.*, Vol. 60, No. 6, pp. 4374-4380, Dec. 2013.

第8章　利用三模冗余电路保证SRAM型FPGA加固效果

Heather M. Quinn, Keith S. Morgan, Paul S.Graham, James B.Krone, Michael P. Caffrey, Kevin Lundgreen, Brian Pratt, David Lee, Gary M. Swift, and Michael J. Wirthlin

8.1　引言

采用易挥发编程存储器的 FPGA 如 Xilinx Virtex 系列等已经应用于航天相关的处理任务[1-3]。这类器件的吸引人之处体现在多个方面。以静态随机存取存储器（SRAM）为基础的现场可编程门阵列（FPGA）在实现定制任务方面通常快于传统的微处理器，且节约了生产专用集成电路（ASIC）的开销。另外，使用配备成熟设计工具的商用现货（COTS）器件能够节约航天系统的开发成本。最后，可重复编程的特性允许设计人员针对新的应用或已有应用的重新实现对器件进行重新配置，从而提高了整套系统的可使用寿命。

本章将主要介绍 Xilinx Virtex 系列可重新配置的 SRAM 型 FPGA。和大多数 SRAM 型 FPGA 不同的是，Xilinx 发布了多篇验证闩锁敏感性的报告[4,5]，Virtex 系列 FPGA 已成为航天应用中该类器件的首选。该系列器件中通过查找表（LUT）实现逻辑电路，将逻辑门简化为四输入一输出的方程存储在配置存储器中。此外，互联线是可编程的，可以利用设计工具实现 LUT 与 LUT 间通过互联矩阵连线的最优化设计。和传统存储数据用的 SRAM 器件不同，SRAM 型 FPGA 中大量的存储数据决定了用户电路的具体功能，包括应用了哪些 LUT 和哪些布线资源。更先进的器件中还会内置硬核，例如乘法器和微处理器等。随着器件的升级换代，用于存储中间数据的片上 SRAM，也就是块存储器的容量不断增加。

这类器件对于由带电粒子引发的单粒子翻转（SEU）敏感，SEU 可能改变 SRAM 中存储的数据取值。对于 SRAM 型 FPGA，SEU 可能改变可编程逻辑和连线，进而导致用户电路发生失效。为了这个目的，大部分基于 FPGA 的系统试图利用三模冗余（TMR）保护用户电路免受 SEU 的影响[6-8]。目前针对空间用 FPGA 系统，常用加固建议是将所有逻辑电路（组件和表决器）和所有信号（输入、输出、时钟、复位）全部进行三模冗余。受 TMR 保护后电路的生存能力是否真的能得到大幅度提高仍然没有定论，特别是利用单只芯片实现的电路。我们过去在 Virtex-I 上开展的错误注入和加速器辐照试验均表明[8]，逻辑层的 TMR 配合编程数据刷新能够有效抑制单个位翻转（SBU）。其他研究人员利用解析分析的方法推断 Virtex-I 发生的 SBU 可能导致 TMR 失效[9]。我们随后在 Virtex-II 上开展的研究表明，服从一系列指导原则的情况下，完全屏蔽单个位翻转带来的影响是有可能的[10]，此时所设计电路只对多单元翻转（MCU）、多个累积翻转和单粒子功能中断敏感。和本章随后讨论的那样，MCU 对于防护电路的影响是难以定量判定的。但由于该类器件中单个位 SEU 占据主导地位，可以认为经合理设计的 TMR 能够保证器件的可靠性。虽然本章的重点集中在早期的 Xilinx FPGA，我们发现这些结果在 Virtex-4 和 Virtex-5 中也是适用的。针对最新的 Xilinx FPGA，即 7 系列器件，加固措施的有效性尚有待验证，该系列器件和之前的器件相比存在一些结构上的差异，这可能导致加固有效性方面的不同。

遗憾的是，由于设计工具而不是设计人员的过错，在用户电路中应用 TMR 可能依旧易于出错。想要规避这类问题，只能通过人工设计而不使用设计自动化工具，这是多数设计人员不愿意看到的。其他情况下，设计人员被迫在设计中部分应用 TMR 以满足器件或资源约束，此时也只能部分解决辐射敏感性的问题。

利用 TMR 实现加固设计在任何情况下都是很难确保有效的，特别是在复杂系统中。过去我们利用错误注入评估 FPGA 设计中可能存在的加固设计问题[8]。遗憾的是，由于飞行系统或者硬件原型机的限制，设计人员并不一定能够执行错误注入。这类情况下有必要采用非硬件的方法评估错误截面。

本章将讨论利用 TMR 预防辐照诱发错误的可行性和应用模拟工具解决设计 TMR 的效率问题。8.2 节给出了 Xilinx SRAM 型 FPGA 翻转敏感性的概述。8.3 节和 8.4 节中将讨论应用 TMR 对 FPGA 中的用户电路加以防护。最后，在 8.5 节中介绍应用 TMR 时可能有用的模拟工具。

8.2　FPGA 中单粒子翻转（SEU）和多单元翻转（MCU）数据概述

开始下一步讨论之前，首先介绍我们搜集到的表现该类器件电离辐射敏感性的测试结果。我们前后针对 Xilinx Virtex 的五个系列开展过加速器辐照测试。针对 Virtex-II、Virtex-4 和 Virtex-5 系列器件所采用的测试装置相类似，如图 8.1 所示。测试装置包括硬件部分和软件部分，硬件部分为读（回读）和将配置数据写入（编程）SRAM 型 FPGA 提供支持，软件部分控制 FPGA 的读写操作。Virtex-I 和 Virtex-7 系列器件也采用过类似的测试装置。

图 8.1　Xilinx Virtex-5 器件所用的硬件测试装置

图 8.1 中所示的测试装置中使用了两块供电电压相同的 Xilinx AFX 系列开发板（一块为 Viretx-II，另一块为 Virtex-5）。硬件测试装置采用定制软件执行编程、甄别和回读操作，同时保持图形用户界面（GUI）持续更新以便于判别测试装置是否工作正常。FPGA 的码流以每秒一次的速度被读出并存储在主控计算机的硬盘中，这就保证每次回读不会累积过多的翻转数（即使通量非常高），于是每小时可以收集大约 3600 次回读的数据。采用定制软件分析回读数据以获取器件敏感性，同时依据错误的规模和位置进行分类。

从 Xilinx Virtex 器件的测试结果中可以发现一些规律[11]。该系列器件的位翻转截面

(见图 8.2 和表 8.1)①在超过十年的时间内变化不大,偏差在一个量级以内[12,13]。其中 MCU 占据所有翻转的比例(见图 8.3)却随着器件的更新换代而迅速增加。表 8.2 中列出了质子辐照试验中 MCU 发生的频率,图 8.3 给出了 Virtex 系列器件在重离子辐照环境中发生 MCU 的频率,两组结果均表明器件越新越容易发生 MCU。图 8.3 中的结果还表明,MCU 发生的比例随着线性能量转移(LET)值增加而增加,Viretx-II 器件(XC2V1000)在 LET 值等于 58.7 MeV·cm^2/mg 时 MCU 的发生比例为 21%,Viretx-5 器件(XC5VLX50)在 LET 值等于 68.3 MeV·cm^2/mg 时 MCU 的发生比例为 59%。虽然 Virtex-II 器件和 Virtex-5 器件中发生的 MCU 绝大多数均小于等于 4 位,二者中对应的比例分布大不相同。如图 8.4 所示,特征尺寸为 150 nm 的 Virtex-II 器件中主要发生单个位和两位翻转[图 8.4(a)],而 Virtex-5 器件中三位和四位翻转占据了总事件数的 25%[图 8.4(b)]。这导致该系列器件的平均翻

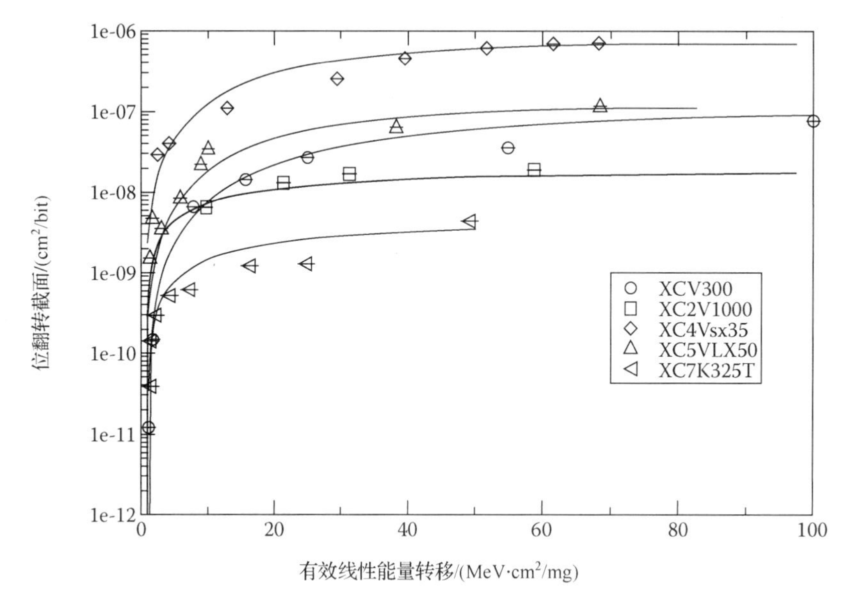

图 8.2 Virtex 系列器件的重离子位翻转截面(数据来源:H. Quinn, P. Graham, J. Krone, M. Caffrey and S. Rezgui, *IEEE Transactions on Nuclear Science*, Vol. 52, No. 6, pp. 2455-2461, 2005; D. Lee, M. Wirthlin, G. Swift, and A. Le. To be published in the *IEEE Radiation Effects Data Workshop [REDW]*, Dec. 2014; A. Le, Boeing Corporation, Tech. Rep., 2013)

表 8.1 不同 Xilinx FPGA 的质子位翻转截面

器件	能量(MeV)	σ_{bit}/(cm^2/位)
XCV1000	63.3	$1.32\times10^{-14}\pm2.69\times10^{-17}$
XC2V1000	63.3	$2.10\times10^{-14}\pm4.64\times10^{-17}$
XC4VLX25	63.3	$1.08\times10^{-14}\pm2.71\times10^{-17}$
XC5VLX50	65.0	$7.57\times10^{-14}\pm1.35\times10^{-17}$
XC5VLX50	200.0	$1.07\times10^{-14}\pm5.37\times10^{-17}$

数据来源:H. Quinn, P. Graham, J. Krone, M. Caffrey and S. Rezgui, *IEEE Transactions on Nuclear Science*, Vol. 52, No. 6, pp. 2455-2461, December 2005; H. Quinn, K. Morgan, P. Graham, J. Krone, and M. Caffrey, in *IEEE Radiation Effects Data Workshop (REDW)*, July 2007

① Virtex-I 组件是正入射和角度数据的组合,但其余曲线仅来自正入射数据.

转位数从 Virtex-II 对应 58.7 MeV·cm²/mg 时的 1.3 位增加到 Virtex-5 对应 68.3 MeV·cm²/mg 时的 2.6 位。

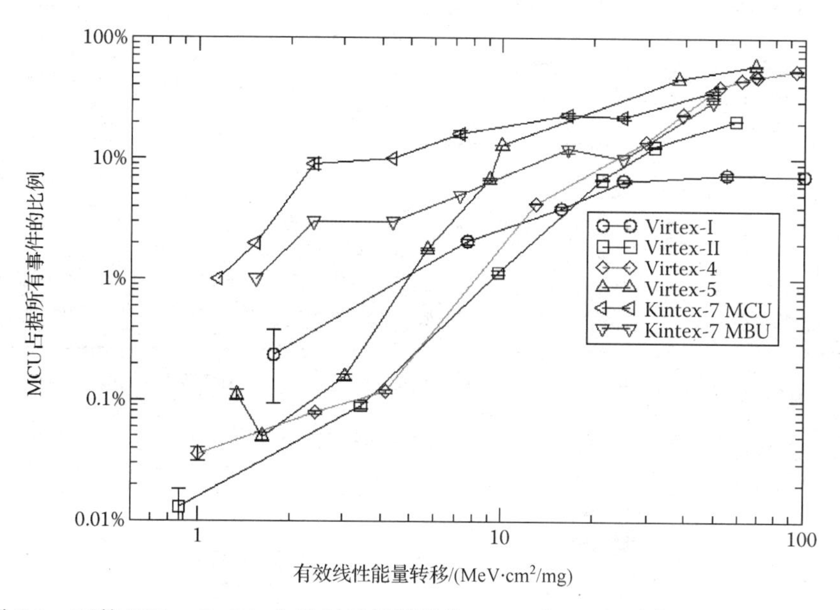

图 8.3　五款 Xilinx FPGA 中重离子辐照引发 MBU 和 MCU 占据所有事件的比例

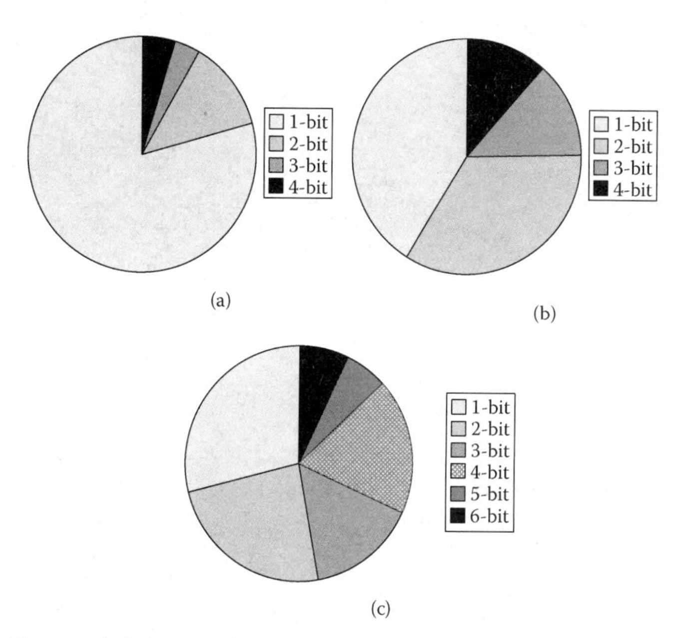

图 8.4　事件位数的分布情况：(a) 100%；(b) 99%；(c) 99%

表 8.2　五款 Xilinx FPGA 中质子辐照 (63.3 MeV 和 65 MeV) 引发翻转事件发生的频次和比例

系列	所有事件数	1-bit 事件	2-bit 事件	3-bit 事件	4-bit 事件
Virtex-I	241 166	241 070	96	0	0
		(99.96%)	(0.04%)	(0%)	(0%)
Virtex-II	541 823	523 280	6293	56	3

续表

系列	所有事件数	1-bit 事件	2-bit 事件	3-bit 事件	4-bit 事件
		(98.42%)	(1.16%)	(0.01%)	(0.001%)
Virtex-II Pro	10 430	10 292	136	2	0
		(98.68%)	(1.30%)	(0.02%)	(0%)
Virtex-4	152 577	147 902	4567	78	8
		(96.44%)	(2.99%)	(0.05%)	(0.005%)
Virtex-5	2963	2792	161	9	1
(65 MeV)		(94.23%)	(5.43%)	(0.30%)	(0.03%)
Virtex-5	35 324	31 741	3105	325	110
(200 MeV)		(89.86%)	(8.79%)	(0.92%)	(0.43%)

MCU 分布的变化对于 TMR 设计中的考虑至关重要，为给出 MCU 的细节①，图 8.5 中还提供了 MCU 的拓扑图。Virtex-II 中发生的大部分事件限制在两行两列的矩形区域中[见图 8.5(a)]，而 Virtex-5 中发生的大部分时间限制在三行两列的区域中[见图 8.5(b)]。

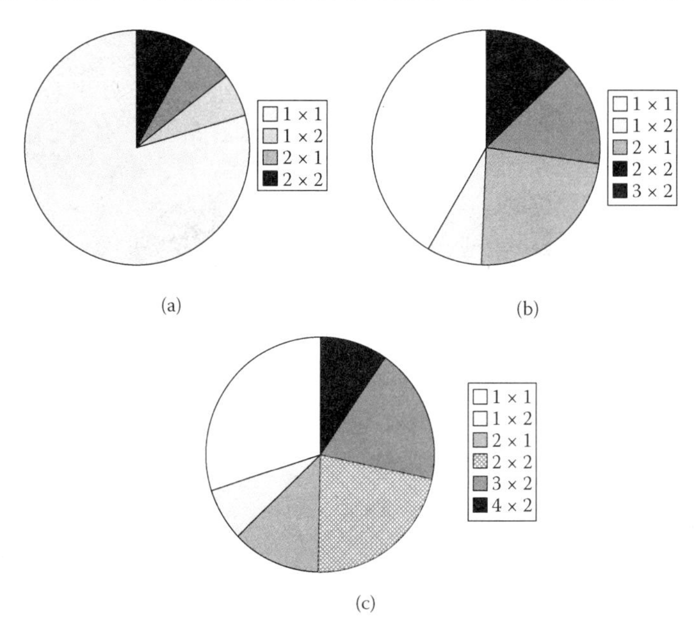

图 8.5 重离子引发 MCU 的拓扑图形，分布情况分别为：(a) 100%；(b) 99%；(c) 94%

如图 8.4(c) 和图 8.5(c) 所示，MCU 在斜入射情况下更加恶化。LET 等于 72.8 MeV·cm^2/mg 的 Kr 离子以 60 度角斜入射时，MCU 的发生概率为 72%，平均翻转位数为 4.2，5 位和 6 位翻转的比例增加到 13%，仅有 94%的 MCU 限制在四行两列的区域中。

尽管上文中给出的数据显得比较严重，相对于传统 SRAM 器件，SRAM 型 FPGA 发生 MCU 的可能性更低。Gasiot 的研究表明，中子环境中 SRAM 发生 MCU 的比例为所有事件数的 23%～81%，具体的比例值与阱结构密切相关[14]。Tosaka 给出的结果表明，中子辐照环境中 SRAM 发生两位翻转的比例约为 10%，且小尺寸器件中发生 MCU 的可能性大于大尺寸器件[15]。由于 CMOS 器件中中子和质子辐照的作用机制相类似，这两篇文

① 边界框完全覆盖 MCU 的行数和列数。关于边界框的讨论见文献[16]。

献中的数据表明传统 SRAM 器件发生 MCU 的概率约为 SRAM 型 FPGA 器件的 3 ~ 27 倍。考虑到 SRAM 型 FPGA 的结构复杂，其在版图布局和存储器结构方面的优化程度比不上传统 SRAM 器件，所以发生 MCU 的可能性更低。

最新一代 Xilinx-7 系列 FPGA 中发生的 MCU 与早期 FPGA 有所不同，如图 8.3 所示，28 nm Kintex-7 FPGA 在较低 LET 值下对于 MCU 更加敏感[17]。随着 LET 值的增加，MCU 的比例值和早期 FPGA 基本一致，说明厂商在设计加固方面采取了一定的措施。另外，厂商们还开始在 FPGA 中采用位交错技术，内部扫描电路采用 32 位的纠错码就能够纠正所有单个位的翻转。此时只有 FPGA 单一帧结构中发生的 MCU 才称得上多位翻转（MBU）。图 8.3 还给出了 28 nm Kintex-7 中发生的 MBU 比例，从中可以看出位交错技术在加固性能提升方面的有效性。通过采用位交错技术，该系列 FPGA 中的 MBU 比例低于除 Virtex-I 系列 FPGA 外的所有其他系列器件。

8.3　受 TMR 保护的 FPGA 电路

当器件对 SEU 敏感时，采用 TMR 对电路进行防护能够掩蔽许多 SEU 事件的影响。即便如此，设计缺陷或者利用设计软件实现设计过程中的缺陷都可能导致 TMR 失效。另外，电路中可能存在设计约束，如可用的输入/输出引脚数不能实现完全三模冗余，也会影响设计的可靠性。受 TMR 保护的电路其可靠性问题包括三个部分：电路设计问题、条件约束问题和电路结构问题带来的影响，下面将一一进行阐述。

8.3.1　电路设计问题

首先是受 TMR 保护电路的设计问题。许多 FPGA 设计人员采用硬件描述语言（HDL）用于描述 FPGA 电路。接下来需要利用电路综合工具如 Synplify 或 Synopsys 进行面积优化并转译为工业标准的电子设计交换格式（EDIF）。即便是特别精心设计的 TMR 也可能受综合工具的影响导致失效，这是因为 FPGA 综合与实现工具总是试图移除冗余逻辑以实现电路面积和速度的最优化，常会导致用于提高可靠性的冗余设计被识别并移除。有时候冗余模块虽然得以保留却不再功能一致或者相互独立，此时一部分冗余逻辑被简化为由三个模块共享却在单一模块中单独实现。如图 8.6 所示，计数器中最低有效位采用的反相器已经被从三个模块中移除出去，而反相器的数据被三个计数器模块所共享。尽管该电路和完全三模冗余的电路在设计功能上相同，却存在未受保护易于出错的逻辑。在大规模电路中，此类问题的检测是非常困难的。

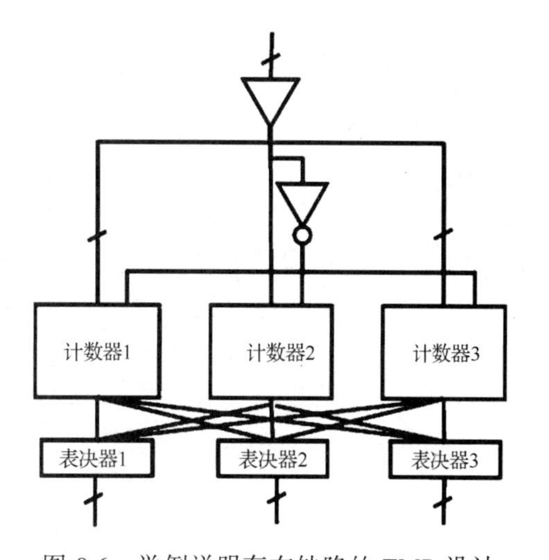

图 8.6　举例说明存在缺陷的 TMR 设计

图 8.6 还突出描述了具有反馈回路的 TMR 设计中一个常见的问题，TMR 设计中的反馈回路对永久性错误敏感[18]，此时需要采用三倍化和表决器破坏反馈回路。图 8.6 中的计数器显示出

一个未被有效切断的反馈回路，SEU 被移除后计数器不能够自主地再同步。这种情况下，发生于一个反馈回路中的第一个 SEU 会被表决器所屏蔽，发生在另一个反馈回路的第二个 SEU 则不能确保被屏蔽掉。为修复计数器设计，表决器的输出需要反馈回到计数器的输入端以防止永久性错误。

为避免综合工具引入的问题，推荐将 TMR 应用到 EDIF 电路描述中。对于小规模的设计，可以通过文本编辑器直接实现，而可用的自动化工具包括 BLTmr、Xilinx TMRTool、Synopysis 工具和 Mentor Graphics 工具[18-21]。这类工具针对的是综合后的电路网表，所以综合工具能够对基本的电路进行优化并不会影响 TMR。对综合后的电路进行优化通常限定为移除与输出引脚无连接的信号，影响冗余模块的可能性很小。这类工具本身也是基于对永久错误的理解构建的，会对反馈回路进行合理的保护。

8.3.2 条件约束问题

由于器件的引脚和面积有限，设计人员有时不能够对设计进行完全的三模冗余。特别是在输入、输出、时钟、复位信号无法三倍复制的情况下，发生在输入/输出模块、布线资源、全局时钟网络和触发器中的 SEU 可能在三路逻辑模块中均引发错误。如图 8.6 所示，其中的三路计数器共享相同的输入端。这类设计在数据源来自单个传感器的情况下并不罕见，输入引脚和计数器输入之间的部分未受保护。另外，研究发现在不使用自动化 TMR 工具的情况下，综合工具对 TMR 设计进行的优化很可能移除掉对可靠性至关重要的冗余逻辑。虽然有可能在器件内部对某些信号进行三倍复制①，但输入引脚和用于拆分信号的触发器之间未得到保护。

设计人员还可能受制于器件容量的限制不能进行完全的三模冗余。BLTmr 工具利用平衡需求的思路解决该问题：通过保护设计中最重要的部分实现部分三模冗余并满足面积约束的要求。BLTmr 对于由于反馈可能引发永久性错误的电路进行优先加固。实现部分三模冗余的电路其软错误是难以定量评价的。

8.3.3 电路结构问题

电路在器件中加以实现的过程中可能出现若干问题，如跨域错误（DCE）和逻辑常数。这类器件非常复杂且具备大量可用于提高速度、功耗和使用率的特征结构，如用于快速进位链、移位寄存器和内置算术函数的资源。将电路设计转译为 FPGA 中可用的特定资源时，某些情况下进位链和乘法器的输入需要接地，如乘法运算所需输入端少于内置乘法器输入端数目时。接地端连接到电源网络的逻辑常数中，称为全局逻辑网络。Virtex-I 和 Virtex-II 器件的电源网络是采用常数查找表（LUT）中包含地端和 VCC 端的虚拟网络，由于电源网络通过设计软件达到负载平衡，冗余逻辑也可以共享相同的电源网络，这就在设计中引入了潜在的失效模式。如果网络是在对 SEU 敏感的逻辑电路中加以实现的，将使问题变得更加复杂。由于负载匀衡的要求，所采用常数 LUT 的数目会受到影响，由此引发的单点失效的具体数量直到设计完全实现才能够加以判定。

BLTmr 和 TMRTool 工具应对该问题的方法是将半锁存结构和常数 LUT 提取到输入/输出引脚，用于在 TMR 设计中提供恒定逻辑值。该解决办法中将逻辑值赋予如时钟树之

① 使用全局时钟缓冲区只能将时钟复制三倍，并且应仔细监控偏移。

类的全局信号，逻辑常数采用的输入/输出引脚同样需要三倍复制。Los Alamos 国家实验室开发了一种名为 RadDRC 的工具用于针对半锁存结构进行加固[22,23]，具体流程包括在用户电路的 XDL 描述中甄别半锁存结构进而利用常数 LUT 进行逐一替换。BLTmr 和 RadDRC 工具的应用效果都已经通过错误注入和辐照试验加以测试。

可靠性问题还包括电路在器件中加以实现时的布局。许多工具在将电路描述转换为码流时试图实现电路面积和时钟频率的最优化，冗余逻辑可能被排布在非常近的区域内。我们针对 Virtex-II 开展的研究表明，当面积和时序约束导致器件的利用率过高时，MCU 有可能通过在多个冗余结构中引入错误而导致 TMR 失效，这种状况称为 DCE[10]。考虑到 DCE 的复杂性，我们在下一节进行详细阐述。

8.4 跨域错误（DCE）

当 TMR 电路中的两个或三个副本（域）受到影响时，表决器就会输出错误的数值，此时即发生了 DCE。如图 8.7（c）所示，只有当至少两个域的数值受辐射影响变为相同的错误值时，DCE 才会发生，此时系统无法检测出不正确的操作。除非错误的输出数据被检测出或者已知 DCE 在器件中发生的位置，这些错误将无法探测。由于 MCU 在系统中表现为独立的错误，MCU 相对于单个位翻转更有可能引发 SEU。

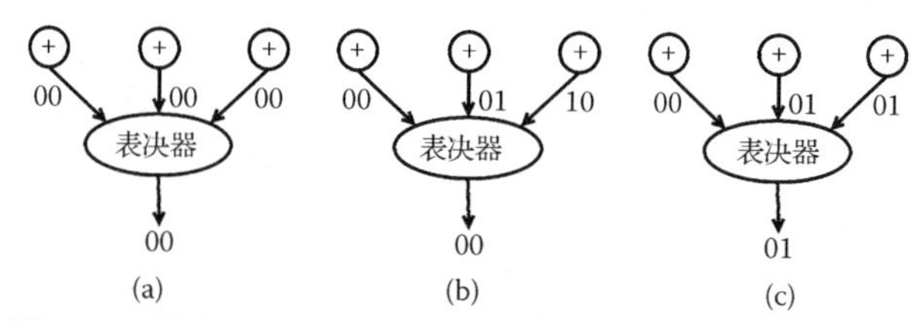

图 8.7 采用 TMR 和按位表决的两位加法器发生 DCE 的例子。（a）操作正常；（b）错误被掩蔽；（c）DCE 发生

许多因素都可能影响系统的 DCE 敏感性，如设计可靠性、表决器设计、器件使用率和系统对于错误的敏感性。加固效果最强的 TMR 设计采用三倍复制的表决器、数据信号和控制信号以全面杜绝单点失效，此时两个副本中发生相同错误时才会引发失效。如图 8.7（b）所示，按位的表决操作能够屏蔽许多可能的 TMR 错误。使用率高的设计发生 DCE 的概率更高。最后，电路对于错误的敏感性决定错误是否能在系统中传播，如逻辑掩蔽降低了 DCE，表现为可观测输出错误的概率。所有这些都将在后续内容中详细讨论。

本节的其余内容集中在测试方法、测试结果、结果分析和用于计算发生概率的可靠性模型。

8.4.1 测试方法和设置

本节中介绍项目组曾用于错误注入测试和加速器辐照测试的测试装置以及所采用的测试电路，二者采用的硬件装置是相同的，区别在于试验方法和软件部分。

1. 测试电路：所采用的测试电路如表 8.3 所示，研究对象为 Virtex-II XC2V1000 器件，设计的本意是甄别 TMR 的最劣情况。当开发大型设计时，这些电路可以作为设计的一部分或极端情况加以应用。如表 8.3 所示，完整的一系列电路中包含前馈和反馈两种类型。

表 8.3　测试电路的资源利用率

电　路	类　型	表　决	触发器百分比	LUT 百分比	Slice 百分比
移位寄存器	前馈	频繁	96%	97%	97%
		片外	96%	0%	96%
加法器	前馈	频繁	44%	48%	71%
		片外	44%	22%	46%
减法器	反馈	频繁	81%	33%	98%
		片外	81%	27%	97%
与逻辑	前馈	频繁	45%	90%	100%
		片外	45%	45%	45%
或逻辑	前馈	频繁	45%	90%	100%
		片外	45%	45%	45%
LFSR	反馈	片外	89%	2%	100%
伪 LFSR	反馈	频繁	50%	99%	99%
		片外	50%	49%	50%

除线性反馈移位寄存器(LFSR)外，每种电路都利用两种 TMR 加以实现。第一个版本中三倍复制的表决器频繁散布于待测器件(DUT)，另一个版本则只在片外表决一次。LFSR 电路采用了 Xilinx 的知识产权模块，TMR 仅在片外表决。TMR 的设计采用最优化的原则，数据、控制信号和表决器均三倍复制。

每个电路设计均尽可能地占用更多资源。在片外表决的情况下，虽然电路所实现的功能与片内表决时相同，但显然资源占用率相对较低。我们还特意设计了包含 Virtex-II 器件特征模块的电路，如快速进位链和内置乘法器。与逻辑和或逻辑仅采用 LUT 加以实现。Virtex-II 器件包含块存储器用于存储片上临时数据，块存储器的截面和缓解措施与可重配存储资源明显不同，考虑篇幅的限制，这里不针对采用块存储器资源的电路设计展开叙述。

2. 错误注入测试方法：采用 Virtex-II SEU 模拟器对测试电路进行错误注入测试[24]，图 8.8 给出了硬件测试装置的示意图。SEU 模拟器采用两块 Xilinx Virtex-II AFX 开发板紧密连接，利用 USB 接口与主控计算机相连。其中一块 AFX 开发板采用标准器件而另一块采用待测器件，两个器件中的测试电路相同，标准器件中还包括额外的运算，用于为测试电路提供输入向量并接收输出向量判定两只器件的输出是否一致。检测到不一致的情况时将提供给主控计算机并记录下来。

图 8.8　用于 Virtex-II 器件错误注入和加速器辐照试验的硬件测试装置

SEU 模拟器的软件部分用于注入用户自定义的错误图形(单个位翻转、2 位翻转等)，故障注入的情况下能够达到比加速器辐照测试更高的覆盖率。即便如此，考虑到逻辑屏蔽的影响，有必要针对多个测试电路和测试向量多次运行 SEU 模拟器以获得有代表性的一组 DCE。

SEU 模拟器的软件部分按照如下方式注入错误。首先，通过操作编程数据（码流）和部分重新配置将单个错误（或多个错误以模拟 MCU）注入 DUT 的特定位置，模拟 SEU 的发生。一旦错误被注入，两块开发板被重置以清除错误注入带来的影响，接下来两块开发板同步运行多个周期以允许错误传递到输出端。这段时间间隔内持续输入约 250 000 随机产生的测试向量。接下来，SEU 模拟器的软件部分持续比对两块板的输出，发现不一致时将结果记录下来，并通过部分重新配置将注入的错误移除出去，将两块开发板重新进行同步，保证 DUT 再次回到正常的操作中。一旦该过程完成，将继续注入下一个错误。

为了对错误注入加以限制，注入时通常选用加速器辐照测试中发生频率最高的错误图形。Virtex-II 器件的重离子测试结果表明：LET 值为 58.7 MeV·cm^2/mg 时 99%的翻转类型可以归纳如下：单个位翻转（79%）、2 位垂直事件（6%）、2 位水平事件（6%）、3 位拐角事件（4%）和 4 位方格事件（5%）。该 LET 值为辐照测试中用到的最高值，所以获取到的比例可以认为对应着 MCU 的最劣情况。较低 LET 值重离子或质子辐照可能引发的 MCU 会更低，但仍然限定于该列表中。对整个器件注入这些错误图形能够得到最劣情况下的 DCE。

3. *加速器测试方法*：加速器辐照试验中采用了与错误注入相同的硬件装置以验证错误注入的结果。此时软件部分对器件码流执行回读操作，将回读得到的码流与参考码流作对比以判定翻转位置、记录翻转位置、记录与标准器件输出不符的结果、对器件执行部分重新配置移除错误、通过重启设计将两块开发板再次同步。所有这些操作都在器件模拟在轨环境受辐照的情况下进行，通量被调节到较低以减小由于未被及时纠正的翻转而导致的 DCE。项目组曾在 2007 年印第安纳大学环形加速器装置（IUCF）上开展加速器测试，在略超过 2 个小时的时间内测试了两只 XC2V1000 器件，总通量达到 6.6×10^{11} 质子/cm^2，辐照过程中还通过将测试板旋转 45 度增加 MCU 截面。结果表示平均每个回读周期约出现 1 ~ 3 次翻转。

8.4.2　错误注入和加速器测试结果

表 8.4 中给出了错误注入的结果。DCE 的数目以两种方式给出：错误注入得到的粗略结果和分析后的结果，后者在括号中显示。表决电路的列中给出该设计的表决方式是片内还是片外。

表 8.4　错误注入结果

电　　路	表　　决	所有 2 位（不重叠）	13 位拐角（不重叠）	4 位，2×2 方格（不重叠）
移位寄存器	频繁	6355 （6355）	4545 （539）	9186 （489）
	片外	2185 （2185）	1364 （253）	2352 （489）

续表

电　路	表　决	所有 2 位（不重叠）	13 位拐角（不重叠）	4 位，2×2 方格（不重叠）
加法器	频繁	18 733 （16 843）	11 264 （1116）	19 464 （1783）
	片外	1166 （1104）	715 （101）	1310 （213）
减法器	频繁	1556 （1556）	1056 （259）	1966 （0）
	片外	1276 （1226）	767 （169）	1335 （274）
与逻辑	频繁	0 （0）	2 （2）	0 （0）
	片外	0 （0）	0 （0）	0 （0）
或逻辑	频繁	1784 （1784）	1645 （202）	3333 （814）
	片外	5 （5）	2 （0）	5 （1）
LFSR	片外	4966 （4966）	2711 （297）	4709 （803）
伪 LFSR	频繁	26 105 （26 105）	18 023 （2194）	31 606 （4092）
	片外	22 （44）	28 （6）	58 （7）

项目组在印第安纳大学环形加速器装置上利用 200 MeV 质子沿 45°倾角入射，获取到了一种设计（加法器、片内表决）对应的加速器辐照结果。该实验的初始目的是证明辐照和错误注入均能引发 DCE。2 个小时的测试时间内，项目组观测到 31 次 DCE，截面值为 $6.6\times10^{-11}\pm3.8\times10^{-13}$ cm^2，42%的 DCE 能够和错误注入 DCE 关联起来，后期工作中希望能够关联更多的 DCE。

辐照测试中观测到 19 次单粒子功能中断（SEFI），截面值为 $4.1\times10^{-11}\pm4.9\times10^{-13}$ cm^2。该截面数值远低于 Virtex-II 器件的 MCU 截面，但与 DCE 的截面值量级相当。仅有 1%的 MCU 可能导致 DCE，DCE 的截面大约是 MCU 的截面的 1/15。最后，对 SEFI 的类比对于如何处理 DCE 是有用的，SEFI 尽管可能，但并不是这类器件的一阶效应，可以作为可解决的问题处理。

8.4.3　结果与讨论

利用错误注入更容易实现完全的测试覆盖率，所以本节将主要讨论错误注入的结果。项目组已经证明不管辐照试验还是错误注入都能够观测到 DCE。本节将讨论 Virtex-II 器件中可能引发 DCE 的电路设计和结构特征。

1. DCE 特征：尽管 Sterpone[19]通过解析分析判定 SBU DCE 存在，项目组针对

Virtex-I 开展的错误注入和加速器测试并没有发现 SBU 引发的 DCE。针对 Virtex-II 仅在加法器和乘法器电路中表现出 SBU 引发的 DCE。所有的 SBU DCE 都与为设计提供常数零的全局逻辑网络相关。大部分 SBU DCE 都具有类似的特征，如 slice 内部连接 LUT 到输出信号的多路复用器受 SEU 影响，进而导致输出信号发生错误。也存在连接到 slice 输出信号的多路复用器受 SEU 影响的情况，此时 SEU 导致该多路复用器使用了不同 slice 的输出信号。这表明单个位翻转可能引发类似的 DCE，但目前来看是比较少见的。

我们选用的测试电路大部分都对 MCU 引发的 DCE 敏感，只有与逻辑的两个测试电路表现出特别的不敏感。如图 8.9 所示，整个器件中受 DCE 影响的百分比在 0.0001% ~ 2.6%之间，平均来说，片内表决电路 0.9%的网表与 MCU 引发的 DCE 相关，而片外表决电路对应的数值仅为 0.1%。

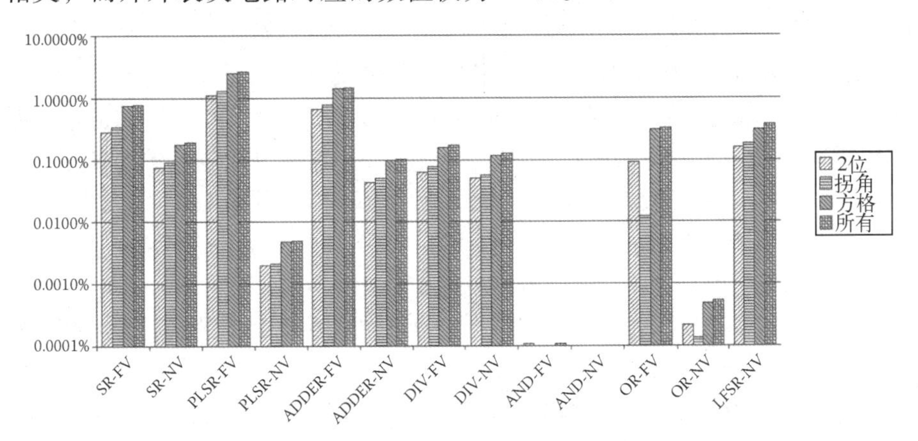

图 8.9　整个器件中受 DCE 影响的百分比

2. 结构问题：大约 99%的 MCU DCE 发生于配置逻辑模块(CLB)，剩下的部分发生于输入/输出模块、全局时钟和块存储器互联(用于互联线)。平均来看，75%的 CLB DCE 发生于互联网络，22%横跨互联网络和 LUT 区域，2%发生于 LUT 区域。对于仅发生于 LUT 区域的部分，80%横跨多个帧、CLB 或 slice。

CLB 互联网络是整个器件中规模最大的资源类型，在 XC2V1000 的配置位中占据 53%，值得受到关注。加速器辐照试验结果表明，95%的 CLB SEU 和 48%的全芯片 SEU 都与互联网络相关。图 8.10 给出了一个互联开关和附加 CLB 的示意图，Virtex-II 中每个 CLB 均包括 4 个 slice，每个 slice 又包括两个 LUT、两个触发器和用于定义 slice 工作模式的一定数目控制位。每个互联开关均包括两个主函数：施加给附加 CLB 的互联数据和控制信号、施加给其他互联

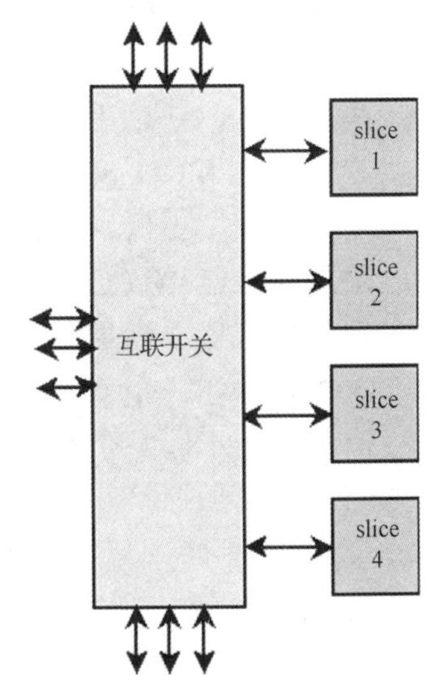

图 8.10　互联矩阵和附加的 CLB

开关的互联数据和控制信号。虽然开关到开关的通信具有多个选项，slice 和互联开关的比例为 4 比 1 时，互联就可能变得拥堵。另外，每个附加于单独开关的 slice 都具有四组分立的数据和控制信号。应用 TMR 的情况下，有可能三个副本都位于同一个 CLB 中且通过同一个互联开关矩阵走线，这时互联开关就成为单点失效的来源。

进一步的分析中，项目组研究了 MCU 在什么情况下能够引发 DCE。许多 DCE 是由于全局信号被改变。也有许多例证表明，当两个副本的时钟被改变时可能在副本中引入微小的时序问题。还有许多例证表明，当一个副本的时钟信号和另一个副本的重置信号被改变时将导致一个副本的触发器丢失控制时钟而另一个副本的触发器在每个时钟周期内都被重置。

为减弱 MCU 对于电路的影响，布局和互联工具需要将三个单独的副本放置得足够远以保证不受 MCU 的影响。即便是很小的改变，如不允许副本共享同一个 CLB，也能明显减少 DCE 的数目，但可能导致器件使用率降低。

3. 表决器和器件利用率：项目组在分析错误注入结果时，首先尝试将错误数据与器件利用率的统计结果相关联，这种分析毫无结果。对 DCE 最劣的伪 LFSR 设计和 DCE 数减少了 73%的移位寄存器设计使用了几乎相同数目的 LUT、slice 和 PIP。尽管器件使用率最低的设计对应的 DCE 数最少，DCE 数为零的与逻辑采用了几乎全部的 slice 和 LUT。另外，或逻辑除了 LUT 功能不同外，利用率的统计结果和与逻辑完全一致，却表现出 DCE。因此，器件利用率的统计结果与 DCE 数目之间不存在直接的联系。

   项目组发现，表决器增多时增加了 DCE 的数目，但二者之间并不存在简单的相关关系。采用了片外表决的电路对应 DCE 数明显降低，如伪 LFSR 电路，片外表决对应的 DCE 数仅为片内表决时的 1%。另外，有的电路设计采用片外表决时 DCE 数仅表现出有限的降低，如触发器设计，片外表决对应的 DCE 数为片内表决时的 68%。似乎存在多种因素影响二者之间的相互关系。

   由于 MCU 仅影响相近的逻辑，间隔应该是最明显的原因。片外表决的设计对应利用率更低，这就导致不同副本之间的间隔随之增加而不违反时序约束。表决操作也能导致三个副本聚集于被表决的 LUT，迫使综合工具将三个副本放置在很近的位置以满足时序约束。表决器也能迫使三个副本紧密布局。由于单个位表决器可以在一个 LUT 中实现而每个 slice 中包含两个 LUT，有可能 8 个不同的表决器附加于同一个互联开关。所以，片内表决不仅是应用了更多的资源，也使电路布局更加拥挤和纠缠不清。

4. 设计敏感性：与逻辑和或逻辑在设计之初就意图使二者在布局和器件利用率方面相一致，唯一的不同是 LUT 中实现的逻辑功能。尽管本质上是相同的电路，二者的 DCE 表现差异很大。实际上，或逻辑和大多数其他设计都不相同，只有 44%的 DCE 表现在互联网络中，53%表现在 LUT 和互联开关。尽管对于大部分电路来说互联网络最为敏感，或逻辑却对于互联开关和 LUT 中发生的 SEU 更敏感。这些错误表现为系统中多个独立的错误，可能的情况包括两个 LUT 的输入固定为零不变，此时或门能够输出可观测的错误而与门由于逻辑屏蔽会掩盖掉大部分错误。因此，或逻辑倾向于使 LUT/互联网络中的 MCU 表现出来。

8.4.4　DCE 的概率

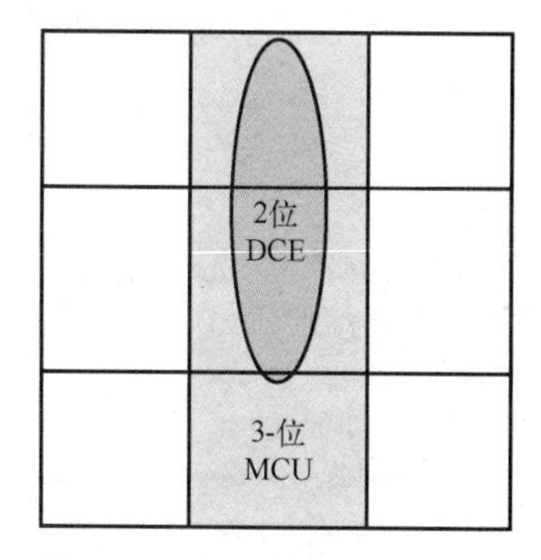

图 8.11　与 2 位 DCE 相重叠的 3 位 MCU

DCE 的数目随着 SEU 规模的增大而增加，针对 SEU 规模的 DCE 空间包括两个部分：由较小规模事件引发的 DCE 和专门由某种事件形状产生的 DCE。例如，如图 8.11 所示，2 位垂直分布的 DCE 与 3 位垂直分布的 MCU 相重叠，3 位垂直分布的 MCU DCE 可以划分为由重叠位置处引发的 DCE 和特别由 3 位垂直分布 MCU 引发的 DCE。另外，由于每个 2 位垂直 DCE 是由两个 3 位垂直 MCU 所引发的，2 位垂直分布 DCE 的事件空间在 3 位垂直事件空间内发生了两次。因此，针对给定 SEU 规模的 DCE 数目大于或等于针对所有相重叠的更小 SEU 规模的 DCE 数目。表 8.4 在括号中给出了针对每个特殊形状 DCE 的数目，3 位和更多位 DCE 的事件空间由更小规模的 DCE 占据主导地位。

随着 SEU 规模的增大，触发 DCE 的概率逐渐增加为 1。幸运的是，在此过程中大规模事件发生的概率逐渐趋近于 0。在 Virtex-II 器件中，发生 5 位或更多位 MCU 的可能性非常小，DCE 发生的概率主要由 1 到 4 位 MCU 所决定。

项目组创建了一个简单的模型用于评估 DCE 发生的概率，模型基于如下推断：

$$
\begin{aligned}
P(\mathrm{DCE}) &= \sum_{i=1}^{\max} P(\mathrm{upset}_i) P(\mathrm{DCE} \mid \mathrm{upset}_i) \\
&= \sum_{i=1}^{\max} P(\mathrm{upset}) \frac{N(\mathrm{DCE}_i)}{C_i}
\end{aligned} \tag{8.1}
$$

其中 $P(\mathrm{upset}_i)$ 代表基于加速器数据求得的 i 位翻转发生的概率，$N(\mathrm{DCE}_i)$ 代表 i 位翻转引发的 DCE 数目，C_i 代表 i 位翻转的组合数目。依据劳伦斯伯克利国家实验室针对 Virtex-II 获取的重离子数据计算 $P(\mathrm{upset}_i)$ 数值，依据错误注入结果获取 $N(\mathrm{DCE}_i)$ 数值，进而利用该模型计算 DCE 的发生概率。如图 8.12(a)所示，Virtex-II 器件中给定电路设计对应的 DCE 概率相当低，最劣概率也仅为 0.36%。接下来依据劳伦斯伯克利国家实验室针对 Virtex-5 获取的重离子数据(Kr 离子，5 个不同入射角度)和 Virtex-II 器件的错误注入结果将该模型拓展到 Virtex-5。如图 8.12(b)所示，以 LBNL 能量为 10 MeV 每核子、正入射时 LET 值等于 36.4 MeV·cm^2/mg 的 Kr 离子获取到的辐照数据为基础，预测得到 1 至 4 位 DCE 的发生概率可以高达 1.2%。由于未考虑高于 4 位的 MCU，实际的 DCE 概率可能更高。依据这些数据，可推测高度为 20 200 km、倾角为 55°的 GPS 轨道上 TMR 失效的可能性。最优情况下(太阳活动最弱)每器件每天仅发生 0.6 次翻转，最劣情况下(太阳活动峰值)每器件每天约发生 3700 次翻转，对于 Virtex-II 器件这意味着每器件每天发生的 DCE 约为 0.003 ~ 19 次。

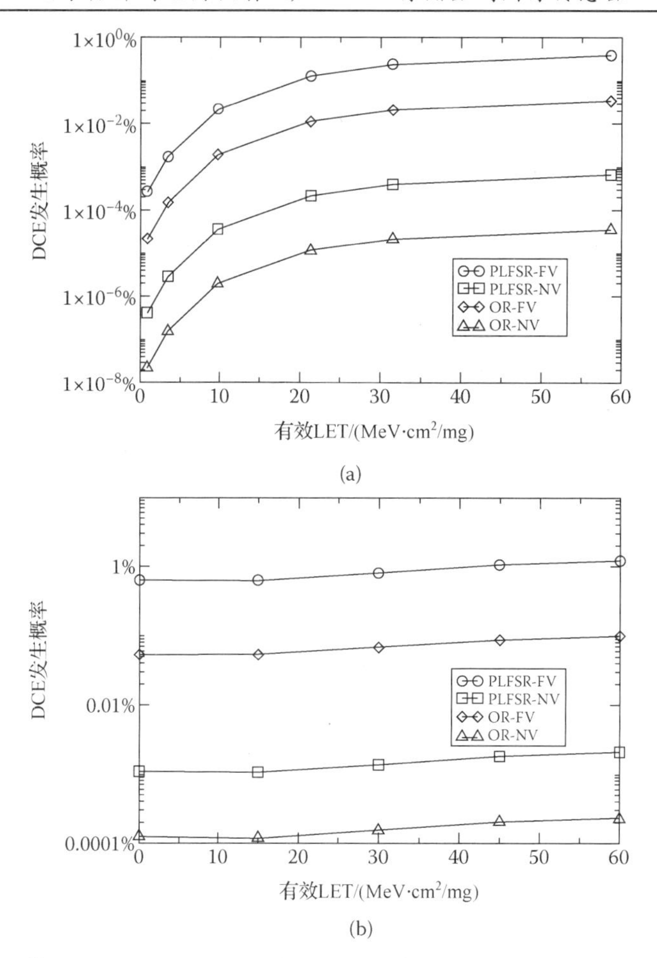

图 8.12 计算得到的 DCE 发生概率，图中每条线对应着一个电路设计(FV=片内表决，NV=无表决器)。(a)2V1000 器件；(b)5VLX50 器件，依据不同倾角的重离子测试数据(LBNL 能量为 10 MeV 每核子的 Kr 离子)

8.5 SBU 与 MCU 的探测及设计难题

许多组织机构都愿意在关键空间应用中采用 Xilinx Virtex FPGA 器件，所以判别设计的敏感性是很重要的工作，而可靠性模拟工具由于方便快捷、不依赖于硬件就很有吸引力。针对传统可靠性模拟工具在 FPGA 中的限制和 TMR 跨域错误，开发了用于分析电路可靠性的可扩展工具(STARC)。过去该工具用于模拟超级计算机在中子辐照环境中的可靠性和纳米尺度器件针对永久性良率产额缺陷的可靠性[25,26]。STARC 的主要驱动力是可用性、计算复杂度、可扩展性和模块化。STARC 针对这些限制的解决方法如下：

- 可用性：采用工业标准的 EDIF 电路网表作为输入模型，不使用输入向量集合。STARC 也可用于针对 TMR 设计的跨域错误，能够探测模块之间的不平衡、发现未被三倍复制的逻辑、评估错误截面并探测逻辑常数的使用。

- 计算复杂度：可靠性数值的 Memoization 方法①降低了针对类似器件重新计算和组合推理的使用，简化了可靠性计算。
- 可拓展性：不存在输入向量，状态空间随电路规模线性变化。
- 模块化：STARC 的输入是用作可靠性计算基础的结构和错误模型，可以使用用户自定义的结构和错误模型加以替代。

通过使用 EDIF 电路网表，即便设计未完成、设计不工作或硬件不具备的情况下，设计人员依然可以通过设计过程评价电路的可靠性。不使用输入向量，可靠性由器件的失效概率决定，不依赖于特定的输入数据集。不存在输入数据集，器件可靠性由设计类型所决定，如两位的加法器可以被存储下来以备再次应用。按照这种方式，大规模电路被分析时仅需传统方法所需时间及存储量的一小部分。

STARC 能够在几分钟内评估 FPGA 用户电路的加固性能，还能用于帮助设计人员处理面积和资源约束问题。这种情况下，有可能生成一系列 BLTmr 结果，对应截面和资源利用率均不相同的电路设计，STARC 可以帮助设计人员一一定量评估加固后的截面。

这种方法也存在若干缺点。首先，由于 EDIF 网表并不包含布线信息，计算中布局布线信息是缺失的。由于布线方式对于 TMR 加固后的截面数值影响很大，可以利用 JBits 工具分析具体设计中布线资源的截面[27]。统计模型的要点是对于单个位翻转截面进行正确评估，因为布线过程中纠正未防护配置位的唯一方式是去除未受保护的逻辑。另外，目前还不能解决布局相关的问题，如 MCU 导致的 TMR 失效。项目组正试图通过完善设计流程寻找解决方案。其次，不存在输入向量集导致无法考虑逻辑屏蔽，STARC 给出的是最劣的失效率，可能低于其他工具给出的数值[28]。

8.5.1　相关工作

电路可靠性评价的传统方法包括解析方法和布尔网络方法[29–38]。这些建模方法将电路视作概率转移矩阵、随机 Petri 网、马尔可夫链或贝叶斯网络。以组合数学为基础的解析方法被认为容易导致错误，且针对大型设计分析时计算复杂。与此类似，已经确认许多以建模为基础的方法存在着大量的限制。首先，模型构建和输入数据集极大地增加了应用此类工具所需的时间。将电路转换为概率系统模型是一件额外的、计算量巨大的工作。解析工具中状态空间由输入模型和输入数据向量集产生。状态空间将电路中所有可能的失效状态进行编码，随着电路规模增大而迅速增大。SETRA 工具是这类问题中的一个例外[39]，该工具直接解决了状态空间和自动化模型生成的问题。通过对大规模电路进行电路分块和层次化建模降低了计算复杂度，但应用起来极为复杂。这些限制凸显出 STARC 工具的优势：应用 EDIF 电路网表、不需要输入数据向量、更简单的组合推理方式降低了计算复杂度和设计人员的时间消耗。

除了上述和传统可靠性分析工具之间的不同，STARC 工具的整套方法也与传统工具差异巨大。有两种明显不同的方法可用于分析电路的可靠性[35,37,38,40]：整体化方法和基于实例的方法。整体化方法涉及对电路进行组合建模，不考虑具体失效在输入、门和互

① Memoization 方法是计算机科学中的一种组合优化方法，它将问题分解为子问题。该技术解决子问题，然后在可能的情况下将这些解决方案替换为问题。

联中的分布。基于每个门失效互相独立的假设条件，通过组合数学计算电路的输出概率分布，采用条件概率评价每一级的可靠性。计算大规模电路可靠性的整体化方法需要复杂的组合推理，很难重新利用针对子电路的分析降低组合复杂度。由于分析中未考虑具体的输入概率分布，整体化方法只给出电路可靠性的下限或上限。

近期提出了几种基于实例的方法[28,33,34,36]。基于实例的可靠性分析中采用主要输入端的概率分布和门与互联的失效概率开发出电路的一个实例，接下来每个实例都被转化为概率电路模型。这类工具的主要缺点是需要分析电路的若干个实例，这需要昂贵的计算成本。因此，需要限制输入向量集的数目用于节约成本，同时提供电路可靠性的大致预测。

STARC 的方法属于这两种方法的混合。和其他整体化方法类似的是，STARC 不受输入向量及其概率分布的影响，采用的是具体的门分布实例。因此，该方法避免了引发整体化方法瓶颈的复杂组合推理，同时限制了影响基于实例方法的计算复杂度。项目组曾经将 STARC 与一个完全采用基于实例方法的工具 PRISM 相比对[34,41]，得到了令人欣喜的结果。针对具有 4 GB RAM 和双 3.4 GHz Xeon 微处理器的 Dell Linux 机器，一共测试了四种不同的设计和两个基于产额缺陷预估的概率失效模型。二者计算出的可靠性数值之间的比值表明，STARC 的结果相对于 PRISM 在 3 到 7 位的显著性范围内。STARC 的执行速度远大于 PRISM，某些设计甚至快了 9 倍以上。

需要注意的是，波音公司 20 世纪 90 年代设计的一个可靠性分析工具 SEUper fast[42]，采用了许多和概率转移矩阵工具相同的推理。该工具研究的问题远比 STARC 更加普遍，所求解的可靠性方程远比 STARC 更复杂，从而限制了该工具的使用。目前 STARC 还不能和 SEUper fast 工具一样普遍使用，相信将来能够在不采用更复杂可靠性分析方法的情况下使该工具更加通用化。

8.5.2 STARC 概述

本章给出了 STARC 的概述。电路可靠性由电路层次化探索过程中创建的依赖图加以确定，利用 EDIF 网表中保存的电路层次结构。由于设计人员往往通过创建不那么复杂的器件或子电路实现复杂电路的构建，保持这种层次化结构对于计算可靠性非常有用。STARC 依据电路的层次化结构找到最底层需要计算可靠性的电路，接下来计算上一层的可靠性并依次上移。这种层次化的特点允许在最高层级的抽象或在最细微的细节层次考察电路。STARC 自动判别需要被探索的合适的层级。

由于可靠性计算中用不到输入向量，可靠性由器件类型所决定。例如，某个器件类型可能是一个两位的加法器，该加法器在层次化探索中第一次被发现时将执行如下步骤：

1. 确定依赖关系图；
2. 计算依赖关系图的可靠性；
3. 依赖关系图的可靠性数值被记录下来。

接下来在设计中发现另一个两位加法器时，记录下的数值将被调用，上述步骤中的前两步可以省略。由于状态空间被限定为电路中器件的具体数目，按这种方式电路的状态空间随电路规模的增加而增大。即便电路中非常少的器件被重新利用，状态空间也不可能大于电路中器件的数目。STARC 能够在多项式时间函数内分析电路可靠性，而不是像大多数传统工具那样所需时间服从指数函数。因此，STARC 能够在几分钟内计算上千个器件所组成电路的可靠性。

如上所述，基于层次化探索器件，每个特定器件的依赖关系图都被一一确定。为了最大化地多次利用，每个层级所有主要输出的依赖关系图都被确定。这些依赖关系图给出了特定输出和可到达的输入之间路径中存在的所有器件。由于从每个输出出发不一定能到达所有的逻辑或输入，该方法移除了依赖关系图中不相关的逻辑，因此简化了可靠性计算。

一旦针对某个输出的依赖关系图被确定，就可以计算可靠性。在未经加固的设计中，截面等于依赖关系图的总面积：

$$A(O)=\sum_{i=0}^{m}A(C_i) \tag{8.2}$$

其中 $A(X)$ 指的是 X（X 可能是连线或器件）的灵敏面积，$C=\{C^0,\cdots,C^m\}$ 代表从输出线端 O 可以到达的器件组合。STARC 还在错误模型和结构模型中应用到模块方法。由于 STARC 中依靠层次化确定可靠性，需要提前计算出给定结构的原型。图 8.13 中显示的是针对库特性描述的方法。硬件平台的原型在结构模型中加以定义，针对瞬时和永久缺陷的错误模型与结构模型一起创建了特征原型库。传统的失效概率方程在计算以缺陷为基础结构模型的可靠性时仍然可用。设计的自动化架构保证用户能够为自己的结构模型定义原型库或采用已有的基本逻辑和 Xilinx 结构的模型。为保证兼容性，用户定义的库必须针对特定的错误模型定义可靠性。

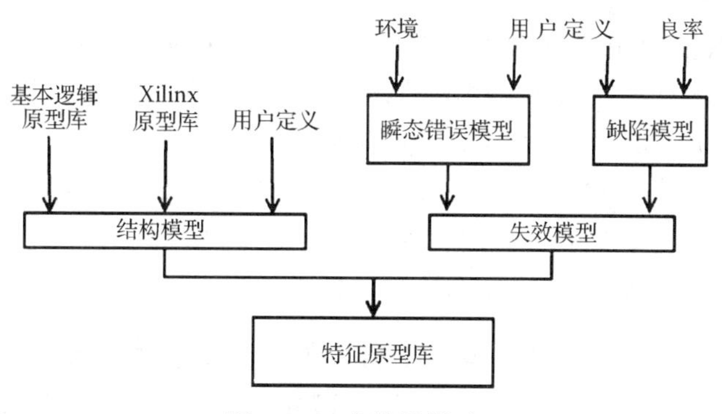

图 8.13　库特性描述

这种方式下，STARC 被设计为架构上独立的工具。尽管本章主要讲述的是 Xilinx FPGA 的可靠性，STARC 本质上是模块化的，Xilinx 的截面模型只是系统的输入。该工具已经被用于基于产额估计纳米尺度微电子学的失效概率计算，将来我们还希望拓展到针对 ASIC 的失效概率模型和截面模型中，因为这类器件同样被频繁应用于航天应用中。

最后，STARC 还被设计为帮助设计人员发现 TMR 设计中的问题。对于加固后的电路，灵敏面积被限定为设计中未被三倍复制的部分，因为只要每个冗余模块都有表决器三倍复制就能够将错误屏蔽。STARC 通过检查确保每个模块都具有完全相同的器件，任何可能被两个或三个 TMR 副本共享的逻辑要素都被认为对错误敏感，即便该要素位于其中一个模块中。STARC 还通过检查确保反馈回路被有效地三倍复制并予以切断。一旦发现永久性错误敏感源，将会显示警告以提示设计人员某个器件中并没有正确的应用 TMR。

项目组近期正尝试将布局相关的信息引入 STARC 工具已提供的 DCE 预测。对于接触前一级设计流程的设计人员来说，从电路的 Xilinx 设计语言(XDL)描述中有可能获取布局相关的信息。与 EDIF 类似，XDL 提供了可读的电路描述。而与其不同的是，XDL 中电路的器件名称被略微加以掩盖。经过初期的努力，我们已经能够将 XDL 电路描述映射到 EDIF 电路网表中。研究表明最常见的 DCE 错误是由共享同一个 CLB 的副本所引发的，所以我们首先评估的是有多少 CLB 被用于多于一个副本中。

所有这些情况下，STARC 为设计人员提供与设计相关的信息，输出为未被三倍复制的子电路列表、未被保护的位数、由于模块中功能不相等和存在逻辑常数导致潜在单点失效的警告。由于 EDIF 与电路设计紧密耦合，设计人员能够直接应用 STARC 发现并修复用户电路中的设计缺陷。

8.5.3　案例研究：面积约束下优化可靠性

本节我们给出一个使用 STARC 的案例研究，利用两个图形处理算法探索面积约束情况下可靠性问题如何优化。这两个图形处理算法分别是边沿检测和噪声滤除。边沿检测算法采用 Sobel 卷积模板作为计算的基础[43]，由于乘法可以被分解为移位操作，这些卷积模板非常适合在 FPGA 中加以实现。噪声滤除算法将图像分成一系列的小窗口，窗口中心的像素被窗口中的最小像素值所取代。这两个电路都是前馈控制的，且没有错误留存的问题。由于这两个算法都是用 9 个 8 位像素作为输入，它们可以使用相同的数据输入。

项目组开发了这些电路的若干实现形式：无 TMR(三模冗余)、完全 TMR 和两种部分 TMR。为避免应用 TMR 时的设计问题，采用 BLTmr 实现设计。应该注意到，STARC 被设置为自动识别通过 BLTmr 和 Xilinx TMRTool 工具实现的设计，逻辑常数也被提取到输入引脚。两种部分 TMR 均采用 BLTmr 实现逻辑的三倍复制，只是输入输出信号的操作方式有所不同。在部分 TMR 1 中，设置 BLTmr 未对任何输入和输出信号设置三倍复制，而在部分 TMR 2 中，对重置、逻辑常数和时钟输入信号均采用了三倍复制。

采用 STARC 确定所有应用的截面数值，结果如表 8.5 所示。

表 8.5　针对两个图形处理算法的 STARC 结果

设　计	实现方式	总截面(位数)	逻辑电路(位数)	互联(位数)	器件数目	计算时间(秒)
边沿检测	无 TMR	15 418	3641	11 777	1356	56
	部分 TMR 1	21 800	19	21 781	3787	426
	部分 TMR 2	24	16	8	3793	401
	完全 TMR	0	0	0	3799	230
噪声滤除	无 TMR	14 914	4522	10 392	1603	95
	部分 TMR 1	14 332	19	14 313	4273	785
	部分 TMR 2	24	16	8	4279	565
	完全 TMR	0	0	0	4285	309

结果表明，仅对设计中的逻辑采用 TMR(部分 TMR 1)对噪声滤除算法的加固效果提

升非常有限，甚至还增加了边沿检测算法的截面值。分析 STARC 结果时可以发现，部分 TMR 1 中截面值依然很高是由于信号错误未被减缓，从表 8.5 中数据可以看出，几乎所有的贡献都来自互联网络，说明逻辑电路已经得到了很好的防护。由于三倍复制后的逻辑电路具有三倍数目的触发器，未被复制的时钟、重置和逻辑常数布线时也需要三倍出现在不同的位置。对于具有大量流水线的设计如边沿检测算法，这种影响是灾难性的。应用 BLTmr 时选择将逻辑和全局信号全部三倍复制后，两个算法对应的截面相对于不采取任何加固措施时的数值降低了 99.8%。采取了完全 TMR 后，未防护截面变得完全不存在。

最后，STARC 能够用于发现无 TMR 和部分 TMR 设计中的加固设计薄弱环节。两个算法采用无 TMR 实现时均使用了基于器件的逻辑零，STARC 正确甄别了这一潜在问题。同样，采用部分 TMR 实现时发现输入信号、某表决器和输入/输出寄存器未被三倍复制。STARC 能够发现这些未被三倍复制的信号和逻辑，给出汇总报告，并计算对应的未防护截面。

项目组还开展了 STARC 工具的有效性校验，表 8.6 给出了针对两种图形处理算法无 TMR 实现得到的错误注入结果。边沿检测算法对应的结果中，错误注入与 STARC 的预测结果相近度在 93.8%以内。而噪声滤除算法的对比结果相近度仅约为 63.8%。进一步分析所得结果时发现，互连资源的截面估计值相对合理，但是针对两种设计均高估了逻辑电路的截面。我们认为这是由错误注入硬件中的逻辑掩蔽导致的，特别是边沿检测算法远比噪声滤除设计对数据改变更加敏感。STARC 工具的执行时间约为每分钟 12 个组件。需要注意的是，从加固前设计到加固后设计对应的执行时间将会变为原来的三倍，这是由于 BLTmr 在设计 TMR 时将电路的层次结构进行了展平处理，必须分析整个电路的状态空间以确定电路可靠性。

表 8.6　针对两个未加防护图形处理算法得到的 STARC 校验结果

设　计	总截面（位数）	逻辑电路（位数）	互联（位数）
边沿检测	14 461	2291	12 170
噪声滤除	9507	1462	8045

8.6　小结

本章围绕着利用 TMR 保证 SRAM 型 FPGA 加固效果讨论了若干个专题，相关问题包括冗余模块中共享逻辑、设计无法实现完全三倍复制、逻辑常数和跨域错误（DCE）。针对跨域错误开展的研究表明，CLB 布线网络在资源占用率高、布线拥挤的情况下是 TMR 应用中的薄弱环节。引入了 STARC 工具自动完成 Xilinx FPGA 应用 TMR 后的薄弱环节甄别，同时评估 SEU 截面。针对两个图形处理算法及四种不同的 TMR 实现方式给出了计算实例。结果表明，完全 TMR 能够实现百分百的加固防护，而仅针对逻辑电路、时钟和重置信号进行三倍复制就能够将截面值降低 99.8%。

参考文献

1. E. Fuller, M. Caffrey, P. Blain, C. Carmichael, N. Khalsa, and A. Salazar, Radiation test results of the Virtex FPGA and ZBT SRAM for space based reconfigurable computing, in *Proceeding of the Military*

and Aerospace Programmable Logic Devices International Conference (MAPLD), Laurel, MD, September 1999.

2. H. Quinn, P. Graham, K. Morgan, Z. Baker, M. Caffrey, D. Smith, M. Wirthlin, and R. Bell, Flight experience of the Xilinx Virtex-4, *IEEE Transactions on Nuclear Science*, Vol. 60, No. 4, pp. 2682-2690, August 2013.
3. H. Quinn, D. Roussel-Dupre, M. Caffre et al., The Cibola Flight Experiment, *to be published in the ACM Transactions on Reconfigurable Technology and Systems (TRETS)*, Vol. 8, No. 1, pp. 3:1-3:22, Mar. 2015.
4. G. M. Swift, Virtex-II static SEU characterization, Xilinx Radiation Test Consortium, Tech. Rep. 1, 2004.
5. G. Allen, G. Swift, and C. Carmichael, Virtex-4VQ static SEU characterization summary, Xilinx adiation Test Consortium, Tech. Rep. 1, 2008.
6. C. Carmichael, Triple module redundancy design techniques for Virtex FPGAs, Xilinx Corporation, Tech. Rep., November 1, 2001, XAPP197 (v1.0).
7. F. Lima, C. Carmichael, J. Fabula, R. Padovani, and R. Reis, A fault injection analysis of Virtex FPGA TMR design methodology, in *Proceedings of the 6th European Conference on Radiation and its Effects on Components and Systems (RADECS 2001)*, 2001.
8. N. Rollins, M. Wirthlin, M. Caffrey, and P. Graham, Evaluating TMR techniques in the presence of single event upsets, in *Proceedings fo the 6th Annual International Conference on Military and Aerospace Programmable Logic Devices (MAPLD)*. Washington, DC: NASA Office of Logic Design, AIAA, September 2003, p. P63.
9. L. Sterpone and M. Violante, A new analytical approach to estimate the effects of SEUs in TMR architectures implemented through SRAM-based FPGAs, *IEEE Transactions on Nuclear Science*, Vol. 52, No. 6, pp. 2217-2223, 2005.
10. H. Quinn, K. Morgan, P. Graham, J. Krone, M. Caffrey, and K. Lundgreen, Domain crossing errors: Limitations on single device triple-modular redundancy circuits in Xilinx FPGAs, *IEEE Transactions on Nuclear Science*, Vol. 54, No. 6, pp. 2037-2043, 2007.
11. H. Quinn, P. Graham, J. Krone, M. Caffrey, and S. Rezgui, Radiation-induced multi-bit upsets in SRAM-based FPGAs, *IEEE Transactions on Nuclear Science*, Vol. 52, No. 6, pp. 2455-2461, December 2005.
12. D. Lee, M. Wirthlin, G. Swift, and A. Le, Single-event characterization of the 28 nm Xilinx Kintex-7 field-programmable gate array under heavy-ion irradiation, *to be published in the IEEE Radiation Effects Data Workshop (REDW)*, Dec. 2014. doi: 10.1109/REDN.2014.70054595.
13. A. Le, Single event effects (SEE) test report for XC7K325T-2FFG900C (Kintex-7) Field Programmable Gate Array, Boeing Corporation, Tech. Rep., 2013.
14. G. Gasiot, D. Giot, and P. Roche, Multiple cell upsets as the key contribution to the total SER of 65 nm CMOS SRAMs and its dependence on well engineering, *Nuclear Science,* Vol. 54, No. 6, pp. 2468-2473, 2007.
15. Y. Tosaka, H. Ehara, M. Igeta, T. Uemura, H. Oka, N. Matsuoka, and K. Hatanaka, Comprehensive

study of soft errors in advanced CMOS circuits with 90/130 nm technology, in *IEEE International Electron Devices Meeting Technical Digest*, 2004, pp. 941-944.

16. H. Quinn, K. Morgan, P. Graham, J. Krone, and M. Caffrey, Static proton and heavy ion testing of the Xilinx Virtex-5 device, in *IEEE Radiation Effects Data Workshop (REDW)*, July 2007.
17. M. Wirthlin, D. Lee, G. Swift, and H. Quinn, A method and case study on identifying physically adjacent multiple-cell upsets using 28-nm, interleaved and SECDEDprotected arrays, *submitted to the IEEE Transactions on Nuclear Science*, Vol. 61, No. 6, pp. 3080-3087, Dec. 2014.
18. K. Morgan, M. Caffrey, P. Graham, E. Johnson, B. Pratt, and M. Wirthlin, SEU-induced persistent error propagation in FPGAs, *IEEE Transactions on Nuclear Science*, Vol. 52, No. 6, pp. 2438-2445, 2005.
19. Xilinx TMRTool user guide.
20. A. Sutton, Creating highly reliable FPGA designs, 2013.
21. R. Do, The details of triple modular redundancy: An automated mitigation method of I/O signals, in *Proceedings of the Military and Aerospace Programmable Logic Devices*, 2011.
22. P. Graham, M. Caffrey, M. Wirthlin, D. E. Johnson, and N. Rollins, SEU mitigation for half-latches in Xilinx Virtex FPGAs, *IEEE Transactions on Nuclear Science*, Vol. 50, No. 6, pp. 2139-2146, December 2003.
23. H. Quinn, G. R. Allen, G. M. Swift, C. W. Tseng, P. S. Graham, K. S. Morgan, and P. Ostler, SEU-susceptibility of logical constants in Xilinx FPGA designs, *IEEE Transactions on Nuclear Science*, Vol. 56, No. 6, pp. 3527-3533, December 2009.
24. M. French, M. Wirthlin, and P. Graham, Reducing power consumption of radiation mitigated designs for FPGAs, in *Proceedings of the 9th Annual International Conference on Military and Aerospace Programmable Logic Devices (MAPLD)*, September 2006.
25. H. Quinn, D. Bhaduri, C. Teuscher, P. Graham, and M. Gohkale, The STAR systems toolset for analyzing reconfigurable system cross-section, in *Military and Aerospace Programmable Logic Devices*, 2006, p. 162.
26. H. Quinn, D. Bhaduri, C. Teuscher, P. Graham, and M. Gohkale, The STARC truth: Analyzing reconfigurable supercomputing reliability, in *Field-Programmable Custom Computing Machines*, 2005.
27. JBits: A Java-based interface to FPGA hardware.
28. D. Bhaduri and S. Shukla, NANOLAB — A tool for evaluating reliability of defecttolerant nanoarchitectures, *IEEE Transactions on Nanotechnology*, Vol. 4, No. 4, pp. 381-394, 2005.
29. J. A. Abraham, A combinatorial solution to the reliability of interwoven redundant logic networks, *IEEE Transactions on Computers*, Vol. 24, No. 6, pp. 578-584, May 1975.
30. J. A. Abraham and D. P. Siewiorek, An algorithm for the accurate reliability evaluation of triple modular redundancy networks, *IEEE Transactions on Computers*, Vol. 23, No. 7, pp. 682-692, July 1974.
31. C. Hirel, R. Sahner, X. Zang, and K. Trivedi, Reliability and performability using SHARPE 2000, in *11th International Conference on Computer Performance Evaluation: Modeling Techniques and Tools*, Vol. 1786, 2000, pp. 345-349.
32. F. V. Jensen, *Bayesian Networks and Decision Graphs*. New York: Springer-Verlag, 2001.

33. S. Krishnaswamy, G. F. Viamontes, I. L. Markov, and J. P. Hayes, Accurate reliability evaluation and enhancement via probabilistic transfer matrices, in *Design, Automation and Test in Europe (DATE'05)*, Vol. 1. New York: ACM Press, 2005, pp. 282-287.
34. G. Norman, D. Parker, M. Kwiatkowska, and S. Shukla, Evaluating the reliability of nand multiplexing with prism, *IEEE Transactions on CAD*, Vol. 24, No. 10, pp. 1629-1637, 2005.
35. A. Zimmermann, Modeling and evaluation of stochastic petri nets with TimeNET 4.1, in *2012 6th International ICST Conference on Performance Evaluation Methodologies and Tools (VALUETOOLS)*, 2012, pp. 54-63.
36. S. J. S. Mahdavi and K. Mohammadi, SCRAP: Sequential circuits reliability analysis program, *Microelectronics Reliability*, Vol. 49, No. 8, pp. 924-933, August 2009.
37. E. Maricau and G. Gielen, Stochastic circuit reliability analysis, in *2011 Design, Automation Test in Europe Conference Exhibition (DATE)*, March 2011, pp. 1-6.
38. N. Miskov-Zivanov and D. Marculescu, Circuit reliability analysis using symbolic techniques, *IEEE Transactions on Computer-Aided Design of Integrated Circuits and Systems*, Vol. 25, No. 12, pp. 2638-2649, December 2006.
39. D. Bhaduri, S. K. Shukla, P. S. Graham, and M. B. Gokhale, Reliability analysis of large circuits using scalable techniques and tools, *IEEE Transactions on Circuits and Systems–I: Fundamental Theory and Applications*, Vol. 54, No. 11, pp. 2447-2460, November 2007.
40. D. Bhaduri, S. K. Shukla, P. Graham, and M. Gokhale, Comparing reliabilityredundancy trade-offs for two von Neumann multiplexing architectures, *IEEE Transactions on Nanotechnology*, Vol. 6, No. 3, pp. 265-279, May 2007.
41. D. Bhaduri and S. Shukla, Nanoprism: A tool for evaluating granularity vs. reliability trade-offs in nano-architectures, in *14th GLSVLSI*. Boston: ACM, April 2004, pp. 109-112.
42. M. Baze, S. Buchner, W. Bartholet, and T. Dao, An SEU analysis approach for error propagation in digital VLSI CMOS ASICs, *IEEE Transactions on Nuclear Science*, Vol. 42, No. 6, pp. 1863-1869, December 1995.
43. A. K. Jain, *Fundamentals of Digital Image Processing*. Upper Saddle River, NJ: Prentice Hall Information and System Sciences, Series 1989.

第 9 章　模拟与混合信号集成电路的单粒子加固技术

Thomas Daniel Loveless and William Timothy Holman

9.1　引言

电离辐射与半导体器件相互作用会导致电路出现杂散的瞬态信号。单粒子瞬态（SET）会干扰有效信号或破坏电路功能。如果单粒子瞬态改变了存储器的状态，即发生了单粒子翻转（SEU）。例如，存储器单元或数据寄存器从逻辑 0 状态变为逻辑 1 状态，反之亦然。如果该错误数据在整个电路中传播，则出现电路功能错误，且有可能出现错误输出。单粒子翻转一般不会导致电路功能永久性失效，该类错误称为软错误。软错误可能造成系统关键部件故障，导致应用或任务失败。

数字电路软错误定义为存储数据的变化或逻辑状态的改变。模拟和数模混合电路系统的软错误定义尚无标准。单粒子软错误受电路结构、电路类型和电路工作模式等因素影响。图 9.1 是运算放大器 LM124 在重离子宽束辐照下（100 MeV Br，150 MeV Mg 和 210 MeV Cl）单粒子瞬态脉冲的幅度与脉冲宽度的关系，其中脉冲宽度定义为最大幅值一半处的脉冲时间[1]。实验结果表明，瞬态脉冲信号可能为正脉冲或负脉冲，脉冲宽度可能较长也可能较短。单粒子瞬态脉冲信号特性与重离子轰击电路的位置有关。

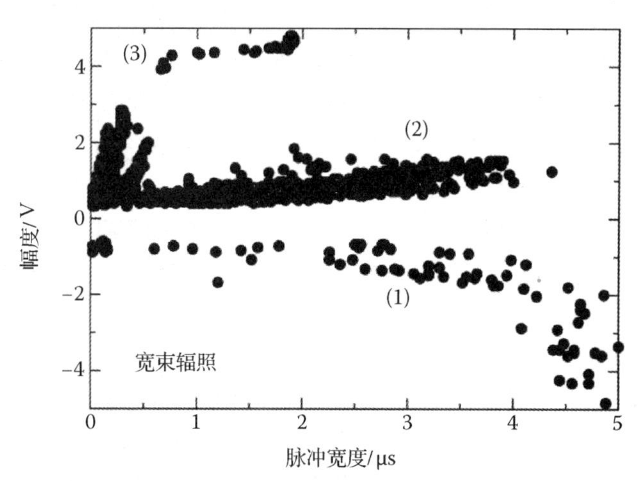

图 9.1　运算放大器 LM124 在重离子宽束辐照下（100 MeV Br，150 MeV Mg 和 210 MeV Cl）单粒子瞬态脉冲的幅度与脉冲宽度的关系（脉冲宽度定义为最大幅值一半处的脉冲时间）（引用自 Y. Boulghassoul，L. W. Massengill，A. L. Sternberg，R. L. Pease，S. Buchner，J. W. Howard，D. McMorrow，M. W. Savage，and C. Poivey，*IEEE Trans. Nucl. Sci.*，Vol. 49，No. 6，pp. 3090-3096，Dec. 2002）

抗辐射模拟和混合信号集成电路加固的常用技术是以牺牲面积、功耗和带宽为代价的，增加节点电容、器件尺寸和驱动电流，增加产生模拟瞬态脉冲的临界电荷[2-4]。该技术手段的关键问题在于采用更小的代价换取更好的加固效果。

单粒子瞬态脉冲加固方法包括常规方法和协同方法等，具体有工艺级(半导体加工工艺改变)、版图级(器件结构改变)、电路级(电路拓扑改变)和系统级(体系架构改变)。无论采用以上哪种方法，单粒子瞬态脉冲加固通常涉及以下两个重要问题：

1. 减少灵敏体积收集的电荷量(Q_{coll})[2]；
2. 增加产生模拟单粒子瞬态脉冲所需的临界电荷(Q_{crit})[2]。

在 130 ~ 90 nm 节点平面工艺中，单粒子灵敏体积的定义出现变化。对于 130 nm 及其以上工艺，多个灵敏体积间的电荷共享影响不是主要因素[5-7]。在更先进的集成电路工艺中，必须考虑电荷共享和器件结构对模拟单粒子瞬态脉冲的产生和传播的影响，如三维场效应晶体管等。

本章简要介绍了单粒子瞬态脉冲加固技术基础，并给出了最新的研究成果。在此基础上，分析了对模拟和混合信号集成电路进行抗辐照加固的示例，并根据辐照失效机制对加固技术进行分类。本章将重点对版图级和电路级的单粒子加固技术进行介绍。

9.2 电荷收集减少

9.2.1 衬底工程

降低 Q_{coll} 值可以有效缓解单粒子瞬态脉冲影响。Q_{coll} 值与器件结构相关，所以，单粒子瞬态脉冲加固要求对集成电路关键节点上器件的结构进行优化,即改变关键节点上器件制备的工艺流程。其中，衬底工程就是重要技术之一。例如，在衬底中使用电荷阻挡层可以有效控制深槽隔离(DTI)工艺中深槽外电荷的收集量，该技术可应用于锗硅异质结双极型晶体管(SiGe HBT)工艺中[8]。图 9.2 是 IBM 5HP 工艺中电荷阻挡埋层的截面图，其中，P 型埋层位于深槽隔离的底部[8]。图 9.3 为 SiGe HBT 器件与 36 MeV ^{16}O 离子相互作用后电荷收集情况的仿真结果。电荷收集峰值发生在 DTI 内部，而尾部为 DTI 外的电荷收集情况。本文将三种不同掺杂浓度的 P 型电荷阻挡层：10^{16} cm^{-3}、10^{17} cm^{-3} 和 10^{18} cm^{-3} 进行对比说明。很明显，增加阻挡层的掺杂浓度会增强对 DTI 外部的电荷收集的限制作用[8]。

采用薄硅层限制灵敏体积的电荷收集也是衬底工程的典型案例，例如绝缘体上硅工艺(SOI)[9]。绝缘体上硅工艺采用介质隔离使单粒子闩锁免疫。近 50 年来，该工艺在空间和军事领域得到广泛应用[9]。近年来，随着工艺尺寸的缩小，栅氧化层厚度越来越薄，亚 100 nm 绝缘体上硅器件的电离总剂量(TID)效应得到改善，该工艺在空间应用中得到更多的关注。绝缘体上硅工艺的设计难点包括寄生器件及其放大效应[9]、浮体效应、记忆效应[10]、整形效应(即脉冲传播、衰减及展宽)等[11]。以上效应使绝缘体上硅技术在电路级单粒子失效研究中更加复杂。相同特征尺寸下绝缘体上硅技术的 Q_{coll} 小于体硅技术，与相同特征尺寸的体硅器件相比，绝缘体上硅器件具有较小的灵敏体积和较好的隔离技术，其单粒子瞬态(SET)持续时间更短和单粒子翻转截面更低[12-15]。

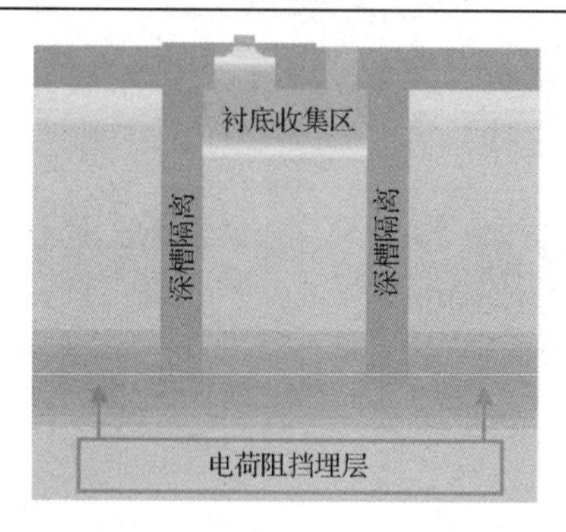

图 9.2　IBM 5HP 工艺中电荷阻挡埋层的截面图。P 型埋层位于深槽隔离底部，厚度为 2 μm，硼浓度峰值为 1×10^{17} cm^{-3}(引用自 J. A. Pellish，R. A. Reed，R. D. Schrimpf et al., *IEEE Trans. Nucl. Sci.*, Vol. 53, No. 6, pp. 3298-3305, Dec. 2006)

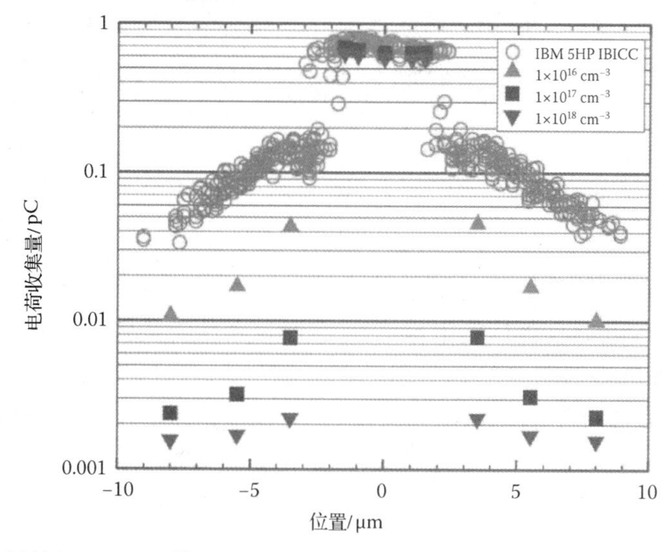

图 9.3　SiGe HBT 器件与 36 MeV ^{16}O 离子相互作用后的电荷收集情况的仿真结果。电荷收集峰值发生在深槽隔离(DTI)内部，电荷收集尾部表示深槽隔离外部的电荷收集的情况。图中分别显示了三种 P 型电荷阻挡层 10^{16} cm^{-3}、10^{17} cm^{-3} 和 10^{18} cm^{-3}(引用自 J. A. Pellish，R. A. Reed，R. D. Schrimpf et al.，*IEEE Trans. Nucl. Sci.*，Vol. 53，No. 6，pp. 3298-3305，Dec. 2006)

9.2.2　版图加固技术

版图加固技术也是收集电荷量 Q_{coll} 减少的重要手段之一。版图加固通常指对晶体管或电路布局布线的优化，该优化可以减少关键器件和节点处收集的电荷量。例如，保护环[16-19]、漏极保护[19]以及体硅 MOS 器件外围的二极管等[6]。保护环技术和漏极保护技术(或称为接触保护技术)可更快地恢复体硅 CMOS 器件的阱电势，并对相邻的灵敏体积进行隔离。P 型金属氧化物半导体器件(PMOS)的寄生双极效应明显，该技术可有效对其进行加固。图 9.4 为一个典型结构的版图，包含每个 PMOS 与 NMOS 之间的接触保护[16]。该接触保护是由与 N 阱和 P 衬底接触扩散形成的，图 9.4 也给出了限制电荷收集的基本机制[16,18,19]。

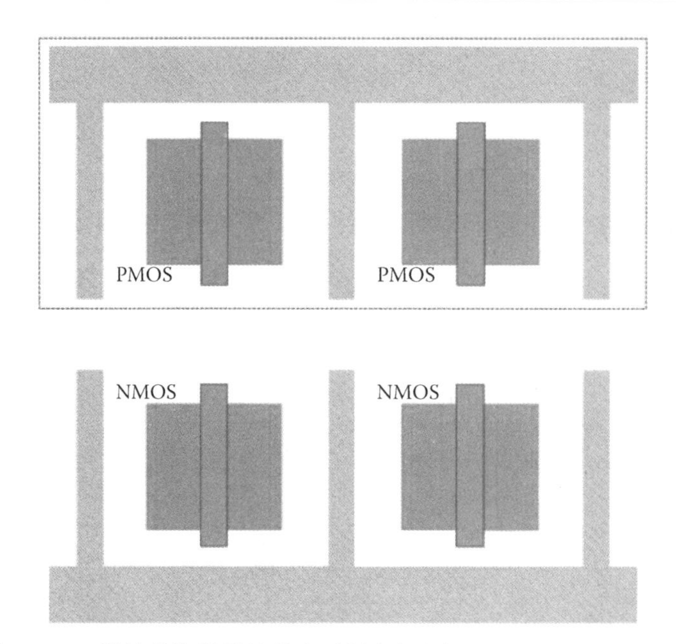

图 9.4 PMOS 和 NMOS 器件的接触保护技术示例(引用自 J. D. Black，A. L. Sternberg，M. L. Alles，A. F. Witulski，B. L. Bhuva，L. W. Massengill，J. M. Benedetto，M. P. Baze，J. L. Wert，and M. G. Hubert，*IEEE Trans. Nucl. Sci.*，Vol. 52，No. 6，pp. 2536-2541，Dec. 2005)

N 阱环[20]、衬底环[21]和嵌套的少数载流子保护环[22]也可用于 SiGe HBT 等双极结构[23]的加固设计。加入电荷收集伪集电极[24]，增加衬底和阱接触降低衬底及阱电阻等技术也可以对 HBT 器件进行加固[17,25-27]。

以上版图加固方法可降低器件的收集电荷值 Q_{coll}，但以上方法一般与工艺相关，即依赖于工艺或需要工艺参数调整。在半导体技术飞速发展的今天，需要权衡单粒子加固效果和技术路线的适用性以及经济可行性。特别是在 130 nm 工艺节点出现了电荷共享问题，该问题成为制约更小工艺节点单粒子加固的重要问题之一[5]。①

电荷共享定义为载流子在半导体材料中的扩散导致两个或两个以上的 PN 结对离化电荷的收集。工艺节点的减小将增加被轰击节点以外灵敏体积的收集电荷的数量。对于栅长大于 130 nm 的半导体器件，被轰击器件与相邻器件间距足够大，大部分离化电荷在轰击点附近复合或收集。但是，先进工艺器件间距离小，导致电荷在轰击节点以外被收集。采用先进工艺的器件只需较小电荷量就可以改变逻辑状态。例如，45 nm 绝缘体上硅工艺的临界电荷小于 1fC[31]。在小节点工艺下，由相邻节点电荷收集造成的逻辑状态改变比较明显。图 9.5 是体硅 CMOS 工艺中两个相邻 NMOS 器件的截面图。有源节点指被轰击节点，无源节点指所有收集扩散电荷的相邻节点[5]。

9.2.2.1 分隔节点和交错版图技术

分隔节点技术是解决相邻节点间电荷共享问题的一种有效方法[5,25]。图 9.6 是无源器件收集的电荷与有源器件轰击离子线性能量转换(LET)的关系，该图给出了 PMOS 间和

① 值得注意的是，目前体硅、FDSOI 和 SOI FinFET 工艺的 10～16 nm 节点都处于商业开发和定型阶段，以上工艺的辐射敏感性的评估工作正在开展[28-30]。

NMOS 间的电荷共享情况，图中显示，随着器件间距的增加，电荷收集量会减少。分隔节点技术虽然可以有效解决电荷共享问题，但对高集成度和高速电路并不适用。

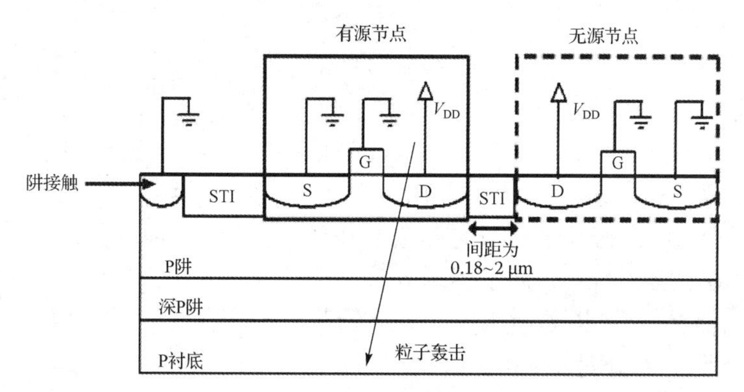

图 9.5 体硅 CMOS 工艺中两个相邻 NMOS 器件的截面图。有源节点指被轰击节点，无源节点或器件指所有收集扩散电荷的相邻节点或器件(引用自 O. A. Amusan，A. F. Witulski，L. W. Massengill，B. L. Bhuva，P. R. Fleming，M. L. Alles，A. L. Sternberg，J. D. Black，and R. D. Schrimpf，*IEEE Trans. Nucl. Sci.*，Vol. 53，No. 6，pp. 3253-3258，Dec. 2006)

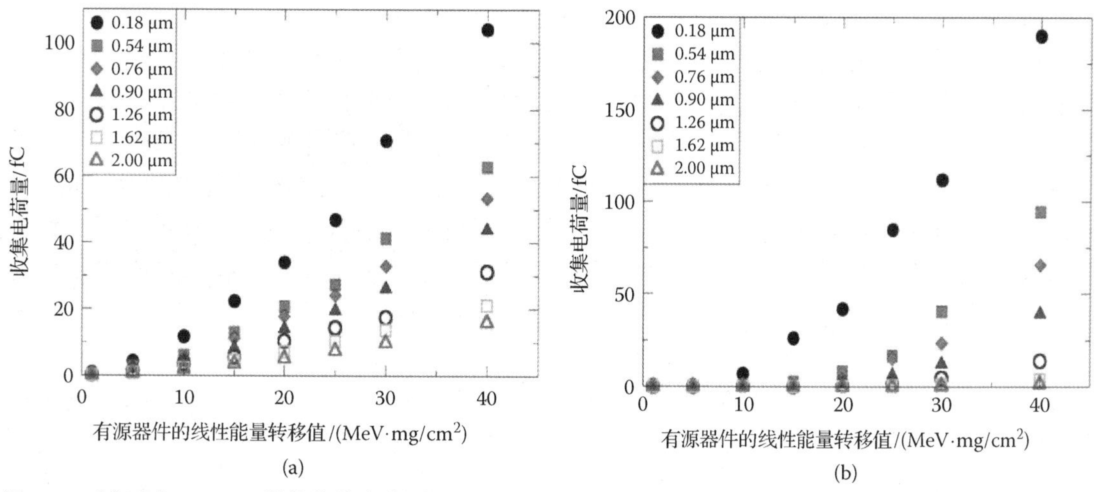

图 9.6 (a)两个 PMOS 器件的节点分隔：无源 PMOS 器件的电荷收集量随距离的增加而减少；(b)两个 NMOS 器件的节点分隔：无源 NMOS 器件的电荷收集量随距离的增大而减小(引用自 O. A. Amusan，A. F. Witulski，L. W. Massengill，B. L. Bhuva，P. R. Fleming，M. L. Alles，A. L. Sternberg，J. D. Black，and R. D. Schrimpf，*IEEE Trans. Nucl. Sci.*，Vol. 53，No. 6，pp. 3253-3258，Dec. 2006)

交错布图技术也是一种分隔节点技术。该技术可以同时满足单粒子加固和高集成度的要求。如果设计者拥有电路节点或节点组合对单粒子瞬态(SET)敏感度的信息，不敏感的晶体管可置于敏感器件间或关键器件间，该技术可以优化版图布局，使电路密度最大化[25, 32]。交错布图技术可用于双互锁单元(DICE)[33]和基于冗余单元的加固设计中[34–39]。

9.2.2.2 差分设计技术

差分设计技术是另一种采用分隔节点技术解决电荷共享问题的方法，该方法可对差分电路进行加固。与单端电路相比，差分电路具有更好的动态输出范围和噪声抑制能力，在高性能模拟电路设计中得到了广泛的应用。输入差分对是差分电路的重要组成部分，通常作为放大器的输入，如图 9.7 所示。将两个晶体管连接起来放大输入端的差模电压（V_p-V_n），并抑制输入端的共模电压。若单粒子瞬态出现在差分对中某一器件的栅极输入端或差分对中某器件的端口，则该瞬态电压将造成输出电压波动。

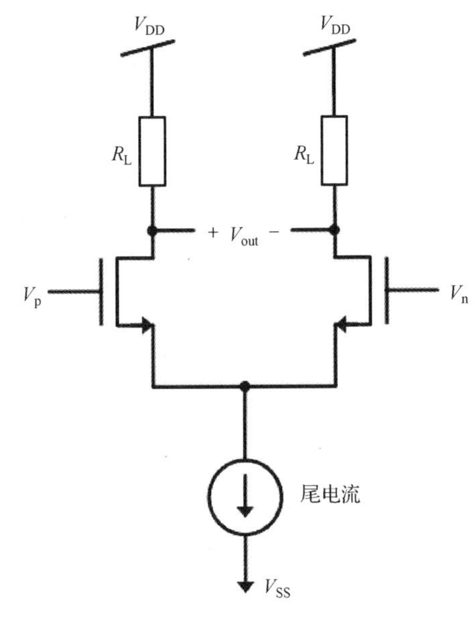

图 9.7　差分对的基本原理图

基于电荷共享原理，通过匹配差分对中的晶体管版图，可以使单粒子瞬态扰动转化为共模扰动。该方法基于文献[23]中的假设，在文献[40]中开展了仿真验证，并在文献[41]中开展了实验验证，该技术称为差分电荷消除技术（DCC）。差分电荷消除技术（DCC）减小了差分对中匹配器件漏极间的距离，并通过共质心版图最大可能地消除离子轰击对差分对两侧信号的影响。需要注意，常用的共质心版图技术是典型的差分设计技术，该技术可以提高晶体管的匹配程度，无漏极距离最小化的要求。

图 9.8 是采用差分电荷消除技术（DCC）的差分对的版图布图。该图包括采用差分电荷消除技术（DCC）前后器件 A 和器件 B 的版图。每个晶体管被分割成两个器件并置于对角，器件对称放置于共用阱中，并减小漏极间距来抑制共模信号。图 9.9 是差分对中晶体管 A 不同位置收集电荷量的示意图（图 9.8 所示的器件尺寸）。该实验采用激光双光子吸收技术注入电荷。上图为单个器件电荷收集情况，下图为差分电路电荷收集情况。其中，左下图为两管平行条件下的电荷收集情况，右下图为共质心条件下的电荷收集情况。由该图可见，采用差分电荷消除技术（DCC）可使灵敏体积降低 90%以上[41]。

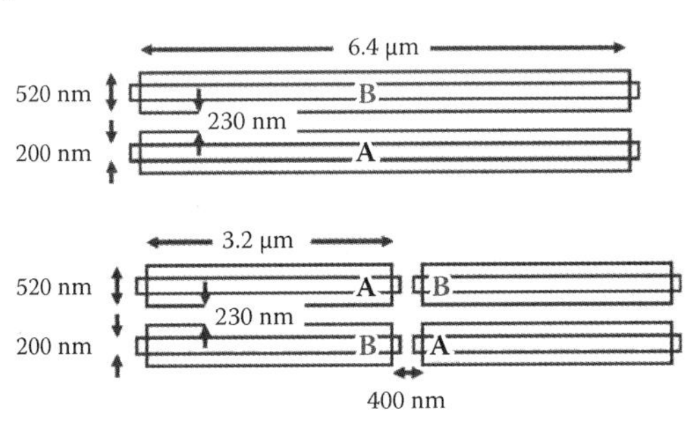

图 9.8　基于电荷共享效应的差分电荷消除技术的版图（引用自 S. E. Armstrong, B. D. Olson, W. T. Holman, J. Warner, D. McMorrow, and L. W. Massengill, *IEEE Trans. Nucl. Sci.*, Vol. 57, No. 6, pp. 3615-3619, Dec. 2010）

差分电荷消除技术（DCC）是一种用于改进模拟电路匹配特性的共质心版图技术的变形形式，该技术不会增加过多版图消耗。在许多情况下，差分电荷消除技术（DCC）只需要对标准模拟版图的一层或两层金属布线进行修改。此外，差分电荷消除技术（DCC）可以沿着差分信号路径扩展到任意位置，如图 9.10 所示。晶体管 M6 和 M7（或 M8/M9，MC4/MC5 等）均可以采用差分电荷消除技术（DCC）设计版图。

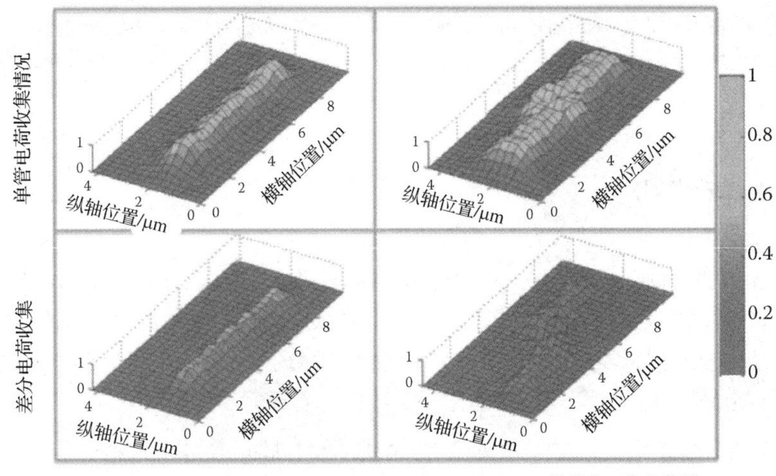

图 9.9　差分对中晶体管 A 不同位置收集电荷量的示意图。该实验采用激光双光子吸收技术注入电荷。上图为单个器件电荷收集情况，下图为差分电路电荷收集情况。其中，左下图为两管平行条件下的电荷收集情况，右下图为共质心条件下的电荷收集情况(引用自 S. E. Armstrong，B. D. Olson，W. T. Holman，J. Warner，D. McMorrow，and L. W. Massengill，*IEEE Trans. Nucl. Sci.*，Vol. 57，No. 6，pp. 3615-3619，Dec. 2010)

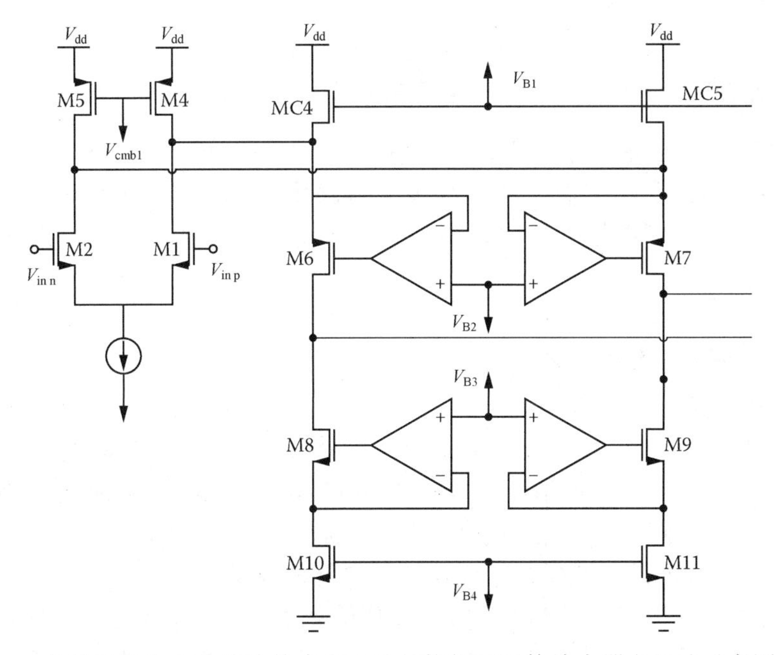

图 9.10　一种采用差分电荷消除技术(DCC)的抗辐照运算放大器(OTA)示意图(引用自 A. T. Kelly，P. R. Fleming，W. T. Holman，A. F. Witulski，B. L. Bhuva，and L. W. Massengill，*IEEE Trans. Nucl. Sci.*，Vol. 54，No. 6，pp. 2053-2059，Dec. 2007)

随着工艺节点减小，多节点电荷收集或电荷共享等问题不断增加。对数字集成电路采用电荷共享改善抗单粒子瞬态特性就越来越重要。当器件间信号传递的时间常数与逻辑门间的时间常数在一个数量级上时，就可以采用版图位置、器件间距以及信号延迟等方式阻断重要信号传播路径上的瞬态电压，称为脉冲猝灭。脉冲猝灭是分析和测量数字单粒子瞬态脉冲(DSET)的一个重要因素，也是优化数字集成电路抗辐射性能的一种有效方法[42]。许多抗辐射数字集成电路都采用了该方法提高抗单粒子性能[34,43]。

9.3 临界电荷减少

从电路设计者的角度来看，减少器件和电路的临界电荷的方法很简单。假设物理过程不变，即器件和电路收集的电荷量不变，需要采用新方法来减小单粒子效应对电路的影响。传统方法要求抵消多余电荷，包括增加晶体管尺寸[3,4]、增加驱动电流[1]、提高电源电压[1]、增加电容器尺寸[1]，以及采用冗余技术等。

此外，模拟和混合信号(AMS)集成电路电路级加固技术的参考文献较多。本章将讨论常用的模拟和混合信号集成电路，包括运算放大器(OA)、低噪声放大器(LNA)、带隙电压基准(BGR)、压控振荡器(VCO)、注入锁定振荡器(ILO)、锁相环(PLL)、串行器/解串器(SerDes)、比较器(CMP)和模/数转换器(ADC)。虽然许多电路级的加固技术是面向特定电路结构的，但基本的加固原理有很多相似之处。以下章节将简要介绍对模拟和混合信号集成电路进行单粒子加固的主要技术，并分析单粒子效应的产生机制。

9.3.1 冗余技术

三模冗余(TMR)技术是数字电路中较为常见的单粒子加固技术，该技术也可以应用于电压比较器等具有数字输出的混合信号电路中。文献[44]采用该方法，利用三个比较器的输出和一个表决器来判定正确的输出信号，并采用大尺寸晶体管对表决电路进行加固 [1,44]。

Olson 等人[45]进一步探讨了对流水线模/数转换器中的比较器进行冗余时出现的问题。虽然三模冗余可以有效降低比较器中的瞬态信号，但是当三模冗余比较器应用于流水线后级时，单粒子加固的效果会减弱，即在最高位(MSB)上进行三模冗余的加固效果最好。Olson 采用信噪比(SNR)这一指标来比较不同结构的单粒子加固效果。在设计阶段通过在电路中随机注入扰动，并对输出信号的频域响应信噪比(SNR)进行对比来比较单粒子对电路输出的影响。需要注意的是，虽然该技术可以评估单粒子的软错误率，并对加固效果进行定性评价，但该错误率无法反映实际电路的情况。

图 9.11 展示了三模冗余比较器提高 10 位流水线模/数转换器信噪比的情况。给出了理想信噪比与错误率为 0.1%和 100%的信噪比的比较结果。图 9.11 表明将三模冗余比较器应用于 10 位流水线模/数转换器的前级，可以在降低单粒子效应与增加面积和功耗之间取得最佳的权衡。即使具有非常高的翻转率，三模冗余比较器用于前 50%到 70%时是最有效的。Olson 等人也针对与模/数转换器分辨率无关的情况给出了类似的结论[45]。

Loveless 等人[46]给出了一种采用三模冗余(TMR)技术对压控振荡器(VCO)进行单粒子加固的电路结构。为了减少抖动，该电路并非是三个独立压控振荡器(VCO)并行工作，而是采用三个并行压控延迟线(VCDL)与一个反馈通路协同工作，每个反馈通路都拥有独立的偏置电路。实验结果表明，该电路可将粒子轰击后的相位噪声输出贡献降低到正常工作噪声以下[46]。

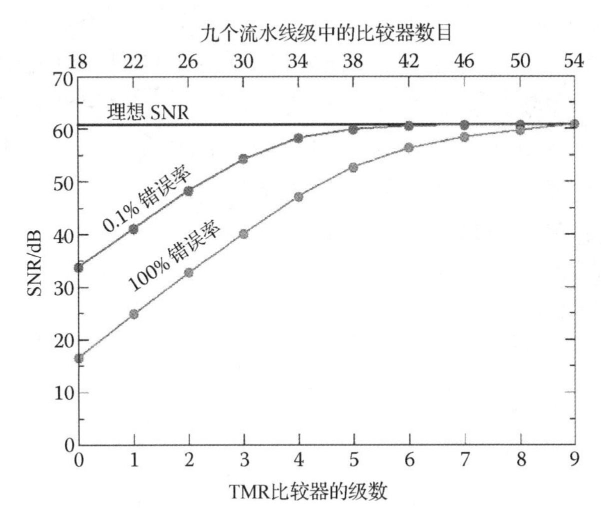

图 9.11　采用三模冗余比较器提高 10 位流水线模/数转换器的信噪比。给出了理想信噪比与错误率为 0.1%和 100%的信噪比的比较结果（引用自 B. D. Olson, W. T. Holman, L. W. Massengill and B. L. Bhuva, *IEEE Trans. Nucl. Sci.*, Vol. 55, No. 6, pp. 2957-2961, Dec. 2008）

9.3.2　平均技术（模拟冗余技术）

平均技术是一种减少杂散瞬态信号的硬件冗余技术。通过复制和并列一个电路 N 次，并将它们通过并列的电阻连接至同一节点来实现模拟电压的平均，如图 9.12 所示。由单粒子轰击在一个路径上引起的扰动ΔV 被减少至$\Delta V/N$。该技术是一种抑制锁相环（PLL）中电荷泵单元软错误的方法[32] [47]。Kumar 等人提出了一种相似的方法，采用两个独立的电荷泵（CP）/低通滤波器（LPF）控制两个交叉耦合的压控振荡器电路[48]，该方法可以加固锁相环中的电荷泵和压控振荡器模块。

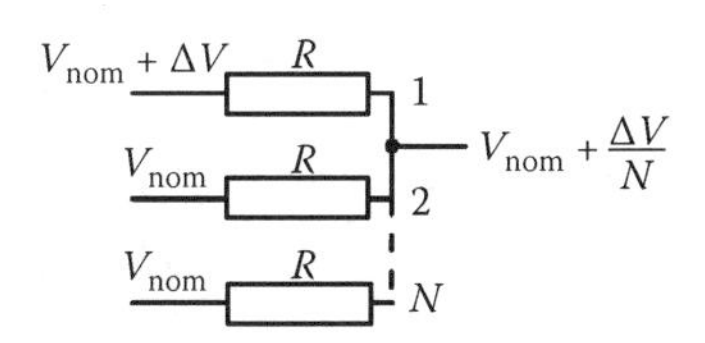

图 9.12　采用 N 个相同的电阻 R 实现的平均技术。由单个粒子轰击在单个路径上引起的扰动ΔV 被减少至$\Delta V/N$

9.3.3　电阻去耦技术

电阻去耦技术提出于 1982 年，是一种在反相器对的交叉耦合线中引入串联电阻来加固存储单元的技术[49,50]。电阻有效地增加了两个存储节点的时间常数，并限制了单粒子瞬态电压的最大变化量，从而增加了改变存储器状态所需的临界电荷量。该技术也可用于数模混合信号集成电路中，对数字锁存器进行加固，例如在模/数转换器中电压比较器输出端的锁存器[51]。通过对模拟单粒子瞬态（ASET）敏感的节点进行解耦，并通过串联电阻或低通滤波器增大时间常数，可以对高频瞬态信号进行滤波。文献[52]和文献[53]提出采用电荷泵电路的高阻抗输出与压控振荡器的电容输入解耦。如图 9.13 所示，电荷泵输出阶段[见图 9.13(a)]存在的敏感节点数量减少，并与压控振荡器控制电压解耦[见图 9.13(b)]。优化效果在图 9.14 中可以看到，图 9.13(a)锁相环中的电流型电荷泵电路。高阻抗三态结构的单粒子敏感的输出级电路直接耦合到压控振荡器的输入端，图 9.13(b)电压型电荷泵的单粒子加固电路。减少了敏感节点的数量，并与压控振荡器控制电压解耦，单粒子引起的输出瞬态幅值下降约两个数量级[53][54]。需要指出的是，这种优化不仅是由于滤波器中的电容节点与敏感输出解耦，而且与输出阻抗和电荷泵增益的变化有关。这些问题将在 9.3.5 节和 9.3.7 节中进一步讨论。

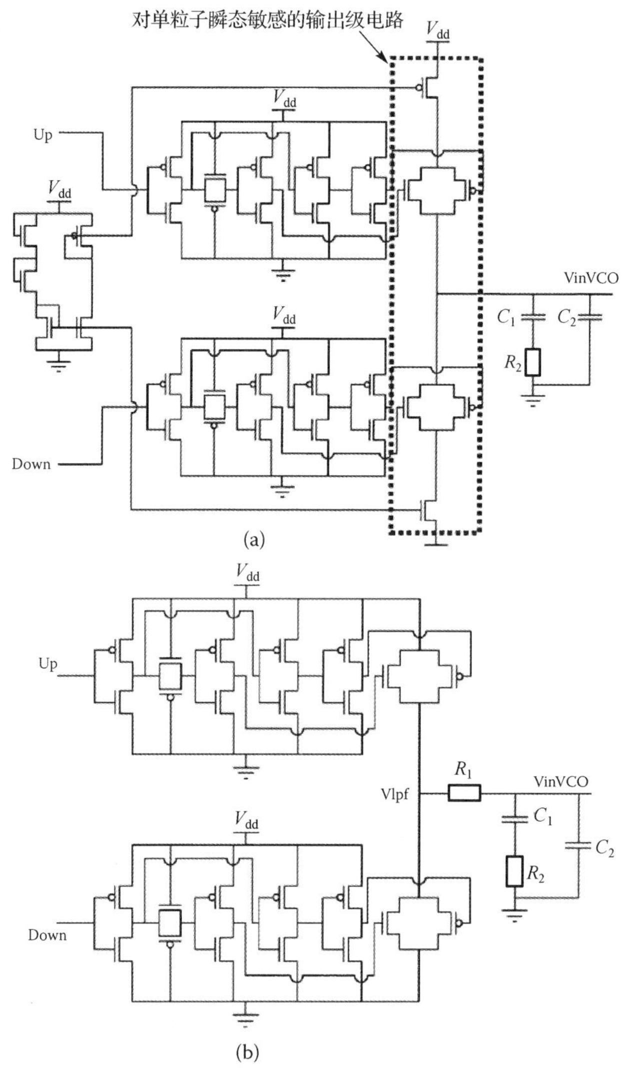

图 9.13　(a)锁相环中的电流型电荷泵电路。高阻抗三态结构的单粒子敏感的输出级电路直接耦合到压控振荡器的输入端；(b)电压型电荷泵的单粒子加固电路。减少了敏感节点的数量，并与压控振荡器控制电压解耦，单粒子引起的输出瞬态幅值下降约两个数量级(引用自 T. D. Loveless，L. W. Massengill，B. L. Bhuva，W. T. Holman，A. F. Witulski，and Y. Boulghassoul，*IEEE Trans. Nucl. Sci.*，Vol. 53，No. 6，pp. 3432-3438，Dec. 2006)

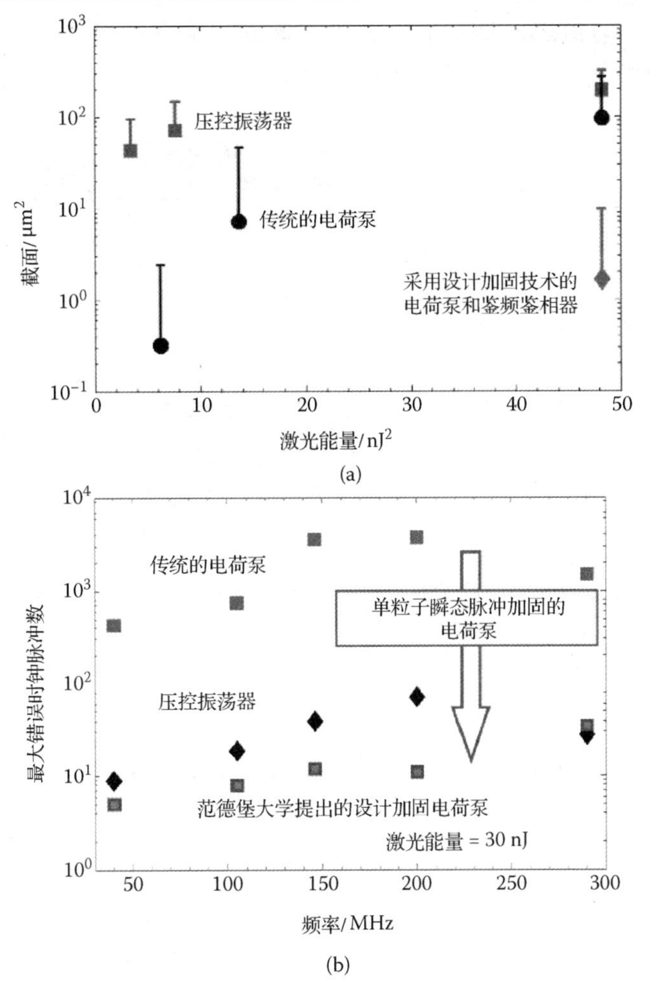

图 9.14　(a)锁相环子电路的激光模拟单粒子翻转截面与激光能量平方的关系(与激光扫描确定灵敏区域沉积电荷量成正比[54])；(b)入射激光能量为 30 nJ 时错误时钟脉冲的数量与工作频率的关系。通过采用电荷泵加固电路，激光截面和错误脉冲数都降低约两个数量级(引用自 T. D. Loveless，L. W. Massengill，B. L. Bhuva，W. T. Holman，R. A. Reed，D. McMorrow，J. S. Melinger，and P. Jenkins，*IEEE Trans. Nucl. Sci.*，Vol. 54，No. 6，pp. 2012-2020，Dec. 2007)

9.3.4　电阻电容(RC)滤波技术

电阻电容滤波技术是电路级和系统级减小模拟单粒子瞬态脉冲幅度和持续时间的常用方法。为了抑制模拟瞬态脉冲，可以在关键节点处加入低通或带通滤波器，滤波器的值由电路或系统带宽决定[1]。Boulghassoul 等人通过计算机辅助系统研究了功耗监控网络的模拟瞬态脉冲响应。如图 9.15 所示，微调运算放大器(OA)的无源组件网络(即带宽调整)可以在不改变稳态偏置条件下，减小模拟单粒子瞬态脉冲的幅值和持续时间[55]。该方法还能有效抑制锁相环中电荷泵电路产生的高频噪声和模拟单粒子瞬态脉冲[52,53]，并能对串行器/解串器(SerDes)的偏置节点进行加固[56]。在先进的 CMOS 存储电路中，低通滤波器(LPF)对抑制小于等于 50 ps 的瞬态也是有效的[57]。

增加单粒子敏感节点的电容可以增加导致电压扰动的电荷量阈值，减小模拟单粒子瞬态脉冲的幅度。节点电容的增加通常会改变增益和带宽等特性参数，所以采用该方法要注意对电路性能的影响[58,56]。下一节将讨论电路性能与加固特性的权衡问题。

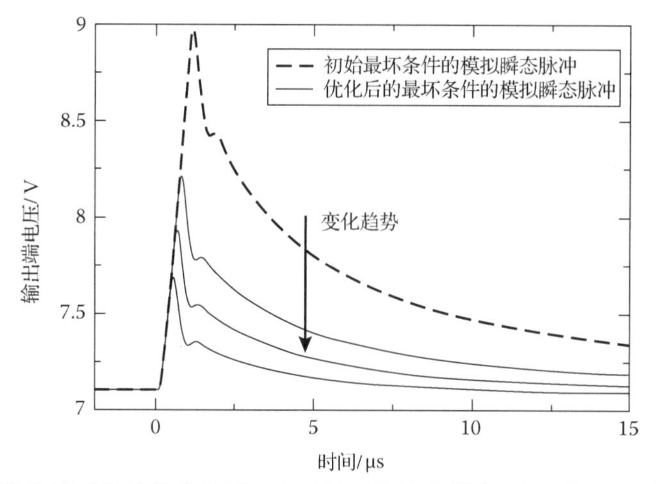

图 9.15 功耗监控网络的单粒子瞬态电压随运算放大器(OA)反馈网络中电阻变化的曲线。瞬态脉冲幅值和持续时间随电阻的减小而减小(引用自 Y. Boulghassoul，P. C. Adell，J. D. Rowe，L. W. Massengill，R. D. Schrimpf，and A. L. Sternberg，*IEEE Trans. Nucl. Sci.*，Vol. 51，No. 5，pp. 2787-2793，Oct. 2004)

9.3.5 带宽、增益、工作速度和电流驱动能力的优化技术

降低电路对模拟单粒子瞬态(ASET)敏感度的有效方法是减小电路的带宽，抑制频带外瞬态信号。该方法适用于模拟集成电路，例如，应用于运算放大器(OA)[1,55,58]和锁相环(PLL)[59,60]等电路。Boulghassoul 和 Sternberg 等人指出研究模拟集成电路中模拟单粒子瞬态(ASET)的重要性[55,58]。Sternberg 等人研究显示，模拟单粒子瞬态脉冲的持续时间随着脉冲幅值的减小而增加。因此，需要注意电阻、补偿电容和每级增益变化对模拟单粒子瞬态效应的影响。Loveless 等人对锁相环电路，Sternberg 等人对运算放大器电路的研究表明，工作速度最大化和开环闭环增益最小化可以明显改善单粒子瞬态脉冲的响应[58,60]。

工作速度对模拟集成电路的单粒子瞬态效应影响很大。模拟单粒子瞬态的差错贡献窗口随工作频率增加而减小[58,60]。这与数字电路的情况恰恰相反。在数字电路中，组合逻辑中的单粒子瞬态脉冲导致的翻转截面随工作频率的增加而增大[61]。由单粒子瞬态造成的单粒子翻转会在整个电路中传播且在输出端输出，导致电路功能发生差错。单粒子翻转信号的传播及输出由逻辑掩蔽、电气掩蔽以及差错贡献窗口(又称锁存窗口掩蔽)等因素确定。在模拟集成电路中，工作速度的提高常常带来驱动电流和功耗的提高，以上因素将使电路的抗扰动能力增强。因此，增加偏置电流是提高数模混合集成电路抗单粒子瞬态能力的有效手段之一[56]。性能的提高是由个别设备操作条件(如偏置、电流驱动和负载)的细微变化引起的，不一定是速度提高的结果。

Loveless 等人进一步研究了器件和电路的各种工作条件对锁相环(PLL)电路单粒子瞬态加固的重要性[60]。例如，对于特定的振荡器，工作频率应在设计带宽内最大化(与运算放大器一致[58])。另一方面，锁相环的固有频率会影响单粒子瞬态脉冲，固有频率的优化会改善锁相环的单粒子瞬态响应。图 9.16 采用激光模拟单粒子技术，通过锁相环的输出相位随工作频率的变化来说明这种影响。与文献[60]中给出的模型相比，由于驱动电流强度、固有频率和环路增益间的复杂关系，以及粒子轰击后压控振荡器工作在最低频率下[60]，所以，相位误差随频率的减小而减小。

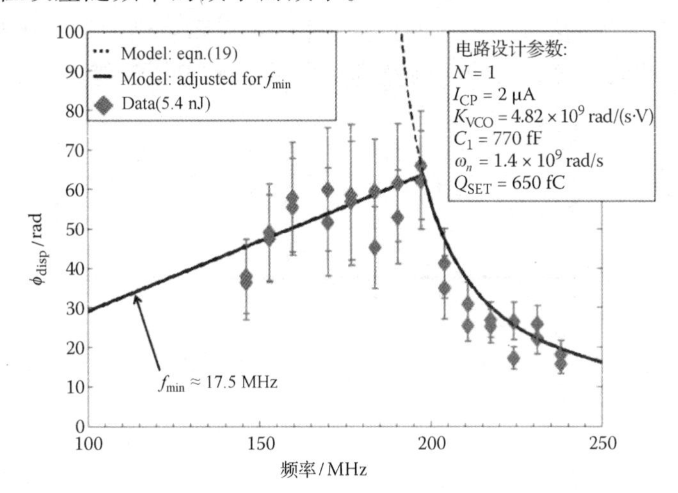

图 9.16　入射激光能量为 5.4 nJ 时，锁相环工作频率范围内的平均相位移动与锁定频率的关系图(引用自 T. D. Loveless, L. W. Massengill, W. T. Holman, B. L. Bhuva, D. McMorrow, and J. H. Warner, *IEEE Trans. Nucl. Sci.*, Vol. 57, No. 5, pp. 2933-2947, Oct. 2010)

压控振荡器(VCO)作为一个独立的子电路也具有与锁相环相似的结果。图 9.17 为模拟的单粒子轰击(总注入电荷量在 100 fC 至 1 pC 之间)所产生的最大差错数与压控振荡器输入电压(与驱动强度和频率成正比)的关系[62]。该压控振荡器采用 130 nm CMOS 工艺设计，中心频率为 1 GHz。对于小于或等于 200 fC 的注入电荷，误差随输入电压的增大而增多，在到达最大值后减少。误差数最终减少是由于驱动电流随着输入电压的增大而增大。更强的驱动电流将更快地恢复标称偏置条件，补偿电流扰动。对于大于或等于 500 fC 的注入电荷，最大误差数随着输入电压的增大而增多。这是由于振荡频率的提高导致电荷收集的特征时间周期变长[62]。

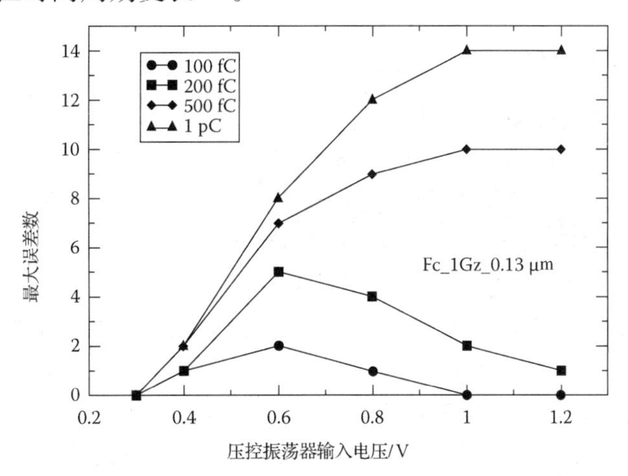

图 9.17　模拟单个粒子轰击(总注入电荷在 100 fC 到 1 pC 之间)产生的最大误差数随压控振荡器输入电压的变化。压控振荡器采用 130 nm CMOS 工艺设计，中心频率为 1 GHz(引用自 Y. Boulghassoul et al., *IEEE Trans. Nucl. Sci.*, Vol. 52, No. 6, pp. 3466-3471, Dec. 2005)

此外，Chung 等人的研究表明，随着带宽的增加，锁相环中瞬态扰动的误差响应幅度增大，该结论进一步说明了带宽在单粒子瞬态响应中的重要性[59]。图 9.18 给出了锁相环不同带宽的模拟误差响应(单位为弧度)与时间的关系。锁相环带宽的增加常常伴随着锁定时间的减少(速度的提高)和抖动的增加(抖动在实际应用中被认为是噪声)，应该仔细权衡工作速度、抖动、稳定时间、带宽和抗单粒子瞬态特性等因素。

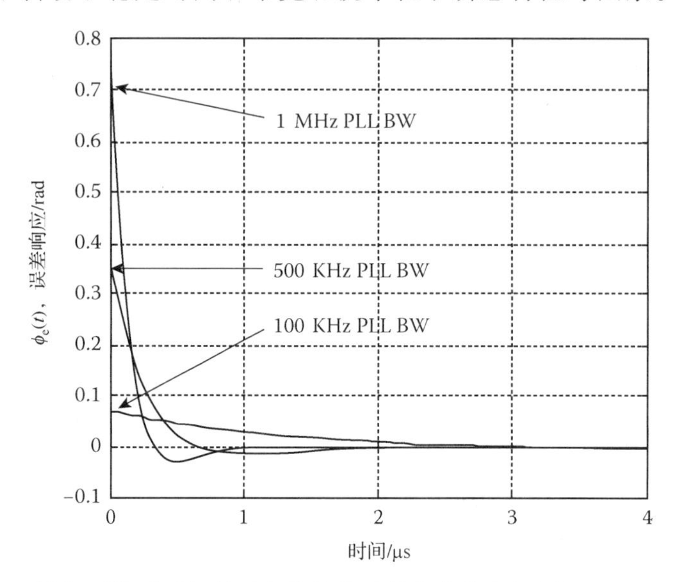

图 9.18 锁相环的瞬时辐射引起的差错随带宽变化(引用自 H. Chung，W. Chen，B. Bakkaloglu，H. J. Barnaby，B. Vermeire，and S. Kiaei，*IEEE Trans. Nucl. Sci.*，Vol. 53，No. 6，pp. 3539-3543，Dec. 2006)

Boulghassoul 等人开展了射频电路单粒子瞬态灵敏度的研究。研究表明，射频电路的抗单粒子瞬态特性不仅与带宽有关，而且与增益带宽乘积有关。对于给定的带宽，较大的增益会导致抗单粒子瞬态性能下降。此外，压控振荡器电路的最优工作范围与工艺有关。在最先进工艺下，降频使用也无法补偿辐射导致的差错贡献率的增加[62]。

9.3.6 差错贡献窗口减小

差错贡献窗口是数字电路设计中的常用概念，它描述了一个时钟周期内电路出现单粒子翻转的持续时间。一般来说，缩短差错贡献窗口可以提高电路抗单粒子翻转的能力。Kauppila 等人利用这一概念确定了快速(Flash)型模/数转换器在单个转换周期内易受单粒子影响的子电路，如图 9.19 所示[63]。以上经验对电路模块的抗辐射加固非常有用。Mikkola 等人实现了自动归零的 CMOS 比较器，并将这一方法推广到混合信号集成电路设计中。该方法在每个时钟周期采样并重置比较器至初始状态，单粒子瞬态脉冲宽度则被限制在单个时钟周期内[64]。该方法用来通过相位相关的单粒子事件检测串行器/解串器(SerDes)的单粒子敏感性。采用异步激光注入技术在时钟周期内的任意时间点将能量注入电路。图 9.20 为 2 Gbps 串行器/解串器中的预加重放大器和 200 MHz 的锁相环电荷泵的输出开关中差错数量与激光轰击的信号相位的关系。虽然误差发生在整个时钟周期内，但往往集中在时钟的上升沿和下降沿[65]。

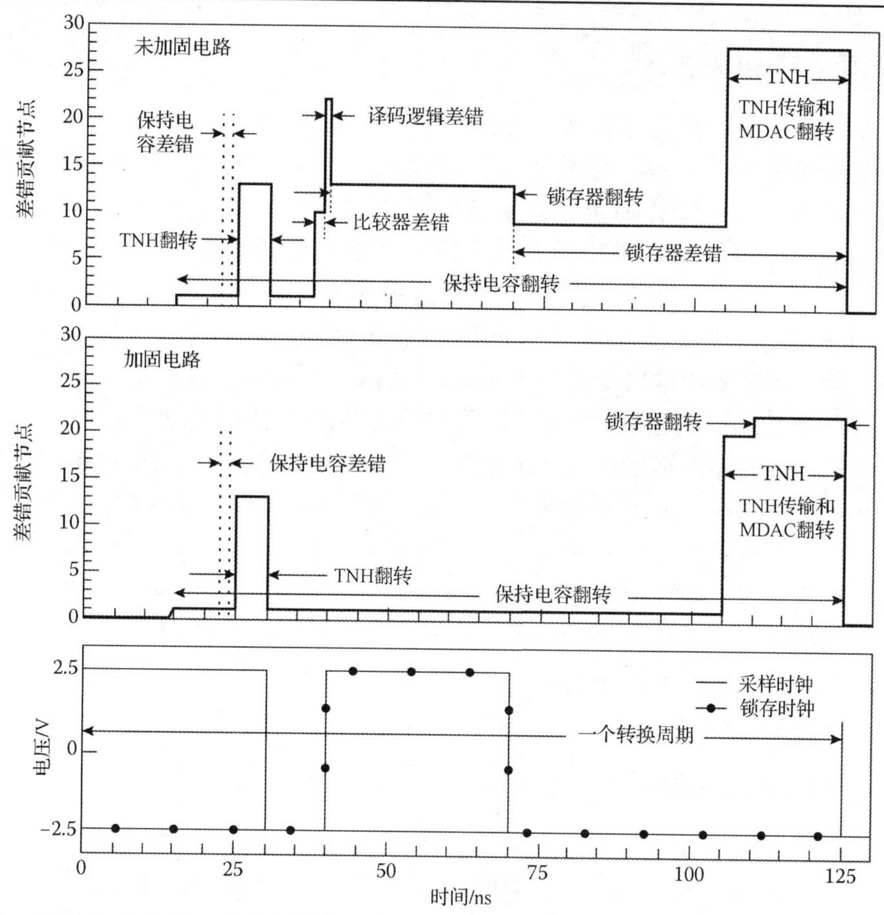

图 9.19　一个转换周期内，未加固和加固的 2 位快速型模/数转换器电路相对于时钟的差错贡献窗口(引用自 J. S. Kauppila，L. W. Massengill，W. T. Holman，A. V. Kauppila，and S. Sanathanamurthy，*IEEE Trans. Nucl. Sci.*，Vol. 51，No. 6，pp. 3603-3608，Dec. 2004)

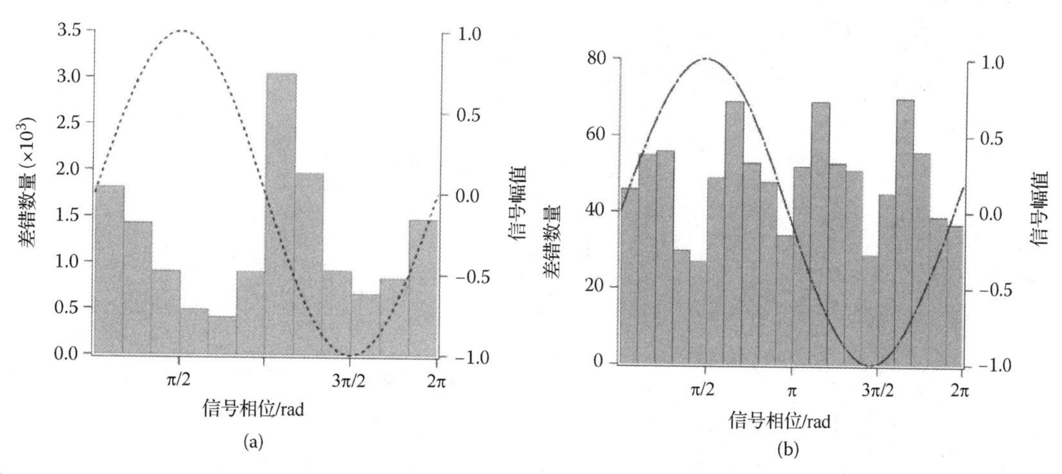

图 9.20　2 Gbps 串行器/解串器中的预加重放大器和 200 MHz 的锁相环电荷泵的输出开关中差错数量与激光轰击的信号相位的关系。虽然误差发生在整个时钟周期内，但往往集中在时钟的上升沿和下降沿(引用自 S. E. Armstrong, T. D. Loveless, J. R. Hicks, W. T. Holman, D. McMorrow, and L. W. Massengill，*IEEE Trans. Nucl. Sci.*，Vol. 58，No. 3，pp. 1066-1071，June 2011)

9.3.7 高阻抗节点减少

电路级加固技术通常通过修改电路参数实现，如增益、带宽、频率和电流驱动能力等。以上技术虽然都有效，但是需要特别注意与性能权衡的问题。大多数数模混合集成电路已经有严格的设计要求，几乎没有优化的空间。减小数模混合集成电路各个节点灵敏度的另一种技术是减少或去除高阻抗节点，从而提高重离子轰击后电路的恢复时间[3,20,52,53,66]。该方法已被证明适用于电路级加固[52,53,66]和器件级加固[20]。

Chen 等人通过对交叉耦合差分 Colpitts 压控振荡器的电路进行优化来减少高阻抗节点的影响。通过在振荡器输出端增加 PMOS 交叉耦合开关对，并对尾流源进行解耦，产生低阻抗输出节点，显著提高了电路的抗单粒子瞬态性能[66]。Lapuyade 等人在采用 SiGe BiCMOS 工艺设计的注入锁定振荡器中也采用了该方法。首先，利用 PMOS 交叉耦合对来提高跨导。此外，在注入锁定模式下，模拟单粒子瞬态脉冲的持续时间会减小[67]。一般来说，与同步振荡器相比，自由运行的振荡器往往表现出较差的抗单粒子瞬态性能，如注入锁定振荡器和锁相环中的压控振荡器[32,47,53,67,68]。

Sutton 等人提出了一种在 SiGe HBT 器件中形成低阻抗通路的技术，该技术可以将电荷从集电极端分流出去。该通路通过在 P 衬底和 N 型保护环之间形成额外的反向偏置 PN 结并产生二次电场来实现[20]。

9.3.8 电荷共享加固技术

差分电荷消除技术（DCC）利用了相邻晶体管之间的电荷共享特点在差分信号通道中进行共模信号的消除。电荷共享加固（HCS）的概念可以扩展到版图加固以外，并通过将差分电荷消除技术和适当的模拟电路拓扑结合，在电路级设计中加以应用[69]。

图 9.21 给出了一种电荷共享加固技术，即敏感节点的主动电荷消除技术（SNACC）[70]。该技术可对大规模电路中具有全局影响的关键节点进行加固。例如，运算放大器（OA）偏置电路的输出节点或数据转换器的电压参考电路等。敏感节点的主动电荷消除技术的工作原理如下。在敏感节点用等量但相反的电荷中和掉辐射收集的电荷，使受影响节点上的净电荷为零。

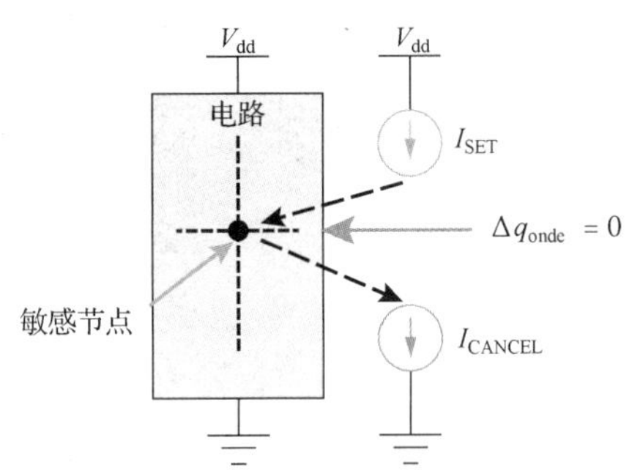

图 9.21 敏感节点的主动电荷消除技术（SNACC）（引用自 W. T. Holman, J. S. Kauppila, T. D. Loveless, L. W. Massengill, B. L. Bhuva, and A. F. Witulski, *Proc. 2013 GOMACTech Conf.*, 2013）

图 9.22 为一个互补的折叠共源共栅运算放大器。其中，晶体管 M27 至 M30 构成了放大器的偏置电路。任何单粒子瞬态对偏置电压 V_p、V_n 或 V_{np} 的干扰都会影响整个放大

器电路的输出信号。为了防止这种情况，可以在偏置电路中增加几个额外的晶体管，如图 9.23 所示。晶体管 S1 到 S8 构成敏感节点的主动电荷消除电路。以下晶体管采用差分电荷消除的版图结构，包括 M27-S1，M28-S2，M29-S7 和 M30-S8。在 M28 到 M30 的敏感节点上收集的电荷与对应的晶体管电荷共享，从而通过 S3-S4 或 S5-S6 电流镜将幅值相等但方向相反的电流脉冲耦合到偏置电路节点。由于两种传播路径的时间常数不同，抵消效果并不理想，但单粒子瞬态脉冲的幅值和持续时间可以降低 60%以上[70]。

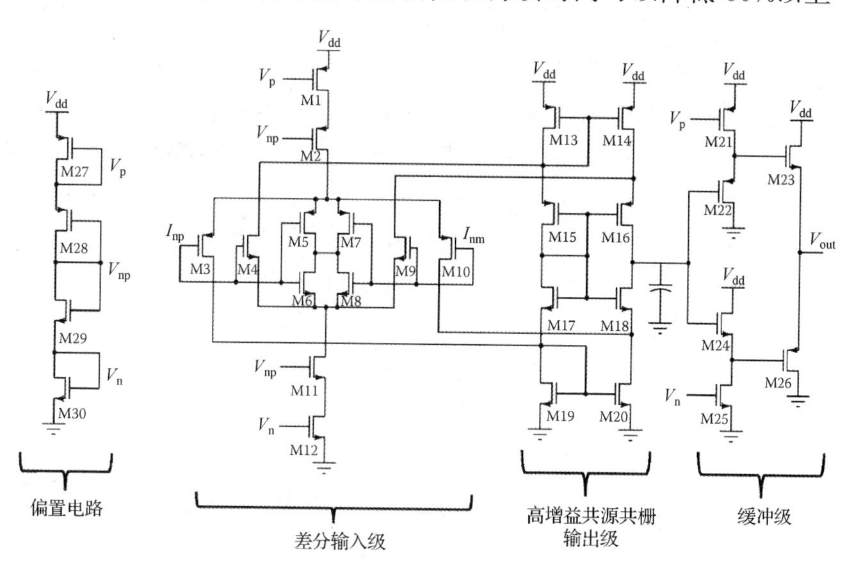

图 9.22　采用敏感节点的主动电荷消除技术进行加固的互补折叠共源共栅运算放大器(引用自 R. W. Blaine, S. E. Armstrong, J. S. Kauppila, N. M. Atkinson, B. D. Olson, W. T. Holman, and L. W. Massengill, *IEEE Trans. Nucl. Sci.*, Vol. 58, No. 6, pp. 3060-3066, Dec. 2011)

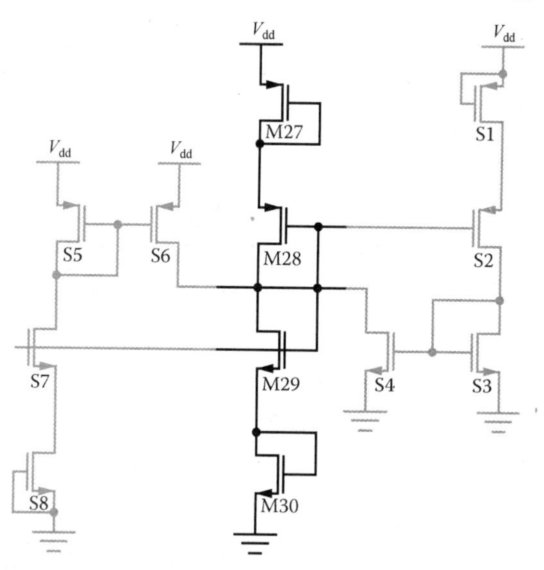

图 9.23　采用敏感节点的主动电荷消除技术对运算放大器的偏置电路进行加固，该图突出显示了采用该技术的晶体管(引用自 R. W. Blaine, S. E. Armstrong, J. S. Kauppila, N. M. Atkinson, B. D. Olson, W. T. Holman, and L. W. Massengill, *IEEE Trans. Nucl. Sci.*, Vol. 58, No. 6, pp. 3060-3066, Dec. 2011)

敏感节点的主动电荷消除技术采用的晶体管不需要具有与其所保护的晶体管相同的宽长比；通过主动电荷消除电路中电流镜放大共享电荷值，可以按比例缩放 S1 到 S8 的尺寸以节省版图面积。此外，对敏感节点的主动电荷消除技术采用的晶体管轰击不会影响偏置电路，因为从晶体管到偏置电路晶体管的路径上也会发生电荷共享和抵消。因为它们通常是关断的，所以这些晶体管对电路功耗的影响可以忽略不计。该技术的主要问题是增加了版图面积，但该技术只需要对少数关键节点进行加固设计。如图 9.22 所示，运算放大器的电路面积仅增加了 7%[70]。

在某些电路中，敏感节点的主动电荷消除技术可以在不添加额外晶体管的情况下实现。例如，考虑图 9.22 中运算放大器的高增益共源共栅输出级。如果对 M13-M14，M15-M16，M17-M18 或 M19-M20 等晶体管进行差分电荷消除设计，这些器件上收集的电荷将被共享、镜像，并在输出节点中和(M16 和 M18 的漏极)，该加固电路本质上与如图 9.23 中的加固偏置电路一样。如本例所示，具有对称子电路拓扑结构的模拟电路和混合信号电路是实现电荷共享加固的理想对象。通过电荷共享加固的主要缺点是它不能用于 SOI 等特殊集成电路工艺中，因为 SOI 工艺的电荷共享较小或不存在。但是对于体硅工艺，电荷共享加固技术可以非常有效地缓解单粒子瞬态效应。

9.3.9 节点分离加固技术

节点分离加固技术(HNS)是数模混合集成电路最通用、最有效的加固方法之一。节点分离加固技术可以用于任意集成电路工艺的离散时间电路(例如开关电容电路)和连续时间电路。在许多情况下，它对电路性能、版图面积或功耗的影响几乎可以忽略不计[69]。节点分离加固是冗余加固的一种形式，如图 9.24 所示，其思想是将电路分成两条或多条并行的信号通道，这样一条通道上的离子轰击引入的差错信号不会影响其他通道。理想情况下，被击中的路径将被禁用，以便其余的路径保持信号完整性。然而，即使轰击路径没有被禁用，剩余的信号路径仍然会降低单粒子瞬态脉冲的幅度和持续时间。节点分离加固技术既适用于差分电路，也适用于单端电路。

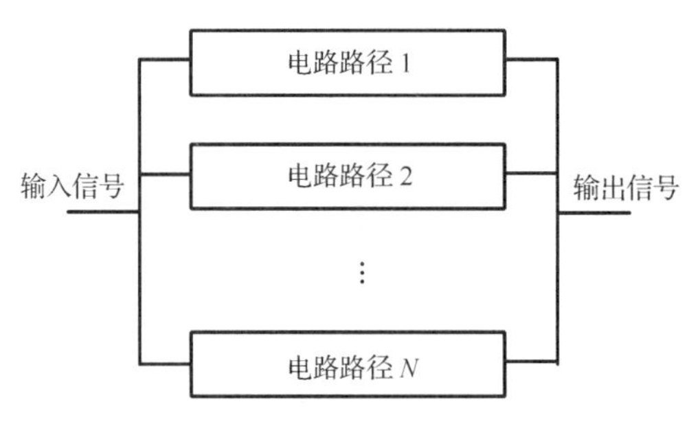

图 9.24 节点分离加固技术(HNS)示意图(引用自 W. T. Holman, J. S. Kauppila, T. D. Loveless, L. W. Massengill, B. L. Bhuva, and A. F. Witulski, *Proc. 2013 GOMACTech Conf.*, 2013)

双通道加固是一种可以显著降低差分开关电容电路单粒子瞬态敏感性的节点分离加固技术[71]。该技术的原理是将输入节点分割成单独的并行信号通道，以增强对开关电容信号路径上任何单个浮动节点上的电压抗扰动的能力。该技术适用于任何差分开关电容电路，并分别在文献[71]和文献[72]中与运算放大器和比较器一起使用。

图 9.25 是一个标准的开关电容比较器。该电路通常用于流水线模/数转换器[72]。比较器有两个工作阶段：共模电压同时连接两个输入端时的复位阶段和输入信号连接输入端的比较阶段。如果浮动电容节点受到影响，比较器差分数据路径中的电压扰动(由于 NMOS 开关晶体管的单粒子效应造成)可能导致差错的数据被锁定在比较器输出端(即无收集电荷的释放)。双信号路径加固可用于防止由此问题产生差错的锁存值。图 9.26 为差分输入级采用双输入形成的比较器。将输入晶体管 M1 和 M2 分别分割成两个相同的并联晶体管，使每个并联器件的宽长比为原晶体管宽长比的一半。如果 $M1_A$ 和 $M1_B$ 的门一起短路，其结构与标准差分放大器相同。该方法还可应用于开关电容差分输入网络，如图 9.27 所示。

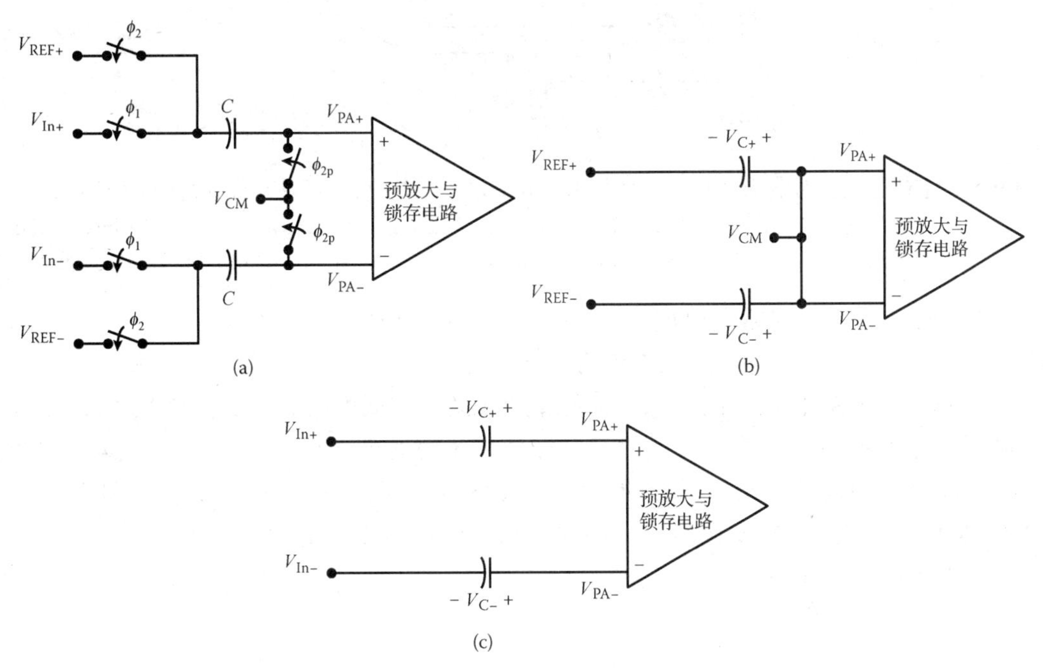

图 9.25　(a)开关电容比较器；(b)复位阶段；(c)比较阶段。时钟开关由 NMOS 管控制(引用自 B. D. Olson，W. T. Holman，L. W. Massengill，B. L. Bhuva，and P. R. Fleming，*IEEE Trans. Nucl. Sci.*，Vol. 55，No. 6，pp. 3440-3446，Dec. 2008)

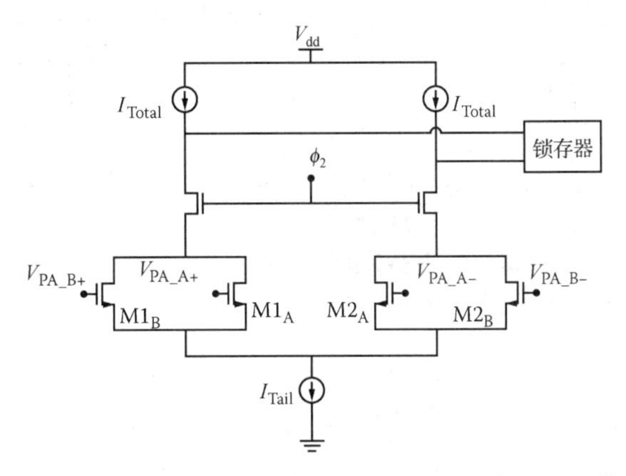

图 9.26　差分放大器的简化电路示意图，图中给出了分离的输入信号路径(引用自 B. D. Olson，W. T. Holman，L. W. Massengill，B. L. Bhuva，and P. R. Fleming，*IEEE Trans. Nucl. Sci.*，Vol. 55，No. 6，pp. 3440-3446，Dec. 2008)

如果两个信号路径之一被离子击中，则被击中的路径被禁用，剩下的路径保持信号的完整性。仿真和实验结果表明其抗单粒子效应的性能显著提高[72]。对于图 9.26 和图 9.27 所示的设计，输出扰动可以减少到采用标准数字误差校正可以还原正确值的效果。

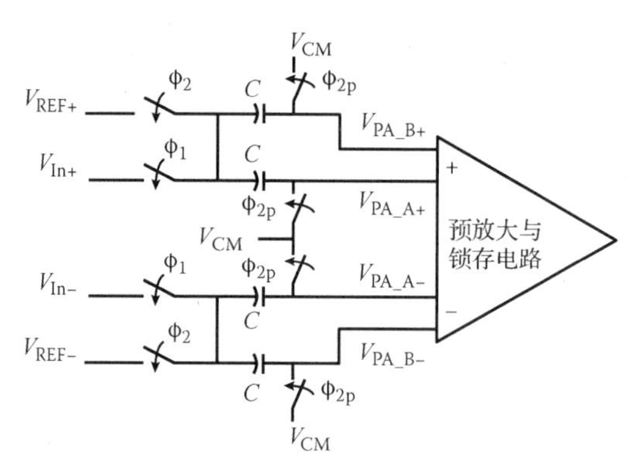

图 9.27 采用分离差分放大器信号路径技术的开关电容比较器，该结构可以改善浮动节点的单粒子翻转效应（引用自 B. D. Olson，W. T. Holman，L. W. Massengill，B. L. Bhuva，and P. R. Fleming，*IEEE Trans. Nucl. Sci.*，Vol. 55，No. 6，pp. 3440-3446，Dec. 2008）

如图 9.28 所示，双路加固的主要缺点是开关晶体管必须与输入晶体管的类型相同（NMOS 开关配置 NMOS 输入，PMOS 开关配置 PMOS 输入）。该要求确保轰击路径被禁用（离子轰击 NMOS 开关，将 NMOS 输入管的栅极拉至低电平并使其关断），但是该方法也限制了信号的动态输入范围，使得双路径加固不兼容低压电路。为了解决这一问题，还提出了四路加固设计。采用并行的 NMOS-to-NMOS 和 PMOS-to-PMOS 信号路径，如图 9.29 所示。四路加固技术已经被证明比双路加固可以更有效地降低单粒子瞬态脉冲，但是会增加布图的复杂性[73]。

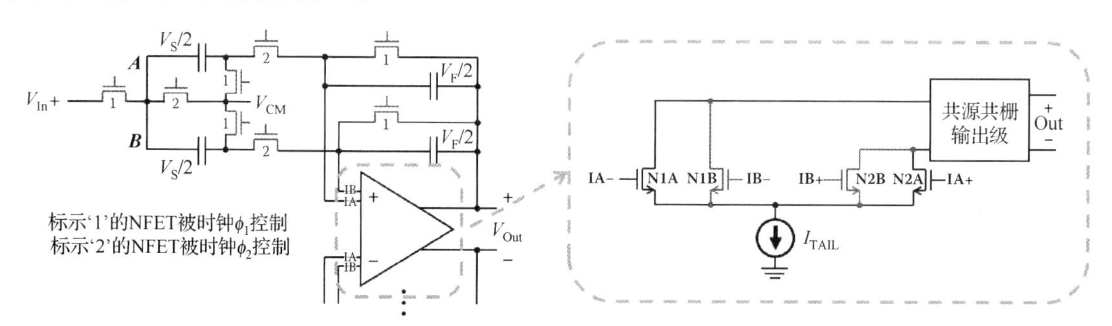

图 9.28 双路采样和保持（S/H）放大器结构的正半部分示意图（负半部分相同），改进的双输入 NFET OTA 的简化示意图（引用自 N. M. Atkinson，W. T. Holman，J. S. Kauppila，T. D. Loveless，N. C. Hooten，A. F. Witulski，B. L. Bhuva，L. W. Massengill，E. X. Zhang，and J. H. Warner，*IEEE Trans. Nucl. Sci.*，Vol. 60，No. 6，pp. 4356-4361，Dec. 2013）

除了增加布图的复杂性这一因素外，双路和四路加固对设计的影响最小。在噪声、功耗和频率响应等方面，双路和四路加固的开关电容电路的性能与未加固的开关电容电路基本相同。在电容的面积方面，信号分离加固所需的额外版图面积几乎可以忽略不计，这使得这些节点分离加固技术可广泛应用于高性能数模混合信号电路中。

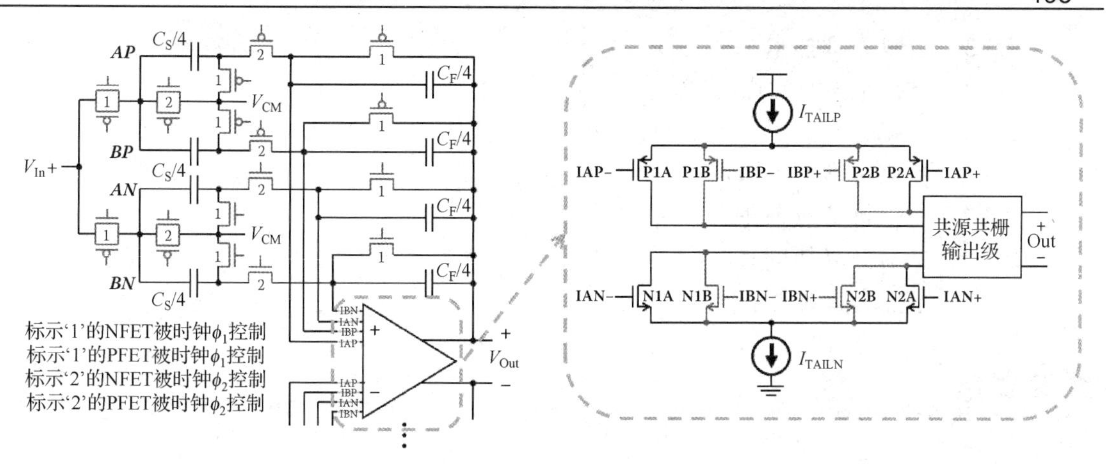

图 9.29　四路采样和保持(S/H)放大器结构的正半部分示意图(负半部分相同)，改进的四输入互补折叠级联 OTA 的简化示意图(引用自 N. M. Atkinson，W. T. Holman，J. S. Kauppila，T. D. Loveless，N. C. Hooten，A. F. Witulski，B. L. Bhuva，L. W. Massengill，E. X. Zhang，and J. H. Warner，*IEEE Trans. Nucl. Sci.*，Vol. 60，No. 6，pp. 4356-4361，Dec. 2013)

9.4　小结

由于单粒子的影响由电路拓扑结构、电路类型(功能)和工作模式等因素共同决定，所以对混合信号电路的加固具有特殊的挑战。与数字电路一样，模拟电路的加固通常采用常规技术手段实现；即在牺牲面积、功耗和带宽的条件下[2-4]，通过增加电容、器件大小和电流驱动，增加产生模拟单粒子瞬态所需的临界电荷。抗辐射加固数模混合信号电路设计的挑战是开发缓解模拟单粒子瞬态的技术，同时尽量减少这些技术的代价。

无论是通过传统方式还是其他复杂的设计方法实现的单粒子瞬态加固，都可以在不同的电路级别实现，并且从本质上归纳为以下一个或两个方面，而不管技术和抽象级别如何：

1. 减少在灵敏节点处收集电荷量(Q_{coll})[2]；
2. 增加产生模拟单粒子瞬态所需的临界电荷(Q_{crit})[2]；

本章概述了基本的和最新的加固方法，并给出了一些加固模拟和混合信号电路的例子。所展示的技术如下(注意项目符号和字母与章节部分相对应)：

9.2　电荷收集减小
　9.2.1　衬底工程
　9.2.2　版图加固技术
　　9.2.2.1　分割节点和交错版图技术
　　9.2.2.2　差分设计技术
9.3　临界电荷减小
　9.3.1　冗余技术
　9.3.2　平均技术(模拟冗余技术)

9.3.3 电阻去耦技术

9.3.4 电阻电容(RC)滤波技术

9.3.5 带宽、增益、工作速度和电流驱动能力的修正技术

9.3.6 差错贡献窗口减小

9.3.7 高阻抗节点减少

9.3.8 电荷共享加固技术

9.3.9 节点分离加固技术

参考文献

1. Y. Boulghassoul, L. W. Massengill, A. L. Sternberg, R. L. Pease, S. Buchner, J. W. Howard, D. McMorrow, M. W. Savage, and C. Poivey, Circuit Modeling of the LM124 Operational Amplifier for Analog Single-Event Transient Analysis, *IEEE Trans. Nucl. Sci.*, Vol. 49, No. 6, pp. 3090-3096, Dec. 2002.
2. S. Buchner and D. McMorrow, Single-Event Transients in Bipolar Linear Integrated Circuits, *IEEE Trans. Nucl. Sci.*, Vol. 53, No. 6, pp. 3079-3102, Dec. 2006.
3. J. Popp, Developing Radiation Hardened Complex System on Chip ASICs in Commercial Ultra Deep Submicron CMOS Processes, *2010 NSREC Short Course*, Denver, CO, July 2010.
4. Q. Zhou and K. Mohanram, Transistor Sizing for Radiation Hardening, *Proc. of 42nd IEEE IRPS*, pp. 310-315, Apr. 2004.
5. O. A. Amusan, A. F. Witulski, L. W. Massengill, B. L. Bhuva, P. R. Fleming, M. L. Alles, A. L. Sternberg, J. D. Black, and R. D. Schrimpf, Charge Collection and Charge Sharing in a 130 nm CMOS Technology, *IEEE Trans. Nucl. Sci.*, Vol. 53, No. 6, pp. 3253-3258, Dec. 2006.
6. O. A. Amusan, L. W. Massengill, M. P. Baze, B. L. Bhuva, A. F. Witulski, J. D. Black, A. Balasubramanian, M. C. Casey, D. A. Black, J. R. Ahlbin, R. A. Reed, and M. W. McCurdy, Mitigation Techniques for Single-Event-Induced Charge Sharing in a 90-nm Bulk CMOS Process, *IEEE Trans. Device Mater. Rel.*, Vol. 9, No. 2, pp. 468-472, June 2009.
7. O. A. Amusan, M. C. Casey, B. L. Bhuva, D. McMorrow, M. J. Gadlage, J. S. Melinger, and L. W. Massengill, Laser Verification of Charge Sharing in a 90 nm Bulk CMOS Process, *IEEE Trans. Nucl. Sci.*, Vol. 56, No. 6, pp. 3065-3070, Dec. 2009.
8. J. A. Pellish, R. A. Reed, R. D. Schrimpf et al., Substrate Engineering Concepts to Mitigate Charge Collection in Deep Trench Isolation Technologies, *IEEE Trans. Nucl. Sci.*, Vol. 53, No. 6, pp. 3298-3305, Dec. 2006.
9. J. R. Schwank, V. Ferlet-Cavrois, M. R. Shaneyfelt, P. Paillet, and P. E. Dodd, Radiation Effects in SOI Technologies, *IEEE Trans. Nucl. Sci.*, Vol. 50, No. 3, pp. 522-538, June 2003.
10. T. Poiroux, O. Faynot, C. Tabone, H. Tigelaar, H. Mogul, N. Bresson, and S. Cristoloveanu, Emerging Floating-Body Effects in Advanced Partially-Depleted SOI Devices, *IEEE International SOI Conf.*, pp. 99-100, 2002.
11. L. W. Massengill and P. W. Tuinenga, Single-Event Transient Pulse Propagation in Digital CMOS,

IEEE Trans. Nucl. Sci., Vol. 55, No. 6, pp. 2861-2871, Dec. 2008.

12. M. J. Gadlage, P. Gouker, B. L. Bhuva, B. Narasimham, and R. D. Schrimpf, Heavy- Ion-Induced Digital Single Event Transients in a 180 nm Fully Depleted SOI Process, *IEEE Trans. Nucl. Sci.*, Vol. 56, No. 6, pp. 3483-3488, Dec. 2009.
13. T. D. Loveless, J. S. Kauppila, S. Jagannathan, D. R. Ball, J. D. Rowe, N. J. Gaspard, N. M. Atkinson, R. W. Blaine, T. R. Reece, J. R. Ahlbin, T. D. Haeffner, M. L. Alles, W. T. Holman, B. L. Bhuva, and L. W. Massengill, On-Chip Measurement of Single-Event Transients in a 45 nm Silicon-on-Insulator Technology, *IEEE Trans. Nucl. Sci.*, Vol. 59, No. 6, pp. 2748-2755, Dec. 2012.
14. J. A. Maharrey, R. C. Quinn, T. D. Loveless, J. S. Kauppila, S. Jagannathan, N. M. Atkinson, N. J. Gaspard, E. X. Zhang, M. L. Alles, B. L. Bhuva, W. T. Holman, and L. W. Massengill, Effect of Device Variants in 32 nm and 45 nm SOI on SET Pulse Distributions, *IEEE Trans. Nucl. Sci.*, Vol. 60, No. 6, pp. 4399-4404, Dec. 2013.
15. T. D. Loveless, J. S. Kauppila, J. A. Maharrey, R. C. Quinn, S. Jagannathan, M. L. Alles, B. L. Bhuva, W. T. Holman, and L. W. Massengill, Single-Event Transients in 45 nm and 32 nm Partially Depleted SOI Technologies, *Proc. 2014 GOMACTech Conf.*, 2014.
16. J. D. Black, A. L. Sternberg, M. L. Alles, A. F. Witulski, B. L. Bhuva, L. W. Massengill, J. M. Benedetto, M. P. Baze, J. L. Wert, and M. G. Hubert, HBD Layout Isolation Techniques for Multiple Node Charge Collection Mitigation, *IEEE Trans. Nucl. Sci.*, Vol. 52, No. 6, pp. 2536-2541, Dec. 2005.
17. B. D. Olson, O. A. Amusan, S. DasGupta, L. W. Massengill, A. F. Witulski, B. L. Bhuva, M. L. Alles, K. M. Warren, and D. R. Ball, Analysis of Parasitic PNP Bipolar Transistor Mitigation Using Well Contacts in 130 nm and 90 nm CMOS Technology, *IEEE Trans. Nucl. Sci.*, Vol. 54, No. 4, pp. 894-897, Aug. 2007.
18. B. Narasimham, R. L. Shuler, J. D. Black, B. L. Bhuva, R. D. Schrimpf, A. F. Witulski, W. T. Holman, and L. W. Massengill, Quantifying the Reduction in Collected Charge and Soft Errors in the Presence of Guard Rings, *IEEE Trans. Device Mater. Rel.*, Vol. 8, No. 1, pp. 203-209, Mar. 2008.
19. B. Narasimham, J. W. Gambles, R. L. Schuler, B. L. Bhuva, and L. W. Massengill, Quantifying the Effect of Guard Rings and Guard Drains in Mitigating Charge Collection and Charge Spread, *IEEE Trans. Nucl. Sci.*, Vol. 55, No. 6, pp. 3456-3460, Dec. 2008.
20. A. K. Sutton, M. Bellini, J. D. Cressler, J. A. Pellish, R. A. Reed, P. W. Marshall, G. Niu, G. Vizkelethy, M. Turowski, and A. Raman, An Evaluation of Transistor-Layout RHBD Techniques for SEE Mitigation in SiGe HBTs, *IEEE TNS*, Vol. 54, No. 6, pp. 2044-2052, Dec. 2007.
21. R. R. Troutman, *Latchup in CMOS Technology: The Problem and Its Cure.* Norwell, MA: Kluwer, 1986.
22. A. Hastings, *The Art of Analog Layout*, 2nd ed. New York: Prentice-Hall, 2005, Ch. 4, 7.
23. B. Mossawir, I. R. Linscott, U. S. Inan, J. L. Roeder, J. V. Osborn, S. C. Witczak, E. E. King, and S. D. LaLumondiere, A TID and SEE Radiation-Hardened, Wideband, Low-Noise Amplifier, *IEEE Trans. Nucl. Sci.*, Vol. 53, No. 6, pp. 3439-3448, Dec. 2006.
24. M. Varadharajaoerumal, G. Niu, X. Wei, T. Zhang, J. D. Cressler, R. A. Reed, and P. W. Marshall, 3-D Simulation of SEU Hardening of SiGe HBTs Using Shared Dummy Collector, *IEEE Trans. Nucl. Sci.*,

Vol. 54, No. 6, pp. 2330-2337, Dec. 2007.

25. O. A. Amusan, L. W. Massengill, B. L. Bhuva, S. DasGupta, A. F. Witulski, and J. R. Ahlbin, Design Techniques to Reduce SET Pulse Widths in Deep-Submicron Combinational Logic, *IEEE Trans. Nucl. Sci.*, Vol. 54, No. 6, pp. 2060-2064, Dec. 2007.
26. B. Narasimham, B. L. Bhuva, R. D. Schrimpf et al., Characterization of Digital Single Event Transient Pulse-Widths in 130-nm and 90-nm CMOS Technologies, *IEEE Trans. Nucl. Sci.*, Vol. 54, No. 6, pp. 2506-2511, Dec. 2007.
27. M. J. Gadlage, J. R. Ahlbin, B. Narasimham, B. L. Bhuva, L. W. Massengill, R. A. Reed, R. D. chrimpf, and G. Vizkelethy, Scaling Trends in SET Pulse Widths in Sub-100 nm Bulk CMOS Processes, *IEEE Trans. Nucl. Sci.*, Vol. 57, No. 1, pp. 3336-3341, Dec. 2010.
28. M. L. Alles, R. D. Schrimpf, R. A. Reed, and L. W. Massengill, Radiation Hardness of FDSOI and FinFET Technologies, *Proc. 2011 IEEE Int. SOI Conference*, Tempe, AZ, Oct. 2011.
29. P. Roche and G. Gasiot, SEE on Advanced CMOS BULK, FinFET, and UTTB SOI Technologies, *2014 IEEE NSREC Short Course*, 2014.
30. D. R. Ball, M. L. Alles, R. D. Schrimpf, and S. Cristoloveanu, Comparing Single Event Upset Sensitivity of Bulk vs. SOI based FinFET SRAM Cells Using TCAD Simulations, *Proc. 2010 IEEE Int. SOI Conference*, San Diego, CA, Oct. 2010.
31. T. D. Loveless, M. L. Alles, D. R. Ball, K. M. Warren, and L. W. Massengill, Parametric Variability Affecting 45 nm SOI SRAM Single Event Upset Cross-Sections, *IEEE Trans. Nucl. Sci.*, Vol. 57, No. 6, pp. 3228-3233, Dec. 2010.
32. Y. Boulghassoul, L. W. Massengill, A. L. Sternberg, B. L. Bhuva, and W. T. Holman, Towards SET Mitigation in RF Digital PLLs: From Error Characterization to Radiation Hardening Considerations, *IEEE Trans. Nucl. Sci.*, Vol. 53, No. 3, pp. 2047-2053, Aug. 2006.
33. T. Calin, M. Nicolaidis, and R. Velazco, Upset Hardened Memory Design for Submicron CMOS Technology, *IEEE Trans. Nucl. Sci.*, Vol. 43, No. 6, pp. 2874-2878, Dec. 1996.
34. K. Lilja, M. Bounasser, S. Wen, R. Wong, J. Holst, N. Gaspard, S. Jagannathan, D. Loveless, and B. Bhuva, Single-Event Performance and Layout Optimization of Flip-Flops Ion a 28 nm Bulk Technology, *IEEE Trans. Nucl. Sci.*, Vol. 60, No. 4, pp. 2782-2788, Aug. 2013.
35. M. P. Baze, B. Hughlock, J. Wert, J. Tostenrude, L. W. Massengill, O. Amusan, R. Lacoe, K. Lilja, and M. Johnson, Angular Dependence of Single Event Sensitivity in Hardened Flip-Flop Designs, *IEEE Trans. Nucl. Sci.*, Vol. 55, No. 6, pp. 3295-3301, Dec. 2008.
36. E. Cannon, M. Cabanas-Holmen, T. McKay, M. Carson, A. Kleinosowksi, S. Rabaa, and J. Wert, On-Edge Irradiation of SOI Logic Cells Hardened by Spatial Redundancy, *Proc. Single-Event Effects Symp.*, La Jolla, CA, Apr. 2013.
37. M. Cabanas-Holmen, E. H. Cannon, S. Rabaa, T. Amort, J. Ballast, M. Carson, D. Lam, and R. Brees, Robust SEU Mitigation of 32 nm Dual Redundant Flip-Flops Through Interleaving and Sensitive Node-Pair Spacing, *IEEE Trans. Nucl. Sci.*, Vol. 60, No. 6, pp. 4374-4380, Dec. 2013.
38. J. E. Knudsen and L. T. Clark, An Area and Power Efficient Radiation Hardened by Design Flip-Flop, *IEEE Trans. Nucl. Sci.*, Vol. 53, No. 6, pp. 3392-3399, Dec. 2006.

39. B. I. Matush, T. J. Mozdzen, L. T. Clark, and J. E. Knudsen, Area-Efficient Temporally Hardened by Design Flip-Flop Circuits, *IEEE Trans. Nucl. Sci.*, Vol. 57, No. 6, pp. 3588-3593, Dec. 2010.
40. A. T. Kelly, P. R. Fleming, W. T. Holman, A. F. Witulski, B. L. Bhuva, and L. W. Massengill, Differential Analog Layout for Improved ASET Tolerance, *IEEE Trans. Nucl. Sci.*, Vol. 54, No. 6, pp. 2053-2059, Dec. 2007.
41. S. E. Armstrong, B. D. Olson, W. T. Holman, J. Warner, D. McMorrow, and L. W. Massengill, Demonstration of a Differential Layout Solution for Improved ASET Tolerance in CMOS AMS Circuits, *IEEE Trans. Nucl. Sci.*, Vol. 57, No. 6, pp. 3615-3619, Dec. 2010.
42. J. R. Ahlbin, L. W. Massengill, B. L. Bhuva, B. Narasimham, M. J. Gadlage, and P. H. Eaton, Single-Event Transient Pulse Quenching in Advanced CMOS Logic Circuits, *IEEE Trans. Nucl. Sci.*, Vol. 56, No. 6, pp. 3050-3056, Dec. 2009.
43. N. Seifert, V. Ambrose, B. Gill, Q. Shi, R. Allmon, C. Recchia, S. Mukherjee, N. Nassif, J. Krause, J. Pickholtz, and A. Balasubramanian, On the Radiation-Induced Soft Error Performance of Hardened Sequential Elements in Advanced Bulk CMOS Technologies, *Proc. 2010 IEEE Int. Reliability Physics Symp.*, pp. 188-197, May 2010.
44. N. W. van Vonno and B. R. Doyle, Design Considerations and Verification Testing of an SEE-Hardened Quad Comparator, *IEEE Trans. Nucl. Sci.*, Vol. 48, No. 6, pp. 1859-1864, Aug. 2002.
45. B. D. Olson, W. T. Holman, L. W. Massengill, and B. L. Bhuva, Evaluation of Radiation-Hardened Design Techniques Using Frequency Domain Analysis, *IEEE Trans. Nucl. Sci.*, Vol. 55, No. 6, pp. 2957-2961, Dec. 2008.
46. T. D. Loveless, L. W. Massengill, B. L. Bhuva, W. T. Holman, M. C. Casey, R. A. Reed, S. A. Nation, D. McMorrow, and J. S. Melinger, A Probabilistic Analysis Technique Applied to a Radiation-Hardened-by-Design Voltage-Controlled Oscillator for Mixed-Signal Phase-Locked Loops, *IEEE Trans. Nucl. Sci.*, Vol. 55, No. 6, pp. 3447-3455, Dec. 2008.
47. T. D. Loveless, L. W. Massengill, W. T. Holman and B. L. Bhuva, Modeling and Mitigating SETs in Voltage-Controlled Oscillators, *IEEE Trans. Nucl. Sci.*, Vol. 54, No. 6, pp. 2561-2567, Dec. 2007.
48. R. Kumar, V. Karkala, R. Garg, T. Jindal, and S. P. Khatri, A Radiation Tolerant Phase Locked Loop Design for Digital Electronics, *Proc. of IEEE ICCD*, pp. 505-510, Oct. 2009.
49. J. L. Andrews, J. E. Schroeder, B. L. Gingerich, W. A. Kolasinski, R. Koga, and S. E. Diehl, Single Event Error Immune CMOS RAM, *IEEE Trans. Nucl. Sci.*, Vol. 29, No. 6, pp. 2040-2043, Dec. 1982.
50. S. E. Diehl, A. Ochoa, P. V. Dressendorfer, R. Koga, and W. A. Kolasinski, Error Analysis and Prevention of Cosmic Ion-Induced Soft Errors in Static CMOS RAMs, *IEEE Trans. Nucl. Sci.*, Vol. 29, No. 6, pp. 2032-2039, Dec. 1982.
51. A. L. Sternberg, L. W. Massengill, M. Hale, and B. Blalock, Single-Event Sensitivity and Hardening of a Pipelined Analog-to-Digital Converter, *IEEE Trans. Nucl. Sci.*, Vol. 53, No. 6, pp. 3532-3538, Dec. 2006.
52. T. D. Loveless, L. W. Massengill, B. L. Bhuva, W. T. Holman, A. F. Witulski, and Y. Boulghassoul, A Hardened-by-Design Technique for RF Digital Phase-Locked-Loops, *IEEE Trans. Nucl. Sci.*, Vol. 53, No. 6, pp. 3432-3438, Dec. 2006.

53. T. D. Loveless, L. W. Massengill, B. L. Bhuva, W. T. Holman, R. A. Reed, D. McMorrow, J. S. Melinger, and P. Jenkins, A Single-Event-Hardened Phase-Locked Loop Fabricated in 130 nm CMOS, *IEEE Trans. Nucl. Sci.*, Vol. 54, No. 6, pp. 2012-2020, Dec. 2007.
54. D. McMorrow, S. Buchner, W. T. Lotshaw, J. S. Melinger, M. Maher, and M. W. Savage, Demonstration of Single-Event Effects Induced by Through-Wafer Two-Photon Absorption, *IEEE Trans. Nucl. Sci.*, Vol. 51, No. 6, pp. 3553-3557, Dec. 2004.
55. Y. Boulghassoul, P. C. Adell, J. D. Rowe, L. W. Massengill, R. D. Schrimpf, and A. L. Sternberg, System-Level Design Hardening Based on Worst Case ASET Simulations, *IEEE Trans. Nucl. Sci.*, Vol. 51, No. 5, pp. 2787-2793, Oct. 2004.
56. S. E. Armstrong, B. D. Olson, J. Popp, J. Braatz, T. D. Loveless, W. T. Holman, D. McMorrow, and L. W. Massengill, Single-Event Transient Error Characterization of a Radiation-Hardened by Design 90 nm SerDes Transmitter Driver, *IEEE Trans. Nucl. Sci.*, Vol. 56, No. 6, pp. 3463-3468, Dec. 2009.
57. T. Uemura, R. Tanabe, Y. Tosaka, and S. Satoh, Using Low Pass Filters in Mitigation Techniques against Single-Event Transients in 45nm technology LSIs, *14th IEEE Int. On-line Testing Symposium*, pp. 117-122, July 2008.
58. A. L. Sternberg, L. W. Massengill, R. D. Schrimpf, Y. Boulghassoul, H. J. Barnaby, S. Buchner, R. L. Pease, and J. W. Howard, Effect of Amplifier Parameters on Single-Event Transients in an Inverting Operational Amplifier, *IEEE Trans. Nucl. Sci.*, Vol. 49, No. 3, pp. 1496-1501, June 2002.
59. H. Chung, W. Chen, B. Bakkaloglu, H. J. Barnaby, B. Vermeire, and S. Kiaei, Analysis of Single Event Effects on Monolithic PLL Frequency Synthesizers, *IEEE Trans. Nucl. Sci.*, Vol. 53, No. 6, pp. 3539-3543, Dec. 2006.
60. T. D. Loveless, L. W. Massengill, W. T. Holman, B. L. Bhuva, D. McMorrow, and J. H. Warner, A Generalized Linear Model for Single Event Transient Propagation in Phase-Locked Loops, *IEEE Trans. Nucl. Sci.*, Vol. 57, No. 5, pp. 2933-2947, Oct. 2010.
61. M. J. Gadlage, P. H. Eaton, J. M. Benedetto, M. Carts, V. Zhu, and T. L. Turflinger, Digital Device Error Rate Trends in Advanced CMOS Technologies, *IEEE Trans. Nucl. Sci.*, Vol. 53, No. 6, Dec. 2006.
62. Y. Boulghassoul et al., Effects of Technology Scaling on the SET Sensitivity of RF CMOS Voltage-Controlled Oscillators, *IEEE Trans. Nucl. Sci.*, Vol. 52, No. 6, pp. 3466-3471, Dec. 2005.
63. J. S. Kauppila, L. W. Massengill, W. T. Holman, A. V. Kauppila, and S. Sanathanamurthy, Single Event Simulation Methodology for Analog/Mixed Signal Design Hardening, *IEEE Trans. Nucl. Sci.*, Vol. 51, No. 6, pp. 3603-3608, Dec. 2004.
64. E. Mikkola, B. Vermeire, H. J. Barnaby, H. G. Parks, and K. Borhani, SET Tolerant CMOS Comparator, *IEEE Trans. Nucl. Sci.*, Vol. 51, No. 6, pp. 3609-3614, Dec. 2004.
65. S. E. Armstrong, T. D. Loveless, J. R. Hicks, W. T. Holman, D. McMorrow, and L. W. Massengill, Phase-Dependent Single-Event Sensitivity Analysis of High-Speed A/MS Circuits Extracted from Asynchronous Measurements, *IEEE Trans. Nucl. Sci.*, Vol. 58, No. 3, pp. 1066-1071, June 2011.
66. W. Chen, V. Pouget, G. K. Gentry, H. J. Barnaby, B. Vermeire, B. Bakkaloglu, S. Kiaei, K. E. Holbert, and P. Fouillat, Radiation Hardened by Design RF Circuits Implemented in 0.13 um CMOS Technology,

IEEE Trans. Nucl. Sci., Vol. 53, No. 6, pp. 3449-3454, Dec. 2006.

67. H. Lapuyade, V. Pouget, J.-B. Begueret, P. Hellmuth, T. Taris, O. Mazouffre, P. Fouillat, and Y. Deval, A Radiation-Hardened Injection Locked Oscillator Devoted to Radio-Frequency Applications, *IEEE Trans. Nucl. Sci.*, Vol. 53, No. 4, pp. 2040-2046, Aug. 2006.
68. H. Lapuyade, O. Mazouffre, B. Goumballa, M. Pignol, F. Malou, C. Neveu, V. Pouget, Y. Deval, and J.-B. Begueret, A Heavy-Ion Tolerant Clock and Data Recovery Circuit for Satellite Embedded High-Speed Data Links, *IEEE Trans. Nucl. Sci.*, Vol. 54, No. 6, pp. 2080-2085, Dec. 2007.
69. W. T. Holman, J. S. Kauppila, T. D. Loveless, L. W. Massengill, B. L. Bhuva, and A. F. Witulski, Low-Penalty Radiation-Hardened-by-Design Concepts for High-Performance Analog, Mixed-Signal, and RF Circuits, *Proc. 2013 GOMACTech Conf.*, 2013.
70. R. W. Blaine, S. E. Armstrong, J. S. Kauppila, N. M. Atkinson, B. D. Olson, W. T. Holman, and L. W. Massengill, RHBD Bias Circuits Utilizing Sensitive Node Active Charge Cancellation (SNACC) Designs, *IEEE Trans. Nucl. Sci.*, Vol. 58, No. 6, pp. 3060-3066, Dec. 2011.
71. P. R Fleming, B. D. Olson, W. T. Holman, B. L. Bhuva, and L. W. Massengill, Design Technique for Mitigation of Soft Errors in Differential Switched-Capacitor Circuits, *IEEE Trans. Circuits Syst. II, Exp. Briefs*, Vol. 55, No. 9, pp. 838-842, Sept. 2008.
72. B. D. Olson, W. T. Holman, L. W. Massengill, B. L. Bhuva, and P. R. Fleming, Single-Event Effect Mitigation in Switched-Capacitor Comparator Designs, *IEEE Trans. Nucl. Sci.*, Vol. 55, No. 6, pp. 3440-3446, Dec. 2008.
73. N. M. Atkinson, W. T. Holman, J. S. Kauppila, T. D. Loveless, N. C. Hooten, A. F. Witulski, B. L. Bhuva, L. W. Massengill, E. X. Zhang, and J. H. Warner, The Quad-Path Hardening Technique for Switched-Capacitor Circuits, *IEEE Trans. Nucl. Sci.*, Vol. 60, No. 6, pp. 4356-4361, Dec. 2013.

第 10 章　混合工艺像素、时间不变前端电路 CMOS 单片传感器：电离总剂量效应和体损伤研究

Lodovico Ratti, Luigi Gaioni, Massimo Manghisoni, Valerio Re, Gianluca Traversi, Stefano Bettarini, Francesco Forti, Fabio Morsani, Giuliana Rizzo, Luciano Bosisio, and Irina Rashevskaya

10.1　引言

电子电路和系统被应用在许多需要一定抗辐射能力的场合，例如：太空和航空应用、高能物理实验、核和热核(处于开发阶段)电站以及医疗诊断照相和治疗。在这些环境里，电子系统会直接受到光子、电子、中子或者重离子轰击，导致电学性能变化。跟辐射源的类型和特性有关，也跟电路制造工艺有关，电子系统会出现不同效应，包括不可恢复、部分或全部可恢复的效应。掌握电子器件和电路辐射效应机理对下面这些工作是十分重要的：

- 设计加固保证方法，以确保它们能在目标环境下可靠工作；
- 开发加固电路和设计技术，以改进它们在特定应用中耐特定辐射的能力。

本章重点介绍互补金属氧化物半导体(CMOS)单片传感器的累积电离辐射效应和中子效应。CMOS 单片传感器也称为单片有源像素传感器(MAPS)或 CMOS 图像传感器(CIS)，是为高能物理实验粒子追踪用途开发的。重点分析几个研究案例，其模拟的前端电路(该模拟电路集成在传感器阵列的基本单元中)比典型的 CMOS MAPS 三晶体管结构更复杂，并且实际上和在高阻衬底上制作的混合工艺像素传感器(HPD)的像素传感器读出电路有同样的结构。因此，这里讨论的结果，不仅对 CMOS MAPS 抗辐射加固设计有用，而且对基础物理实验中广泛使用的电容性探测器通用读出电路的抗辐射加固设计也有帮助。目的是，一旦需要关注耐辐射，就给出辐射探测用传统模拟模块设计需要关注的关键点。本章的结构安排如下：在用较短的章节介绍了带电粒子追踪用 CMOS MAPS 的开发和使用后，讨论两个不同单片有源像素传感器的电离总剂量效应：一个是用 130 nm 三阱 CMOS 工艺制造的器件，另一个是用 180 nm 四阱 CMOS 工艺制造的器件。众所周知，CMOS 电路电离总剂量效应敏感，对体损伤几乎不敏感。但是，单片传感器收集电极，特别是，它从衬底收集电荷来探测穿过的粒子的能力，会因中子引入的体俘获密度增加而严重退化。本章的最后将讨论这个问题，样品是两个相同的器件，即 130 nm 和 180 nm CMOS 单片有源像素传感器。

10.2 带电粒子追踪用 CMOS 单片传感器

高亮度对撞机(国际直线对撞机[1,2])需要低成本的精密高能带电粒子追踪器，这促使粒子物理领域的一些研究团队开始探索解决方案，包括利用 CMOS 单片有源图像传感器[3-5]。尽管成像用 CMOS 传感器的空间分辨率(是其最新应用的、蓬勃发展的领域[6])比粒子追踪的要求高许多，他们还能通过多层薄探测器设计来改进能量分辨率提供有吸引力的解决方案。在高能物理应用中，与试验特点有关，他们要求承受几百 krad(SiO_2)到数 Mrad(SiO_2)范围的电离总剂量，和 10^{11} cm^{-2} 到 10^{13} cm^{-2} 的 1-MeV 等效中子通量[7,8]。在单片传感器中，读出电路和探测器制作在同一衬底上，典型的是 N 型阱扩散。另外，因为单片有源像素传感器工作原理是基于在几乎未耗尽器件体内扩散电荷的收集，敏感体积限制在收集 N 型阱扩散区下面的第一层硅(在衬底更深处释放的电荷在到达传感器前会重新复合)，衬底本身被减薄到数十微米，也没有明显的信号损失。为了降低噪声，标准单片有源像素传感器被布局成具有最小的 N 型收集电极。四周的任何 P 型 MOS(PMOS)会从 N 型阱传感器中吸走显著数量的电荷，不可接受地损害器件的收集效率。这是为什么在传统单片有源像素传感器的基本单元中不允许设计师完全发挥 CMOS 工艺的优点、只使用 N 型 MOS(NMOS)晶体管(通常用在源跟随器中[6])。为解决使用 PMOS 晶体管的限制，在电子学设计上从像素设计和布局级开展了一些探索工作，如 N 型深阱(DNW)MAPS[9]和工艺解决方案，如四阱 CMOS 工艺单片传感器[10]。允许使用 PMOS 和 NMOS 晶体管，使得前端单元中包含高功率放大器和低功耗数字模块成为可能。这又可以实现稀疏的输出结构(典型的混合工艺像素结构)，能适应未来高能物理装置高强速率追踪应用[11]。上述两个不同方案已被用于开发单片有源像素传感器，后面章节将讨论这些器件。有必要指出的是，N 型深阱和四阱单片有源像素传感器不是制造单片有源像素传感器前端电路唯一可选择的 CMOS 工艺。单片有源像素传感器前端电路也可以通过用 SOI[12-14]和高压工艺来实现完全自由地使用 PMOS 晶体管[15]。

10.3 130 nm 三阱 CMOS 工艺 N 型深阱单片有源像素传感器

N 型深阱单片有源像素传感器(DWN MAPS)利用三阱结构的优势，来实现相对大面积的收集电极(和标准的三晶体管单片有源像素传感器比[6])，同时，具有足够的低间距来满足未来高能物理试验需要的精度要求。该方案不需要任何非标准的工艺步骤，因为三阱结构在现代商用 CMOS 工艺中是典型的、可实现的，它将 NMOS 晶体管从 P 型衬底隔离(来避免数字信号可能的耦合)。在 N 型深阱单片有源像素传感器中，来自收集电极的信号被优化的传统容性探测器电路读出，该读出电路包括一个前置电荷放大器，它的电荷敏感度和收集电极电容无关。大面积敏感电极的使用，使得在基本单元中集成 PMOS 器件成为可能，只要基本单元的面积大大地超过用来制造这些 PMOS 场效应晶体管 N 型阱覆盖的面积。模拟电路前端(包括整形级)的 NMOS 部分也能被布置在 N 型深阱传感器内，以便优化基本单元面积的使用。

10.3.1 被试器件和辐照过程描述

用 130 nm CMOS 工艺制造了许多测试结构，包含为前端电路和为收集电极结构、利用 N 型深阱单片有源像素传感器设计方案的优点制造的不同解决方案。本节讨论的耐辐照测试结果是采用测试芯片阿普泽尔双晶体管(Apsel2T)完成的。该芯片包括一个独立的通道(读出通道没有连接到传感器上的单片有源像素传感器)，和具有 50 μm 间距、3×3 像素的小阵列，以及不同收集电极结构。这里，我们将专门关注读出通道的电离辐射效应，如图 10.1 所示，所有结构都如此。它包括一个电荷前置放大器和一个 RC-CR 整形器(或半高斯单调器)。如已经提到的，模拟电路前端的 NMOS 晶体管被集成在 N 型深阱收集电极里，这在图中没有明显标识。电荷前置放大器用一个折叠式共源共栅结构[16]表征，其中，在输入电路部分，M_{in} 是输入器件，M_{cs} 是电流源。C_F 是前置放大器反馈电容器(通常为 8 fF)，它连续地被工作在深亚阈值区的 M_F NMOS 管重置。该器件的沟道宽长比 W/L= 0.18 μm/10 μm，选取该值的目的是实现等效反馈电阻最大化，从而增加反馈时间常数，同时，减少面积。前置放大器输出部分被理想化成一个缓冲器。在整形滤波器中，C_1 是微分输入电容，C_2 是整形器反馈网络中的电容，其中包括跨导器(晶体管 MN1、MN2、MP1 和 MP2)。整形器的输出部分被画成理想的缓存器。通过(慢控制 b0 和 b1)作用于电容器 C_Z 使整形器增益部分处于高阻节点和跨导器电流源(M1 到 M4 全部是理想栅尺寸)，峰值时间 t_{p0} 可被设置为 0.5 μs，1 μs 或者 2 μs[17,18]。图 10.1 还包括主前置放大器的噪声源(在本章稍后描述和讨论)。电容 C_{inj} 被用来向通道输入端注入电荷，以及测试它的响应。在 1.2 V 电源电压下，总功耗大约为每通道 30 μW。除了 N 型深阱单片有源像素传感器，对包括 NMOS 晶体管等一系列用同样工艺制造的测试结构，进行了电离辐射效应研究。目的是改进对基本损伤机理与单元前端电路功能退化之间关系的认识。

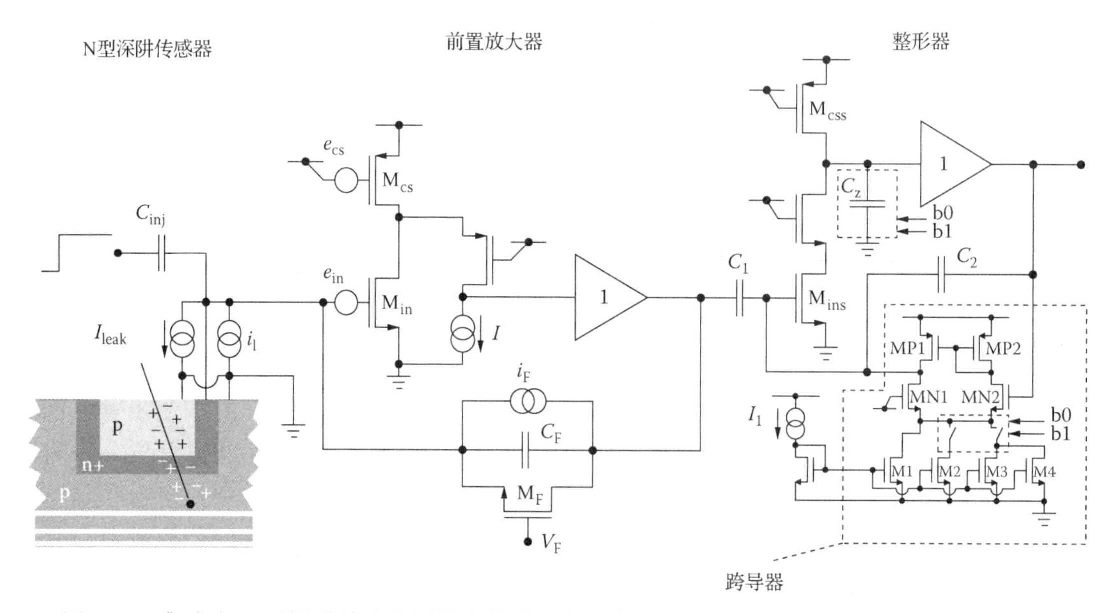

图 10.1 集成在 N 型深阱单片有源像素传感器中的模拟读出通道示意图，同时给出 N 型深阱传感器概念截面示意图(引用自 L. Ratti, C. Andreoli, L. Gaioni, M. Manghisoni, E. Pozzati, V. Re et al., *IEEE Trans. Nucl. Sci.,* Vol. 56, No 4, pp2124-2131，Aug. 2009)

被试器件置于 ^{60}Co γ 射线环境，典型剂量率为 12 rad/s(SiO_2)。最终累积剂量 1100 krad(SiO_2)，期间在一个或多个剂量点进行测试。对被试器件进行 100℃168 h 退火处理。所有的被试器件在辐照和退火期间施加电偏置。N 型深阱单片有源像素传感器的偏置状态和实际应用相同，NMOS 晶体管的栅极连接到 V_{DD}，其他的端口接地。特别说明，收集电极和处理器件均未采用特别的辐射加固技术进行设计。

10.3.2　电离总剂量效应

电离辐射效应主要研究对模拟通道重要参数和特性(即电荷敏感度、输出信号形状和等效噪声电荷)的影响。

10.3.2.1　电荷敏感度和响应形状

在前端通道中，针对电荷测试，电荷敏感度 G_Q 定义为

$$G_Q = \frac{\mathrm{d}V_{\text{peak}}}{\mathrm{d}Q} \tag{10.1}$$

其中，$V_{\text{peak}}(Q)$是整形器输出端的信号峰值，它是输入电荷 Q 的函数。和被研究的情况一样，如果系统是线性的，那么 V_{peak} 正比于 Q，并且

$$\frac{\mathrm{d}V_{\text{peak}}}{\mathrm{d}Q} = \frac{V_{\text{peak}}(Q)}{Q} \tag{10.2}$$

在线性系统中，电荷敏感度的测量通常是通过线性插值 V_{peak} 与 Q 特性获得的，可平均掉可能有的微小非线性。如果通过注入电容直接评估前端输入可行，则通过注入变化量就很容易测量出 V_{peak} 与 Q 间的特性，即已知电荷量和相应通道响应的测量幅度。图 10.1 中整形器的传输函数可由下式给出：

$$T_s(s) = \frac{2\pi s \dfrac{C_1 \text{GBP}_s}{(C_1 + C_2)}}{s^2 + 2\pi s \dfrac{C_2 \text{GBP}_s}{(C_1 + C_2)} + 2\pi \dfrac{C_m \text{GBP}_s}{(C_1 + C_2)}} \tag{10.3}$$

其中

$$G_m = k_1 G_{m0}，\ G_{m0} = g_{m0,\text{MNI}} = \frac{qI_{t0}}{2nk_{\text{B}}T} \tag{10.4}$$

G_m 是整形跨导器的跨导(当参数 k_1=1，等于辐照前值 G_{m0})。$g_{m0,\text{MN1}}$ 是晶体管 MN1(和 MN2)辐照前跨导值，I_{t0} 是从 M1 流到 M4 的辐照前电流值，q 是基本电荷，n 是亚阈值斜率，k_{B} 是玻尔兹曼常数，T 是热力学温度。这里假设在跨导微分对中，NMOS 晶体管工作在弱反型。式(10.3)又可描述为

$$\text{GBP}_s = k_2 \text{GBP}_{s0}，\ \text{GBP}_{s0} = k_2 \frac{g_{m0,\text{ins}}}{C_z} \tag{10.5}$$

GBP_s 是整形器增益部分增益宽度的函数(当 k_2=1，等同于辐照前值 GBP_{s0})，并且，$g_{m0,\text{ins}}$ 是整形器输入晶体管 M_{ins} 辐照前的跨导值。下面用参数 k_1 和 k_2 来计算整形器部分的辐射响应。在电路初始时，参数 k_1 和 k_2 均等于 1。整形器跨导和增益部分的量值计算如下：

$$G_{m0}=\frac{\pi \mathrm{GBP}_{s0}C_2^2}{2(C_1+C_2)} \tag{10.6}$$

保持并达到半高斯、一级单调整形情况下，对输入电荷脉冲 Q 的整个通道响应由下式给出[9]：

$$v_{\mathrm{out},s}(t)=-2\frac{C_1Q}{C_2C_{\mathrm{F}}}\mathrm{e}^{-\frac{t}{t_{p0}}}\frac{t}{t_{p0}},\quad t_{p0}=\frac{C_2}{2G_{m0}} \tag{10.7}$$

在 t_{p0} 时，信号达到峰值。当峰值时间改变时，通过控制位 b_0 和 b_1，G_{m0} 和 GBP_{s0} 比率保持不变。对于理想的电荷前置放大器，将阶梯信号作为整形输入脉冲的变量(即，作为纯的积分器)，电荷敏感度可由下式给出：

$$G_Q=\frac{V_{\mathrm{peak}}}{Q}=2\frac{C_1}{eC_FC_2} \tag{10.8}$$

其中，e 是奈培常数。在实际系统中，电荷敏感度受电荷前置放大器的有限带宽和前置放大器反馈网络中的有限时间常数影响，其中 $\tau_{\mathrm{F}}=C_{\mathrm{F}}/g_{\mathrm{ds,F}}$，$g_{\mathrm{ds,F}}$ 是 MOSFET $\mathrm{M_F}$ 的输出电导。我们假设电荷前置放大器的开环传输函数为单调，具有直流增益 A_0 和时间常数 τ。如果 $\tau_{\mathrm{F}}>>\tau$，并且 A_0C_{F} 比分流前置放大器总的输入电容(包括探测器电容 C_{D}，输入电容 C_{in}，反馈电容 C_{F} 和注入电容 C_{inj}，有必要再说一下，它是为了测试而设计的)大许多，则式(10.8)中的电荷敏感度可用一个因子进行修正：

$$k_{\mathrm{F}}\cong\left(\frac{\tau_{\mathrm{r}}}{\tau_{\mathrm{F}}}\right)^{\frac{\tau_{\mathrm{r}}}{\tau_{\mathrm{P}}}}-\frac{\tau_{\mathrm{r}}}{\tau_{\mathrm{F}}} \tag{10.9}$$

在式(10.9)中，$\tau_{\mathrm{r}}=\tau C_{\mathrm{T}}/(A_0C_{\mathrm{F}})$ 是电荷前置放大器的响应上升时间，典型地，$\tau_{\mathrm{r}}/\tau_{\mathrm{F}}\ll 1$。

电荷敏感度受电离辐照剂量影响显著。图 10.2 显示了电荷敏感度随电离总剂量和退火处理变化情况，对应三个可能的不同峰值时间值，阿普泽尔双晶体管被试器件的读出电路没有连接到 N 型深阱收集极。随着辐照总剂量增加，可看出 G_{Q} 持续降低，退火后发生部分恢复。辐照引起 G_{Q} 退化可通过分析发生在两个主要前端模块中的效应进行详细研究，它们是：

- 阈值电压漂移引起的等效前置放大器反馈电阻(即晶体管 $\mathrm{M_F}$ 输出电导)的变化；
- 整形器中，反馈跨导和带宽乘积的变化。

工作在深亚阈值区域的 NMOS 晶体管，如 $\mathrm{M_F}$，漏极电流由下式给出[19]：

$$I_{\mathrm{D}}=I_{\mathrm{D0}}\frac{W}{L}\mathrm{e}^{\frac{q(V_{\mathrm{GS}}-V_{\mathrm{th,F}})}{nk_{\mathrm{B}}T}}\left(1-\mathrm{e}^{-\frac{qV_{\mathrm{DS}}}{k_{\mathrm{B}}T}}\right) \tag{10.10}$$

其中，$I_{\mathrm{D0}}\approx 6\,\mu_{\mathrm{n0}}C_{\mathrm{ox}}(K_{\mathrm{B}}T/q)^2$，$\mu_{\mathrm{n0}}$ 是零体偏置电子迁移率，C_{ox} 是单位面积栅氧化层电容，W 和 L 分别是晶体管沟道宽度和长度，V_{GS} 是栅源电压，$V_{\mathrm{th,F}}$ 是阈值电压，V_{DS} 是漏源电压。从式(10.10)可以得出阈值电压变化决定输出电导变化，特别地

$$\frac{\partial g_{\mathrm{ds,F}}}{\partial V_{\mathrm{th,F}}}=\frac{\partial}{\partial V_{\mathrm{th,F}}}\frac{\partial I_{\mathrm{D}}}{\partial V_{\mathrm{DS}}}<0 \tag{10.11}$$

如果 $\tau_r/\tau_F \ll 1$，也可以这样计算：

$$\frac{\mathrm{d}k_F}{\mathrm{d}\tau_F} > 0 \tag{10.12}$$

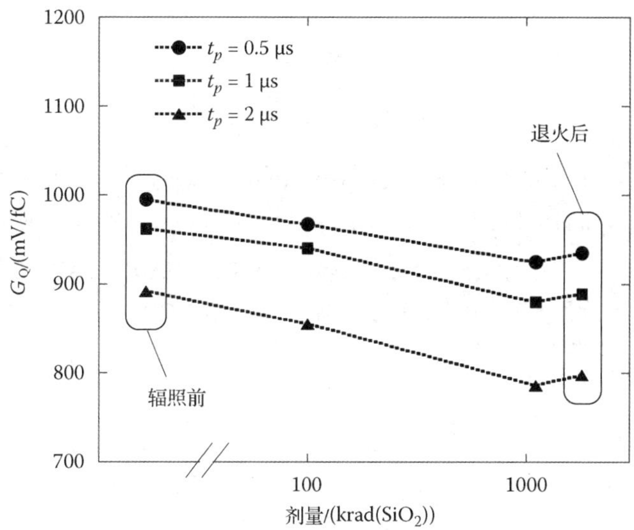

图 10.2　电荷灵敏度随电离总剂量和退火处理变化：三个可能峰值时间数据。读出通道未连接到 N 型深阱收集极(引用自 L. Ratti, C. Andreoli, L. Gaioni, M. Manghisoni, E. Pozzati, V. Re et al.,*IEEE Trans. Nucl. Sci.*, Vol 56, No. 4, pp., 2124-2131, Aug 2009.)

因而，$V_{th,F}$ 降低将导致 M_F 输出电导增加，τ_F 随着降低。最后，k_F 因子减小将导致电荷敏感度降低。尽管普遍认为深亚微米 CMOS 工艺具有高的抗电离辐射能力[20]，相同 CMOS 工艺的阿普泽尔双晶体管 N 型深阱单片有源像素传感器的窄沟道器件(W<1 μm)被发现存在辐射诱生窄沟道(RINC)效应，辐射诱生窄沟道效应的起因是浅槽隔离氧化物陷阱电荷,已证明 RINC 对 N 沟道和 P 沟道器件都会有影响[21]。非常类似的响应在 130 nm 工艺 N 型深阱单片有源像素传感器的被辐照器件中实测到。如表 10.1 所示。表中给出不同沟道尺寸器件辐照 1100 krad(SiO_2) γ 射线电离总剂量和退火后阈值电压漂移$\Delta V_{th,F}$。窄沟道器件阈值电压漂移(所有栅极宽度不小于 10 μm 的器件，变化值为数毫伏)明显比较大，同样，给出了具有图 10.1 电路中 M_F 相同栅极尺寸的沟道特性。经过 100℃/ 168 小时退火后，被辐照器件几乎完全恢复到起始状态，包括窄沟道器件。得出的第一个结论是：与 RINC 效应相关的前置放大器反馈 MOSFET 阈值电压的变化，是观测到的电荷敏感度变化的起因。其他影响可能来自整形电路，这里 RINC 效应可能也是导致观测到的电荷灵敏度退化的起因。特别地，跨导器中沟道宽度 0.25 μm 的 NMOS 电流源(M1 至 M4)和沟道宽度 0.18 μm 的输入级 PMOS 电流源 M_{CSS},会由于浅槽隔离氧化物陷阱电荷，出现不可忽视的阈值电压漂移。借助电路仿真，可以验证，如果 M1 到 M4 晶体管阈值电压减小，流出源极的电流将增加。对于 NMOS 电流源，进一步的结果是，由于浅沟隔离槽电荷积累，漏电流会增加。两个效应依次导致 G_m 增加，这可假设 K_1>1 由式(10.4)计算出。另一方面，M_{GSS} 阈值电压降低，输入器件跨导降低，会导致整形器的宽频增益乘积下降。这可以用 k_2<1 来计算出。因而，辐照后，式(10.7)通常不再可信，响应形状

会改变。特别地，当式(10.3)中的 G_m 和 GBP_s 分别被式(10.4)和式(10.5)替代，如果假设电荷前置放大器的响应是理想的阶梯，并给定 $k_2/k_1<1$，则对输入电荷脉冲 Q，整个通道响应可用下式表示：

$$v_{\text{out},s}(t)=-2\frac{C_1Q}{C_FC_2}\frac{e^{-k_2\frac{t}{t_{p0}}}}{\sqrt{\left(\frac{k_1}{k_2}-1\right)}}\sin\left(\frac{t}{\tau_1}\right),\quad \tau_1=\frac{t_{p0}}{\sqrt{k_1k_2-k_2^2}} \tag{10.13}$$

k_1 增加和 k_2 降低的结果均导致电荷敏感度下降。对信号形状的影响如图 10.3 所示。特别地，可看出 k_1 增加(即 G_m 增加)会引起信号电荷快速回到基线和更大显著超调。

表 10.1 阿普泽尔双晶体管(Apsel2T)N 型深阱 MAPS 相同工艺制造 130 nm N 沟道 MOSFET γ 射线辐照后阈值电压变化

栅尺寸 (μm/μm)	ΔV_{th}(mV)	
	1100 krad(SiO_2)	退火后
20/0.13	−2	0
20/0.35	−3	−1
10/0.13	−3	−1
10/0.35	−5	−2
0.18/10	−20	−3

数据来源：L. Ratti, C. Andreoli, L. Gaooni, M. Manghisoni, E. Pozzati, V. Re et al., IEEE Trans. Nucl. Sci., Vol.56, No.4, pp2124-2131, 2009.

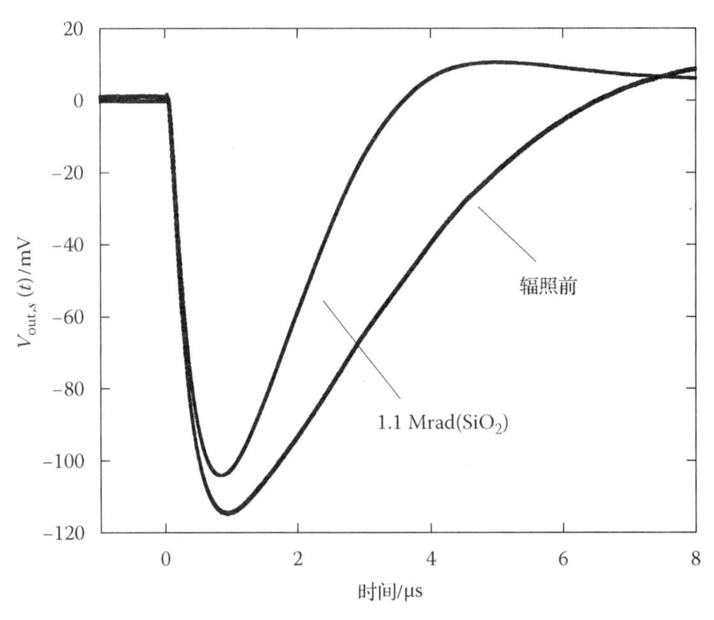

图 10.3 辐照前和 1.1 Mrad(SiO_2)电离总剂量辐照后图 10.1 读出电路(未连接到 N 型深阱收集极)响应

10.3.2.2 等效噪声电荷

等效噪声电荷(ENC)是电荷敏感放大器的品质因子。其定义是，在输出端发现单位信号-噪声时，在电荷测量系统输入端需要注入的电荷[22]。图 10.1 给出了被试 N 型深阱单片有源像素传感器的主要噪声源。电压源 e_{in} 代表来自前置放大器输入器件 M_{in} 的噪声贡献，它的功率谱密度 $\frac{\mathrm{d}\overline{e_{\text{in}}^2}}{\mathrm{d}f}$ 包含主要来源于器件漏极电流中沟道热噪声的白组分 $S_{\text{ws,in}}$，和 $1/f$ 噪声的贡献 $\frac{A_{\text{f,in}}}{f^{\alpha_{\text{fn}}}}$：

$$\frac{\mathrm{d}\overline{e_{\text{fn}}^2}}{\mathrm{d}f} = S_{\text{ws,in}} + \frac{A_{\text{f,in}}}{f^{\alpha_{\text{fn}}}} = n\gamma\frac{4k_{\text{B}}T}{g_{\text{m,in}}} + \frac{K_{\text{f,in}}}{WLC_{\text{ox}}f^{\alpha_{\text{fn}}}} \tag{10.14}$$

上面的公式中，α_{fn} 是 $1/f$ 噪声斜率系数，对这种工艺 NMOS 器件为 0.85[23]，γ 是沟道热噪声系数，与器件工作点和极性有关，$g_{\text{m,in}}$ 是器件跨导，$K_{\text{f,in}}$ 是本征 $1/f$ 噪声工艺参数。电压源 e_{cs} 代表来自前置放大器输入电路 PMOS 电流源的噪声贡献 $\frac{\mathrm{d}\overline{e_{\text{cs}}^2}}{\mathrm{d}f}$。噪声的功率谱密度再次用白组分 $S_{\text{ws,cs}}$ 和 $1/f$ 组分 $\frac{A_{\text{f,cs}}}{f^{\alpha_{\text{in}}}}$ 表征，

$$\frac{\mathrm{d}\overline{e_{\text{cs}}^2}}{\mathrm{d}f} = S_{\text{ws,cs}} + \frac{A_{\text{f,cs}}}{f^{\alpha_{\text{fp}}}} = n\gamma\frac{4k_{\text{B}}T}{g_{\text{m,cs}}} + \frac{K_{\text{f,cs}}}{WLC_{\text{OX}}f^{\alpha_{\text{fp}}}} \tag{10.15}$$

其中，α_{fp} 是 $1/f$ 噪声斜率系数，对 130 nm CMOS 工艺 PMOSFET 大约为 1.1，$K_{\text{f,cs}}$ 是本征 $1/f$ 噪声工艺参数，与 PMOS 晶体管过驱动电压有关[23]。在式(10.14)和式(10.15)中，n 是亚阈值斜率系数，和式(10.4)中定义的一样。前置放大器反馈 MOSFET M_{F} 也提供噪声贡献，用电流源 i_{F} 表示，它的功率谱密度 $\frac{\mathrm{d}\overline{i_{\text{F}}^2}}{\mathrm{d}f}$，当 NMOS 晶体管工作在深亚阈值区时，可被模拟为[24]

$$\frac{\mathrm{d}\overline{i_{\text{F}}^2}}{\mathrm{d}f} = S_{\text{wp,F}} = 2qI_{\text{D}} = 2qI_{\text{D0}}\frac{W}{L}\mathrm{e}^{\frac{q(V_{\text{GS}}-V_{\text{th,F}})}{nk_{\text{B}}T}}\left(1+\mathrm{e}^{-\frac{qV_{\text{DS}}}{k_{\text{B}}T}}\right) \tag{10.16}$$

由上面 3 个噪声术语导出下面 $\frac{\mathrm{d}\overline{e_{\text{in}}^2}}{\mathrm{d}f}$ ENC 表达式：

$$\text{ENC}=\left\{C_{\text{T}}^2\left[\frac{A_1S_{\text{ws,in}}}{t_{\text{p}}} + (2\pi)^{\alpha_{\text{fn}}}A_2A_{\text{f,in}}t_{\text{p}}^{\alpha_{\text{fn}}-1} + \left(\frac{A_1S_{\text{ws,cs}}}{t_p} + (2\pi)^{\alpha_{\text{fp}}}A_2A_{\text{f,cs}}t_p^{\alpha_{\text{fp}}-1}\right)\frac{g_{\text{m,cs}}^2}{g_{\text{m,in}}^2}\right] + A_3S_{\text{wp,F'p}}\right\}^{\frac{1}{2}} \tag{10.17}$$

其中 A_1，A_2 和 A_3 是整形系数。式(10.17)中出现的术语一定程度上显示出了等效噪声电荷对电离辐射的敏感程度，并可预料经过 γ 射线辐照后特性会出现不可忽视的增加。图 10.4 给出了典型的电离总剂量效应案例，样品是采用和被试 N 型深阱单片有源像素传感器读出通道相同工艺制造的 NMOS 晶体管，辐照电离总剂量 1100 krad(SiO_2)。谱的低频部分明显受辐照影响，而白噪声没有看出明显的退化，经过 100℃/168 h 退火处理后只有部分恢复。这被认为与静态特性不完全恢复有关，需指出的事实是，寄生横向晶体管仍然是存在的。可以用来自被浅槽隔离氧化物中产生的正电荷打开的横向寄生器件[25，26]

的 $1/f$ 噪声的贡献来解释弗伦克尔噪声性能退化。在多分支晶体管和工作在小电流密度时，该效应较大，这时，寄生横向晶体管对主晶体管影响大。其次，进一步的贡献可归咎于主器件栅氧化物[27]陷阱密度的增加，尽管辐照后栅氧化层中大部分空穴，特别是靠近界面的，可能通过直接隧穿快速退火[28]。通过积分主晶体管和所有等效寄生晶体管的贡献而获得辐照后噪声电压谱 $1/f$ 组分 $S_{\mathrm{f,post}}$：

$$S_{\mathrm{f,post}}=\frac{\dfrac{K_{\mathrm{f,main}}}{WLC_{\mathrm{OX}}}g_{\mathrm{m,main}}^{2}+\dfrac{K_{\mathrm{f,lat}}}{W_{\mathrm{lat}}LC_{\mathrm{OX,lat}}}g_{\mathrm{m,lat}}^{2}}{(g_{\mathrm{m,min}}+g_{\mathrm{m,lat}})^{2}f^{\alpha_{\mathrm{in}}}} \tag{10.18}$$

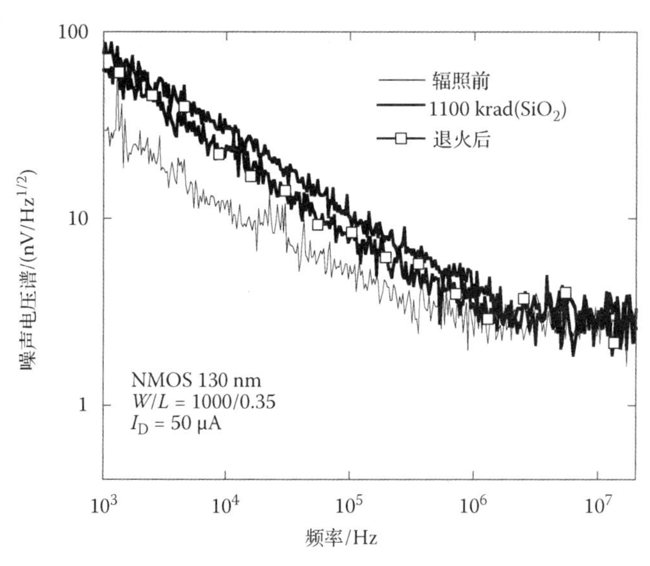

图 10.4　NMOS 晶体管辐照前和 1.1 Mrad(SiO_2)电离总剂量辐照及退火后(100°C/168 h)噪声电压谱。器件沟道宽长比 W/L = 1000 μm/0.35 μm，在 I_D = 50 μA 工况下。晶体管与被测 N 型深阱单片有源像素传感器工艺相同(引用自 L. Ratti, C. Andreoli, L. Gaioni, M. Manghisoni, E. Pozzati, V. Re et al., *IEEE Trans. Nucl. Sci.*, Vol 56, No. 4, pp, 2124-2131, Aug. 2009)

式(10.18)中，$K_{\mathrm{f,main}}$ 和 $K_{\mathrm{f,lat}}$ 是辐照后主器件沟道和等效寄生晶体管 $1/f$ 噪声本征工艺参数，表征参数还有跨导 $g_{\mathrm{m,main}}$ 和 $g_{\mathrm{m,lat}}$。对每个晶体管分支，两个寄生晶体管被辐照开启，每个特征化为沟道宽度 $W_{lat,f}$，贡献等同于沟道宽度 $W_{\mathrm{lat}}=2n_fW_{\mathrm{lat}}$ 的等效寄生晶体管，n_f 是主器件中的分支数量。乘积 $C_{\mathrm{OX,lat}}W_{\mathrm{lat,f}}$ 可从静态 I_D–V_{GS} 曲线外推出[25]，这里 $C_{\mathrm{OX,lat}}$ 是寄生浅槽隔离边墙晶体管有效氧化层电容。根据不同栅尺寸和工作漏极电流的单个晶体管特性，进行式(10.18)中几何的、电气的和工艺的参数外推，使得有可能评估前置放大器输入器件的电离辐照损伤。特别地，对研究的 CMOS 工艺在 1.1 Mrad(SiO_2)总剂量下，可得到 $C_{\mathrm{OX,lat}}W_{\mathrm{lat,f}}$ 乘积为 1.39×10^{-10} fF/μm，$K_{\mathrm{f,main}}$ 为 20×10^{-25} JHz$^{-0.15}$，$K_{\mathrm{f,lat}}$ 为 11.9×10^{-25} JHz$^{-0.15}$。闪烁噪声斜率系数 α_{fn} 受辐照影响不严重。在前面章节已讨论过，前置反馈 NMOSFET 阈值电压的变化是输出通道 ENC 性能退化的原因。计算 M_F 对噪声的贡献时，从电路仿真获得它的静态工作条件(漏极电流和漏源电压)。图 10.5 给出了辐照前、辐照 1100 krad(SiO_2)总剂量后、退火后，N 型深阱单片有源像素传感器读出通道的作为峰值时间函数的等效噪声电荷。同时给出了试验数据和式(10.17)理论推算数据，以及根据单个器件特性外推数据。辐照后 ENC 的增加可很好地由前置放大器输入器件 $1/f$ 噪声和前置放大器反馈电路 MOSFET 并行噪声的贡献解释。在短峰值时间（大约 25%）ENC 退化比较大，主要是由于 M_{in} 中 $1/f$ 噪声增加。在 t_p=2 μs，M_F 开始扮演重要角色。退火后部分恢复可能与退火导致 $1/f$ 噪声减少和前置放大器反馈 MOSFET 阈值电压朝初始值漂移有关（见表 10.1 中窄沟道器件的行为）。

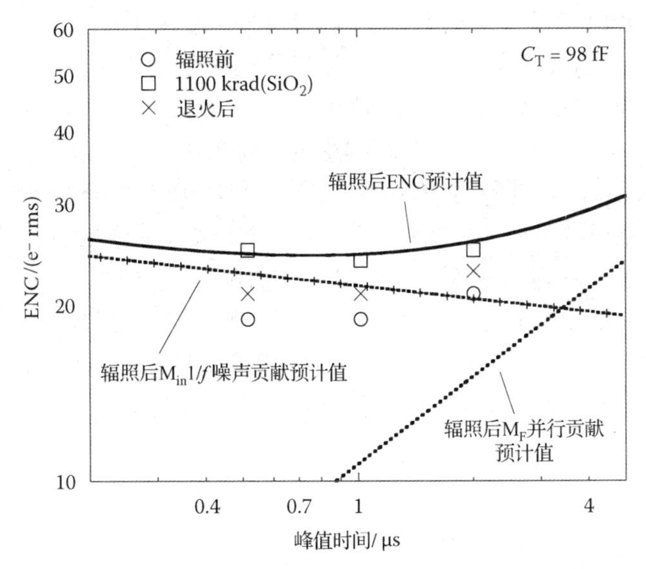

图 10.5　未连接到收集极的读出通道 ENC 测量值（标记数据点）随峰值时间变化：辐照前、辐照 1100 krad（SiO_2）电离总剂量及退火后。辐照后的实验数据和由式（10.17）预计的值（连续曲线）比较。另外，给出了辐照后前置放大器的输入器件和前置放大器的反馈 MOSFET（实线）对 ENC 贡献分量的预计值（虚线）（引用自 L. Ratti, C. Andreoli, L. Gaioni, M. Manghisoni, E. Pozzati; V. Re et al., *IEEE Trans. Nucl. Sci.*,Vol 56, No. 4, pp. 2124-2131, Aug. 2009）

10.4　180 nm CMOS 工艺四阱单片有源像素传感器

采用和 N 型深阱单片有源像素传感器不同的方案设计阿普泽尔四阱（Apsel4well）单片传感器，其基本单元也包含一个连续时间信号处理的经典读出链路、一个电荷前置放大器和一个整形器。该方案是基于可以选择四阱的 180 nm CMOS 平面工艺，称为 INMAPS，其中 PMOS 的 N 型阱下面植入一个深 P 阱[29]。除此之外，这里讨论的是标准 CMOS 工艺。深 P 阱对外延层中电荷扩散提供了一个势垒，阻止载流子被正偏置 N 型阱收集，N 型阱中有像素读出电路的 PMOS 管。NMOS 管被设计在重掺杂 P 阱中，它位于轻 P 掺杂外延层上面，大约 12 μm 厚，该外延层生长在掺杂浓度稍微低于 10^{19} 原子/cm^3 的衬底上。这个外延层具有电阻率高于深 P 阱和衬底的特性，在改进电荷收集特性方面起到重要作用。两个势垒（深 P 阱和外延层，或者 P 阱/外延层在一边、外延层/衬底在另一边）阻止载流子扩散到衬底。

10.4.1　被试器件和辐照过程描述

阿普泽尔四阱（Apsel4well）芯片有不同的测试结构，均布局成间距 50 μm 的 3×3 基本单元阵列形式。测试了不同电阻率外延层的芯片[30]，包括 10 Ω·cm 和 1 kΩ·cm(后面还分别涉及标准的和高电阻率的)。在阿普泽尔四阱单片传感器中，模拟通道读出以工艺允许的最小尺寸(1.5 μm)布局的四个电极(每一个是由无埋层 P 外延层上面的 N 型阱构成)收集的电荷信号。包含内部一些晶体管级细节的像素模拟电路的框图见图 10.6。来自传感器的信号(平行排列的四个电极)被电荷前置放大器处理，经过反馈电容 C_F 的电荷被工作在深亚阈值区的 P 沟道 MOSFET 通过施加电压 V_F 连续重置。整形过程通过 C_1 电容交流耦合到电荷前置放大器。电压 V_{rif} 设置电流，通过电流镜像结构采用固定斜率释放反馈电容电荷。当 V_{rif} 调整成 2 μs 返回基准时间时，峰值时间大约是 300 ns。1.8 V 电源电压下整个功耗大约是每通道 10 μW。整形输出是由 3×3 阵列中 9 个像素的专门电极实现的。中央像素读出通道是由注入电容 C_{inj}(常规电容为 30 fF)给提供已知量级的电荷，将收集电极信号转化。电荷前置放大器的输入器件是一个所有结构集成在测试芯片内的封闭式布局结构 NMOS 晶体管，除了一个 3×3 阵列，它用一个开路的、内部数字化的晶体管来替代输入器件(所有的其他单片传感器结构相同)。晶体管的结构是典型环形[31]变体。薄氧化栅上面的多晶硅栅紧靠在漏极四周。这被认为是阻止厚的浅槽隔离(STI)氧化层中，在源和漏极之间沿着和靠近沟道出现漏电流，并减少器件工作时的 STI 电荷俘获效应。

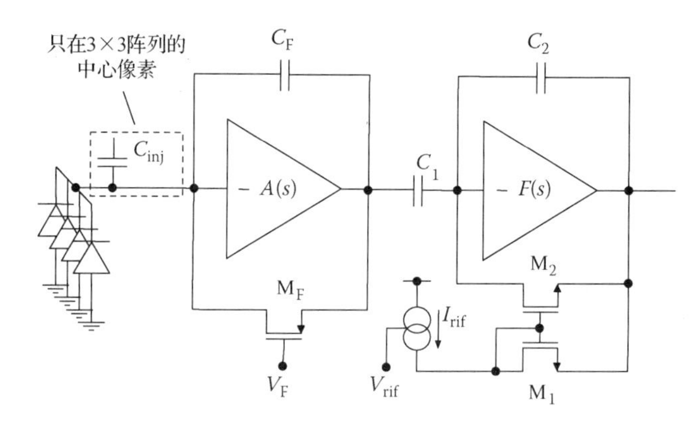

图 10.6　阿普泽尔四阱单片传感器的模拟读出通道。包含电荷前置放大器和整形滤波器的经典读出链路，处理来自收集电极的信号(引用自 L. Ratti, G. Traversi, S. Zucca, S. Bettarini, F. Morsani, G. Rizzo et al., *IEEE Trans. Nucl. Sci.*, Vol. 61, No. 4, pp. 1763-1771，Aug. 2014)

下面讨论 4 个阿普泽尔四阱样品，均有高阻外延层，进行钴 60 γ 射线源辐照，剂量率大约 6 rad(SiO_2)/s。被试器件辐照到 10 Mrad(SiO_2)总剂量(芯片 44 和芯片 48)、11.5 Mrad(SiO_2)总剂量(芯片 45 和芯片 47)，试验分三步完成，中间剂量为 1 Mrad(SiO_2)和 3 Mrad(SiO_2)。在辐照过程中，被试器件施加和测试时相同的偏置。在 4 个 3×3 阵列样品中，两个电荷前置放大器输入器件有封闭式布局结构，另外两个是标准的内集成 MOSFET。试验的目的之一是了解在四阱工艺使用封闭式布局结构对辐射加固是否有益处，特别是噪声性能方面。

10.4.2　电离总剂量效应

和 N 型深阱单片有源像素传感器一样，研究电离总剂量效应，主要是针对前端通道重要参数的退化(即电荷敏感度和等效噪声电荷)。

10.4.2.1　电荷敏感度

利用 ^{55}Fe 源研究辐射效应对电荷敏感度的影响。^{55}Fe 源提供了一个校准辐射探测系统电荷敏感度的简便方法。^{55}Fe X 射线通过光电作用在衬底释放能量。^{55}Fe 的每 5.9 keV 光子产生大约 Q_{FC} = 1640 电子/空穴对。在单片传感器中，当光子在结耗尽区(相对于四个收集扩散区之一)释放能量时，相关的电荷几乎全部被传感器收集，在 ^{55}Fe 谱上产生一个峰值。因而，前端电荷通道敏感度 G_Q 可由下面公式计算出：

$$G_Q = \frac{V_{peak}(Q_{Fe})}{Q_{Fe}} \tag{10.19}$$

$V_{peak}(Q_{Fe})$ 是整形器对应 ^{55}Fe 源 5.9 keV 峰值的输出幅度。尾端幅度降低是因为在耗尽电极外的外延层耗尽区释放的电荷只有部分被收集。高过能谱峰的事件(如一些位于稍低能量区间的)被剔除，这样的事件归咎于前端电路中的噪声。图 10.7 给出 γ 射线辐照不同剂量前后，芯片 44 中央像素探测的 ^{55}Fe 谱。在第一个辐照剂量后，朝低幅度端漂移大约 20%；辐照到更高电离剂量，谱峰值位置没有明显改变。该结果由向被试器件输入端的注入电容 C_{inj} 直接电荷注入完成的敏感度测量结果进一步验证(见图 10.6)。图 10.8 给出了 4 个 3×3 阵列中央像素的归一化到辐照前值的电荷敏感度随总剂量变化情况。第 1 个辐照总剂量点 1 Mrad(SiO_2)，测量值降低 15% ~ 25%。辐照更高 γ 射线总剂量，没有引起电荷敏感度进一步降低。相反，在一些样品中观察到稍微恢复。分析整形器输出波形可以帮助理解电荷敏感度响应的内因。图 10.9(a)给出阿普泽尔四阱单片传感器辐照不同总剂量前后，对 750 个电子输入脉冲的通道响应(即芯片 48 的 3×3 阵列中央像素)。图中，辐照前 V_F = 0.16 V，V_{rif} = 1.40 V 偏置条件是必需的，用来保持 2 μs 的返回基线时间，并用来获得图中的每一个波形。辐照 1 Mrad(SiO_2)和 3 Mrad(SiO_2)累积剂量后，返回基线时间的条件不再满足。到最后的电离辐照剂量，斜率几乎恢复到辐照前状态。在所有辐照剂量下，也可探测到随着斜率变化的峰值时间改变，即斜率增加，峰值时间降低，反之依然。和斜率变化一起(对应峰值时间)，在第一个累积辐照剂量下观测到信号峰值幅度明显降低，在第 2 个累积辐照剂量下信号峰值幅度进一步轻微减小，在 10 Mrad(SiO_2)辐照剂量后，会部分恢复，相应地，斜率发生恢复。图 10.9(b)再次给出了和图 10.9(a)中相同的器件辐照 1 Mrad(SiO_2)总剂量前后的响应，改变了偏置条件(即 V_F 和 V_{rif} 的值)，使得辐照后响应尽可能和辐照前一致。特别地，主要是适当调整前置放大器反馈 MOSFET 栅偏压 V_F，信号幅度将朝辐照前的值恢复。通过施加 V_{rif} 电压，返回基线斜率会朝初始状态恢复。注意，需要改变两个偏置才能使通道性能恢复到标准值，包括电荷敏感度和信号形状。这里特别指出，电离辐射效应不仅影响电荷前置放大器，也影响整形器的行为。

对电荷前置放大器，一个可能的退化源表现为辐射诱生传感器漏电流增加，它可能是反馈跨导增加引起的，带来了 C_F 电容器的更快放电和增益的降低。这实际上是可被证明的，如果假设电荷前置放大器开环增益为单调的，$A(s)=A_0/(1+s\tau_0)$，具有直流增益 A_0 和时间常数 τ_0，在拉普拉斯(Laplace)主导情况下，作为输入电荷 Q 响应的前置放大器输出端信号 V_p，可以由下式给出：

$$V_p(s) = \frac{A_0 Q}{s^2 C_T \tau + s(C_F A_0 + C_T) + g_{m,F} A_0} \tag{10.20}$$

其中，$g_{m,F}$ 是前置放大器反馈网络中 PMOS 管 M_F 的跨导。在时间主导的情况下，可以描述为：响应的峰值 $V_{p,MAX}$ 满足 $\frac{\partial V_{p,MAX}}{\partial g_{m,F}}<0$。由于在 MOSFET，如果漏极电流增加，沟道跨导增加，因而，对于 M_F，漏极电流对应着传感器漏电流 I_{leak}，那么：

$$\frac{dV_{p,MAX}}{dI_{leak}}=\frac{\partial V_{p,MAX}}{\partial g_{m,F}}\frac{dg_{m,F}}{dI_{leak}}<0 \tag{10.21}$$

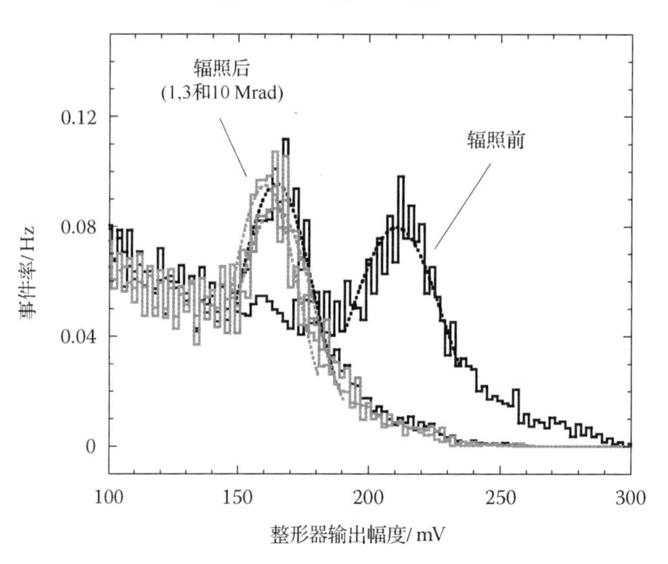

图 10.7　γ射线辐照前后阿普泽尔四阱（Apsel4well）MAPS 3×3 阵列中心像素 ^{55}Fe 源检测谱（引用自 L. Ratti, G. Traversi, S. Zucca, S. Bettarini, F. Morsani, G. Rizzo et al.，*IEEE Trans. Nucl. Sci.*,Vol. 61，No. 4，pp. 1763～1771，Aug. 2014）

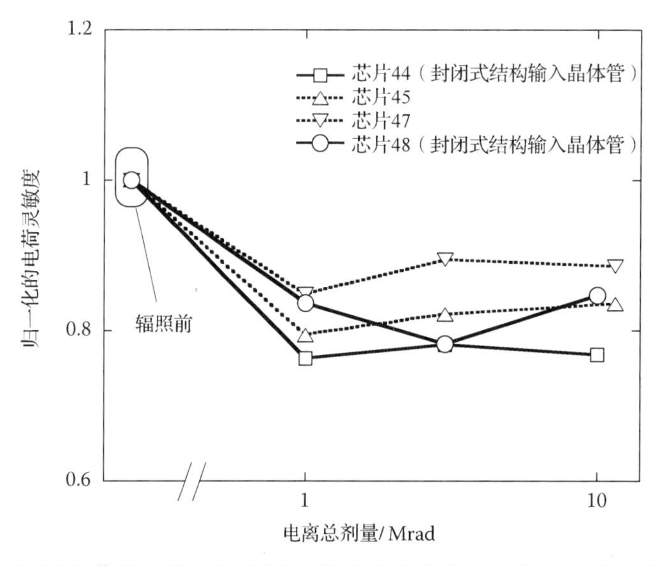

图 10.8　归一化到辐照前值的电荷灵敏度随电离总剂量变化。电荷注入技术实现四阵列中心像素电荷灵敏度测量（引用自 L. Ratti, G. Traversi, S. Zucca, S. Bettarini, F. Morsani, G. Rizzo et al.著，*IEEE Trans. Nucl. Sci.,* Vol. 61，No. 4，pp. 1763～1771，Aug. 2014）

因而，传感器漏电流的增加将导致电荷敏感度的降低。就整形部分而言，电流镜像反馈网络中 N 型晶体管 M_2 阈值电压漂移，可决定镜像率变化，因而，就可解释辐照 1 Mrad(SiO_2)和 3 Mrad(SiO_2)γ 射线剂量后测试到信号基线很快恢复的原因。在相同晶体管中漏电流的变化将确实产生同样的效应。两种现象(阈值电压变化和漏电流增加)可能是 RINC 效应[21]引起的，特别是浅槽隔离(STI)中正电荷累积引起的。这确实会影响 M_2 的行为，其特征参数的相关比率 $W/L = 0.4\ \mu m/1.5\ \mu m$(在镜像中，其他晶体管是 $W/L=8\ \mu m/0.25\ \mu m$，并预料不会产生任何 RINC 效应)。在更大剂量下，负的界面态俘获电荷会开始与体 STI 氧化物中正的俘获电荷竞争，因而，M_2 的阈值电压和漏电流漂移恢复到辐照前的值。这是最终高剂量后探测到峰值时间和返回基线斜率恢复的可能原因。

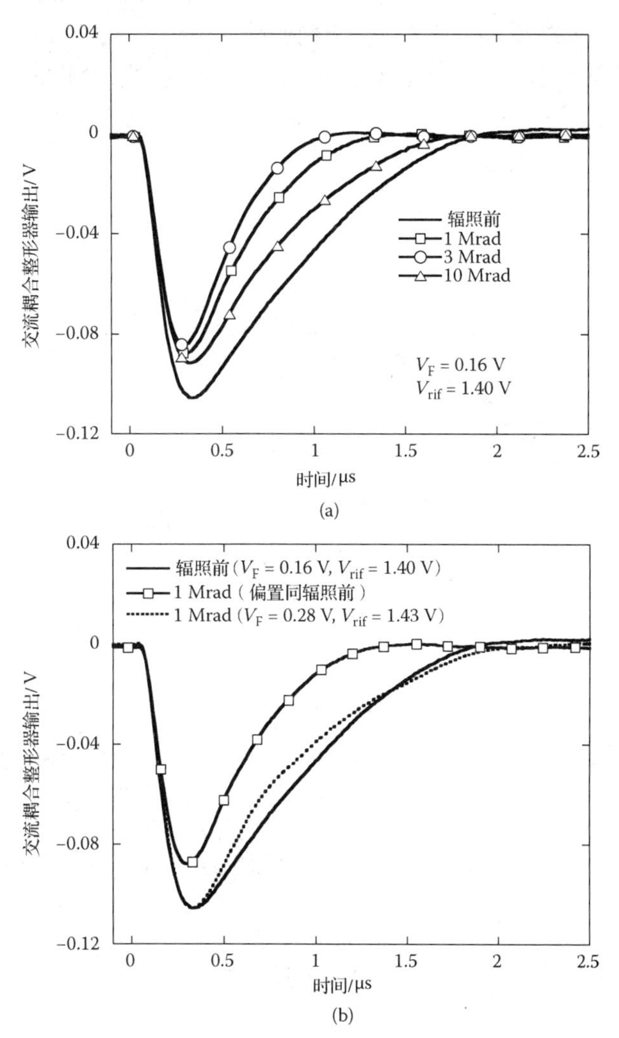

图 10.9 芯片 48 的 3×3 阵列中心像素前置放大器和整形器恢复网络对 750-电子输入脉冲的通道响应：(a)辐照前和不同电离总剂量值辐照后；(b)辐照前和两种不同偏置辐照 1 Mrad(SiO_2)剂量(引用自 L. Ratti,G. Traversi, S. Zucca, S. Bettarini, F.Morsani, G. Rizzo et al., *IEEE Trans. Nucl. Sci.,* Vol. 61, No. 4, pp. 1763～1771, Aug. 2014)

10.4.2.2. 等效噪声电荷

同样发现四阱单片有源像素传感器等效噪声电荷受电离辐射影响。图 10.10 给出了归一化到辐照前值的等效噪声电荷(ENC)随电离总剂量变化情况。辐照前，不同样品的 ENC 在 30～40 个电子之间。4 条曲线中的每一结果均来自 9 个像素的平均值，它们构成了 4 个 3×3 测试阵列。经过第一个辐照剂量后，可以发现变化小于 20%。辐照 3 Mrad(SiO_2)累积剂量后，又有轻微的增加，经过最后的总剂量辐照后，4 条曲线中的 3 条呈现 ENC 稍微降低，另外一条有所增加。使用封闭式结构晶体管作为前置电荷放大器的像素和使用标准设计的像素在器件行为方面没有观察到明显的不同。这表明，前置放大器输入器件浅槽隔离(STI)俘获电荷对噪声没有表现出明显的影响。原因可能是 NMOS 晶体管 P 阱掺杂浓度非常高，阻止 STI 下面 P 型硅的极性被氧化硅俘获空穴反型。观察到的 ENC 变化可以被转换成起源于同一晶体管闪烁噪声的贡献增加，即由于器件栅氧化物中俘获空穴导致陷阱密度增加。这由讨论 180 nm 节点的 NMOS 晶体管低频噪声 γ 射线效应数据的文献支持[32]。

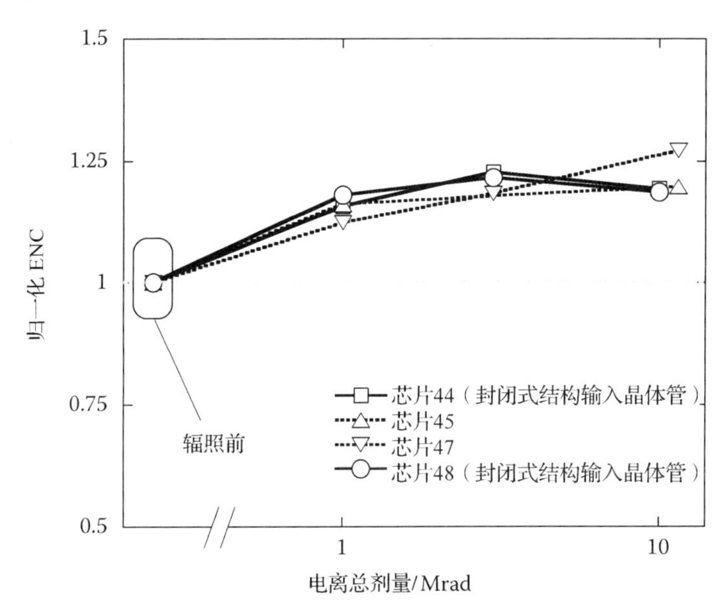

图 10.10　ENC 随电离总剂量变化。ENC 归一化到辐照前值。图中四条曲线中的每一条均来自 9 个像素的平均值，9 个像素组成一个测试阵列，共 4 个测试阵列(引用自 L. Ratti, G. Traversi, S. Zucca, S. Bettarini, F. Morsani, G. Rizzo et al., *IEEE Trans. Nucl. Sci.*, Vol. 61, No. 4, pp. 1763～1771, Aug. 2014)

10.5　混合工艺像素单片有源传感器的位移损伤

中子辐照预期不会引起 CMOS 电路性能严重退化。事实上，众所周知工作是基于多子在器件表面沟道漂移的 MOS 晶体管对体损伤非常不敏感，至少在中子通量不超过 10^{15} 1-MeV 中子等效通量/cm^2 [33,34]时如此。但是，非电离辐照时，CMOS 单片传感器的电荷收集特性会受到不可忽视的损伤。为了评估体损伤效应对四阱和 N 型深阱(DNW)单片有源像素传感器性能影响，4组阿普泽尔四阱像素芯片，其中每组有两个10 Ω·cm电阻率的样品和两个1 kΩ·cm电阻率的样品，在Triga MARK II核反应堆上，用中子辐照到一定的通量，分别是2×10^{12}，7.4×10^{12}，2.7×10^{13}和10^{14} 1-MeV中子等效通量/cm^2。只在辐照后进行特性分析。样品在安置到测试板前，裸芯片辐照，以减少中子引起的芯片辐射活化的退火时间，并减少中子引起的芯片活化。测试四个芯片（再1次用两个高阻，两个低阻的外延层）的1/5来研究未辐照被试器件的性能。非常类似于10.3节讨论的那些DWN单片有源像素传感器（其敏感层特征为10 Ω·cm的电阻，和四极阱工艺的标准电阻率外延层相同），也用同样中子源辐照，但用不同中子量级，分别是2×10^{11}，7×10^{11}，1.7×10^{12}和6.7×10^{12} 1-MeV中子等效通量/cm^2。所有待测器件（DUT）在辐照过程中不加电偏置。

用^{90}Sr/^{90}Y源评估被试单片传感器的电荷收集特性。测试设备包括用于标定的闪烁体、逻辑模块以及被试器件，如图10.11所示。辐射源通过贝塔衰减释放连续宽谱的电子，到试验终端能量超过2 MeV。测量系统中，为了中子探测，用闪烁体产生一个500 ns的脉冲门信号。在这个时间内，如果3×3阵列中央像素的信号超过5 σ_n（σ_n是整形器输出噪声的平方根），则发出一个触发脉冲，通过预先设定触发阈值和触发后间隔（分别是1.1 μs和4 μs，下面将讨论到），9个通道输出的波形被存储用于非在线处理。对应每一个事件，在闪烁体脉冲t_p后，从9个像素采集的信号幅度被积分，被存储为族收集电荷测量数量。图10.12给出了用^{90}Sr/^{90}Y源在一个未辐照的3×3阿普泽尔四阱像素阵列和两个用不同中子源辐照完成的试验结果。通过用测量的电荷敏感度，3×3族信号幅度（用V表征）被转换成相关的收集电荷的数量（这需要比较不同通量下的事件率）。辐照结果显示，到1×10^{14}n/cm^{2}最大通量后，事件率最可能值（MPV）减小到稍微低于50%。电荷收集退化可被描述为P型外延层中释放的载流子复合概率的增加，这又与硅晶格中增加的缺陷浓度有关。

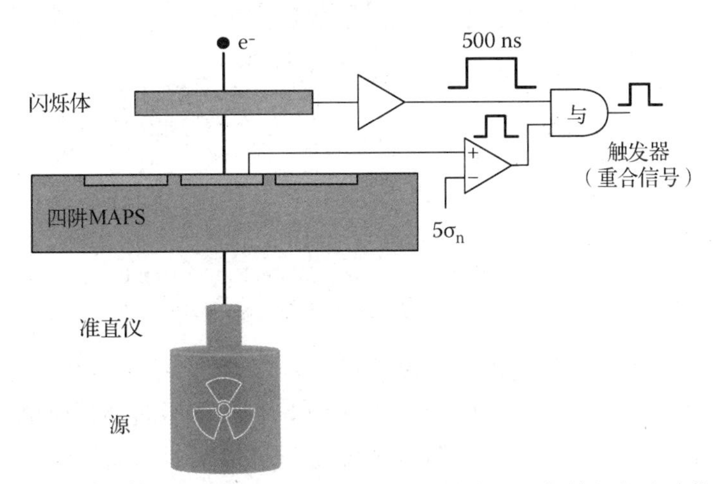

图10.11　用^{90}Sr/^{90}Y放射源测试单片有源像素传感器收集特性的试验装置（引用自L. Ratti, G. Traversi, S. Zucca, S. Bettarini, F. Morsani, G. Rizzo et al., *IEEE Trans. Nucl. Sci.,* Vol. 61，No. 4，pp. 1763～1771，Aug. 2014）

图10.13比较了四阱单片有源像素传感器中收集的电荷退化，这些四阱单片有源像素传感器分别具有高电阻率外延层和低电阻率外延层，试验评估也是用^{90}Sr/^{90}Y源。与N型深阱单片有源像素传感器相关的数据也包括在同一个图中。N型深阱单片有源像素传

感器命名为 M1 和 M2，对应着使用不同结构收集电极的传感器。图中，事件率直方图的最可能值（MPV）用未辐照的器件归一化，以通量的函数作图。对 N 型深阱（DNW）器件，每个数据点代表一个辐照到设定通量的不同器件。在四阱单片有源像素传感器数据中，每一个点来自辐照到特定中子通量的两个样品的平均数据。发现用高电阻率制造的四阱单片传感器抗体损伤性能最好。确实，在本征外延区，掺杂浓度起到决定等效费米能级的角色，它相应地影响中子引起的作为复合中心缺陷的效率[33]。如果考虑两个掺杂浓度不同的衬底，低掺杂浓度的费米能级高，比较少的复合中心（大致是那些位于硅带隙，费米能级自身和导带）能在复合过程中起到有效的作用。这可外推出高电阻率敏感层的被试器件会比低电阻率的（这里它们是四阱或 N 型深阱类型）表现相对好些。如果考虑传感器的尺寸，在稍微超过 10^{12} n/cm^2 的相对小的通量下，对于给定的敏感层电阻率，大收集电极看起来对电荷收集能力更有益。特别指明，到最后的辐照量级（对标准电阻率外延层为 7.4×10^{12} n/cm^2；对高电阻率外延层为 10^{14} n/cm^2），两个四阱单片有源像素传感器（单片有源像素传感器）的曲线看起来变得平缓，这些结果的外推不十分依赖被试器件真实的响应，而是受限于测量方法的敏感度。

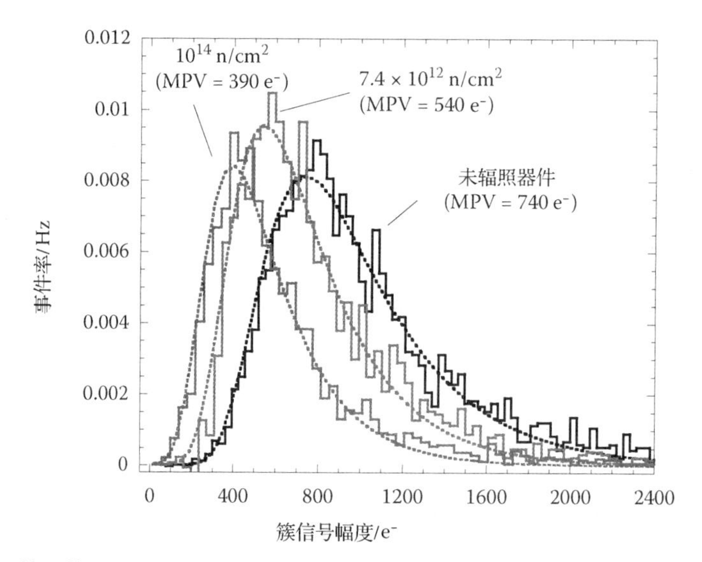

图 10.12 ^{90}Sr/^{90}Y 源辐照 Apsel4 well 阵列不同中子通量事件率。实验样品有高阻外延层（引用自 L. Ratti, G. Traversi, S. Zucca, S. Bettarini, F. Morsani, G. Rizzo et al., *IEEE Trans. Nucl. Sci.,* Vol. 61，No. 4，pp. 1763-1771，Aug. 2014）

预测前端电路无直接体损伤效应。像本章开始预测的一样，对于单片有源像素传感器，收集电极变化会影响读出通道功能。图 10.14 显示了不同外延层电阻的阿普泽尔四阱样品电荷敏感度随通量的变化。电荷敏感度被归一化到未辐照器件测量值。在标准电阻率外延层器件上没有发现特别的趋势，用高电阻率外延层制造的单片有源像素传感器，发现电荷敏感度随着中子通量增加出现不可忽视的下降，像 10.4.2.1 节中观察结果，电荷敏感度的变化可以描述为传感器漏电流的变化。图 10.14 中，测量到高电阻率外延层和标准电阻率外延层样品之间的不同行为意味着辐射对漏电流响应的不同影响。事实上，可以合理地预料出高电阻率外延层漏电流增大，因为对于给定的反向电压，收集电极下面的耗尽体积大，导致辐射诱生电流增加得更大。该观点已被 N 型阱/P 外延二极管的辐照测量结果支持，这些阿普泽尔四阱像素芯片中的二极管外延层具有不同的电阻率和额外的测试结构。代表了许多器件的一对样品的行为再次显示在图 10.14 中。这里，作为通量函数的漏电流被归一化到未辐照二极管的测量值。在不同的通量下，发现具有高电阻率 P 边的二极管电流幅度几乎比低电阻率的高 2 个数量级。该结果看起来和前面的被测器件漏电流对电荷敏感度影响的假设相吻合。漏电流的增加可能导致高电阻率外延层器件的电荷敏感度降低，而对于标准电阻率样品，漏电流的增加低两个数量级，不足以产生可探测的缺陷。

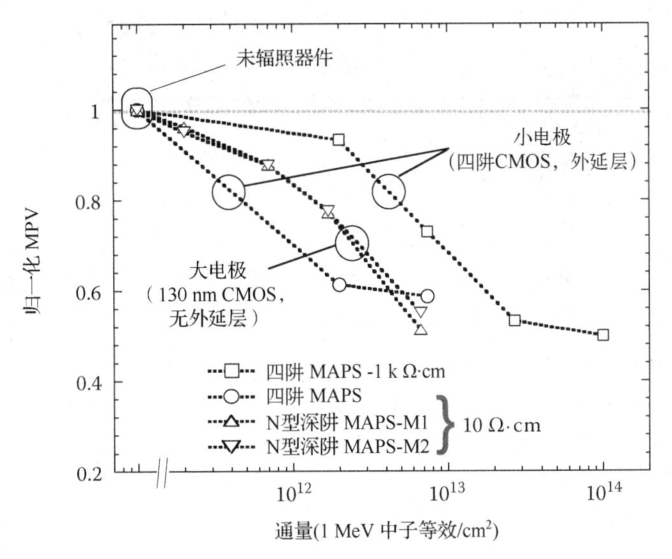

图 10.13　高电阻率和标准电阻率外延层 Apsel4 well 3 ×3 阵列 $^{90}Sr/^{90}Y$ 事件率直方图最可能值(MPV)随通量变化。归一化到辐照前值。N 型深阱单片有源像素传感器相同辐照源中子测试结果比较(引用自 L. Ratti, G. Traversi, S. Zucca, S. Bettarini, F. Morsani, G. Rizzo et al.，*IEEE Trans. Nucl. Sci.,* Vol. 61，No. 4，pp. 1763～1771，Aug. 2014)

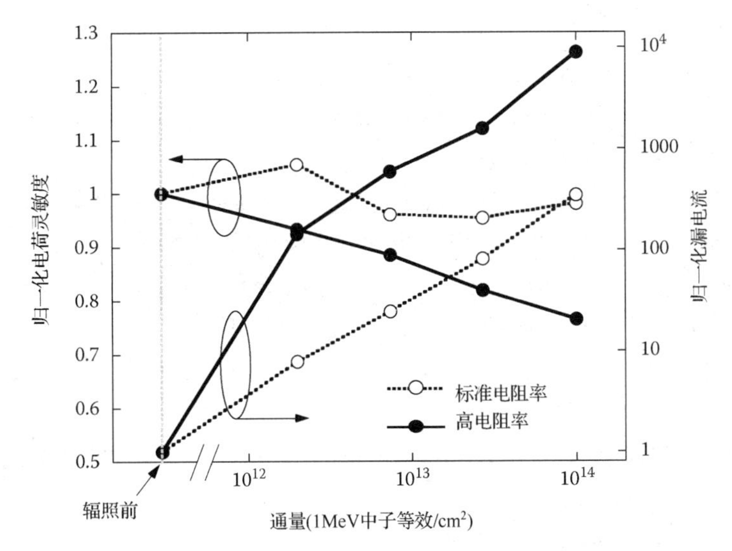

图 10.14　不同外延层电阻率样品读出通道电荷灵敏度和 N 型阱/ P 外延二极管漏电流随通量变化。两个参数都归一化到未辐照器件测量值。请注意，漏电流为对数坐标，电荷灵敏度为线性坐标

10.6 小结

全定制辐射加固设计的微电子电路对粒子探测系统应用是至关重要的，其前端电路以及探测器会受到足够量级的电离和非电离辐照。对于下一代高照度对撞机用图像传感器，集成电路的进一步辐射加固设计受限于前端电路的面积和可用的功率负荷。本章介绍并讨论了混合工艺像素、时间连续前端通道的单片传感器的评价结果，目的是为前端电路加固设计提供一个初步认识。给出了单片传感器读出链路的一些特定性质，它们的结构和混合工艺像素传感器非常相似，获得的结果可扩展到更宽范围的模拟电路辐射效应测量。使用不同工艺选项的 CMOS 工艺器件的研究验证了辐射效应对工艺特性的依赖。

致谢

本研究所取得的成果部分得到了欧洲委员会 FP7 研究计划 AIDI 项目、意大利教育部和大学的 PRIN 项目、意大利核科学学院(INFN)的 SLIM5 和 VIPIX 项目等资助。作者由衷感谢 Vladimir Cindro、Jozef Stefan 学院、Ljubljana、Slovenia 中子试验的帮助。感谢意大利帕多瓦大学 Armando Buttafava 教授提供电离辐射试验钴 60 源。感谢 Enrico Pozzati, Claudio Andreoli 和 Stefano Zucca 设计和测试 N 型深阱和四阱单片有源像素传感器。

参考文献

1. M. Friedl, T. Bergauer, P. Dolejschi, A. Frankenberger, I. Gfall, C. Irmler et al., The Belle II Silicon Vertex Detector, *Physics Procedia*, Vol. 37, pp. 867-873, 2012.
2.T. Behnke, The International Linear Collider, *Fortschritte der Physik*, Vol. 58, No. 7-9, pp. 622-627, Jul. 2010.
3. Y. Degerli, M. Besanon, A. Besson, G. Claus, G. Deptuch, W. Dulinski et al., Performance of a Fast Binary Readout CMOS Active Pixel Sensor Chip Designed for Charged Particle Detection, *IEEE Trans. Nucl. Sci.*, Vol. 53, No. 6, pp. 3949-3955, Dec. 2006.
4. M. Barbero, G. Varner, A. Bozek, T. Browder, F. Fang, M. Hazumi et al., Development of a B-Factory Monolithic Active Pixel Detector—The Continuous-Acquisition Pixel Prototypes, *IEEE Trans. Nucl. Sci.*, Vol. 52, No. 4, pp. 1187-1191, Aug. 2005.
5. D. Contarato, J.-M. Bussat, P. Denes, L. Greiner, T. Kim, T. Stezelberger et al., CMOS Monolithic Pixel Sensors Research and Development at LBNL, *PRANAMA Journal of Physics*, Vol. 69, No. 6, pp. 963-967, Dec. 2007.
6. E.R. Fossum, CMOS Image Sensors: Electronic Camera on-a-Chip, *IEEE Trans. El. Dev.*, Vol. 44, No. 10, pp. 1689-1698, Oct. 1997.
7. A. Besson, G. Claus, C. Colledani, Y. Degerli, G. Deptuch, M. Deveaux et al., A Vertex Detector for the International Linear Collider Based on CMOS Sensors, *Nucl. Instrum. Methods*, Vol. A568, pp. 233-239, 2006.

8. SuperB, a High-Luminosity Asymmetric e+e− Super Flavour Factory. Conceptual Design Report Online.
9. L. Ratti, M. Manghisoni, V. Re, V. Speziali, G. Traversi, S. Bettarini et al., Monolithic Pixel Detectors in a 0.13 μm CMOS Technology with Sensor Level Continuous Time Charge Amplification and Shaping, *Nucl. Instrum. Methods*, Vol. A568, pp. 159-166, 2006.
10. J. P. Crooks, J. A. Ballin, P. D. Dauncey, A.-M. Magnan, Y. Mikami, O. Miller et al., A Novel CMOS Monolithic Active Pixel Sensor with Analog Signal Processing and 100% Fill Factor, *2007 Nuclear Science Symposium Conference Record*, Vol. 2, pp. 931-935, Oct. 26-Nov. 3, 2007.
11. A. Gabrielli, G. Batignani, S. Bettarini, F. Bosi, G. Calderini, R. Cenci et al., On-Chip Fast Data Sparsification for a Monolithic 4096-Pixel Device, *IEEE Trans. Nucl. Sci.*, Vol. 56, No. 3, pp. 1159-1162, Jun. 2009.
12. Y. Arai, Y. Ikegami, Y. Unno, T. Tsuboyama, S. Terada, M. Hazumi et al., SOI Pixel Developments in a 0.15 μm Technology, *2007 Nuclear Science Symposium Conference Record*, Vol. 2, pp. 1040-1046, Oct. 26-Nov. 3, 2007.
13. W. Kucewicz, A. Bulgheroni, M. Caccia, P. Grabiec, J. Marczewski, H. Niemiec, Development of Monolithic Active Pixel Detector in SOI Technology, *Nucl. Instrum. Methods*, Vol. A541, pp. 172-177, 2005.
14. M. Battaglia, D. Bisello, D. Contarato, P. Denes, P. Giubilato, L. Glesener et al., A Monolithic Pixel Sensor in 0.15 μm Fully Depleted SOI Technology, *Nucl. Instrum. Methods*, Vol. A583, pp. 526-528, 2007.
15. I. Peric, A Novel Monolithic Pixel Detector Implemented in High-Voltage CMOS Technology, *2007 Nuclear Science Symposium Conference Record*, Vol. 2, pp. 1033-1039, Oct. 26-Nov. 3, 2007.
16. H. Spieler, *Semiconductor Detector Systems*, Oxford University Press, New York, 2005.
17. L. Ratti, C. Andreoli, L. Gaioni, M. Manghisoni, E. Pozzati, V. Re et al., TID Effects in Deep N-Well CMOS Monolithic Active Pixel Sensors, *IEEE Trans. Nucl. Sci.*, Vol. 56, No. 4, pp. 2124-2131, Aug. 2009.
18. L. Ratti, Continuous Time Charge Amplification and Shaping in CMOS Monolithic Sensors for Particle Tracking, *IEEE Trans. Nucl. Sci.*, Vol. 53, No. 6, pp. 3918-3928, Dec. 2006.
19. R. J. Baker, H. W. Li, D. E. Boyce, *CMOS Circuit Design, Layout and Simulation*. The Institute of Electrical and Electronics Engineers, New York, 1998.
20. V. Re, M. Manghisoni, L. Ratti, V. Speziali, G. Traversi, Total Ionizing Dose Effects on the Noise Performances of a 0.13 μm CMOS Technology, *IEEE Trans. Nucl. Sci.*, Vol. 53, No. 3, pp. 1599-1606, Jun. 2006.
21. F. Faccio, G. Cervelli, Radiation-Induced Edge Effects in Deep Submicron CMOS Transistors, *IEEE Trans. Nucl. Sci.*, Vol. 52, No. 6, pp. 2413-2420, Dec. 2005.
22. E. Gatti, P. F. Manfredi, Processing the Signals from Solid-State Detectors in Elementary Particle Physics, *La Rivista del Nuovo Cimento*, Vol. 9, pp. 1-147, 1986.
23. L. Ratti, M. Manghisoni, V. Re, G. Traversi, Design Optimization of Charge Preamplifiers with CMOS Processes in the 100 nm Gate Length Regime, *IEEE Trans. Nucl. Sci.*, Vol. 56, No. 1, pp. 235-242, Feb. 2009.
24. Y. Tsividis, *Operation and Modeling of the MOS Transistor*, McGraw-Hill, Boston, 1999.

25. V. Re, L. Gaioni, M. Manghisoni, L. Ratti, V. Speziali, G. Traversi, Impact of Lateral Isolation Oxides on Radiation-Induced Noise Degradation in CMOS Technologies in the 100-nm Regime, *IEEE Trans. Nucl. Sci.*, Vol. 54, No. 6, pp. 2218-2216, Dec. 2007.
26. L. Ratti, L. Gaioni, M. Manghisoni, G. Traversi, D. Pantano, Investigating Degradation Mechanisms in 130 nm and 90 nm Commercial CMOS Technologies under Extreme Radiation Conditions, *IEEE Trans. Nucl. Sci.*, Vol. 55, No. 4, pp. 1992-2000, Aug. 2008.
27. D. M. Fleetwood, P. S. Winokur, R. A. Reber, Jr., T. L. Meisenheimer, J. R. Schwank, M. R. Shaneyfelt et al., Effects of Oxide Traps, Interface Traps, and Border Traps on Metal-Oxide-Semiconductor Devices, *J, Appl. Phys.*, Vol. 73, No. 10, pp. 5058-5074, May 1993.
28. J. M. Benedetto, H. E. Boesch, Jr., F. B. McLean, J. P. Mize, Hole Removal in Thin-Gate MOSFET's by Tunneling, *IEEE Trans. Nucl. Sci.*, Vol. 32, pp. 3916-3920, Dec. 1985.
29. J. A. Ballin, J. P. Crooks, P. D. Dauncey, A. M. Magnan, Y. Mikami, O. D. Miller et al., Monolithic Active Pixel Sensors（MAPS）in a Quadruple Well Technology for Nearly 100% Fill Factor and Full CMOS Pixels, *Sensors*, 2008, 5336-5351; doi: 10.3390 /s8085336.
30. L. Ratti, G. Traversi, S. Zucca, S. Bettarini, F. Morsani, G. Rizzo et al., Quadruple Well CMOS MAPS with Time-Invariant Processor Exposed to Ionizing Radiation and Neutrons, *IEEE Trans. Nucl. Sci.*, Vol. 61, No. 4, pp. 1763-1771, Aug. 2014.
31. W. J. Snoeys, T. A. P. Gutierrez, G. Anelli, A New NMOS Layout Structure for Radiation Tolerance, *IEEE Trans. Nucl. Sci.*, Vol. 49, No. 4, pp. 1829-1833, Aug. 2002.
32. M. Manghisoni, L. Ratti, V. Re, V. Speziali, G. Traversi, A. Candelori, Comparison of Ionizing Radiation Effects in 0.18 and 0.25 μm CMOS Technologies for Analog Applications, *IEEE Trans. Nucl. Sci.*, Vol. 50, No. 6, pp. 1827-1833, Dec. 2003.
33. G. C. Messenger, A Summary Review of Displacement Damage from High Energy Radiation in Silicon Semiconductors and Semiconductor Devices, *IEEE Trans. Nucl. Sci.*, Vol. 39, No. 3, pp. 468-473, Jun. 1992.
34. T. P. Ma, P. V. Dressendrofer, *Ionizing Radiation Effects in MOS Devices and Circuits*, John Wiley & Sons, New York, 1989.

第 11 章　CMOS 图像传感器辐射效应

Vincent Goiffon

11.1　引言

11.1.1　背景

现在，互补金属氧化物半导体(CMOS)图像传感器(CIS)[1-4]，也称为有源像素传感器(APS)，是最受欢迎的成像技术，每年制造量达数十亿[5,6]。它们占成像器件市场的90%，在未来几年内应该会超过 95%[5]。与主要替代成像器件电荷耦合器件(CCD)比较，CMOS 图像传感器有几个主要优点，如低功耗、高集成度、高速度，并可将先进 CMOS 性能集成在一个芯片上(甚至在内部像素上)。得益于最新的技术进步，CMOS 图像传感器在图像质量和敏感度方面已经开始与 CCD 性能相媲美，甚至在数码单反镜、科学仪器和机器视觉等高端应用方面替代 CCD。因为有这些优点，CMOS 图像传感器也被使用在恶劣辐射环境，如空间应用、X 射线医疗成像、电子显微镜、核设施监测和远程处理(核电站、核废物处置库、核物理设施等)、粒子探测和成像，以及军事应用。设计、加固和测试这些应用的传感器，需要了解暴露于辐射源时，CMOS 图像传感器辐射效应。自其发明以来，持续了解和改进有源像素传感器(APS)抗辐射加固水平一直是令人感兴趣的话题[7-13]。最近，这种兴趣随着 CMOS 图像传感器技术的深刻演变在增长(正如本书所讨论的那样)，与早期使用的老一代主流 CMOS 工艺相比，CMOS 图像传感器技术发生了巨大变化。

本章的目的是概述现代 CMOS 图像传感器暴露于高能粒子辐射场时，改变其性能的寄生效应。

11.1.2　APS、CIS 和单片有源像素传感器(MAPS)

APS、CIS 和单片有源像素传感器(MAPS)[14,15]描述的是相同类型的CMOS集成电路：在每个像素内有光探测器和放大器的像素阵列[1,2]。根据特定领域的习惯，可能选用它们当中的一个名称。APS 是通用术语，CMOS 图像传感器(CIS)主要用于成像应用，而 MAPS 主要是在粒子探测领域使用的术语，强调与混合工艺探测器相比的单片器件独特性。在大多数情况下，CIS 是使用优化的 CMOS 工艺制造的 APS，用于成像应用(称为 CIS 工艺)，而 MAPS 通常使用标准或高压 CMOS 工艺制造，其主要目的不在于光学成像，而是高能粒子探测(和成像)。从辐射效应观点来看，如果光电探测器的技术相同，定性地说 MAPS 与 CIS 之间没有重大差异。这意味着尽管本章重点是介绍 CMOS 图像传感器(CIS)，但讨论的大多数内容适用于两类传感器。

11.1.3 辐射效应基本知识

在本章中，下面这些辐射效应概念被用来描述高能粒子对 CMOS 图像传感器(CIS)的影响。请读者看本书的第 1 章，以及本节提供的参考资料，以了解这些定义、机理、和特性的详细来源和限定范围。

当穿过构成集成电路的多层材料时，能产生电离的粒子[像高能光子(X 射线和 γ 射线)和带电粒子(电子、质子、重离子等)]通过产生电子-空穴对损失其大部分能量。这些过量的电荷载流子可以通过诱导单粒子事件(SEE)(参见文献[16]及其中的参考文献)，或电离总剂量(TID)效应，来干扰或损伤集成电路。当一个单个粒子产生的电子-空穴对足够多，足以干扰或者损害集成电路时，单粒子事件发生，而电离总剂量效应是累积电离辐射的结果。

电离总剂量(或吸收剂量)代表通过电离作用在单位物质内沉积的平均能量，表征单位用 Gy(SiO_2)(即每公斤 SiO_2 沉积的能量为 1 J)①②。在医疗和空间应用方面电子电路吸收的电离辐射剂量一般在 100 Gy～1 kGy 以下，电子显微镜或核和粒子物理学实验中可达到 MGy 范围。通过本章，读者可以了解到吸收的电离总剂量在绝缘层中产生的俘获正电荷，在硅-氧化物界面处建立的界面态，以及这些缺陷密度随电离总剂量增加。电离总剂量效应的详细解释可以在文献[17-22]中找到。

高能粒子也可以在物质中通过非电离而失去能量。这些相互作用可以概括为与原子核的直接作用，作用结果通常导致原子核的移位。与电离总剂量效应主要涉及电介质层不同，原子位移主要涉及电路的单晶硅部分。这个导致原子移位的效应称为位移损伤效应。通过非电离作用在单位质量材料内沉积平均能量称为位移损伤剂量(D_d)[通常以 eV/g (Si)表示]。重点强调一点，位移损伤在硅晶格中产生的缺陷，可以作为间接复合中心(SRH)的产生/复合中心。这些缺陷在晶格中以点缺陷或缺陷簇(也称为非晶态夹杂物)形式存在。有关位移损伤效应概念的起源和使用范围的综述[特别是非电离能量损失(NIEL)的概念]可以在文献[23-26]中找到。

11.2 CMOS 图像传感器(CIS)介绍

11.2.1 CMOS 图像传感器(CIS)技术综述

CMOS APS 的基本工作原理可在文献[2,3,27-30]中找到。与 APS 一样，CIS 是由文献[2]的像素阵列、访问像素的寻址电路(地址解码器)，以及模拟的信号处理电路(通常称为读出电路)构成的。图 11.1(a)给出这种几乎每一个 APS 集成电路都采用的基本架构(包括 MAPS)。除了这些必要的构建模块，现代 CIS 产品[29-32]通常在片上集成了一个或多个以下功能：每列一个模/数转换器(ADC)(参见文献[32-34]和参考文献中针对 CIS 中使用的 ADC 架构)、定序器、数字图像处理单元、高速输入/输出(I/O)接口、配置寄存器，等等。

① 这里用 Gy(SiO_2)代替 Gy(Si)是因为电离总剂量效应是由于介质材料(主要贡献者为 SiO_2)吸收的剂量引起的，不是由于硅吸收的剂量。

② 1 Gy = 100 rad。

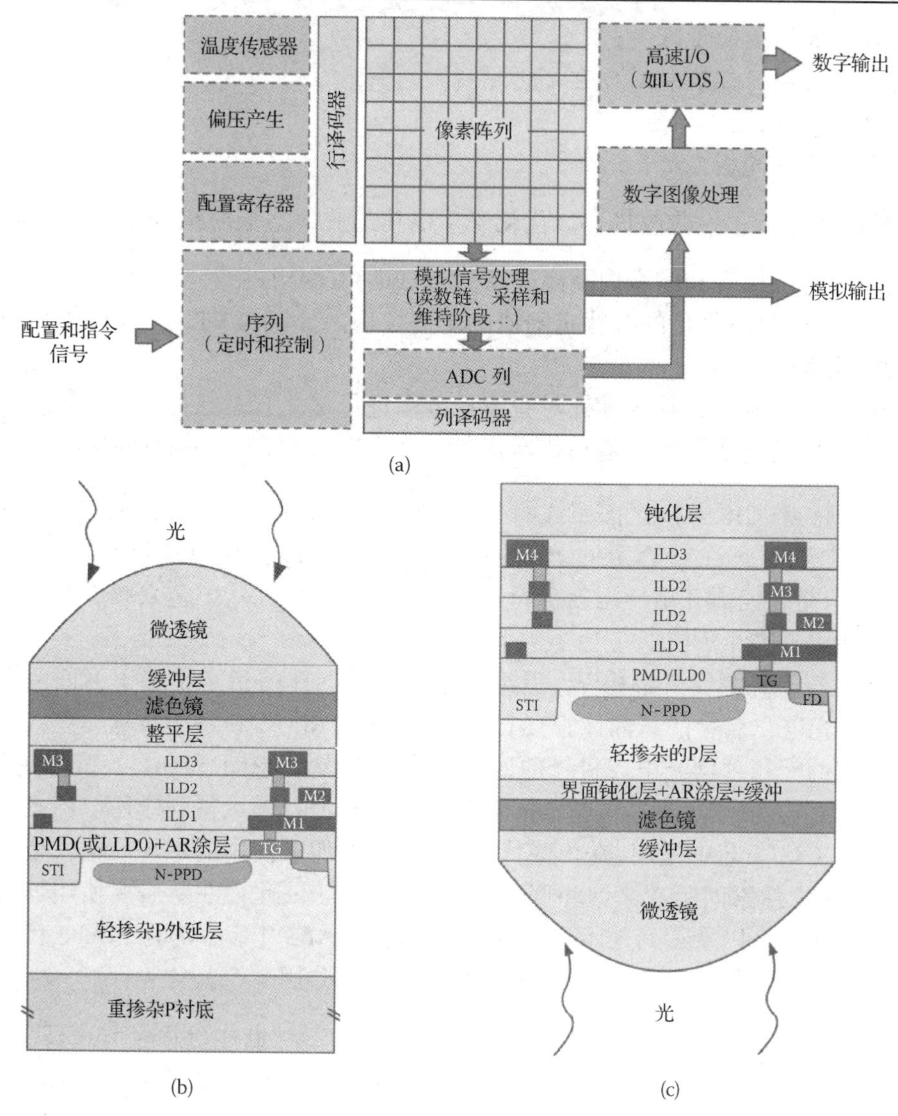

图 11.1　CIS 工艺概述：(a)典型 CIS 集成电路架构[虚线框为可选项，通常在 CIS 中仅一种类型输出可用(数字或模拟)]；(b)前面照摄 CIS 截面图示例；(c)背面照摄 CIS 截面图示例(引用自 R. Fontaine, IEEE Trans Semicond. Manuf，Vol. 26，No. 1，pp. 11~16，Feb. 2013 中的截面图)

与常规的使用标准商业 CMOS 工艺制造的 MAPS 不同[35](标准混合工艺，或高电压工艺，有时稍微定制化)，大多数 CIS 集成电路由专门优化的 CIS 工艺生产，用于可见光探测。图 11.1(b)和图 11.1(c)显示了简化的典型现代 CIS 工艺的剖面示意图[36-39]。CIS 工艺的基础类似于标准深亚微米(DSM)CMOS 工艺[40]：在像素阵列外，金属-氧化物-半导体场效应晶体管(MOSFET)通常与混合工艺选项(即非 CIS)相同，即使用经典的源极/漏极注入、N 阱和 P 阱浅槽隔离(STI)、多晶硅栅极和在半导体器件之上典型的介质叠层[由层间电介质(ILD)构成]，以确保互连之间的隔离。第一层金属和硅之间的第一个层间电介质，或者多晶硅层，通常被称为金属前介质(PMD)。但是，和主流 CMOS 集成电路比较，CIS 有几个独特的功能来改善光线的采集：

- 互连金属层的数量减少；
- 专用介质层，如抗反射(AR)涂层；
- 彩色成像滤镜；
- 微镜头和导光板[41,42]，等等。

在器件级也进行了一些改进，以优化光生电荷的收集，同时减少暗信号和噪声：

- 专用光电二极管和像素内隔离掺杂分布(P阱、沟槽侧壁钝化等)；
- 专用像素器件(优化的有特定阈值电压的像素内 MOSFET，用于像素内电荷转移的专用 MOSFET 器件等)；
- 轻掺杂的外延层，其厚度针对靶波长范围进行优化；
- 专用像素间沟槽隔离以最小化串扰[43]，避免如深槽隔离(DTI)的串扰。

除了这些特点，CIS 可以是前照式的(FSI)或背照式的(BSI)，如图 11.1(b)和图 11.1(c)所示。背照式工艺允许对给定的填充因子收集更多的光[导致更高的外部量子效率(EQE)[31]]，但是它们需要敏感层变薄至几微米，使用背面钝化工艺来减少背面界面信号电荷复合和暗电流产生[39,44-46]。

已经提出若干有源像素架构[2]，但绝大多数现代器件的像素是基于下面两个基本设计：基于常规光电二极管的三晶体管(3T)像素[图 11.2(a)]，和基于被称为埋入光电二极管(PPD)[47-50]的专用埋沟光电二极管的四晶体管(4T)像素[图 11.2(b)]。因为低噪声、高量子效率和低暗电流[50]，埋入光电二极管几乎在所有消费领域得到应用。但是，这种光电探测器只在 CIS 工艺中使用，在一些特殊应用中 3T 像素使用的常规光电二极管可能更有优势(例如在大像素间距或高饱和度要求的情况下)。因此，在不需要使用埋入光电二极管的特殊 CIS 中，以及在其他不用 CIS 工艺制造的 APS 中，大部分 MAPS 仍然使用常规的光电二极管。如图 11.2 所示，两个基本像素结构共用三个晶体管：

- 复位(RST)MOSFET 用于复位悬浮扩散节点(FD)[也称为感应节点(SN)]，利用其固有电容完成电荷到电压的转换。在三晶体管像素的情况下，光电二极管是悬浮扩散节点。
- 用于执行像素内放大的源极跟随器 MOSFET。
- 将像素连接到列采样-保持阶段的行选择开关 MOSFET。

在埋入光电二极管像素，需要另一个 MOSFET 来传输悬浮扩散节点收集的电荷(并且也清空埋入光电二极管势阱)。这个额外晶体管称为传输门(TG)。

图 11.2(a)中的剖面图显示 3T 像素中使用的常规 CIS 光电二极管，一般是在 P 型外延层上深 N-CIS 注入(类似于对光电探测进行了优化的 N 阱注入)，它被 P 阱包围。与设计有关，浅槽介质隔离可覆盖整个 N-CIS 注入或嵌入 N-CIS 区。在任何情况下，常规光电二极管耗尽区四周接触氧化物界面[通常为浅槽介质隔离底部，如图 11.2(a)所示，或者如果浅槽介质隔离凹进，为 PMD/Si 界面]。在其他类型 APS(如 MAPS)中，这种常规的光电二极管可以使用 N-MOSFET 源极/漏极 N^+注入或 P-MOSFET N 阱注入。一些 APS 甚至使用三阱或四阱工艺实现更深的光电二极管[35,51,52]。也可用相反的掺杂类型，用 N 型衬底上 P 注入光电二极管。

与常规 CIS 光电二极管相反，埋入光电二极管是被 P 阱（或 P 掺杂 STI 钝化）包围的埋 N-PPD 嵌入体，被它上部通过 P^+埋入注入的 PMD 界面保护。此阻挡层也用于确保埋入光电二极管 N 区域在完成电荷转移后完全耗尽。如果传输门被彻底关闭（即偏置在积累状态下，通常使用负栅极电压），埋入光电二极管耗尽区域不会接触任何氧化物界面，因为对浅槽隔离介质由 P 阱（或 P-STI）掺杂的保护，对金属前介质由阻挡层保护，对传输门（TG）沟道由传输门积累层保护，如图 11.2(b)所示。

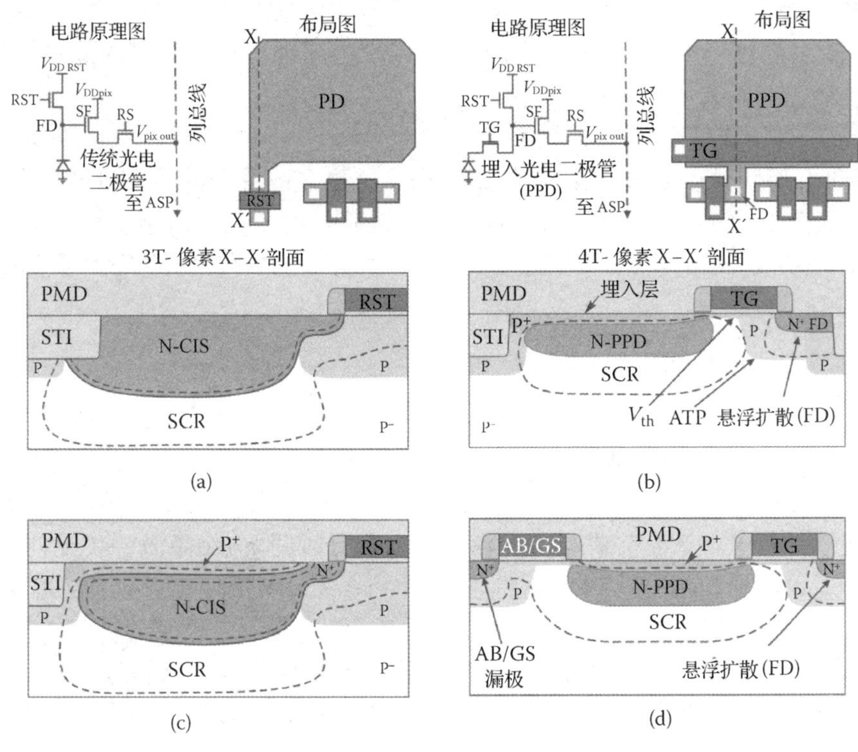

图 11.2　典型示意图。(a)典型 3T 像素电路原理图、布局图和剖面图；(b)典型 4T 埋入光电二极管像素电路原理图、布局图和剖面图；(c)3T 局部埋入光电二极管像素剖面图；(d)5T 埋入光电二极管像素剖面图。SCR—空间电荷区，ATP—防穿通注入，V_{th}—阈值电压注入，PD—光电二极管，PPD—埋入光电二极管

为了讨论 CIS 辐射效应，给出两个变体：部分埋入的光电二极管[见图 11.2(c)]和五晶体管埋入光电二极管（5T PPD）像素[见图 11.2(d)]。第一个类似于三晶体管像素常规光电二极管，只是它被 P^+阻挡注入覆盖。对于部分埋入光电二极管，埋入注入的唯一目的是通过减少光电二极管耗尽区和周围氧化物（STI 和 PMD）的接触面积来减少暗电流。为了将该光电二极管连接到源极跟随器和复位 MOSFET，P^+阻挡层在一个地方被断开，以便让 N 区到达表面。所以，与埋入光电二极管相反，部分埋入光电二极管耗尽区在源极跟随器/复位接点附近与氧化物界面接触。这显示在图 11.2(c)中。从图中可以看到空间电荷区（SCR）和氧化物界面（这里是 PMD）之间的接触靠近复位 MOSFET。这种耗尽的氧化物界面的总面积比传统 3T 像素二极管设计小，后者耗尽界面接触整个光电二极管周边[实际上是空间电荷区与氧化物之间的接触位于图 11.2(a)中的外围浅槽隔离介质的下方]。鉴于暗电流随光电二极管中氧化物界面总耗尽面积（将

在后面进行描述)升高，部分埋入型光电二极管中的暗电流远高于埋入光电二极管，但是低于常规光电二极管。

从辐射效应角度看另一个有趣的变化是 5T 埋入光电二极管像素[见图 11.2(d)]，它在埋入光电二极管像素基础上添加额外的传输门,来完成抗晕(AB)或全局快门(GS)功能(或两者)[53]。任何具有更多晶体管的更复杂像素(例如那些所谓的智能传感器[29,54-56])均基于这些架构之一(3T 像素，4T 埋入光电二极管像素，3T 部分埋入光电二极管像素或 5T 埋入光电二极管像素)，因而，了解辐射对任何 CIS 的影响，第一步是了解这些基本像素结构的辐射效应。本章给出的讨论内容可以很容易地应用于更多的像素结构。

11.2.2 与辐射效应相关的重要 CIS 概念

本节详细介绍讨论辐射效应必需的 CIS 概念。更多的关于固体摄像器件参数定义的资料，如外部量子效率(EQE)、电荷到电压转换因子(CVF)、电荷转移效率(CTE)、电荷转移无效率(CTI)、最大输出电压摆幅(MOVS)和动态范围(DR),可参考文献[2,3,27-30]或文献[57-59]。

11.2.2.1 最大阱容和阻断电压

在 3T 有源像素中，饱和水平是由读出链路(或者 ADC)的饱和给出的，与光电二极管最大电荷[称为最大阱容(FWC)[58]]不相关。在四阱像素积分过程中[见图 11.3(a)]，光生电子在埋入光电二极管势阱中被收集，通过关闭传输门(这里，传输门关闭电压被称为 V_{LOTG})使埋入光电二极管势阱与 FD 隔离。在积分时间 t_{int} 结束时，传输门被打开[见图 11.3(b)]，收集电荷被转移到悬浮扩散节点(FD)，以便被读出。既然收集阱(即埋入光电二极管)与读出节点(即悬浮扩散节点)分隔开,埋入光电二极管的饱和电荷可低于悬浮扩散节点的饱合电荷。在这种情况下，输出饱合水平由光电二极管最大阱容决定。

表征埋入光电二极管像素的一个重要参数是埋入的光二极管阻断电压。阻断电压代表埋入光电二极管的势阱底(像图 11.3 所示)。更准确些，该势能对应埋入光电二极管的沟道最大势能[50,60,61]。较高的 V_{pin}，有较高的最大阱容(但阻断的势能必须保持足够低，以便确保好的转移)。根据图 11.3(c)给出的阻断电压特性，从感应器输出端[62]测量出阻断电压是可能的。这个技术也可用来外推埋入光电二极管-传输门结构[60]的一些重要物理参数。它的基本原理[显示在图 11.3(c)]在文献[60,62]中详细描述。包括，在积分状态下，通过在悬浮扩散节点上施加发射电压 V_{inj}(传输门和复位 MOSFET 打开)，在埋入光电二极管中注入电子(电荷 Q_{inj})。

如文献[60]详细解释的，阻断电压对应图 11.3(c)中注入和部分注入区域之间的边界电压，特性曲线的 Y- 截面给出了等效最大阱容(EFWC)，注入区的斜率给出了埋入光电二极管电容(C_{PPD})，台阶对应着部分注入区的起点，部分注入区可用来评估传输门阈值电压。

在给定温度下，埋入光电二极管的饱合电荷与光通量和传输门偏置电压有关[如图 11.4(a)所示]。因此，可以在埋入光电二极管 CIS 中定义几个最大阱容[63,64]。这些不同的饱和度可以用图 11.4(b)所示的传输门-埋入光电二极管电气原理来解释[63,65]。在积分过程中，当流过二极管的电流(光子电流 I_{phot} 和暗电流 I_{dark})被传输门亚阈电流(I_{subth})

补偿时，埋入光电二极管电容的电荷达到饱和。图 11.4(c)给出了该模型的图形表示。它显示了没有光照(I_{dark}曲线)和有光照($I_{phot}+I_{dark}$曲线)条件下的经典 PN 结的部分 I-V 特性[66]。埋入光电二极管电荷与埋入光电二极管电势(通过埋入光电二极管电容 C_{PPD})直接相关。因此，电压 x 轴可以用存储电荷值(Q_{PPD})来表示。最大阱容对应于图 11.4(c)中给出的每种情况的最大 Q_{PPD}。如图 11.4(a)和图 11.4(c)所示，稳定状态下，黑暗中达到的饱和电荷(积分时间无限长)记作 FWC_{dark}，光照条件下达到的饱和电荷用 FWC_{Φ} 表示。

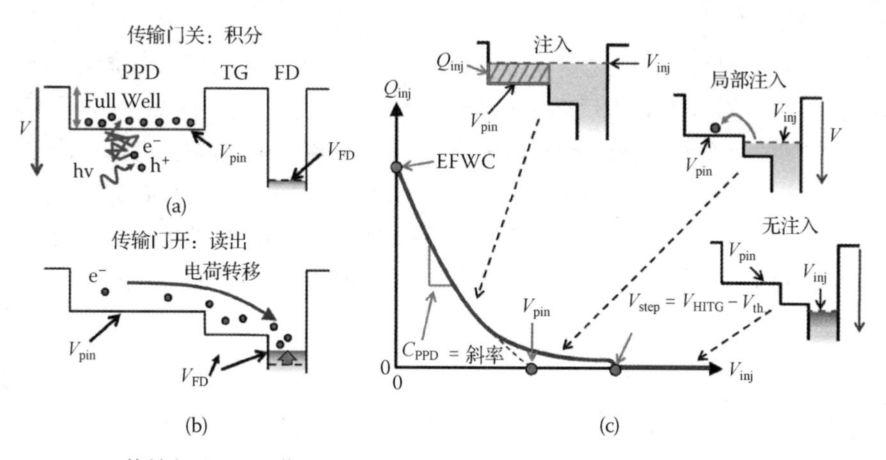

图 11.3　PPD 传输门(TG)工作和 V_{pin} 测量示意图：(a)积分期间，传输门关闭，光产生电子被收集在 PPD 势阱中；(b)需要读出收集电荷时，传输门打开，电子转移到悬浮扩散节点(FD)处；(c)包含可外推出 PPD 传输门物理参数的阻断电压特性。C_{PPD}—PPD 电容，EFWC—等效最大阱容，V_{pin}—阻断电压，V_{th}—传输门阈值电压(引用自 V.Goiffon, M.Estribeau. et al.，//IEEE Jlectron Device Soc2；Aug. 2014)

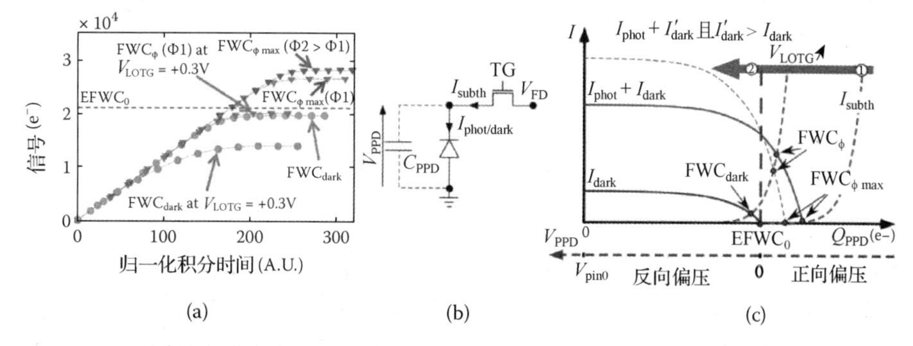

图 11.4　PPD CIS 不同最大阱容定义的示意图。(a)PPD CIS 不同 FWC 的测量(改编自 A. Pelamatti, J.-M.Belloir et al.,IEEE Trans. Electron Devices 2015)；(b) 测量FWC像素电原理图；(c)Pelamatti 等模型图示(引用自 A. Pelamatti, V. Goiffon et al.，*IEEE electron Device Lett,* 34, 2013, 900)

对于可忽略的传输门亚阈电流(负传输门关断电压 V_{LOTG})，当光敏二极管电流与 x 轴相交时，达到最大阱容。在这一特殊情况下，$FWC_{dark}\approx$ EFWC，$FWC_{\Phi}=FWC_{\Phi max}$[图 11.4(c)中的情况 1]。对于更高的 V_{LOTG} 值，亚阈电流 I_{subth} 很重要，FWC 值被确定为光敏二极管电流曲线和 I_{subth} 曲线[图 11.4(c)中的情况 2]的交点。该图示说明：

- FWC_{dark} 始终低于或等于 EFWC；
- FWC_{Φ} 总是大于 FWC_{dark}；

- 当光子电流曲线向上移动时(即当光子通量增加时)，FWC_{Φ} 增加，而 FWC_{dark} 保持不变；
- 当 V_{LOTG} 降低时，FWC_{dark} 和 FWC_{Φ} 都会下降；
- 暗电流的增加使 FWC_{Φ} 向 EFWC 移动，这一变化在大多数情况下(即当 FWC_{Φ}>EFWC 时)会导致 FWC_{Φ} 减小。①

11.2.2.2 暗电流源

在积分开始时(刚好在复位之后)，图像传感器(CIS)光电二极管反向偏置，以清空收集阱先前积分的电荷载流子。该反向偏置使耗尽区增大并将收集阱置于非平衡状态(即耗尽区中 $p \cdot n < n_i^2$)。间接复合中心[67,68] 诱发寄生反向电流，通过放电使电位恢复平衡(即 0 V 光电二极管偏压，$p \cdot n = n_i^2$)。因为 $p \cdot n < n_i^2$，所以净复合/产生率 U 是负的，间接复合中心主导机制是电子空穴对的产生[3]。在固态成像器中，这种间接复合中心产生的寄生电流被称为暗电流，它限制了传感器的动态范围。根据在像素中的起源，它可以有以下几种形式：

- 界面态产生暗电流：如果光电二极管耗尽区与硅-氧化物界面接触，界面态的高密度(N_{it})成为暗电流的主要来源[69]，其他暗电流源可以忽略，公式可写为

$$I_{itgen} = K_1 \exp\left(-\frac{E_g}{2kT}\right) A_{itdep} N_{it} \tag{11.1}$$

  其中，K_1 是包括若干物理和工艺常数的比例因子，A_{itdep} 是耗尽的硅-氧化物界面面积，N_{it} 是界面态密度，K 是玻尔兹曼常数，E_g 是禁带宽度，T 是温度。

- 体暗电流：带隙中具有能量 E_T 的体缺陷如果位于光电二极管的耗尽区(非平衡)，将产生暗电流[69,70]：

$$I_{bkgen} = K_2 \frac{n_i V_{dep} N_t}{2\cos(|E_i - E_t| / kT)} = \begin{cases} K_2' \dfrac{V_{dep} N_t}{2} \exp\left(-\dfrac{E_g}{2kT}\right), & E_i = E_t \\ K_2'' V_{depN_t} \exp\left(\dfrac{E_g / 2 + |E_i - E_t|}{kT}\right), & |E_i - E_t| \gg kT \end{cases} \tag{11.2}$$

  其中，K_2，K_2' 和 k_2'' 是比例常数，V_{dep} 是耗尽体积，N_t 是缺陷浓度。

- 界面态扩散暗电流：如果源于耗尽区的产生电流(I_{itgen} 和 I_{bkgen})足够低(如在现代埋入光电二极管中)，则未耗尽界面的产生暗电流是明显的。界面(耗尽区外)产生的少数载流子向光电二极管耗尽区扩散，导致扩散产生电流，通常简称为扩散电流[69]。在一定的简化假设条件下(图像传感器的实际情况)，这种界面态扩散暗电流的贡献可以表示为[71,72]：

$$I_{itdif} = K_3 \exp\left(-\frac{E_g}{kT}\right) \frac{A_{it}}{N_{A,D}} \frac{N_{it}}{1 + K' N_{it}} \approx K_3 \exp\left(-\frac{E_g}{kT}\right) \frac{A_{it} N_{it}}{N_{A,D}} \tag{11.3}$$②

  K_3 和 K'为两个比例因子，A_{it} 为耗尽区外的硅-氧化物界面面积，$N_{A,D}$ 为界面处 P

---

① 对于高 V_{LOTG}，或高 I_{subth}，FWC_{Φ} 会低于 EFWC。

② 因为通常 $K' \times N_{it} \ll 1$，除了高剂量辐照器件，在这种情况下，$K' \times N_{it} > 1$，导致该电流的贡献达到饱和[71, 72]。

型或 N 型掺杂浓度。当光电二极管耗尽区和硅-氧化物界面之间的距离增加时，这种贡献会减小[见文献[72]中的式(11.5)]。因此，通常只有非常近距离的硅-氧化物界面会带来显著的贡献[金属前介质(PMD)或浅槽隔离(STI)界面正好在埋入光电二极管的上方或旁边]。

- 体扩散暗电流：如果其他暗电流源足够弱，则在准中性区产生的向耗尽区扩散的少数载流子暗电流明显可见。像前面的暗电流源，尽管它也来自间接复合中心的产生过程，但该电流也被称为扩散电流[69]。一般可近似为[58]

$$I_{\text{bkdif}} = K_4 \exp\left(-\frac{E_g}{kT}\right)\frac{\sqrt{N_{\text{t}}}}{N_{A,D}} \tag{11.4}$$

其中 K_4 是比例常数①，$N_{A,D}$ 是该区 P 或 N 掺杂浓度。

它们当中的每一个都可成为传感器输出端暗电流的主要来源。在未辐照的 3T 常规和部分埋入光电二极管中，式(11.1)占主导地位②。对于这两种光电二极管，暗电流的显性激活能③接近 $E_g/2$[如式(11.1)所示]④。

在最新的埋入光电二极管中，如图 11.5 所示，当传输门处于累积状态(负 V_{LOTG} 偏置，一般低于-0.5 V)时，认为耗尽区不会接触到硅-氧化物界面。在这种情况下，I_{itdif} 和 I_{bkdif}[式(11.3)和式(11.4)]占主导，显性激活能接近 E_g。如果 V_{LOTG} 增加，则埋入光电二极管耗尽区接触到传输门侧墙附近的硅-氧化物界面。来自这个耗尽界面[见式(11.1)]的界面态产生电流成为主导(并且远高于扩散暗电流，如图 11.5 所示)。

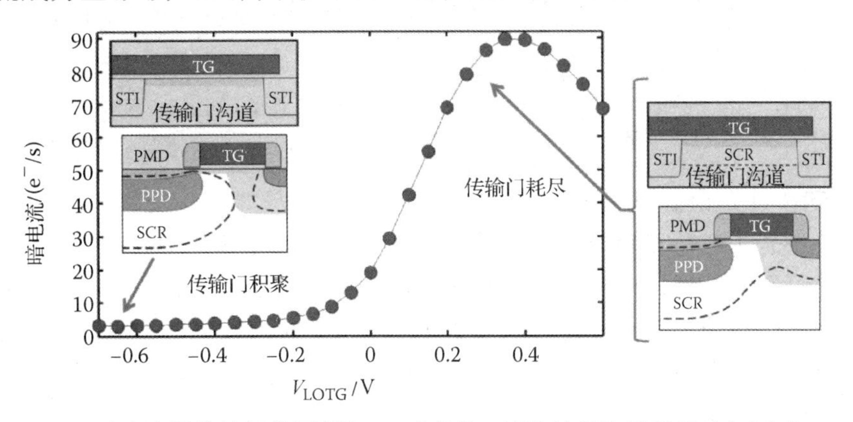

图 11.5　PPD CIS 暗电流随传输门偏压(即 V_{LOTG})变化。当传输门沟道积累时(对应负 V_{LOTG})，埋入光电二极管耗尽区未达到任何氧化界面，此时暗电流最小。当传输门沟道耗尽时，埋入光电二极管耗尽区与埋入光电二极管-传输门过渡区的氧化物接触，此时暗电流最大。SCR—空间电荷区(引用自 V. Goiffon, M. Estribeau et al., *IEEE Trans. Nucl.Sci.*61, 2014)

其他暗电流源，如金属污染[74,75]或电场增强(EFE)在现代 CIS 中非常罕见，通过优化制造工艺和工作条件可以对这些不希望出现的源进行抑制。然而，这种效应可能发生在其他类型的 APS 中，因为其中一些器件使用了非专用工艺或者高电压。

① 当准中性区厚度降低，或者当扩散长度增加[见参考文献[58]中的式(7.21)]，K_4 减小。

② 如前面讨论的，部分埋入光电二极管像素的暗电流低于传统二极管像素，因为比传统的耗尽面积小。

③ 如果暗电流随温度变化用阿列纽斯公式拟合 $A = K\exp(-E_a/kT)$[73]，则 E_a 值就是暗电流激活能。

④ 实测中，测量值比 $E_g/2$ 稍高(典型值为 0.63 eV)，因为包含了温度相关比例因子 k_1。

11.2.2.3　随机电报信号噪声：暗电流随机电报信号(DC-RTS)和源极跟随器电报信号(SF-RTS)

随机电报信号(RTS)是在两个或多个离散电平之间交替切换的随机过程[76,77]，如图 11.6(a)所示。该现象已经在很多电子器件中发现[77]，并可能有几种不同的物理机制。描述该现象的名称有：随机电报信号(RTS)、随机电报噪声(RTN)、突发噪声、爆米花噪声、可变结漏电(VJL)[78]以及一些特定应用名称，例如 CIS 中的闪烁像素或动态随机存取存储器(DRAM)中的可变保持时间(VRT)[79−81]。在 CIS 中，RTS 导致明亮像素被随机打开和关闭[见图 11.6(a)]。这样的像素通常被称为闪烁像素。由于在暗电流和噪声减小方面持续取得进步，这种寄生行为正成为越来越多高端应用的限制因素。在 CIS 中观察到两种 RTS：一种是由于光电探测器暗电流的离散波动，称为暗电流 RTS(DC-RTS)，另一种是由于像素内源极跟随器 MOSFET 沟道电阻的离散变化(称为 SF-RTS)。

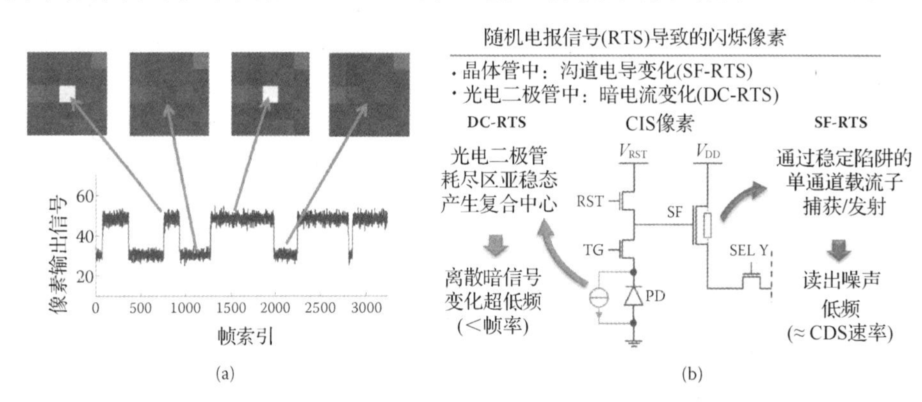

图 11.6　随机电报信号概述。(a) RTS 像素对暗帧的典型效应；(b) CIS 两个主要 RTS 现象：暗电流 RTS（DC-RTS）和源极跟随器 RTS（SF-RTS）

暗电流 RTS 首先在被辐照 CCD 中报道[82−84]和分析[85−90]，该现象起源于耗尽区中的体亚稳态间接复合中心①(如反向偏置 PN 结，$p \cdot n < n_i^2$)，它能够在两种产生速率之间瞬间切换。从那以后，在 CMOS APS[12,91,92]、MAPS[93]和 CIS[94]中观察到了这种体暗电流 RTS。最近研究表明，暗电流 RTS 产生中心也可以位于耗尽的硅氧化物界面[95−100]。这种 RTS 具有以下特点：

- 暗信号离散波动的幅度与积分时间成正比[如图 11.7(a)所示]，它们可能比由单个点缺陷预估的高许多。
- 暗电流 RTS 波动是瞬间的(两种状态之间无临时态)。
- RTS 行为可以从传感器输出端暗信号随单个 RTS 像素时间变化直接观察到。
- 相互转换时间呈指数分布，暗电流 RTS 的时间常数不限于特定范围(已有报道的时间常数从毫秒到小时)。
- 最大转换幅度也呈指数分布[94,96]。
- 时间常数和振幅为热活性的(通常现代 CIS 中振幅的激活能约为 0.6 eV)。

① 在本章中，“亚稳态复合中心”是指具有两种或两种以上亚稳态的生成速率(即暗电流)的复合中心(无论其物理来源：点缺陷、界面状态、簇等，也无论该明显信号亚稳态的物理来源为何)。

- 对观察到的亚稳态产生率的一个可能解释是，暗电流 RTS 是由间接复合中心的不同组态引起的不同产生速率[如图 11.7(b)所示]。然而，没有明确的证据表明这些不同组态与载流子的俘获和发射有关(与 SF-RTS 相反)，并且暗电流 RTS 中心的真实性质尚未完全了解。
- 在未辐照 CIS 中观察到的绝大多数暗电流 RTS 像素来自位于硅-氧化物界面的亚稳态产生中心(即不是来自体暗电流 RTS 中心)[95,98]。

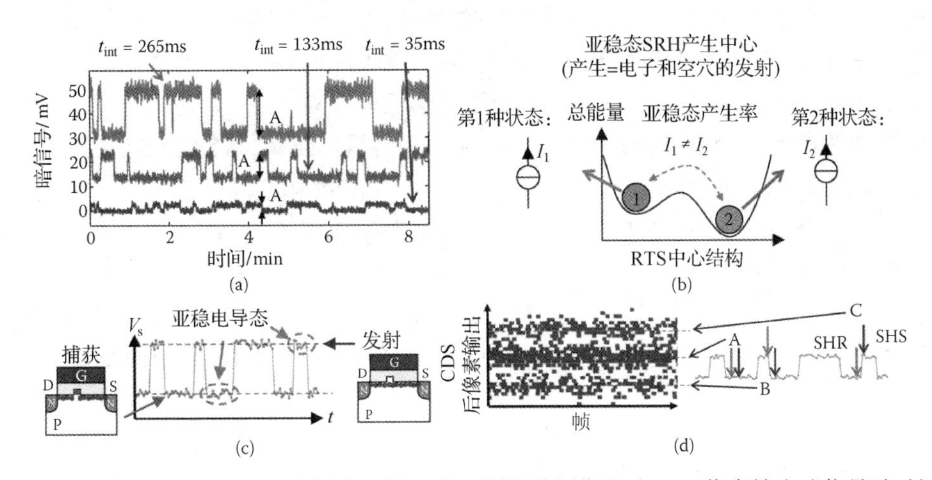

图 11.7　暗电流和源跟随器 RTS 示意图。(a)三个不同积分周期(t_{int})RTS 像素输出暗信号随时间(帧)变化；(b)可能的暗电流 RTS 机理示意图；(c)源极跟随器 RTS 物理机理示意图(设定 V_G，V_D，I_{DS} 和真实工作条件相同)；(d)源极跟随器 RTS 对传感器输出信号的影响：只有当源极跟随器 RTS 状态在两个样本(SHS 和 SHR)间变化时，才会看到离散的暗电压变化。与暗电流 RTS 相反，传感器输出端看不到源极跟随器 RTS 亚稳态，且源极跟随器 RTS 幅度与积分时间不成比例

CIS 中的源极跟随器 RTS 是由众所周知的 MOSFET 栅氧化物陷阱 RTS 引起的[101,102]，是因为反型沟道载流子随机俘获和发射(见文献[77,103]及其参考文献)。当电子被沟道界面态(在栅氧化物或 STI 氧化物界面[103])俘获时，沟道电导降低，导致源极低电势态[如图 11.7(c)所示]。当电子被释放时，沟道电导增加，恢复到初始值，MOSFET 源极电压回到高势态。

两种现象的物理机制不同：源极跟随器 RTS 是沟道电阻的离散变化，而暗电流 RTS 是暗电流的离散变化。它们在 CIS 输出中也有不同的特点，因此可以很容易区分。例如，源极跟随器 RTS 导致传感器随机噪声增加，但 RTS 行为在输出几乎不可见，并且在这种情况下不能看到稳定的 RTS 态[见图 11.7(d)]，与暗电流 RTS 相反[见图 11.7(a)]。

11.3　单粒子效应

像任何 CMOS 集成电路，理论上 APS 和 CIS 对所有单粒子效应(SEE) 都敏感[16]，而且这种灵敏度强烈依赖于被测传感器的设计和工艺。然而，即使在极端条件下，如惯性约束聚变(ICF)辐射环境中，文献中测试的大部分 CIS 的外围电路都没有表现出高 SEE 灵敏度(例如文献[104]中未观察到 SEE 发生)[105]。CIS 数字电路中观察到单粒子锁定(SEL)[106]，而简单的模拟读出电路通常 SEL 免疫(因为通常没有 N 和 P-MOSFET 相连[107])。CIS 中观察到单粒子翻转(SEU)[108,109]，但只在嵌入数字存储器、锁存器或触发器的外围电路(例如

片上定序器)中观察到。也有一些单粒子功能中断(SEFI)[106,110]和单粒子瞬态(SET)[107]报道。通过使用经典的辐射加固设计(RHBD)技术[16,111–114]，外围电路中的大部分 SEE 都可以得到缓解。在辐射加固的 CIS 中，外围电路中的 SEE 可能不会造成问题。

与 CIS 大部分辐射效应一样，最常见 SEE 出现在像素阵列中。入射粒子通过直接(对于带电粒子)或间接电离(对于中子)在敏感体硅中产生电子-空穴对。这些高密度的寄生载流子像光生信号载流子一样被收集，并且导致采集像素的瞬态饱和。这些像素 SET 可以使大量的像素集群饱和[107,115,116]，或产生次级反冲离子轨迹[105,117]，文献中已经提出了几种建模方法来预测它们对图像质量、事件发生或轨迹形状的影响[108,118–120]。在 MAPS 模块中，单个离子导致的寄生电荷收集机制也在积极研究和建模中，但在这种情况下，收集电荷被视为信号，而不是寄生 SET(示例参见文献[121])。像素 SET 不会超过一帧，并且抗晕光技术可以帮助减小粒子轨迹的大小(在埋入光电二极管像素[106]中，不是 3T 像素中[107])。抗串扰深槽隔离(DTI)[43]也可以限制寄生电荷在几个像素上的传播。通过减薄传感器有效体积(通常是 CIS 中的外延层)，可以削弱 SET 的影响，但是信号灵敏度通常也会降低。在某些特定的应用中，通过系统加固技术可以消除不需要的寄生电荷[122,123]。在简单的 3T 或 4T 像素中，其他类型的 SEE 不太可能出现，但对像素内集成功能的智能传感器可能会出现问题。

11.4 外围电路的累积辐射效应

大多数情况下，外围电路(如地址解码器和模拟读出电路)的辐射效应仅限于 MOSFET 特性退化。由于深亚微米 CMOS 工艺栅氧化层厚度减小，辐射引起的 CIS 栅氧化层退化可以忽略不计(即使在高的电离总剂量之后[124])，MOSFET 退化的主要原因是横向 STI(在沟道边缘)中辐射诱生正电荷陷阱[19,112,125]。尽管 CIS 电路模拟部分(特别是在像素阵列内部)使用了较厚栅极氧化层(通常为 7 nm)的高压 MOSFET①(也称为 I/O 或 GO2 MOSFET)，但情况仍是这样。这种俘获电荷在 MOSFET 中有三个主要影响：

- 在 STI 侧壁上产生寄生漏极至源极漏电路径(仅限 N 沟道 MOSFET)；
- 窄 N-MOSFET 和 P-MOSFET 中的阈值电压变化，称为辐射诱生窄沟道效应(RINCE)[126,127]；
- N 掺杂区域之间产生漏电路径，称为器件间漏电。

对于低量级和中等量级的电离总剂量(低于 1～10 kGy)，这些影响对像素阵列外 CIS 的数字和模拟电路通常不是问题，并且已证明，在不使用设计加固技术的情况下，辐射强度高于 10 kGy(SiO_2)[60,70,99]。通过使用加固技术[112–114]，如封闭布局晶体管(ELT)，CIS 和 APS 外围电路甚至可以承受超过 100 kGy(SiO_2)的电离总剂量[8,10,13,128,129]。一些使用混合信号 CMOS 电路的 CIS 中特定部分可能会表现出较低的抗辐射能力(需要特定的加固技术)，如采样节点(可能会缩短保持时间)电压基准或者寄生双极型晶体管[130,131]。

① 该高电压通常在 2.5～5 V，典型值为 3.3 V，比核心 MOSFET 工作电压高(典型值在 1 V 左右)。

尽管已经对含有集成时序控制器、寄存器和 ADC 的 CIS 进行了电离总剂量辐照试验[12,13,109,132–138]，但迄今为止还没有证明这种外围电路限制了 CIS 的电离总剂量能力。CIS 对电离总剂量最敏感的电路部分是像素本身，特别是在电荷-电压转换之前（即从图 11.2 中的光电检测器到源极跟随器 MOSFET 栅电极），此处任何漏电流都可能影响传感器性能。

作为表面器件，已知 MOSFET 几乎不受位移损伤影响，而如 11.5.2 节所述，像素对位移损伤 D_d 非常敏感。因此，在外围 CMOS 电路上可以观察到任何位移损伤效应之前，像素阵列通常变得不可用。

11.5　像素的累积辐射效应

11.5.1　电离总剂量效应

11.5.1.1　退化机理概述和一般的效应

在深亚微米 CIS 工艺中，相对于光电二极管（和相关的 PPD 图像传感器传输门），电离总剂量效应引起像素内 MOSFET 退化通常是第二位的[139,140]。此外，像素内 MOSFET 可通过设计加固技术[112–114]使其抗辐射能力超过 10 kGy。本部分主要聚焦在光电二极管（以及埋入光电二极管图像传感器的传输门）辐射效应。

图 11.8 为总剂量效应导致三类图像传感器退化的示意图。左列[见图 11.8(a)]代表积聚传输门的 4T 埋入光电二极管图像传感器，中间列显示了耗尽传输门的 4T 埋入光电二极管。右列显示 3T 图像传感器剖面。如 11.1.3 节提到的，电离辐射诱生介质层（这里是 STI 和 PMD）中氧化层陷阱电荷和硅-氧化硅界面处界面态的产生。这些缺陷分布于整个介质材料，但图 11.8 只给出那些在辐射诱生退化中起重要作用的缺陷。尽管在所画出的三类图像传感器中缺陷分布类似，但起最大作用的缺陷并不相同。从图 11.8，我们首先得到的是，传输门处于累积状态的埋入光电二极管图像传感器中，起最大作用的缺陷是位于埋入光电二极管顶面（在 PMD 内或者它的界面），而当传输门在耗尽区时，传输门沟道界面态在低和中等总剂量下起主要作用。在 3T 图像传感器和任意一个基于传统的或部分埋入光二极管的有源图像传感器中，作用最大的缺陷位于光电二极管周边，这里耗尽区接触二极管。

电离总剂量辐照过程中，CIS、APS 和 MAPS 图像传感器中，退化最严重的参数是暗电流[如图 11.9(a)和图 11.9(b)所示]。在积聚传输门的埋入光电二极管像素中，暗电流开始在低剂量下随累积剂量增加，因为界面态在距离最近的硅-氧化物界面处产生[71,72]。在绝大部分情况下，产生的界面是在埋入光电二极管上面的 Si/PMD 界面[72]，但一些情况例外①，主要贡献来自 SiO_2/STI（或者 Si/DTI）界面[71]。这部分贡献是界面态扩散暗电流，与埋入光电二极管面积或周长成比例（由主导的氧化层所决定）。由式(11.3)描述。在高累积剂量下，Si/PMD 界面在靠近埋入光电二极管耗尽区变得稍微耗尽[72,99,141]。这个特

① 例如一个比较小的像素间距、减少的 STI-PPD 距离、高 P^+埋入掺杂浓度，或者在 STI-PPD 之间低 P 掺杂浓度。

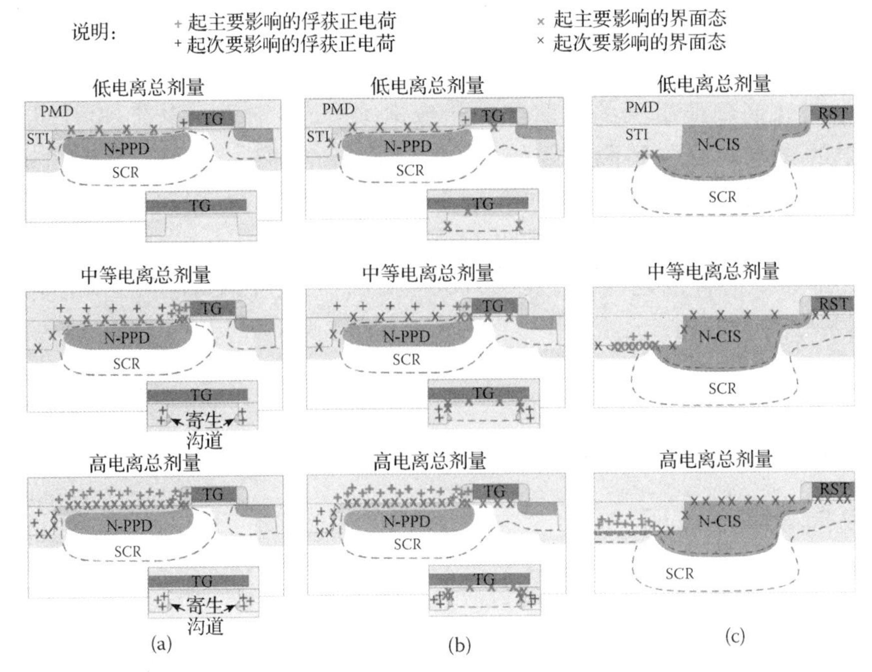

图 11.8 像素退化机理示意图。(a)积聚传输门的 4T 埋入光电二极管像素；(b)耗尽传输门的 4T 埋入光电二极管像素；(c)3T 常规光电二极管像素。局部埋入光电二极管的行为类似于 3T 像素传统光电二极管，但 P^+阻挡层会延迟效应。低、中和高电离总剂量水平取决于制造工艺，但大体上分别为：0.5～1 kGy(SiO_2)以下、0.5～10 kGy(SiO_2)范围内和超过 1～50 kGy(SiO_2)

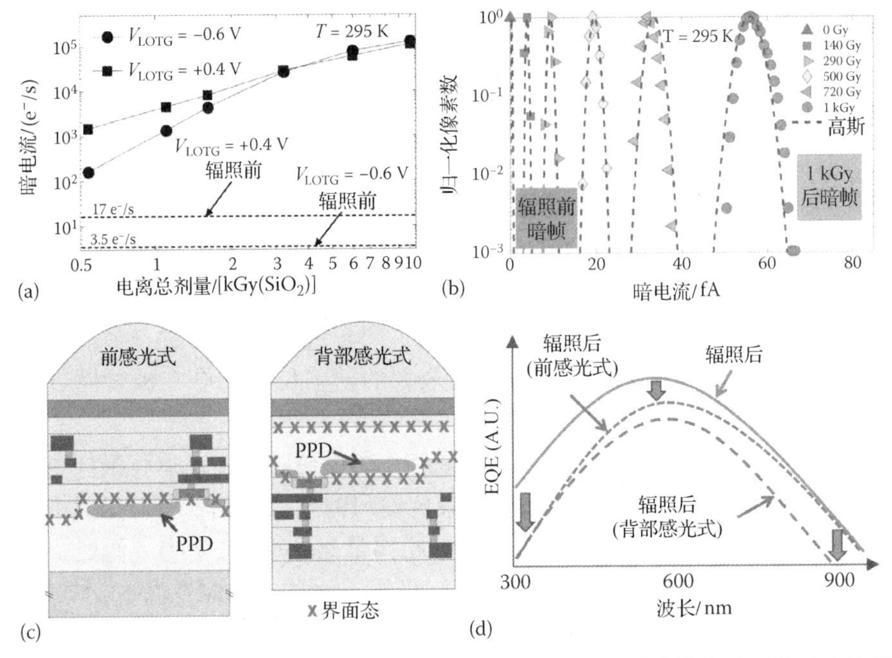

图 11.9 电离总剂量引起的常见退化。(a)7 μm 间距 4T PPD CIS 测量的典型平均暗电流增加(改编自 V.Goiffon, M. Estribeau et al., *IEEE Trans. Nucl. Sci.*61，2014)；(b)10 μm 间距 3T 图像传感器测量的典型暗流分布随电离总剂量变化(改编自 V. Goiffon, C. Virmontois et al., 2010, pp. 78261 S-78261 S-12)，两个传感器均用 ^{60}Co γ 射线辐照；(c)前感光式和背部感光式电离总剂量引起的界面复合中心的位置；(d)电离总剂量引起的 EQE 退化示意图

殊区域是靠近传输门侧墙的邻近区域①，像图 11.2(b)和图 11.8(a)所描绘的。在这种情况下，主要贡献是来自这个耗尽的界面(它与传输门宽度成比例)的界面态产生暗电流[式(11.1)]。在更高电离总剂量时，埋入光电二极管耗尽区接触 PMD 界面②，埋入光电二极管不再起阻挡作用，来自 PMD 界面的界面态产生暗电流[式(11.1)]起主导作用(其贡献与埋入光电二极管面积成比例)[99]。

在传输门不是适当累积的埋入光电二极管像素③中，埋入光电二极管耗尽区接触到连着栅氧化层和沟道 STI 界面的耗尽传输门沟道。在低剂量和中等剂量时，主要贡献变成来自栅氧化层和传输门沟道 STI 侧壁界面态暗电流[式(11.1)]。相比于累积传输门，会导致耗尽传输门埋入光电二极管像素辐射诱生暗电流增大[62, 72]，如图 11.9(a)所示。高累积剂量[在图 11.9(a)中为 3 kGy]主要贡献来自耗尽 PMD 界面，耗尽传输门沟道的额外贡献不明显。

已有文献报道利用成熟 CIS 工艺优化设计制造的埋入光电二极管像素中，其他辐射诱生暗电流源不可能出现：

- 如果来自外围 STI 的界面与埋入光电二极管耗尽区接触④，则界面态产生暗电流来自该界面[142]；
- 隧道电流和其他高电场效应(掺杂相关暗电流问题)[62,142,143]；
- 文献[72]中的一个未知的暗电流源可以用低估传输门的贡献来解释⑤。

在 3T 像素(以及任何基于传统或部分埋入光电二极管有源像素)中，辐照前后暗电流主要来源是耗尽的 STI 界面态产生暗电流[或者，在部分埋入二极管情况下为 PMD，如图 11.2(c)所示]。在传统的 N 阱或基于 N^{+}的光电二极管中，这种贡献与光电二极管周长成正比[7,10,139,144]。在低电离总剂量时，暗电流随着辐射诱生界面态积累而增加[如式(11.1)所预期的那样]。在中等电离总剂量时，STI 俘获电荷扩展了光电二极管周边的耗尽区，导致暗电流进一步增强[通过增加式(11.1)中的 A_{itdep}][8,13,145,146]。在高电离总剂量下，场氧化物界面(STI 或 DTI)被反型，光电二极管短路，电荷到电压转换因子(CVF)下降，像素阵列不再有功能(示例参见文献[70])。在部分埋入光电二极管中出现了相同的退化机制，除了辐照前的耗尽界面面积小于常规二极管，以及如果埋入注入浓度远高于传统二极管中 STI 底部的浓度，效应可能在更高电离总剂量才会产生。

在所有像素类型中，电离总剂量引起的暗电流非常均匀，如图 11.9(b)所示，近乎理想的高斯分布(来自文献[147])，导致暗帧中灰度均匀增加。

电离辐射也引起外部量子效率(EQE)退化。辐射诱生界面态[见图 11.9(c)中的“×”符号]充当入射光多余少数载流子的复合中心。靠近界面产生的信号载流子在这个界面处

---

① 隔离区的 P 掺杂浓度低于 P^{+}掺杂埋入层掺杂浓度，以减少 PPD 和开启的传输门间的势垒。

② 在一些极端情况下，STI 界面也可能。

③ 这种情况通常是在文献[138]中测试的 5T PPD 像素中用作全局快门(GS)动作的抗晕(AB)中的第二个传输门。也可能在 4T PPD 像素中发生，正电压加在传输门上，来利用悬浮扩散区作为抗晕。

④ 如果 STI-PPD 距离足够大，或者 STI、PPD 掺杂浓度足够高，就不会发生。

⑤ 根据 EFWC 对暗电流非均匀性影响的结果[141]，文献[72]低估了最强暗电流的贡献(与传输门相关的)。因为文献[72]中 I_0 是由减去所有其他贡献(PPD 面积、PPD 边缘、传输门沟道，等等)获得暗电流，I_0 不是 0 的原因就是低估这些因素的结果。

通过复合而丢失，导致 FSI 器件中最短波长的 EQE 减小[140,142][如图 11.9(d)所示]。对于 BSI 传感器，在 CIS 两侧(前侧和后侧)均存在硅-氧化物界面。因此，EQE 下降可能出现在短波长和长波长处，如图 11.9(d)所示。因为同样的原因，电离总剂量辐照后，MAPS 电荷收集效率下降[148]。对于 APS/CIS，关于电离辐射对电介质叠层(ILD、钝化和缓冲层、微透镜等)光学性质的影响，尚未见有确凿证据的报道，并且似乎高达 3 kGy(SiO_2)电离总剂量时，微透镜性能也不会退化[140]。彩色过滤器的辐射水平也有类似的结论(但在限定的更高电离总剂量范围内[149])。

电离辐射也增强噪声源。源极跟随器(SF)的贡献随着电离总剂量的增加而增加①[71,151]，并且通常在低电离总剂量②时为主，但暗电流散粒噪声(正比于暗信号的平方根)可以在较高剂量下迅速成为主要的随机噪声源[如图 11.10(a)所示]③。在 MAPS 中观察到类似的噪声退化机制[146]，但主要的辐射诱生噪声源可能不同，因为 MAPS 读出电路架构与传统的 CIS 不同(在智能像素 CIS 中也是如此)。在埋入光电二极管 CIS 中，当电荷转移效率(CTE)严重退化时(如下节所述)，电荷转移噪声[153,154]可在中等或高水平电离总剂量[71]时开始起主导作用。

如图 11.10(b)所示，RTS 像素的数量随着吸收电离辐射剂量增加而增加。与首次暗电流 RTS 研究[85,86,92]中观察到的情况相反，在深亚微米 CIS 中电离总剂量非常有效地产生了暗电流 RTS 中心[95]，并且由于光电二极管耗尽区边缘的界面态累积(与平均暗电流增加来源相同)，在电离总剂量低至 100 Gy 的情况下，几乎 100%的 3T CIS 像素可以表现出氧化物暗电流 RTS[96]。如 11.2.2.3 节所述，暗电流 RTS 幅度呈指数分布(在 22℃时 RTS 平均最大振幅在 100 e^-/s 范围内，极值高达几 ke^-/s[95,96])。这种类型氧化物的 RTS 主要是双级，大部分多于两级的电离总剂量诱导 RTS 似乎是通过两个或多个氧化物界面暗电流 RTS 中心的叠加④。在 3T CIS 像素中，电离总剂量诱导的氧化物暗电流 RTS 可以通过使 STI 从光电二极管耗尽区凹陷而显著减少[95,96]。

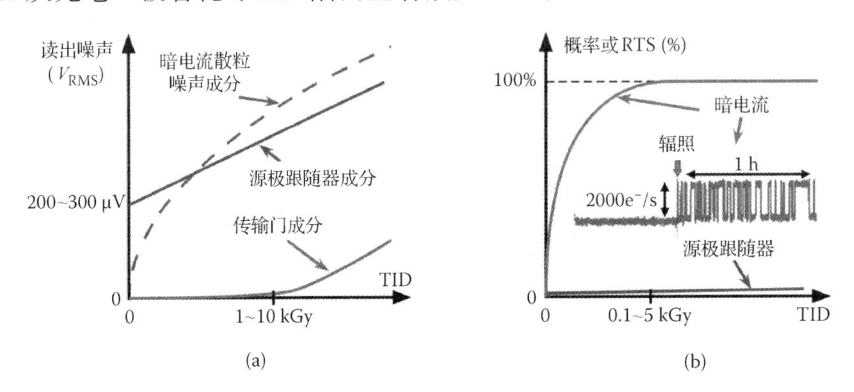

图 11.10 辐射对 CIS 噪声的影响。(a)主要噪声成分随电离总剂量变化。该图假设暗电流散粒噪声随电离总剂量线性增加；(b)典型的暗电流 RTS 或源极跟随器 RTS 行为的像素数随电离总剂量变化。对于 3T 像素，低于 100 Gy 几乎 100%像素有暗电流 RTS，对于埋入光电二极管像素，在 kGy 范围内

---

① 但是，一些复杂的多级氧化物暗电流 RTS 不能被不相关的暗电流 RTS 中心简单相加所解释的报道也存在[95,98]。

② 与任何辐照 MOSFET 一样(参见文献[150])。

③ 使用埋置沟道 SF MOSFET 可减小源极跟随器(SF)的贡献[152]。

④ 取决于积分时间和 CVF 值。

在适当累积传输门(主传输门和次级 AB/GS 传输门)的埋入光电二极管像素中，埋入层保护二极管免受硅-氧化物界面处暗电流 RTS 中心的影响，并且在未辐照 CIS[98]和低电离总剂量(低于 kGy 范围)[99]几乎不存在暗电流 RTS。电离总剂量较高时，侧墙附近[如图 11.8(a)所示，在中等电离总剂量处]氧化物界面的耗尽导致暗电流 RTS 像素数量急剧增加，并且当吸收的电离总剂量接近 kGy 范围[99]时，大多数像素阵列出现氧化物 RTS(尽管存在传输门积累)。如果至少有一个传输门没有被累积，辐照前氧化物暗电流 RTS 像素[98]就存在，并且它们的数量在非常低的电离总剂量下开始显著增加，远比累积传输门情况[99,100]严重，因为埋入光电二极管没有对位于传输门沟道氧化物界面的暗电流 RTS 中心进行保护[98,99]。对未累积传输门，埋入光电二极管 CIS 可以在远低于 kGy 范围下，被氧化物暗电流 RTS 像素饱和(如在 3T 像素中)。

由于源极跟随器 RTS 与 MOSFET 沟道(在沟道氧化层或 STI 界面)存在的界面态有关，电离辐射应该对源极跟随器 RTS 像素数量有很大影响。一些关于电离总剂量诱导源极跟随器 RTS 文献报道显示，即使在 10～20 kGy 电离总剂量，产生的源极跟随器 RTS 像素几乎微乎其微(在文献[155]中没有观察到增加，在文献[151]中由辐射产生的源极跟随器 RTS 像素不到 0.3%)。深亚微米 MOSFET 栅氧化物非常好的辐射水平可以解释为什么电离总剂量产生很少的源极跟随器 RTS，但是也未见到来自源极跟随器沟道 STI 的原因尚不清楚。

11.5.1.2　埋入光电二极管特殊效应

除了所有类型的 APS/CIS 所共有的累积电离辐射效应外，埋入光电二极管 CIS 中还观察到了一些特定的辐射诱生退化。第一个效应是 V_{pin} 特性的右移，如图 11.11(a)所示，这是由 PMD-正陷阱电荷[99,141][在图 11.8(a)中用 PMD 中的加号表示]引起的，起的作用如同埋入光电二极管顶部 CCD 栅极正偏置。这种右移意味着钳位电压和 EFWC 的增加。在高电离总剂量[大约 10 kGy(SiO_2)以上]，埋入层有效掺杂被 PMD-正陷阱电荷大大减少，导致埋入光电二极管电容降低(在 V_{pin} 曲线上表现为斜率减小)，最终使得埋入光电二极管顶部的 Si/ PMD 界面完全耗尽[如图 11.8(a)所示][99,156]。尽管在 kGy(SiO_2)范围埋入光电二极管结构退化大，但在此电离总剂量水平下电荷分割台阶(在 V_{step})没有明显移动，表明传输门阈值电压在该总剂量水平没有受影响。然而，在中/高电离总剂量，可能出现亚阈值漏电，如图 11.11(a)所示。

关于转移效率，几种机制能限制 CIS 中的电荷转移效率(CTE)：埋入光电二极管到传输门的过渡区中存在的势垒或口袋[157]或者沟道中的高密度界面态可以捕获信号载流子[158]。电离总剂量诱生 PMD-正陷阱电荷引起的表面电势增加对 CTE 有影响[如图 11.11(b)和图 11.11(c)所示]。因为 N 掺杂埋入光电二极管区更靠近界面(部分原因是表面 P 掺杂浓度低于阻挡层的其余部分)，所以转移像素最敏感部分正好在传输门侧墙下方，以确保良好的 CTE。在这个区域，PMD/侧墙正陷阱电荷对埋入光电二极管沟道的影响要比埋入光电二极管其余部分大得多。在低滞后像素中(即照射前无限制势垒或口袋)，这种局部电势增强会产生电势口袋使 CTE 退化[图 11.11(b)和图 11.11(c)中的情况Ⓐ]。在辐射前受势垒限制的埋入光电二极管像素中，电离辐射可降低势垒，低电离总剂量下 CTE 有改善[图 11.11(b)和图 11.11(c)中的情况Ⓑ]。在高电离总剂量下，电势口袋扩展超过势垒降低的好处，CTE 随着电离总剂量退化，如情况Ⓐ。

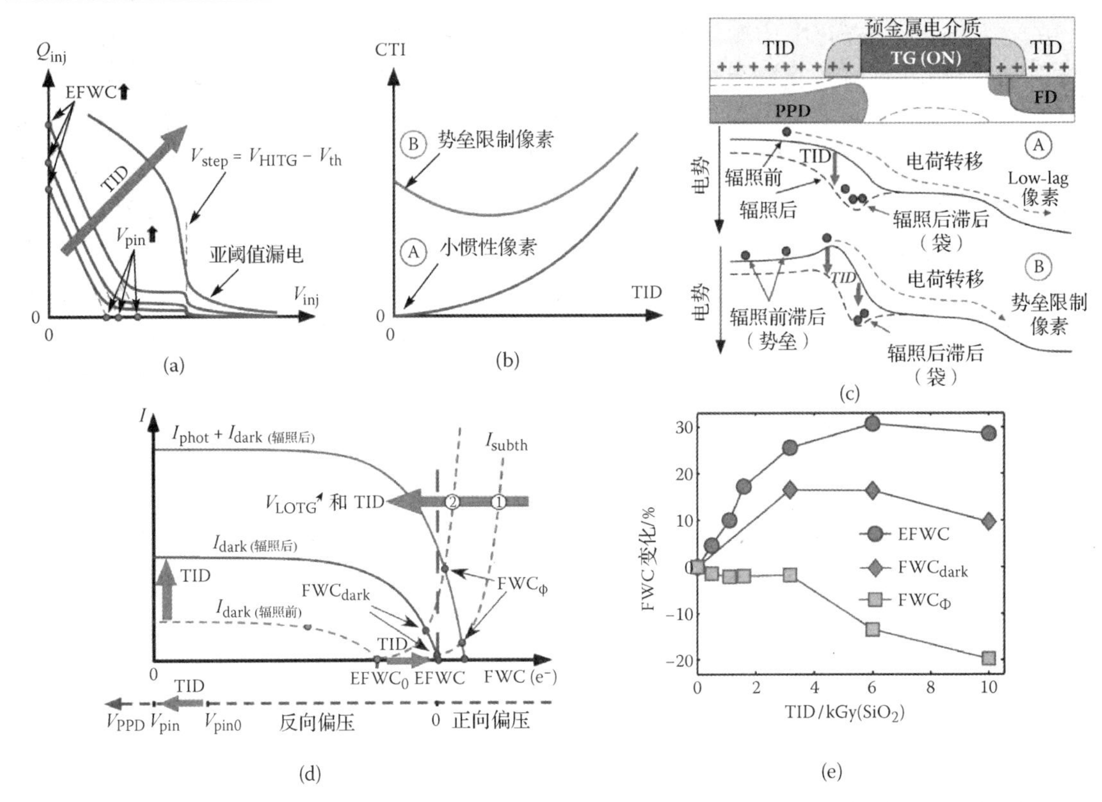

图 11.11　埋入光电二极管特殊辐射效应。(a)钳位电压特性随电离总剂量变化；(b)势垒限制像素和小惯性像素中电荷转移无效率(CTI)随电离总剂量变化；(c)CTE 退化机理示意图(改编自 V. Goiffon, M. Estribeau et al，*IEEE Trans. Nucl. Sci*：61，No. 6，2014)；(d)FWC 退化机理示意图；(e)7 μm 间距 4T PPD CIS 上测量的与 FWC 有关的退化(引用自 V. Goiffon, M. Estribeauetal, *IEEE Trans. Nucl.* Sci.61, No. 6, 2014)

埋入光电二极管最后一个特殊效应是最大阱容(FWC)变化。我们刚刚讨论了金属前介质(PMD)捕获电荷会使等效最大阱容(EFWC)增加。由于所有的 FWC 指标都与 EFWC 相关[如 11.2.2.1 节所述，图 11.4(c)和图 11.11(d)所示]，它会导致 FWC_{Φ} 和 FWC_{dark} 增加。实际上，其他机制与 EFWC 增长机制相竞争，如图 11.11(d)所示。第一是传输门亚阈值电流[143]增加[主要是因为图 11.8(a)和图 11.8(b)中所示的电离总剂量诱导的寄生 STI 侧墙沟道]，它可以表示为图 11.11(d)中灰色虚线 I_{subth} 左移。它导致 I_{subth} 曲线和其他光电二极管电流曲线之间交点的左移。因为这些交点决定了 FWC 值(如 11.2.2.1 节所述)，这意味着传输门 I_{subth} 增强会导致 FWC_{Φ} 和 FWC_{dark} 值减小，这会对 EFWC 增加起到一些补偿作用。这是图 11.11(e)中 FWC_{dark} 增加弱于 EFWC 增加的主要原因。

第二个现象是暗电流随电离总剂量增加，导致在 $I=0$ 附近，反向电流指数 I-V 特性(I_{dark} 和 $I_{phot}+I_{dark}$)曲线斜率①更陡。由于更陡的斜率，FWC_{Φ} 交点向 EFWC 点方向移动[如图 11.4(c)所示]。由于在大多数情况下，FWC_{Φ} 大于 EFWC，这意味着随电离总剂量增加暗电流增加，导致 FWC_{Φ} 明显降低，可能大于 EFWC 增加，因此导致 FWC_{Φ} 随电离总剂量总体降低。这种机制似乎是 FWC_{Φ} 随电离总剂量下降的主要原因，如图 11.11(e)所示。

① 也就是说，在 x 交叉点附近，光电流的一阶导数绝对值较高(见文献[63]中的 I_{FW})。

文献[141]的一些实验条件(工艺、设计和试验条件)表明，亚阈值电流的贡献似乎是次要的。所有这些图形解释都由文献[63,64]中开发的分析模型支持，并且可以通过直接使用方程得出相同的结论。

11.5.1.3　CIS 像素辐射加固

如前所述，通过使用传统辐射加固设计(RHBD)技术，像素内 MOSFET(传输门除外)可以进行辐射加固。遗憾的是，CMOS 集成电路的辐射加固设计不能用于减缓本节介绍的电离总剂量效应，必须使用专用技术。传统光电二极管(例如 3T 像素)APS 和 CIS，主要问题是光电二极管周边上的耗尽区扩展以及沿着耗尽界面的界面态累积。已经有文献提出若干技术[7,9,10,70,139,144,159-161]，都是基于隔离氧化物的凹槽，通过使用 P^+注入或多晶硅栅极来控制光电二极管周边上的电势。一种可能的解决方案是栅控光电二极管设计，如图 11.12(a)所示，其中多晶硅栅极处于累积状态，以控制光电二极管周边上的电势。这种类型的解决方案通常在辐射前产生更高的暗电流，但延迟了暗电流随电离总剂量的增加，并防止了隔离氧化物反型时可能出现的像素功能损失。

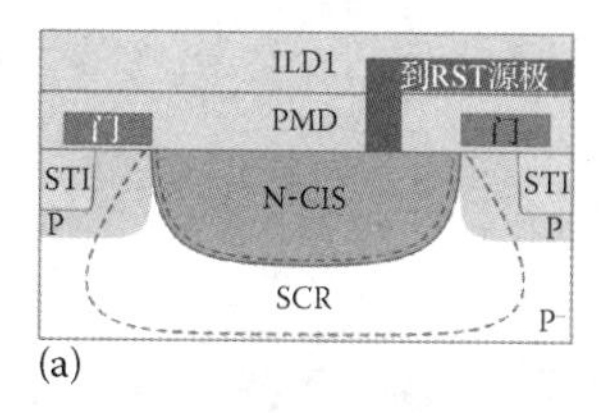

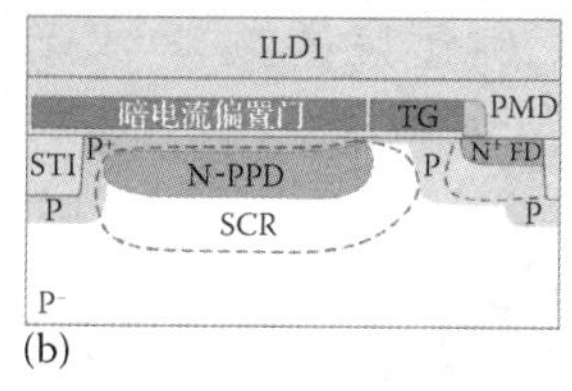

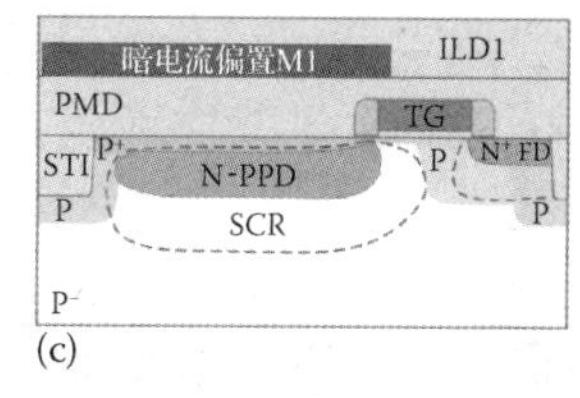

图 11.12　光电二极管设计加固技术。(a)经过验证的常规光电二极管解决方案之一：门控光电二极管布局；(b)近期提出的背部感光埋入光电二极管 CIS 解决方案(引用自 V. Goiffon, M. Estribeau et al，*IEEE Trans. Nucl. Sci.*,Vol. 61，No. 6，2014)：在埋入光电二极管顶部使用暗电流偏置多晶硅栅以减弱 PMD 捕获电荷；(c)相同的解决方案，但用金属栅代替多晶硅栅

根据图 11.8 所示的退化机制，埋入光电二极管像素中的主要问题来自 PMD(包括传输门间隔区)和 Si/PMD 界面中的正陷阱电荷。这两种退化来源可以通过在埋入光电二极管上放置一个电极[图 11.12(b)和图 11.12(c)]来进行加固，这可以防止或补偿[141]中提出的 PMD 中的正电荷陷阱。还提出了采用封闭式布局传输门来改善埋入光电二极管 CIS 的抗辐射能力[162,163]。后一种解决方案可防止产生寄生传输门亚阈漏电路径，并且还会减少电离总剂量诱导的悬浮扩散节点(FD)漏电。遗憾的是，对这里讨论的主要退化源：PMD /侧墙陷阱电荷，该解决方案效率低[141]。

文献也报道了一些工艺辐射加固技术，用于提高 3T 像素的辐射强度[144]，例如使用定制表面 P^+阻挡注入[13](形成部分埋入光电二极管结构)，但这些定制工艺流程在目标生产工艺中不是现成的。对于埋入光电二极管 CIS，基于空穴的埋入光电二极管[158,164,165](也称为 PMOS PPD 或 P 沟道 PPD)似乎是一种很有前途的辐射加固工艺解决方案，但是关于该技术的电离辐照试验数据[164]的报道很少。

11.5.2　位移损伤效应

11.5.2.1　概述

非电离作用在硅体内产生间接复合中心(点缺陷或缺陷簇)[24]。APS 和 CIS 中，在光电二极管附近这些缺陷大部分是电活性的，如图 11.13(a)所示。它们作为耗尽区的产生中心导致体生暗电流的增加[式(11.2)]，下文将详细讨论。这些缺陷还作为复合中心，减小光生少数载流子的复合寿命[166,167]。当信号电子在耗尽收集区附近产生时，这些信号电子在被收集前几乎没有机会复合。另一方面，在远离 PN 结处产生的电子在到达收集阱之前必须扩散很长一段距离。因此，在前照式(FSI)CIS 中，位移损伤主要影响长波 EQE，而在背照式(BSI)CIS，所有波长都可能因位移损伤使 EQE 减小(短波影响更大)，如图 11.13(b)所示。事实上，在背照式器件中，大多数信号载流子在远离耗尽区的背面界面附近产生(无论光子波长)。当位移损伤剂量超过 40 TeV/g($\approx 2\times10^{10}\ cm^{-2}$ 1-MeV 中子等效通量，和大于 $1\times10^{10}\ cm^{-2}$ 50-MeV 质子等效通量)[161]，预料载流子寿命缩短。然而 CIS 中很少有该效应的报道，即使吸收剂量达到数 PeV/g 后，因为有效复合寿命通常被表面复合限制，或者被针对可见波长优化的图像传感器厚薄度(通常几微米)限制。另一方面，通常情况下，吸收 200 TeV/g($1\times10^{11}\ cm^{-2}$ 1-MeV 等效通量)的剂量后，会观察到 MAPS 电荷收集效率降低[9,121,168,169]，因为它的敏感层经常比 CIS 厚。在更高位移损伤剂量 D_d 下，由于载流子去除效应或反型发生[171]，有效掺杂浓度会发生改变(像文献[170]建议的判断 FWC 减小①)，但是几乎不能达到 APS/CIS 中发生这些效应所需的离子通量。

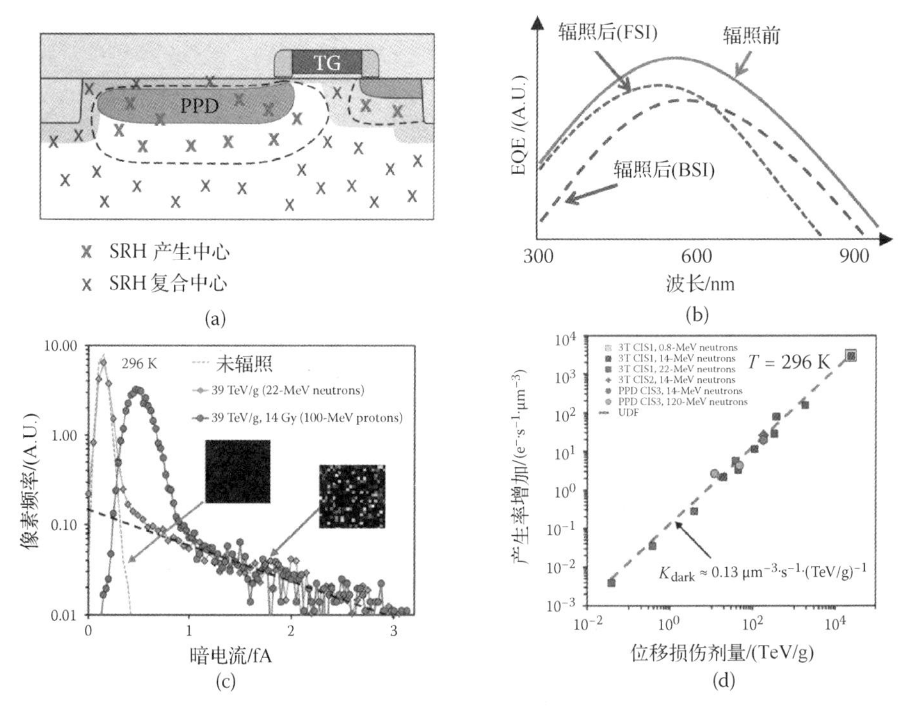

图 11.13　CIS 位移损伤。(a)IS 像素中位移损伤引起的主要缺陷示意图；(b)高位移损伤剂量下，预期量子效率退化示意图；(c)中子和质子辐照后 3T 像素 CIS 上暗电流分布(改编自 C. Virmontois, V. Goiffon et al., *IEEE Trans. Nucl. Sci.* 57, 2010)；(d)不同粒子辐照，几种设计工艺 CIS 平均产生率增加随位移损伤剂量变化(改编自 C. Virmontois, V. Goiffon et al., *IEEE Trans. Nucl. Sci.* 59, 2012, 927)

① 尽管 FWC 减小可归咎于暗电流增大，如 11.5.1.2 讨论的。

最后，这些间接复合中心还可以作为体陷阱，能捕获信号载流子以及随后释放它们。但是相比于 CCD[58]，CIS 中位移损伤剂量 D_d 诱导的与体陷阱有关的 CTE 退化尚无报道。这主要是因为和 CCD 相比，读信号电荷必需的电荷转移数量有限制(3T 像素中没有，埋入光电二极管 CIS 有一个)。远离结的准中性硅体内，可能出现捕获和延迟发射，但是，在经典的用来表征 CIS 特性的慢变光照条件下，这种现象不太可能出现。

11.5.2.2　暗电流、暗电流非均匀度和 RTS

对于电离总剂量，主要效应是暗电流增加。图 11.13(c)给出了非电离辐照后典型的暗电流分布。与电离总剂量不同，位移损伤效应 D_d 导致像热像素尾部的严重非均匀性①。对于一个给定的剂量(NIEL>10^{-4} MeV·cm²/g)，在一个耗尽硅体积 V_{dep} 中，非电离辐照导致的平均暗电流增加可以用 Srour 通用损伤因子(UDF)来表达[172]：

$$\Delta I_{dark} = K_{dark} \times V_{dep} \times D_d \tag{11.5}$$

公式的正确性已在现代 CIS 中得到多次验证[如图 11.13(d)所示]，现代 CIS 优化的制造工艺限制了高电场区[94,138,140,173,174]。APS[175]和 MAPS[169]通常不是这样，由于使用高压和非优化的掺杂剖面，在寄生高电场区出现电场增强(EFE)效应[176]。在这种情况下，测量值预计比用 UDF 计算的值大(由于电场增强效应)。在电场增强效应可忽视的 CIS 中，UDF 是一个非常有用的工具，可用来预测平均位移损伤退化或估算受辐射传感器的耗尽体积。

若干描述位移损伤诱导暗电流非均匀性(DCNU)分布的建模方法②已被提出。多数基于物理模型，从非电离相互作用(通常使用蒙特卡罗仿真工具，如 GEANT4③)到计算每个微元的位移损伤剂量(即耗尽的像素体积)[173,177-182]。当这些模型被用来再现观测到的分布时，它们给了解位移损伤 D_d 引起暗电流分布的内在物理过程带来非常有价值的信息。然而，最近大部分 CIS(没有电场增强效应)位移损伤诱导暗电流分布报道中给出明显的指数热像素尾部，很难与物理模型匹配。

也有一些经验方法[137,174,183]被提出。这些模型通常用于进行快速分析、插值或 DCNU 直方图预测(不使用蒙特卡罗模拟)。其中一个方法[174]建议非电离作用形成的指数分布尾部也可能仅是位移损伤剂量 D_d 的函数，不管粒子的类型是什么(如平均暗电流一样)。首先，基于实验观察，假设敏感体积中非电离产生的暗电流增加的概率密度函数(PDF)遵循指数函数：

$$f(\Delta I_{dark}) = \frac{1}{v_{dark}} \exp\left(\frac{-\Delta I_{dark}}{v_{dark}}\right) \tag{11.6}$$

其中，v_{dark} 为由非电离作用产生的平均暗电流增加因子。文献[174]中，第二个因子 γ_{dark} 用于将 PDF 缩放到给定位移损伤剂量下测量的 DCNU 直方图。与 UDF 类似，在文献[174]测试实验条件中，v_{dark} 和 γ_{dark} 似乎与粒子类型、传感器设计或工艺无关。如果这一基本经验模型用更广泛的实验条件验证，它将会是一个非常方便的工具，可以预测任何 CIS(没

---

① 非常有意思地指出，图 11.13(c)带电粒子辐照(如质子)不仅产生电离总剂量效应，还产生位移损伤效应，和中子比，中子主要产生位移损伤效应 D_d。

② 这导致在使用固定积分时间捕获的暗帧上出现暗信号非均匀性(DSNU)。

③ 通常使用蒙特卡罗模拟的列表值(如果可用)，以避免每次计算 DCNU 直方图时执行新的蒙特卡罗计算。

有电场增强效应)中的位移损伤诱导 DCNU，但是它将对这种常见的指数行为的物理机制提出新的问题(这可能由物理建模方法来解答)。

像电离总剂量引起的界面产生中心，在被辐照 CCD、MAPS 和 CIS 中，一些非电离作用生成的产生中心表现出 RTS 行为[85-94,96,97,100]，如图 11.14(a)所示。它们的幅度通常比电离总剂量的暗电流 RTS 大得多，并且它们大部分时间是多级的(比在单个像素中具有几个双级暗电流 RTS 中心的概率更频繁)。电场增强效应不可能是幅度非常高的原因[94]，因为在现代 CIS 中也很少观察到电场增强效应。这些高振幅和多级行为可能与文献[184]中讨论的缺陷簇有关。

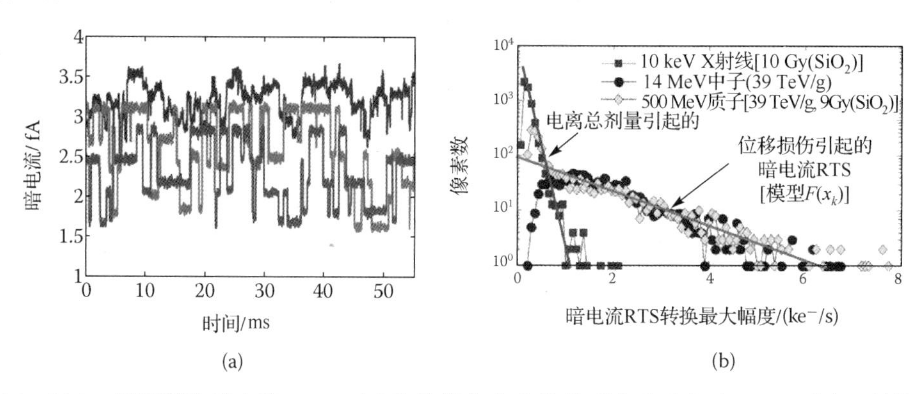

图 11.14 296 K 辐照诱生暗电流 RTS。(a)位移损伤产生的典型多阶暗电流 RTS；(b)X 射线、中子和质子辐照后，3T 像素 CIS 传感器暗电流 RTS 转换最大幅度分布(改编自 C. Virmontois, V. Goiffon et al，*IEEE Trans. Nucl .Sci.* 58，2011，3085.)，电离总剂量引起的暗电流 RTS 以及位移损伤剂量引起的暗电流 RTS 分布表现出不同的指数斜率(通常情况下，296 K 下电离总剂量引起的暗电流 RTS 为 100 e^-/s，位移损伤剂量引起的暗电流 RTS 为 1200 e^-/s)

位移损伤 D_d 诱导暗电流 RTS 最大转换幅度直方图也是指数分布的[如图 11.14(b)所示]，它们可以用下面的离散函数表示[94,97]：

$$F(x_k)=\frac{BN_{\text{pix}}D_dV_{\text{dep}}K_{\text{RTS}}}{A_{\text{RTS}}}\exp\left(\frac{-x_k}{A_{\text{RTS}}}\right) \tag{11.7}$$

$$\text{其中，} x_k = k\times B\text{，}k\in N$$

A_{RTS} 是平均最大转换幅度，B 是直方图宽度(与 A_{RTS} 单位相同)，N_{pix} 是被测传感器中的总像素数，K_{RTS} 是损伤因子，它给出了每单位耗尽体积和位移损伤剂量 D_d 产生的暗电流 RTS 中心的数量。暗电流 RTS 像素的数量可以通过公式 $N_{\text{pix}}\times D_d\times V_{\text{dep}}\times K_{\text{RTS}}$ 进行估算①。A_{RTS} 和 K_{RTS} 因子似乎与设计、工艺和粒子类型无关，室温下(≈23℃)CCD 和 CIS 有以下典型值[94,96,97,185]：$A_{\text{RTS}}\approx 1200\ e^-/s$ 和 $K_{\text{RTS}}\approx 30\sim35$ 个$\cdot cm^{-3}\cdot(MeV/g)^{-1}$。和氧化物暗电流 RTS 一样，体暗电流 RTS 也是热活性的(振幅和时间常数[85,87,88,92])，现代 CIS 典型振幅激活能约为 0.63 eV[94,96]，它对应于没有电场增强效应时的带间产生中心的期望值。

也有一些稍微偏离这种纯指数分布的报道[185,186]，需要进一步研究，但这种简单的模型通常可以很好地预测振幅分布。图 11.14(b)说明了这种方法如何用于分离电离总剂量和位移损伤剂量 D_d 诱导的 RTS 像素群[96]。

① 对给定的剂量 $N_{\text{pix}}\times D_d\times V_{\text{dep}}\times K_{\text{RTS}}>N_{\text{pix}}$，意味着所有像素呈现尽管暗电流 RTS 行为。

其他暗电流 RTS 参数(如时间常数、电平数等)可用于进一步建模或研究暗电流 RTS 的起源,但要解开暗电流 RTS 的所有谜团,还需继续深入研究,特别是复杂的多级行为[91]、退火过程中的演化[90,96]、暗电流 RTS 中心的不稳定瞬态行为[187]及其强烈变换幅度。

11.6 小结

相对而言,CIS 外围电路得益于 CMOS 电路固有的辐射加固,通过使用辐射设计加固技术可以远超 10 kGy 范围,CIS 和 APS 像素对累积辐射效应(电离和非电离)和 SEE 依然敏感。电离总剂量和位移损伤剂量 D_d 诱导的暗电流增长仍然是主要问题,现有技术尚未完全减缓它们。随着为了辐射环境使用传感器中埋入光电二极管的出现,CIS 新的辐射效应出现了,如电荷转移效率和最大阱容变化。和常规光电二极管传感器相比,这些可以导致像素功能在较低的剂量下丧失。图像传感器用于收集光生电荷,像素 SET 将永远成为高辐射通量应用中图像质量下降的来源,但这里再次强调,可以在设计层面进行权衡,以降低辐射敏感度。以前,像素阵列以外的 SEE 并不是一个主要问题,但随着 CIS 复杂度越来越高,片上集成功能越来越多,这个话题可能会在不久的将来得到更多的关注。辐射诱生 RTS,包括电离总剂量和位移损伤剂量 D_d 诱导的,也将随着 CIS 灵敏度持续改进而越来越重要(较低的暗电流,较低的噪声,更高的增益),CIS 灵敏度持续改进将使器件对很少的寄生电子也敏感。

总之,与 CCD(甚至电荷注入装置)相比,CIS 仍然是在恶劣的辐射环境中成像应用的首选技术,但要充分了解和仿真模拟以及减缓辐射对成像器件的影响,使能承受的最高辐射强度远远超过它们今天所能承受的范围,仍有很多工作要做。

参考文献

1. E.R. Fossum, "Active pixel sensors: Are CCD's dinosaurs?," *Proc SPIE*, vol. 1900, pp. 1-14, 1993.
2. E.R. Fossum, "CMOS image sensors: Electronic camera-on-a-chip," *IEEE Trans. Electron Devices*, vol. 44, no. 10, pp. 1689-1698, Oct. 1997.
3. E.R. Fossum, "Camera-on-a-chip: Technology transfer from saturn to your cell phone," *Technol. Innov.*, vol. 15, no. 3, pp. 197-209, Dec. 2013.
4. S. Mendis, E.R. Fossum, CMOS Active Pixel Image Sensor, Jul. 1993.
5. Yole Développement, *Status of the CMOS Image Sensors Industry*, 2014.
6. IC Insights, *OSD Report*, 2014.
7. B.R. Hancock, G.A. Soli, "Total dose testing of a CMOS charged particle spectrometer," *IEEE Trans. Nucl. Sci.* vol. 44, no. 6, pp. 1957-1964, Dec. 1997.
8. E.-S. Eid, T.Y. Chan et al., "Design and characterization of ionizing radiation-tolerant CMOS APS image sensors up to 30 Mrd (Si) total dose," *IEEE Trans. Nucl. Sci.* vol. 48, no. 6, pp. 1796-1806, Dec. 2001.
9. W. Dulinski, G. Deptuch et al., "Radiation hardness study of an APS CMOS particle tracker," in *IEEE Nucl. Sci. Symp. Conf. Rec.*, vol. 1, pp. 100-103, 2001.

10. B.R. Hancock, T.J. Cunningham et al., “Multi-megarad (Si) radiation-tolerant integrated CMOS imager,” in *Proc. SPIE*, vol. 4306, pp. 147-155, 2001.
11. M. Cohen, J.-P. David, “Radiation-induced dark current in CMOS active pixel sensors,” *IEEE Trans. Nucl. Sci.* vol. 47, no. 6, pp. 2485-2491, Dec. 2000.
12. G.R. Hopkinson, “Radiation effects in a CMOS active pixel sensor,” *IEEE Trans. Nucl. Sci.* vol. 47, no. 6, pp. 2480-2484, Dec. 2000.
13. J. Bogaerts, B. Dierickx et al., “Total dose and displacement damage effects in a radiation-hardened CMOS APS,” *IEEE Trans. Electron Devices* vol. 47, no. 6, pp. 2480-2484, Dec. 2000.
14. R. Turchetta, J.D. Berst et al., “A monolithic active pixel sensor for charged particle tracking and imaging using standard VLSI CMOS technology,” *Nucl. Instr. Meth. A* vol. 458, no. 3, pp. 677-689, 2001.
15. G. Deptuch, J.D. Berst et al., “Design and testing of monolithic active pixel sensors for charged particle tracking,” in *Nucl. Sci. Symp. Conf. Rec.*, vol. 1, pp. 3/103-3/110, 2000.
16. M. Baze, “Single Event Effects in Digital and Linear ICs,” in *IEEE NSREC Short Course*, 2011.
17. T.P. Ma, P.V. Dressendorfer, *Ionizing Radiation Effects in MOS Devices and Circuits*, Wiley-Interscience, New York, 1989.
18. T.R. Oldham, F.B. McLean, “Total ionizing dose effects in MOS oxides and devices,” *IEEE Trans. Nucl. Sci.* vol. 50, pp. 483-499, Jun. 2003.
19. J.R. Schwank, M.R. Shaneyfelt et al., “Radiation effects in MOS oxides,” *IEEE Trans. Nucl. Sci.* vol. 55, no. 4, pp. 1833-1853, Aug. 2008.
20. P.E. Dodd, M.R. Shaneyfelt et al., “Current and future challenges in radiation effects on CMOS electronics,” *IEEE Trans. Nucl. Sci.* vol. 57, no. 4, pp. 1747-1763, Aug. 2010.
21. D.M. Fleetwood, “Total ionizing dose effects in MOS and low-dose-rate-sensitive linearbipolar devices,” *IEEE Trans. Nucl. Sci.* vol. 60, no. 3, pp. 1706-1730, Jun. 2013.
22. H.J. Barnaby, “Total-ionizing-dose effects in modern CMOS technologies,” *IEEE Trans. Nucl. Sci.* vol. 53, no. 6, pp. 3103-3121, Dec. 2006.
23. G.C. Messenger, “A summary review of displacement damage from high energy radiation in silicon semiconductors and semiconductor devices,” *IEEE Trans. Nucl. Sci.* vol. 39, no. 3, pp. 468-473, Jun. 1992.
24. J.R. Srour, C.J. Marshall et al., “Review of displacement damage effects in silicon devices,” *IEEE Trans. Nucl. Sci.* vol. 50, no. 3, pp. 653-670, Jun. 2003.
25. J.R. Srour, J.W. Palko, “A framework for understanding displacement damage mechanisms in irradiated silicon devices,” *Nucl. Sci. IEEE Trans. On* vol. 53, no. 6, pp. 3610-3620, Dec. 2006.
26. J.R. Srour, J.W. Palko, “Displacement damage effects in irradiated semiconductor devices,” *IEEE Trans. Nucl. Sci.* vol. 60, no. 3, pp. 1740-1766, Jun. 2013.
27. D. Durini, D. Arutinov, “Operational principles of silicon image sensors,” in *High Performance Silicon Imaging: Fundamentals and Applications of CMOS and CCD Sensors*, D. Durini, ed., Woodhead Publishing, Cambridge, UK, pp. 25-77, 2014.
28. A.J.P. Theuwissen, “CMOS image sensors: State-of-the-art,” *Solid-State Electron* vol. 52, no. 9, pp.

1401-1406, Sept. 2008.

29. O. Yadid-Pecht, R. Etienne-Cummings, eds., *CMOS Imagers: From Phototransduction to Image Processing*, Springer Science & Business Media, New York, 2004.
30. J. Ohta, *Smart CMOS Image Sensors and Applications*, CRC Press, Boca Raton, FL, 2007.
31. A. El Gamal, H. Eltoukhy, “CMOS image sensors,” *IEEE Circuits Devices Mag.* vol. 21, no. 3, pp. 6-20, May 2005.
32. R.J. Gove, “Complementary metal-oxide-semiconductor（CMOS）image sensors for mobile devices,” in *High Performance Silicon Imaging*, pp. 191-234, 2014.
33. B. Choubey, W. Mughal et al., “5—Circuits for high performance complementary metal-oxide-semiconductor（CMOS）image sensors,” in *High Performance Silicon Imaging: Fundamentals and Applications of CMOS and CCD Sensors*, D. Durini, ed., Woodhead Publishing, Cambridge, UK, pp. 124-164, 2014.
34. J.A. Leñro-Bardallo, J. Fernández-Berni et al., “Review of ADCs for imaging,” vol. 9022, p. 90220I-90220I-6, 2014.
35. G. Casse, “Recent developments on silicon detectors,” *Nucl. Instrum. Methods Phys. Res. Sect. Accel. Spectrometers Detect. Assoc. Equip.* vol. 732, pp. 16-20, Dec. 2013.
36. R. Fontaine, “The evolution of pixel structures for consumer-grade image sensors,” *IEEE Trans. Semicond. Manuf.* vol. 26, no. 1, pp. 11-16, Feb. 2013.
37. R. Fontaine, “A review of the 1.4 μm pixel generation,” in *Proc. Int. Image Sens. Workshop IISW*, 2011.
38. R. Fontaine, “Trends in consumer CMOS image sensor manufacturing,” in *Proc. Int. Image Sens. Workshop IISW*, 2009.
39. A. Lahav, A. Fenigstein et al., “Backside illuminated（BSI）complementary metaloxide- semiconductor（CMOS）image sensors,” in *High Performance Silicon Imaging: Fundamentals and Applications of CMOS and CCD Sensors*, D. Durini, ed., Woodhead Publishing, Cambridge, UK, pp. 98-123, 2014.
40. S. Wolf, *Silicon Processing for the VLSI Era, Volume 4: Deep-Submicron Process Technology*, vol. 4. Lattice Press, California, 2002.
41. J. Gambino, B. Leidy et al., “CMOS imager with copper wiring and lightpipe,” in *IEDM Tech. Dig.*, pp. 1-4, 2006.
42. G. Agranov, R. Mauritzson et al., “Pixel continues to shrink, pixel development for novel CMOS image sensors,” in *Proc. 2009 Int. Image Sens. Workshop*, pp. 58-61, 2009.
43. B.J. Park, J. Jung et al., “Deep trench isolation for crosstalk suppression in active pixel sensors with 1.7 μm pixel pitch,” *Jpn. J. Appl. Phys.* vol. 46, no. 4S, p. 2454, Apr. 2007.
44. B. Pain, “Backside illumination technology for SOI-CMOS image sensors,” in *Symp. Backside Illum. Solid-State Image Sens.*, 2009.
45. S. Wuu, “BSI technology with bulk Si wafer,” in *Symp. Backside Illum. Solid-State Image Sens.*, 2009.
46. H. Rhodes, “Mass production of BSI image sensors: Performance results,” in *Symp. Backside Illum. Solid-State Image Sens.*, 2009.
47. N. Teranishi, A. Kohno et al., “An interline CCD image sensor with reduced image lag,” *IEEE Trans. Electron Devices* vol. 31, no. 12, pp. 1829-1833, Dec. 1984.

48. B.C. Burkey, W.C. Chang et al., "The pinned photodiode for an interline-transfer CCD image sensor," in *IEDM Tech. Dig.*, pp. 28-31, 1984.
49. P. Lee, R. Gee et al., "An active pixel sensor fabricated using CMOS/CCD process technology," in *Proc IEEE Workshop CCDs Adv. Image Sens.*, pp. 115-119, 1995.
50. E.R. Fossum, D.B. Hondongwa, "A review of the pinned photodiode for CCD and CMOS image sensors," *IEEE J. Electron Devices Soc.* 2014.
51. J.A. Ballin, J.P. Crooks et al., "Monolithic active pixel sensors (MAPS) in a quadruple well technology for nearly 100% fill factor and full CMOS pixels," *Sensors* vol. 8, no. 9, pp. 5336-5351, Sep. 2008.
52. S. Zucca, L. Ratti et al., "A quadruple well CMOS MAPS prototype for the layer0 of the SuperB SVT," *Nucl. Instrum. Methods Phys. Res. Sect. Accel. Spectrometers Detect. Assoc. Equip.* vol. 718, pp. 380-382, Aug. 2013.
53. B. Fowler, C. Liu et al., "A 5.5 Mpixel 100 frames/sec wide dynamic range low noise CMOS image sensor for scientific applications," in *Proc. SPIE*, p. 753607, 2010.
54. J. Ohta, *Smart CMOS image sensors and applications*, CRC Press, 2007.
55. A. Moini, *Vision Chips*, Kluwer Academic Publishers, 2000.
56. A. El Gamal, D.X.D. Yang et al., "Pixel-level processing: Why, what, and how?," in *Proc. SPIE*, vol. 3650, pp. 2-13, 1999.
57. G.R. Hopkinson, T.M. Goodman et al., *A Guide to the Use and Calibration of Detector Array Equipment*, SPIE, 2004.
58. J.R. Janesick, *Scientific Charge-Coupled Devices*, SPIE, Bellingham, 2001.
59. A.J.P. Theuwissen, *Solid-State Imaging with Charge-Coupled Devices*, Kluwer Academic, 1995.
60. V. Goiffon, M. Estribeau et al., "Pixel level characterization of pinned photodiode and transfer gate physical parameters in CMOS image sensors," *IEEE J. Electron. Devices Soc.* vol. 2, no. 4, pp. 65-76, Jul. 2014.
61. A. Krymski, N. Bock et al., "Estimates for scaling of pinned photodiodes," in *IEEE Workshop CCD Adv. Image Sens.*, 2005.
62. J. Tan, B. Buttgen et al., "Analyzing the radiation degradation of 4-transistor deep submicron technology CMOS image sensors," *IEEE Sens. J.* vol. 12, no. 6, pp. 2278-2286, June 2012.
63. A. Pelamatti, V. Goiffon et al., "Estimation and modeling of the full well capacity in pinned photodiode CMOS image sensors," *IEEE Electron. Device Lett.* vol. 34, no. 7,pp. 900-902, Jun. 2013.
64. A. Pelamatti, J.-M. Belloir et al., "Temperature dependence and dynamic behaviour of full well capacity in pinned phototiode CMOS image sensors," *IEEE Trans. Electron Devices* 2015.
65. G. Meynants, "Global shutter pixels with correlated double sampling for CMOS image sensors," *Adv. Opt. Technol.* vol. 2, no. 2, pp. 177-187, 2013.
66. S.M. Sze, *Physics of Semiconductor Devices*, 2nd ed., Wiley, New York, 1981.
67. W. Shockley, W.T. Read, "Statistics of the recombination of holes and electrons," *Phys. Rev.* vol. 87, pp. 835-842, 1952.
68. R.N. Hall, "Electron-hole recombination in germanium," *Phys. Rev. B* vol. 87, Jul. 1952.
69. A.S. Grove, *Physics and Technology of Semiconductor Devices*, Wiley International, 1967.

70. V. Goiffon, P. Cervantes et al., “Generic radiation hardened photodiode layouts for deep submicron CMOS image sensor processes,” *IEEE Trans. Nucl. Sci.* vol. 58, no. 6, pp. 3076-3084, Dec. 2011.
71. S. Place, J.-P. Carrere et al., “Radiation effects on CMOS image sensors with sub-2um pinned photodiodes,” *IEEE Trans. Nucl. Sci.* vol. 59, no. 4, pp. 909-917, Aug. 2012.
72. V. Goiffon, C. Virmontois et al., “Identification of Radiation induced dark current sources in pinned photodiode CMOS image sensors,” *IEEE Trans. Nucl. Sci.* vol. 59, no. 4, pp. 918-926, Aug. 2012.
73. S.W. Benson, *The Foundations of Chemical Kinetics*, McGraw-Hill Education, 1960.
74. F. Domengie, J.L. Regolini et al., “Study of metal contamination in CMOS image sensors by dark-current and deep-level transient spectroscopies,” *J. Electron. Mater.* vol. 39, no. 6, pp. 625-629, Jun. 2010.
75. G. Meynants, W. Diels et al., “Emission microscopy analysis of hot cluster defects of imagers processed,” presented at the *International Image Sensor Workshop*（IISW）, 2013.
76. A. Papoulis, S.U. Pillai, *Probability, Random Variables, and Stochastic Processes*, 4th ed., McGraw Hill, 2002.
77. M.J. Kirton, M.J. Uren, “Noise in solid-state microstructures: A new perspective on individual defects, interface states and low-frequency（1/f）noise,” *Adv. Phys.* vol. 38, no. 4, pp. 367-468, 1989.
78. Y. Mori, K. Takeda et al., “Random telegraph noise of junction leakage current in submicron devices,” *J. Appl. Phys.* vol. 107, no. 1, p. 014509, Jan. 2010.
79. D.S. Yaney, C.Y. Lu et al., “A meta-stable leakage phenomenon in DRAM charge storage—Variable hold time,” in *IEDM Tech. Dig.*, pp. 336-339, 1987.
80. P.J. Restle, J.W. Park et al., “DRAM variable retention time,” in *IEDM Tech. Dig.*, pp. 807-810, 1992.
81. Y. Mori, K. Ohyu et al., “The origin of variable retention time in DRAM,” in *IEDM Tech. Dig.*, IEEE, pp. 1034-1037, 2005.
82. J.R. Srour, R.A. Hartmann et al., “Permanent damage produced by single proton interactions in silicon devices,” *IEEE Trans. Nucl. Sci.* vol. 33, no. 6, pp. 1597-1604, Dec. 1986.
83. P.W. Marshall, C.J. Dale et al., “Displacement damage extremes in silicon depletion regions,” *IEEE Trans. Nucl. Sci.* vol. 36, no. 6, pp. 1831-1839, Dec. 1989.
84. G.R. Hopkinson, “Cobalt60 and proton radiation effects on large format, 2-D, CCD arrays for an Earth imaging application,” *IEEE Trans. Nucl. Sci.* vol. 39, no. 6, pp. 2018-2025, Dec. 1992.
85. I.H. Hopkins, G.R. Hopkinson, “Random telegraph signals from proton-irradiated CCDs,” *IEEE Trans. Nucl. Sci.* vol. 40, no. 6, pp. 1567-1574, Dec. 1993.
86. I.H. Hopkins, G.R. Hopkinson, “Further measurements of random telegraph signals in proton-irradiated CCDs,” *IEEE Trans. Nucl. Sci.* vol. 42, no. 6, pp. 2074-2081, 1995.
87. A.M. Chugg, R. Jones et al., “Single particle dark current spikes induced in CCDs by high energy neutrons,” *IEEE Trans. Nucl. Sci.* vol. 50, no. 6, pp. 2011-2017, 2003.
88. D.R. Smith, A.D. Holland et al., “Random telegraph signals in charge coupled devices,” *Nucl. Instr. Meth. A* vol. 530, no. 3, pp. 521-535, Sep. 2004.
89. T. Nuns, G. Quadri et al., “Measurements of random telegraph signal in CCDs irradiated with protons and neutrons,” *IEEE Trans. Nucl. Sci.* vol. 53, no. 4, pp. 1764-1771, Aug. 2006.

90. T. Nuns, G. Quadri et al., "Annealing of proton-induced random telegraph signal in CCDs," *IEEE Trans. Nucl. Sci.* vol. 54, no. 4, pp. 1120-1128, 2007.
91. G.R. Hopkinson, V. Goiffon et al., "Random telegraph signals in proton irradiated CCDs and APS," *IEEE Trans. Nucl. Sci.* vol. 55, no. 4, Aug. 2008.
92. J. Bogaerts, B. Dierickx et al., "Random telegraph signals in a radiation-hardened CMOS active pixel sensors," *IEEE Trans. Nucl. Sci.* vol. 49, pp. 249-257, 2002.
93. M. Deveaux, S. Amar-Youcef et al., "Random telegraph signal in monolithic active pixel sensors," in *Nucl. Sci. Symp. Conf. Rec., IEEE*, pp. 3098-3105, 2008.
94. V. Goiffon, G.R. Hopkinson et al., "Multilevel RTS in proton irradiated CMOS image sensors manufactured in a deep submicron technology," *IEEE Trans. Nucl. Sci.* vol. 56, no. 4, pp. 2132-2141, Aug. 2009.
95. V. Goiffon, P. Magnan et al., "Evidence of a novel source of random telegraph signal in CMOS image sensors," *IEEE Electron. Device Lett.* vol. 32, no. 6, pp. 773-775, Jun. 2011.
96. C. Virmontois, V. Goiffon et al., "Total ionizing dose versus displacement damage dose induced dark current random telegraph signals in CMOS image sensors," *IEEE Trans. Nucl. Sci.* vol. 58, no. 6, pp. 3085-3094, Dec. 2011.
97. C. Virmontois, V. Goiffon et al., "Dark current random telegraph signals in solid-state image sensors," *IEEE Trans. Nucl. Sci.* vol. 60, no. 6, Dec. 2013.
98. V. Goiffon, C. Virmontois et al., "Investigation of dark current random telegraph signal in pinned PhotoDiode CMOS image sensors," in *IEDM Tech. Dig.*, pp. 8.4.1-8.4.4, 2011.
99. V. Goiffon, M. Estribeau et al., "Radiation effects in pinned photodiode CMOS image sensors: Pixel performance degradation due to total ionizing dose," *IEEE Trans. Nucl. Sci.* vol. 59, no. 6, pp. 2878-2887, Dec. 2012.
100. E. Martin, T. Nuns et al., "Proton and -rays irradiation-induced dark current random telegraph signal in a 0.18-CMOS image sensor," *IEEE Trans. Nucl. Sci.* vol. 60, no. 4, pp. 2503-2510, Aug. 2013.
101. C. Leyris, F. Martinez et al., "Impact of random telegraph signal in CMOS image sensors for low-light levels," in *Proc ESSCIRC*, pp. 376-379, 2006.
102. X. Wang, P.R. Rao et al., "Random telegraph signal in CMOS image sensor pixels," in *IEDM Tech. Dig.*, pp. 1-4, 2006.
103. R.-V. Wang, Y.-H. Lee et al., "Shallow trench isolation edge effect on random telegraph signal noise and implications for flash memory," *IEEE Trans. Electron Devices* vol. 56,no. 9, pp. 2107-2113, Sep. 2009.
104. P. Vu, B. Fowler et al., "Evaluation of 10MeV proton irradiation on 5.5 Mpixel scientific CMOS image sensor," in *Proc SPIE*, vol. 7826, 2010.
105. V. Goiffon, S. Girard et al., "Vulnerability of CMOS image sensors in megajoule class laser harsh environment," *Opt. Express* vol. 20, no. 18, pp. 20028-20042, Aug. 2012.
106. V. Lalucaa, V. Goiffon et al., "Single event effects in 4T pinned photodiode image sensors," *IEEE Trans. Nucl. Sci.* vol. 60, no. 6, Dec. 2013.
107. V. Lalucaa, V. Goiffon et al., "Single-event effects in CMOS image sensors," *IEEE Trans. Nucl. Sci.*

vol. 60, no. 4, pp. 2494-2502, Aug. 2013.

108. M. Beaumel, D. Hervé et al., "Proton, electron, and heavy ion single event effects on the HAS2 CMOS image sensor," *IEEE Trans. Nucl. Sci.* vol. 61, no. 4, pp. 1909-1917, Aug. 2014.
109. C. Virmontois, A. Toulemont et al., "Radiation-induced dose and single event effects on digital CMOS image sensors," *IEEE Trans. Nucl. Sci.* vol. 61, no. 6, Dec. 2014.
110. L. Gomez Rojas, M. Chang et al., "Radiation effects in the LUPA4000 CMOS image sensor for space applications," in *Proc RADECS*, pp. 800-805, 2011.
111. F. Kastensmidt, "SEE mitigation strategies for digital circuit design applicable to ASIC and FPGAs, in *IEEE NSREC Short Course*, 2007.
112. R.C. Lacoe, "Improving integrated circuit performance through the application of hardness-by-design methodology," *IEEE Trans. Nucl. Sci.* vol. 55, no. 4, pp. 1903-1925, Aug. 2008.
113. H.L. Hughes, J.M. Benedetto, "Radiation effects and hardening of MOS technology: devices and circuits," *IEEE Trans. Nucl. Sci.* vol. 50, pp. 500-501, Jun. 2003.
114. F. Faccio, "Design hardening methodologies for ASICs," in *Radiat. Eff. Embed. Syst.*, Springer Netherlands, pp. 143-160, 2007.
115. T.S. Lomheim, R.M. Shima et al., "Imaging charge-coupled device（CCD）transient response to 17 and 50 MeV proton and heavy-ion irradiation," *IEEE Trans. Nucl. Sci.* vol. 37, no. 6, pp. 1876-1885, Dec. 1990.
116. C.J. Marshall, K.. LaBel et al., "Heavy ion transient characterization of a hardened-bydesign active pixel sensor array," in *2002 IEEE Radiat. Eff. Data Workshop*, pp. 187-193, 2002.
117. J. Baggio, M. Martinez et al., "Analysis of transient effects induced by neutrons on a CCD image sensor," in *Proc. SPIE*, vol. 4547, pp. 105-115, 2002.
118. J.C. Pickel, R.A. Reed et al., "Radiation-induced charge collection in infrared detector arrays," *IEEE Trans. Nucl. Sci.* vol. 49, no. 6, pp. 2822-2829, Dec. 2002.
119. M. Raine, V. Goiffon et al., "Modeling approach for the prediction of transient and permanent degradations of image sensors in complex radiation environments," *IEEE Trans. Nucl. Sci.* vol. 60, no. 6, Dec. 2013.
120. G. Rolland, L. Pinheiro da Silva et al., "STARDUST: A code for the simulation of particle tracks on arrays of sensitive volumes with substrate diffusion currents," *IEEE Trans. Nucl. Sci.* vol. 55, no. 4, pp. 2070-2078, Aug. 2008.
121. L. Ratti, L. Gaioni et al., "Modeling charge loss in CMOS MAPS exposed to nonionizing radiation," *IEEE Trans. Nucl. Sci.* vol. 60, no. 4, pp. 2574-2582, Aug. 2013.
122. G.J. Yates, B.T. Turko, "Circumvention of radiation-induced noise in CCD and CID imagers," *IEEE Trans. Nucl. Sci.* vol. 36, no. 6, pp. 2214-2222, Dec. 1989.
123. V. Goiffon, S. Girard et al., "Mitigation technique for use of CMOS image sensors in megajoule class laser radiative environment," *Electron. Lett.* vol. 48, no. 21, p. 1338, 2012.
124. M. Gaillardin, S. Girard et al., "Investigations on the vulnerability of advanced CMOS technologies to MGy dose environments," *IEEE Trans. Nucl. Sci.* vol. 60, no. 4, pp. 2590-2597, Aug. 2013.
125. M.R. Shaneyfelt, P.E. Dodd et al., "Challenges in hardening technologies using shallow-trench

isolation," *IEEE Trans. Nucl. Sci.* vol. 45, no. 6, pp. 2584-2592, Dec. 1998.

126. F. Faccio, G. Cervelli, "Radiation-induced edge effects in deep submicron CMOS transistors,"*IEEE Trans. Nucl. Sci.* vol. 52, no. 6, pp. 2413-2420, Dec. 2005.
127. M. Gaillardin, V. Goiffon et al., "Enhanced radiation-induced narrow channel effects in commercial 0.18 μm bulk technology," *IEEE Trans. Nucl. Sci.* vol. 58, no. 6, pp. 2807-2815, Dec. 2011.
128. D. Contarato, P. Denes et al., "High speed, radiation hard CMOS pixel sensors for transmission electron microscopy," *Phys. Procedia* vol. 37, pp. 1504-1510, 2012.
129. D. Contarato, P. Denes et al., "A 2.5 μm pitch CMOS active pixel sensor in 65 nm technology for Electron Microscopy," in *2012 IEEE Nucl. Sci. Symp. Med. Imaging Conf.*, NSSMIC, pp. 2036-2040, 2012.
130. K. Kruckmeyer, J.S. Prater et al., "Analysis of low dose rate effects on parasitic bipolar structures in CMOS processes for mixed-signal integrated circuits," *IEEE Trans. Nucl. Sci.* vol. 58, no. 3, pp. 1023-1031, Jun. 2011.
131. J. Verbeeck, Y. Cao et al., "A MGy radiation-hardened sensor instrumentation SoC in a commercial CMOS technology," *IEEE Trans. Nucl. Sci.* vol. 61, no. 6, Dec. 2014.
132. G.R. Hopkinson, M.D. Skipper et al., "A radiation tolerant video camera for high total dose environments," in 2002 *IEEE Radiat. Eff. Data Workshop*, pp. 18-23, 2002.
133. G.R. Hopkinson, A. Mohammadzadeh et al., "Radiation effects on a radiation-tolerant CMOS active pixel sensor," *IEEE Trans. Nucl. Sci.* vol. 51, no. 5, pp. 2753-2761, Oct. 2004.
134. H.N. Becker, M.D. Dolphin et al., *Commercial Sensor Survey Fiscal Year 2008 Compendium Radiation Test Report*, 2008.
135. H.N. Becker, J.W. Alexander et al., *Commercial Sensor Survey Fiscal Year 2009 Master Compendium Radiation Test Report*, Jet Propulsion Laboratory, 2009.
136. B. Dryer, A. Holland et al., "Gamma radiation damage study of 0.18 m process CMOS image sensors," in *Proc SPIE*, vol. 7742, 2010.
137. M. Beaumel, D. Herve et al., "Cobalt-60, proton and electron irradiation of a radiationhardened active pixel sensor," *IEEE Trans. Nucl. Sci.* vol. 57, no. 4, pp. 2056-2065, Aug. 2010.
138. E. Martin, T. Nuns et al., "Gamma and proton-induced dark current degradation of 5T CMOS pinned photodiode 0.18μm CMOS image sensors," *IEEE Trans. Nucl. Sci.*vol. 61, no. 1, pp. 636-645, Feb. 2014.
139. V. Goiffon, P. Magnan et al., "Total dose evaluation of deep submicron CMOS imaging technology through elementary device and pixel array behavior analysis," *IEEE Trans. Nucl. Sci.* vol. 55, no. 6, pp. 3494-3501, Dec. 2008.
140. V. Goiffon, M. Estribeau et al., "Overview of ionizing radiation effects in image sensors fabricated in a deep-submicrometer CMOS imaging technology," *IEEE Trans.Electron Devices* vol. 56, no. 11, pp. 2594-2601, Nov. 2009.
141. V. Goiffon, M. Estribeau et al., "Influence of transfer gate design and bias on the radiation hardness of pinned photodiode CMOS image sensors," *IEEE Trans. Nucl. Sci.* vol.61, no. 6, Dec. 2014.
142. P.R. Rao, X. Wang et al., "Degradation of CMOS image sensors in deep-submicron technology due to

γ-irradiation," *Solid-State Electron.* vol. 52, no. 9, pp. 1407-1413, Sep. 2008.

143. A. BenMoussa, S. Gissot et al., "Irradiation damage tests on backside-illuminated CMOS APS prototypes for the extreme ultraviolet imager on-board solar orbiter," *IEEE Trans. Nucl. Sci.* vol. 60, no. 5, pp. 3907-3914, Oct. 2013.
144. B. Pain, B.R. Hancock et al., "Hardening CMOS imagers: Radhard-by-design or radhard-by-foundry," in *Proc SPIE*, San Diego, CA, vol. 5167, pp. 101-110, 2004.
145. V. Goiffon, C. Virmontois et al., "Analysis of total dose induced dark current in CMOS image sensors from interface state and trapped charge density measurements," *IEEE Trans. Nucl. Sci.* vol. 57, no. 6, pp. 3087-3094, Dec. 2010.
146. L. Ratti, C. Andreoli et al., "TID effects in deep N-Well CMOS monolithic active pixel sensors," *IEEE Trans. Nucl. Sci.* vol. 56, no. 4, pp. 2124-2131, Aug. 2009.
147. V. Goiffon, C. Virmontois et al., "Radiation damages in CMOS image sensors: Testing and hardening challenges brought by deep sub-micrometer CIS processes," in 2010, vol. 7826, p. 78261S-78261S-12.
148. L. Ratti, M. Dellagiovanna et al., "Front-end performance and charge collection properties of heavily irradiated DNW MAPS," in *Proc RADECS*, pp. 33-40, 2009.
149. C. Virmontois, C. Codreanu et al., "Space environment effects on CMOS microlenses and color filters," presented at the *Image Sensors Optical Interfaces Workshop*, Toulouse, France, Nov. 27, 2015.
150. V. Re, M. Manghisoni et al., "Impact of lateral isolation oxides on radiation-induced noise degradation in CMOS technologies in the 100-nm Regime," *IEEE Trans. Nucl. Sci.* vol. 54, no. 6, pp. 2218-2226, Dec. 2007.
151. P. Martin-Gonthier, V. Goiffon et al., "In-pixel source follower transistor RTS noise behavior under ionizing radiation in CMOS image sensors," *IEEE Trans. Electron Devices* vol. 59, no. 6, pp. 1686-1692, Jun. 2012.
152. Y. Chen, J. Tan et al., "X-ray radiation effect on CMOS imagers with in-pixel buriedchannel source follower," in *Proc ESSDERC*, pp. 155-158, 2011.
153. E.R. Fossum, "Charge transfer noise and lag in CMOS active pixel sensors," in *IEEE Workshop Charge-Coupled Devices Adv. Image Sens.*, Elmau, 2003.
154. B. Fowler, X. Liu, "Charge transfer noise in image sensors," in *IEEE Workshop Charge-Coupled Devices Adv. Image Sens.*, 2007.
155. J. Janesick, J. Pinter et al., in A.D. Holland, D.A. Dorn (Eds.), "Fundamental performance differences between CMOS and CCD imagers, part IV," pp. 7740B-77420B-30, 2010.
156. J.P. Carrere, J.P. Oddou et al., "New mechanism of plasma induced damage on CMOS image sensor: Analysis and process optimization," in *Proc ESSDERC*, pp. 106-109, 2010.
157. I. Inoue, N. Tanaka et al., "Low-leakage-current and low-operating-voltage buried photodiode for a CMOS imager," *IEEE Trans. Electron Devices* vol. 50, no. 1, pp. 43-47, Jan. 2003.
158. J.R. Janesick, T. Elliott et al., "Fundamental performance differences of CMOS and CCD imagers: Part V," in *Proc SPIE*, pp. 865902-865902, 2013.
159. W. Dulinski, A. Besson et al., "Optimization of tracking performance of CMOS monolithic active pixel sensors," *IEEE Trans. Nucl. Sci.* vol. 54, no. 1, pp. 284-289, Feb. 2007.

160. M.A. Szelezniak, A. Besson et al., "Small-scale readout system prototype for the STAR PIXEL detector," *IEEE Trans. Nucl. Sci.* vol. 55, no. 6, pp. 3665-3672, Dec. 2008.

161. M. Battaglia, D. Contarato et al., "A rad-hard CMOS active pixel sensor for electron microscopy," *Nucl. Instr. Meth. A* vol. 598, no. 2, pp. 642-649, Jan. 2009.

162. M. Innocent, "A radiation tolerant 4T pixel for space applications," in *Proc IISW*, 2009.

163. M. Innocent, "A Radiation Tolerant 4T pixel for Space Applications: Layout and Process Optimization," in *Proc IISW*, 2013.

164. S. Place, J.-P. Carrere et al., "Rad tolerant CMOS image sensor based on hole collection 4T pixel pinned photodiode," *IEEE Trans. Nucl. Sci.* vol. 59, no. 6, pp. 2888-2893, Dec. 2012.

165. E. Stevens, H. Komori et al., "Low-crosstalk and low-dark-current CMOS image-sensor technology using a hole-dased detector," in *ISSCC Tech. Dig.*, pp. 60-595, 2008.

166. D.K. Schroder, "Carrier lifetimes in silicon," *IEEE Trans. Electron Devices* vol. 44, no. 1, pp. 160-170, Jan. 1997.

167. A. Johnston, "Optoelectronic devices with complex failure modes," in *IEEE NSREC Short Course*, 2000.

168. M. Deveaux, G. Claus et al., "Neutron radiation hardness of monolithic active pixel sensors for charged particle tracking," *Nucl. Instr. Meth. A* vol. 512, pp. 71-76, 2003.

169. S. Zucca, L. Ratti et al., "Characterization of bulk damage in CMOS MAPS with deep N-Well collecting electrode," *IEEE Trans. Nucl. Sci.* vol. 59, no. 4, pp. 900-908, Aug. 2012.

170. C. Virmontois, V. Goiffon et al., "Displacement damage effects in pinned photodiode CMOS image sensors," *IEEE Trans. Nucl. Sci.* vol. 59, no. 6, pp. 2872-2877, Dec. 2012.

171. J.R. Srour, "Displacement damage effects in devices," in *IEEE NSREC Short Course*, 2013.

172. J.R. Srour, D.H. Lo, "Universal damage factor for radiation induced dark current in silicon devices," *IEEE Trans. Nucl. Sci.* vol. 47, no. 6, pp. 2451-2459, Dec. 2000.

173. C. Virmontois, V. Goiffon et al., "Displacement damage effects due to neutron and proton irradiations on CMOS image sensors manufactured in deep sub-micron technology," *IEEE Trans. Nucl. Sci.* vol. 57, no. 6, Dec. 2010.

174. C. Virmontois, V. Goiffon et al., "Similarities between proton and neutron induced dark current distribution in CMOS image sensors," *IEEE Trans. Nucl. Sci.* vol. 59, no. 4, pp. 927-936, Aug. 2012.

175. J. Bogaerts, B. Dierickx et al., "Enhanced dark current generation in proton-irradiated CMOS active pixel sensors," *IEEE Trans. Nucl. Sci.* vol. 49, no. 3, pp. 1513-1521, Jun. 2002.

176. J.R. Srour, R.A. Hartmann, "Enhanced displacement damage effectiveness in irradiated silicon devices," *IEEE Trans. Nucl. Sci.* vol. 36, no. 6, pp. 1825-1830, Dec. 1989.

177. C.J. Dale, P.W. Marshall et al., "The generation lifetime damage factor and its variance in silicon," *IEEE Trans. Nucl. Sci.* vol. 36, no. 6, pp. 1872-1881, Dec. 1989.

178. P.W. Marshall, C.J. Dale et al., "Proton-induced displacement damage distributions and extremes in silicon microvolumes charge injection device," *IEEE Trans. Nucl. Sci.* On, vol. 37, no. 6, pp. 1776-1783, Dec. 1990.

179. C.J. Dale, P.W. Marshall et al., "Particle-induced spatial dark current fluctuations in focal plane

arrays," *IEEE Trans. Nucl. Sci.* vol. 37, no. 6, pp. 1784-1791, Dec. 1990.

180. C.J. Dale, L. Chen et al., "A comparison of Monte Carlo and analytical treatments of displacement damage in Si microvolumes," *IEEE Trans. Nucl. Sci.* vol. 41, pp. 1974-1983, Dec. 1994.
181. M. Robbins, "High-energy proton-induced dark signal in silicon charge coupled devices," *IEEE Trans. Nucl. Sci.* vol. 47, no. 6, pp. 2473-2479, Dec. 2000.
182. C. Inguimbert, T. Nuns et al., "Monte Carlo based DSNU prediction after proton irradiation," presented at the *Radiation Effects on Components and Systems* (RADECS),Biarritz, France, 2012.
183. O. Gilard, M. Boutillier et al., "New approach for the prediction of CCD dark current distribution in a space radiation environment," *IEEE Trans. Nucl. Sci.* vol. 55, no. 6, pp. 3626-3632, Dec. 2008.
184. J.W. Palko, J.R. Srour, "Amorphous inclusions in irradiated silicon and their effects on material and device properties," in *IEEE Nucl. Space Radiat. Eff. Conf.*, 2008.
185. M.S. Robbins, L. Gomez Rojas, "An assessment of the bias dependence of displacement damage effects and annealing in silicon charge coupled devices," *IEEE Trans. Nucl. Sci.* vol. 60, no. 6, pp. 4332-4340, Dec. 2013.
186. O. Gilard, E. Martin et al., "Statistical analysis of random telegraph signal maximum transition amplitudes in an irradiated CMOS image sensor," *IEEE Trans. Nucl. Sci.* vol. 61, no. 2, pp. 939-947, Apr. 2014.
187. M. Raine, V. Goiffon et al., "Exploring the kinetics of formation and annealing of single particle displacement damage in microvolumes of silicon," *IEEE Trans. Nucl. Sci.* vol. 6, Dec. 2014.

第 12 章　CCD 器件的自然辐射效应

Tarek Saad Saoud, Soilihi Moindjie, Daniela Munteanu, and Jean-Luc Autran

12.1　引言

电荷耦合器(CCD)和其他固态图像传感器[1,2]被普遍认为对宇宙射线或宇宙射线次级产物敏感，这些宇宙射线或其次级产物在传感器电响应(图像)上产生大量异常。例如[3]宇航用 CCD 黑暗环境长时间放置，经常会出现一系列诸如直线、蠕虫洞和斑点等的异常图案，这是由于不同种类粒子与传感器有源像素区相互作用引起的[4,5]。考虑到对环境辐射敏感这一点，CCD 可为探测和研究自然辐射与电子器件相互作用提供一个非常好的解决方案。实际上，和任何集成电路一样，CCD 主要材料为硅，并且其结构和存储器芯片相似，可以猜想出 CCD 中观察到的辐射诱生现象和集成电路的辐射诱生现象存在一定相通性。CCD 能以像素尺寸的分辨率(约数平方微米)对离子沉积电荷进行成像，像素量级[2]的数十个电子的高敏感度对检测轻的离子是理想的，如质子和地面介子(特别是低能粒子)，这些粒子在现代纳米电路中很容易引起单粒子效应[6,7]。

本章将重点关注大气和地面高度 CCD 特殊的陆地自然辐射效应。全章分为两部分。第一部分简短回顾前期的研究工作[4,5,8-24]，特别是过去十年发表的利用这些器件高空间分辨率(像素尺寸量级范围内，在这些研究中通常是几微米)和高感应度(像素级收集数十个电子)研究自然辐射环境大气粒子或人工辐射源与硅相互作用的文献；第二部分详细介绍近期使用普通商用 CCD 相机作为大气辐射探测仪的研究情况[24]。介绍下述新实验发现：(i) CCD 室外响应中，带电粒子的主导作用；(ii) 地下试验获得的α粒子污染发射的影响；(iii) 在地平面高度水平，CCD 放置方向和粒子流异向性的影响。试验结果获得数字仿真模拟结果支持，数字仿真模拟将器件简化为简单的 3D 结构，并考虑不同辐射环境下α粒子以及大气粒子两者对 CCD 响应的影响。

12.2　CCD 器件的单粒子效应

本节将简短总结 CCD 主要的敏感辐射效应类型；给出最近有关自然辐射(陆地宇宙射线)对 CCD 电响应影响以及在地面或大气高度用 CCD 检测辐射方面的文献。

12.2.1　CCD 器件的辐射效应

当暴露在自然或人工辐射环境时，像大多数固态器件一样，CCD 容易出现电离总剂量效应、位移损伤和瞬时效应[10]。观测的辐射效应确切性质取决于：(i) 器件所处辐射场的特性；(ii) 环境条件(温度)和辐照暴露时间。电离总剂量和位移损伤效应永久地降低 CCD 性能。一般地，电离总剂量效应在 CCD 栅上产生阈值电压漂移，位移损伤降低电荷转移效率、增加暗电流、产生暗电流不均性，并且在单个像素中产生随机电报噪声[14]。这两种失效机理用大量高能粒子与电路材料相互作用所引起的累积效应来表征。在低剂量下，它们不会直接造成器件功能故障，但一定剂量后，它们可能导致器件功能的改变或中断。单粒子效应在本质上是不同的；它们是由单个高能粒子引起的，并引起所谓“软”错误与“硬”故障。软错误将对器件产生一个暂时故障，而硬错误则会导致器件整体或其中一部分永久损坏。接下来详细介绍 CCD 中这三种主要辐射效应。

- **电离总剂量效应**：因为 CCD 是基于金属-绝缘体-半导体的垂直结构完成光探测和读出操作的，这些器件的栅氧化层和其他绝缘体对电离损伤敏感。二氧化硅几乎是 CCD 唯一使用的绝缘体。主要的电离总剂量效应是二氧化硅中陷阱电荷建立和氧化硅-硅界面处界面态的产生[14]。在这样的 CMOS 器件中，这种电活性缺陷的产生将导致平带电压和阈值电压漂移(例如器件施加的有效偏置电压被改变)，表面暗电流增加(如氧化硅-硅界面处产生的热暗电流)，增加放大器噪声，改变线性度。CCD 的这些效应是相对好理解的，并且原则上能够通过选择恰当的器件结构和氧化工艺来减少。因而，在太空中，CCD 性能通常不受限于电离剂量效应，位移损伤效应通常更多成为限制器件的可靠性机理。
- **位移损伤**：位移损伤是由于高能粒子产生，例如质子和中子与硅原子发生碰撞并使它们从晶格位置移位[14]。其结果是，产生了大量空位-间隙原子对，其中多数会发生复合。存活的空位在晶格中移动，形成稳态缺陷。这些点缺陷将降低 CCD 性能，包括降低电荷转移效率、增加平均暗电流和暗电流非均匀性、在单个像素引入非常高的暗电流(“尖峰”)和在像元中产生随机电报噪声。事实上，位移损伤效应通常成为自然粒子环境中先进科学成像器件的主要辐射响应。当电离总剂量水平低于 10～20 krad，平带电压漂移和暗电流增加往往不明显，并且可以通过稍微改变电压和工作温度来解决。与此相反，质子环境下辐照剂量小于 1 krad，经常检测到明显的位移损伤造成 CTE 降低[11]。此外，可承受的 CTE 退化程度非常依赖于具体应用，并且在高剂量下，电离总剂量或者位移损伤都可能最终导致器件失效。
- **单粒子效应(SEE)**：与电离总剂量和位移损伤性质不同，SEE 是由单个高能量粒子在 CCD 有源区电离电荷引起的。这个影响不是永久性的，产生的“虚假”电荷在读出态会被扫出，但是这个额外的电荷将构成图像或影像的主要噪声源(非探测信号)。这方面内容将在下文详细介绍。

12.2.2　CCD 辐射探测仪

CCD 是非常敏感的器件，可以给出发生在图像敏感区电荷沉积事件数字显示的像素化的图像。这是通过读出 CCD 像素中直接或间接电离产生的多余电荷作为信号电子实现的[16]。当带电粒子或核反冲物穿过硅晶格，沿其路径产生电子-空穴对时，发生电离。作为这些电荷沉积、移动和收集的结果，生成显示每一帧像素收集电荷量正比于 CCD 成像/影像输出灰度的高分辨率图像。用图像处理技术，通过测量事件特性，包括长度、收集的电荷总量、电荷沉积速率和电荷脉冲形态，有可能区别并测量出不同作用过程和可能的粒子类型[16]。

CCD 单粒子效应可通过直接或间接电离产生[25]。

- 直接电离是带电粒子和器件原子库伦作用实现的。当带电粒子穿过器件时，带走原子的电子，导致电离。重离子(包括带电的反冲核)、低能质子和介子直接电离材料。图 12.1 给出了带电粒子穿过 CCD 直接电离情况。可以得到粒子入射 CCD 平面角度函数的不同图形(点，直线)。
- 间接电离(见图 12.2)与大气中子和高能质子(大于 100 MeV)有关，它们可以通过与靶核碰撞产生电离[25]。中子是间接电离，不是通过库伦力相互作用，它们可以穿过数厘米的材料，而不与其他粒子发生作用，因而用 CCD 可能测不出它。间接电离包括两种机理：弹性与非弹性散射。弹性散射过程中，中子把靶核子撞离晶格，核子保留同样的能量。在非弹性散射中，发动碰撞的中子与靶原子核发生反应，核子捕捉住撞击它的中子，从而成为同位素。然后同位素发出带电或不带电的辐射。剩余核子和挥发物会是高度电离的，可以在器件的不同位置淀积大量的电荷，并造成单粒子效应。与图 12.1 相似，图 12.2 给出了 CCD 体内中子-硅相互作用产生的非直接电离现象。作为反应产物数量和作用方向的函数，事件的径迹可能比一个简单的点或线复杂。

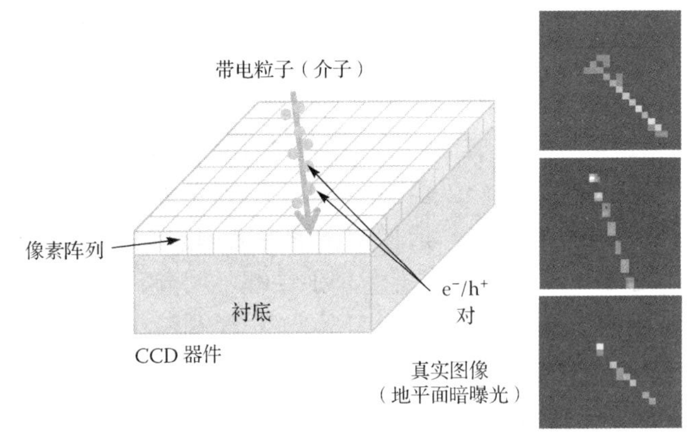

图 12.1 带电粒子在 CCD 直接电离事件的示意图和 12.3 节将介绍的 CCD 照相机记录的相应真实图像

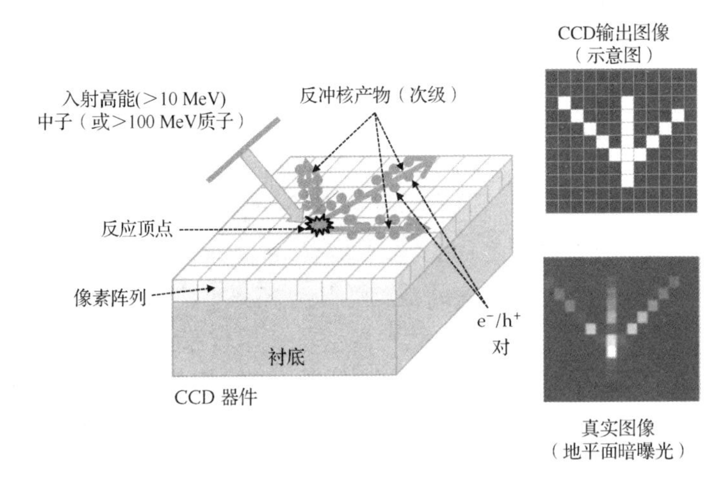

图 12.2 CCD 器件内中子-硅相互作用(间接电离)示意图和 12.3 节将介绍的 CCD 相机记录的相应真实图像

作为带电粒子和 CCD 所有可能的相互作用结果，在自然辐射环境（即使在地面高度）下长时间暗光放置会在 CCD 输出图像上产生一组粒子径迹团。图 12.3 中给出了 12.3 节描述的近期实验获得的长时间暗光放置显示该现象的示意图。如前期工作[4,5,15–17,20,21]中报告和分析的，像素化的事件具有不同的拓扑形态，是内部作用机制中所涉及离子种类和数量的函数：相邻的图像族可能是一个点、一个直线段、一个蠕虫洞或是一个多形状的图案。例如，图 12.3 中 D4 展示了一个典型事件，它可能对应中子引起的三个放射性中间粒子穿过 CCD 平面时的作用径迹。高能质子也可以导致同样的反应。

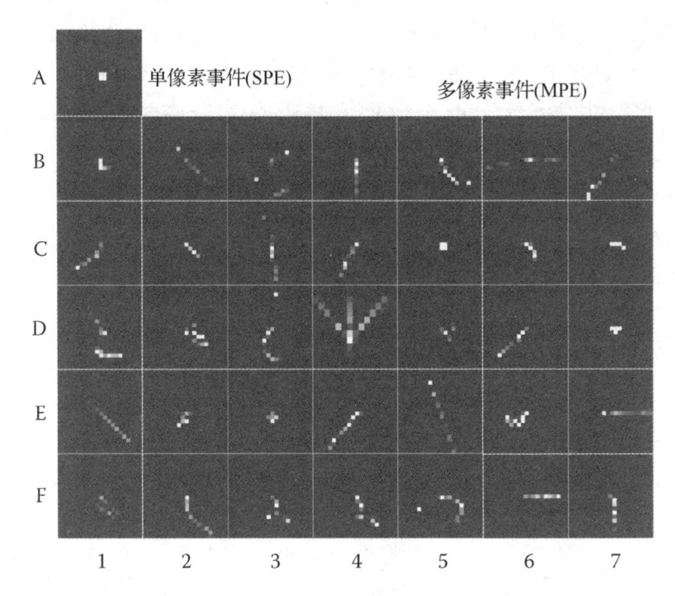

图 12.3 完全黑暗状态下 CCD 检测的单像素事件（SPE）和多像素事件（MPE）图案。每一个事件图像被存储到不同特征指标（事件日期、位置、拓扑关系、区域、长度以及沉积电荷等）对应值的数据库中。说明：该图案不代表事件所有统计，尤其是多分支形状的 MPE 很少见

“直线”事件可以认为是大气介子[4,5]引起的，或电路材料里超微量的放射同位素（主要来自 U 和 Th 衰变链）分解的α粒子引起的[24]。因为海平面高度宇宙射线中，95%以上是平均能量为 4 GeV 的介子，对于水平探测仪，介子事件的比率是相对高的，估计达到 $0.8\sim1.0\ \mathrm{cm^{-2}\cdot min^{-1}}$ [5]。最后，虫洞和点几乎可以肯定是环境 γ 射线康普顿散射产生的反冲电子。这些 γ 射线可由 ^{40}K 衰败为 ^{40}Ar（加上 U 和 Th 衰变链）发射出，其中一些通过多康普顿散射分解。它的速率大约是宇宙射线介子的两倍。简单的铅屏蔽（1 cm）通常能减少康普顿散射，使其低于宇宙射线[5]。

12.3 CCD 自然辐射效应：案例分析

本节介绍近期使用简单商用 CCD 相机作为大气辐射探测仪的研究情况。它详尽描绘了标准 CCD 用作能“拍摄”不同类型粒子与硅相互作用、监测地面和航空高度辐射环境的自然辐射探测器的能力。

12.3.1 实验装置

实验装置是基于全暗下每秒 3.75 帧的商用 USB2.0 CCD 黑白相机(摄像来源，型号 DMK 41BU02)开发的。相机感应器前面没有使用任何光学系统。方形成像感应器(对应 Sony ICX205AL)是规格 8 mm 的线阵 CCD。它由垂直抗模糊结构的方形像素单元($4.65\times4.65\ \mu m^2$)阵列(1.45×10^6 有效像素)构成。行间扫描让所有像素信号在约 143 ms 内独立地输出。像素的电荷饱和容积为 13000 个电子。实验装置包括一个控制计算机和一个由 Visual Basic 开发的精密图像处理软件，并用 MATLAB 程序连接。图像处理软件执行实时帧清理和分析、基于小图像形式的事件外推(调整尺寸来捕获每一个事件)，以及这些“事件图像”和相关信息存储到计算机数据库。这个数据库也保存着所有损坏或者不稳定像素的信息，例如，和随机电报信号[26,27]噪声或者其他表征电气不稳定性相关的信息[2]。

当 CCD 捕捉到一帧图像时，将进行当前帧扣除前一帧的预帧处理，然后就通过对新的图像进行一系列的数学处理来检测出事件，也就是将电荷明显高于背景或者确定阈值的像素或一组相连的像素区别出来。这项工作包括鉴别第一阈值以上的像素，并且审查邻近的像素(至多第二相邻的)是否也高于第二个阈值(低于第一阈值，却高于图像背景)。对测试结果进行处理，将检测到的事件归成两类(见 12.2.2 节图 12.3)：对应于单个像素故障的单像素事件(SPE)，和对应于一组邻近或相邻像素的多像素事件(MPE)。最后，软件计算实验中不同事件发生率：单像素事件率(SPER)和多像素事件率(MPER)，通常表示为每小时。设定像素值与它的高到电荷饱和的电荷呈线性关系，通过统计事件像元值(即读出值)，估算每个检测到事件的沉积电荷。测试的索尼 ICX205 AL 具有低漏光和垂直抗模糊结构，如果一个像素(或一组像素)达到饱和，这种情况沉积电荷可能被低估。

12.3.2 实验结果

2012 年、2013 年和 2014 年在三个不同地点用相同的 CCD 照相机开展了不同实验测量比较：马赛(Marseille)的海平面高度(海拔 120 m)、增加大气辐射的南针峰(Aiguille du Midi)高海拔高度(海拔 3800 m)和完全屏蔽大气辐射的洛斯阿莫斯地下实验室(海拔 −1700 m)。另外 4 个 DMK41 BU02 相机也在马赛进行实验，来验证它们的长期辐射响应；在接下来的实验中未发现相机与相机之间的事件率存在明显的差别。

表 12.1 地下、海平面高度和高海拔高度 CCD 平均 SPE 和 MPE 速率

(单位：h^{-1})

地点	洛斯阿莫斯(地下)	马赛(海平面高度)	南针峰(高海拔)
单像素事件(SPE)	9.4	10.7	20.1
多像素事件(MPE)	4.1	4.5	8.1
合计(SPE+MPE)	13.5	15.2	28.2

图 12.3 显示了 CCD 在全暗光下检测的典型 SPE 和 MPE 事件图案。从不同测量对比中已经得到成千上万这样的图像集。所有检测到的事件都标注了日期和时间点，图像控制和处理软件实时计算每小时发生的 SPER 和 MPER，表 12.1 列出了 3 个实验地点的数据。每个地点的数据已经用数个星期数据进行了平均处理。一方面，得到的地下和海平面实验

结果非常接近(相对于地下值，地面事件率高 20%)，非常明显地表明 CCD 和其封装材料中残留的α粒子发射在商用传感器起主导作用。另一方面，高海拔测量结果表明 SPER 和 MPER 比海平面高度有明显增加(两倍因子)，证明检测到额外的大气粒子，但增加速率远低于中子通量位置加速因子[28]。事件大小和电荷的分布将在后面章节中讨论。

为了验证地面高度影响 CCD 响应的大气粒子性质，我们用马赛(Marseille)海平面实验室中另外两个仪器的响应进行了相关研究：

- 首先比较 CCD 信号和 TERRAMU[29]中子监测仪[见图 12.4(a)]信号，中子监测仪是 PDB 中子监测仪的复制品，安装在 ASTEP 平台上[30,31]。图 12.4(b)显示两个信号的对比：可以得出事件像素率与中子监测仪信号之间没有明显的联系，这表明大气中子对 CCD 像素事故率的影响可以忽略不计。

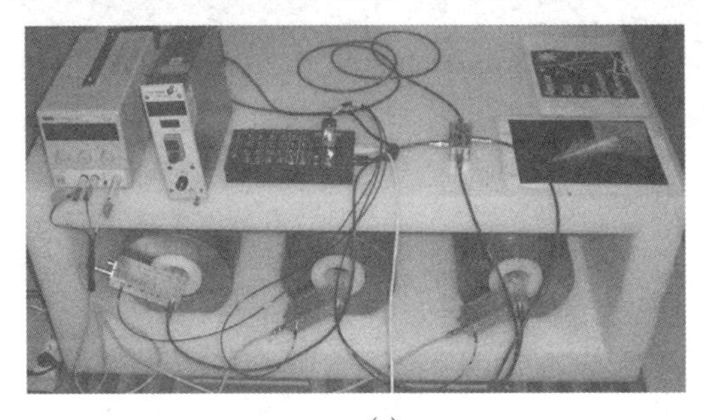

(a)

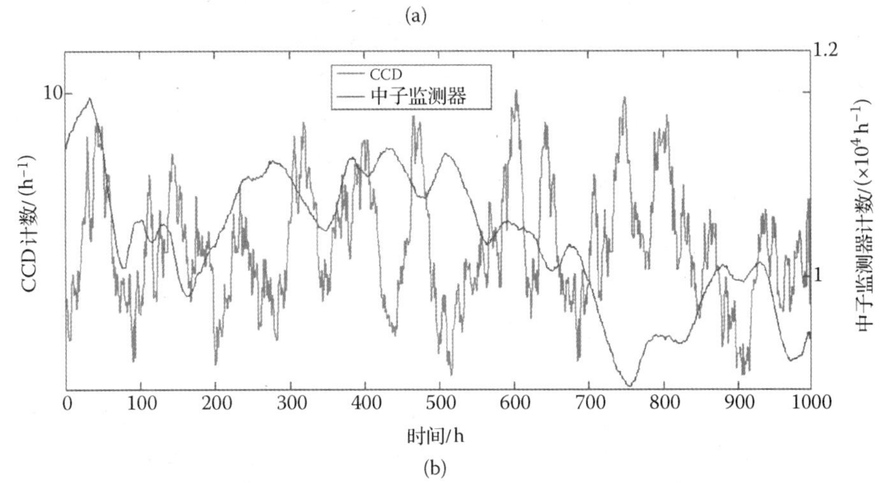

(b)

图 12.4　(a)安装在马赛用于连续监测大气中子通量的 TERRAMU 中子监测仪前视图。该监测仪由三个高压(2280 Torr)圆柱形 He^3 探测器组成，由铅环和聚乙烯盒包围(详见文献[31])；(b)1000 小时中子监测仪与 CCD 监测信号对比

- 第二个对比研究针对极低背景“环围”信号，将α粒子计数器[XIA 型号 UltraLo-1800[32]，见图 12.5(a)]安装在中子监测仪和 CCD 附近的 TERRAMU 平台上。“环围”事件是最近实验与模拟仿真[33,34]明确证明的带电大气粒子穿过计数器氩电离箱的痕迹。相比中子监测仪，观察到 CCD 像素事件率(在平均值附近、且在海平面高度基本为常值)变化与电离室传递的“环围”信号变化存在明显关联(Pearson 产品时刻相关系数 $r = 0.6532$)。如图 12.5(b)中分析的，这个关联表明 CCD 信号变化大致是带电粒子与 CCD 作用的结果。

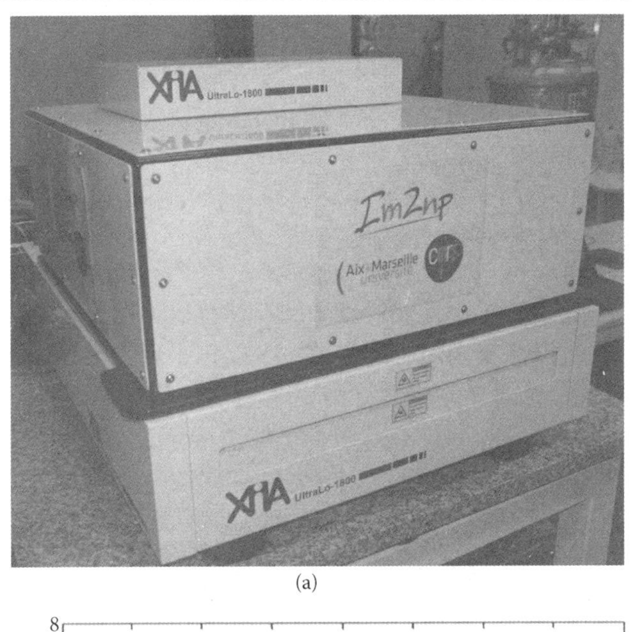

(a)

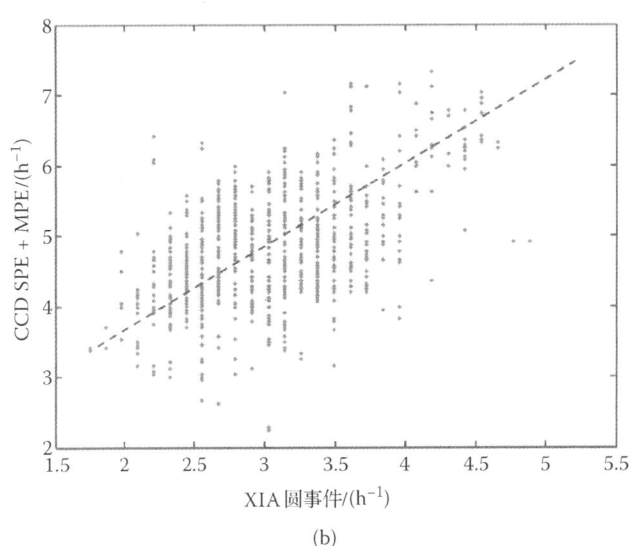

(b)

图 12.5 (a)安装在马赛 TERRAMU 平台上的 XIA 超低背景 α 粒子计数器(型号 UltraLo-1800[32])全视图；(b)CCD 信号总数(SPE + MPE 速率)与 XIA UltraLo-1800 计数器探测到的“环围”事件率的相关性分析

最后，我们通过测量 CCD 垂直和水平放置 SPE 和 MPE 每小时发生率(见图 12.6)研究海平面高度 CCD 放置方向对事件率的影响。即使在表 12.1 给出的α粒子发射贡献为主的海平面高度 CCD 响应(贡献约占像素事件率的 80%)中，仍可看出一个小、但可重复的信号变化，图 12.6 证实了这一点，图 12.6 给出信号(平均值)变化：当 CCD 从水平位置变换到垂直位置(或者反过来)时，SPER 降低，MPER 增加，这符合大气粒子的各向异性空间分布规律，大气粒子是引起事件率的主因。确实，尽管这些事件占 CCD 总响应(SPE+MPE)的比例小于 20%，它们对 SPE 和 MPE 分别产生不同影响，正如图 12.6 实验结果显示的，影响是 CCD 取向的函数。假设一个对带电粒子特别敏感的 CCD(见 12.3.3 节，特别是图 12.10)，图 12.6 和图 12.7 中相关事件的分析表明，在地平面高度这些粒子主要以垂直方向到达。从图 12.7 中插入的简单示意图(粒子在像素中的径迹)很容易推断出：当 CCD 处于水平状态时，SPE 的几率高于 MPE；反过来，当 CCD 垂直时，直线形状的捕获事件概率高，这是因为像素平面与入射粒子角度存在对应关系；明显这个情况更容易出现 MPE。这个初步解释与图 12.7 给出的详细事件分析是一致的：对于垂直方向，检测到了一些大于 20 个像素规模的 MPE 事件(一个甚至达到 57 像素)，对于水平方向则不同。对于后者，实验中观测到的最大规模是 18 个像元。

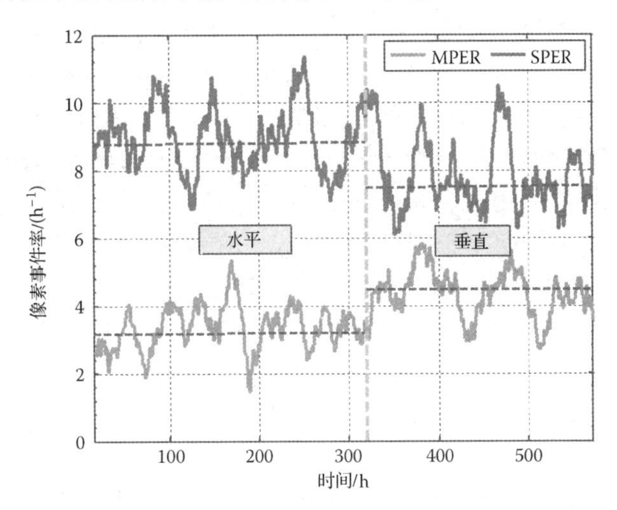

图 12.6　CCD(位于马赛)水平和垂直位置测量的 SPE 和 MPE 率。1 小时积分数据，用简单移动平均获得 24 小时平均值(引用自 Saad Saoud et al., Use of CCD to Detect Terrestrial Cosmic Rays at Ground Level: Altitude vs. Underground Experiments, Modeling and Numerical Monte Carlo Simulation, *IEEE Trans. Nucl. Sci.*, 61，3380～3388. © [2014] IEEE)

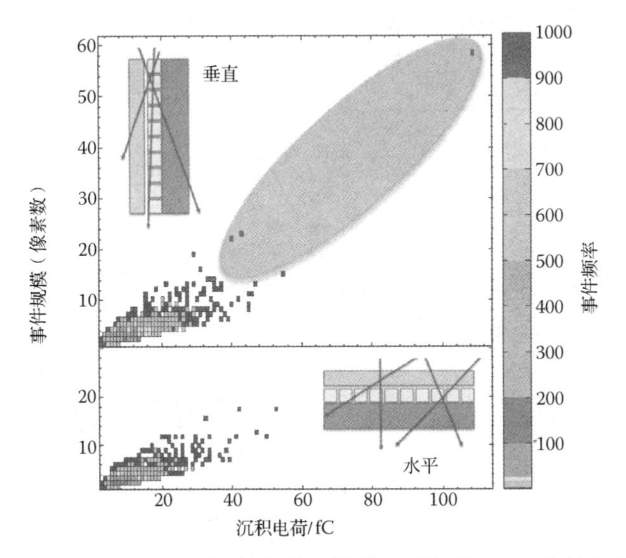

图 12.7　CCD 水平和垂直位置(马赛)测量的事件规模(像素数)随沉积电荷的分布。椭圆仅用于观察：显示主要事件规模随沉积电荷的变化，只有 CCD 平面垂直时才可检测到事件。示意图描述了大气带电离子如何与有效像素区相交；相对于水平方向，CCD 垂直取向的 SPE 概率较低(相对而言，MPE 概率较高)(改编自 Saad Saoud et al., Use of CCD to Detect Terrestrial Cosmic Rays at Ground Level: Altitude vs. Underground Experiments, Modeling and Numerical Monte Carlo Simulation, *IEEE Trans. Nucl. Sci.*, 61，3380～3388. © [2014] IEEE)

12.3.3 模拟和仿真

本节进行了陆地自然辐射环境 CCD 器件全数字模拟仿真。目的是清晰地复现实验结果，来解释 CCD 响应的内在机制，尤其是粒子敏感度、图像径迹和 SPE 与 MPE 概率分布。

研究工作的第一步是准确模拟多种材料复杂堆叠 CCD 器件的内部结构。对分解的器件用聚焦离子束(FIB)、电子显微镜(SEM，TEM)以及化学微量分析[电子能损谱(EELS)]进行分析。基于这些数据，我们构建了一个简化但真实的、具有准确三维尺寸和准确化学构成的不同层的全像素阵列 3D 模型。遗憾的是，像素结构的细节(内部架构、掺杂分布等)是有知识产权的，并且基于当今的技术很难分析出，所以模型的准确度是有限的，特别是在硅级。简化器件后道工艺模型(BEOL，包括接触金属化，绝缘层以及在硅上的金属层)，材料层被一个简单的等效厚度层替代，它包含真实的后道工艺所有元素(主要是 10.2%钨，18.9%二氧化硅，54.3%铝和 16.7%氮化硅)。

一个基于 IM2NPCNRS 开发的计算库的专用 C++程序被用于进行数字模拟。图 12.8 展示了这个程序的流程。粒子发生器考虑了用 JEDEC[28](中子)和 PARMA/EXPACS[35]或 QARM[36](质子，介子)模型给出的马赛(Marseille)和南针峰(Aiguille du Midi)测试地点的大气粒子能量分布。粒子如文献[31]分析讨论的以给定的 $\cos(\theta)^n$ 分布角(相对于垂直角度)入射到电路上。此外，认为电路材料中随机分布的杂质(铀和钍的放射系)发射出α粒子。单独用 Geant4[37]计算的核事件数据库被用来描述中子和高能质子与电路材料的相互作用。还包括一组 SRIM 数字模拟的数据表来处理器件中所有带电粒子在器件中传输，包括介子与低能质子[38]。通过质量比换算，利用文献[39]定义的质子传输数据表来评估介子的值。软件使用了实验中相同的辨别阈值判据，代码计算粒子在器件中传输，评价每个像素中电荷沉积以及收集，计算每个事件相应的图像和特征(规模、电荷等)。

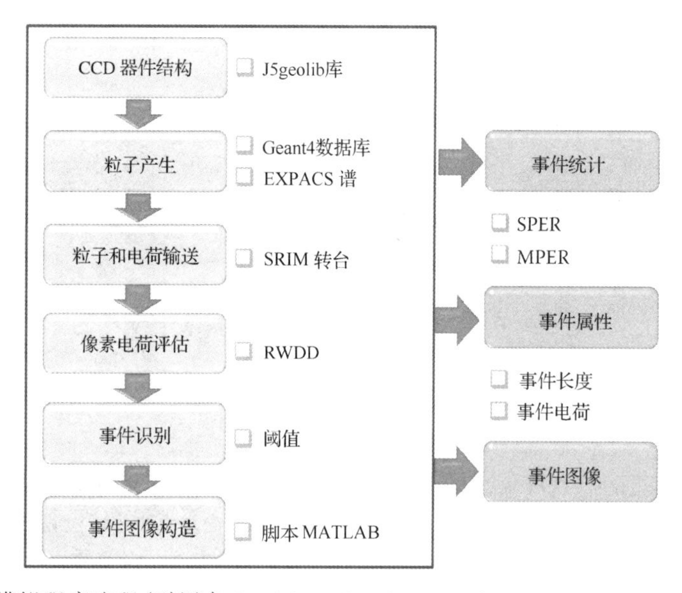

图 12.8 数值模拟程序流程(引用自 Saad Saoudet al., Use of CCD to Detect Terrestrial Cosmic Rays at Ground Level: Altitude vs. Underground Experiments, Modeling and Numerical Monte Carlo Simulation, *IEEE Trans. Nucl. Sci.*, 61，3380～3388. © [2014] IEEE)

特别关注 CCD 前道工序(FEOL，即硅层)上面，能改变入射大气粒子通量特性的所有材料层的影响。CCD 有源区不直接暴露于大气辐射：在后道工序以及封装(CCD 芯片上的玻璃保护层)的覆盖层对初始带电粒子(即入射的大气介子和质子)会产生能量损失机制。进行了专门模拟仿真(不在这里给出)量化计算 CCD 中这些额外结构(BEOL 层+保护玻璃)的“过滤效果”。带电粒子穿过这些层时损失能量。导致粒子分布严重地向低能端漂移。质子比介子对该效应更敏感,因为在低能范围,大 LET 为主,特别是低于 2 MeV。结果是，入射质子和介子能量分别低于 400 keV 和 200 keV 时，将完全被覆盖层吸收。

已发表了若干有关 CCD 电荷沉积、传输以及收集机制的特别模型，特别是在固态成像感应器领域[15,16,20,21,40-43]。对比这些模型，我们的方法和 Pickel 等人[41]的非常相似。在我们的方法中，认为电荷沿着离子路径沉积，并认为电荷沉积发生在一条线上，没有任何径向延伸,同时直接沉积在 CCD 像素体积(对应于文献[41]中的高电场区)内的电荷全部被收集，在硅衬底有源区(对应于文献[41]中的低电场区)外沉积的电荷的传输是通过最近提出的随机游动的漂移扩散模型[44]。这个方法类似于 Ratti 等人提出的[43]。因为我们没有考虑该区域的任何电场。结果是,因为部分电荷重新复合或移出像素区,收集效率低于 100%。

该模型包括一定数量的可调参数，并且如 Picker 等人所指出的[41]，仔细地校准这些参数是非常重要的。为了进行校准，主要的几何尺寸由前面提到的 SEM 和 TEM 观测结果推导出。低掺杂 p 型硅与衬底区相关的载流子迁移率、扩散系数和少数载流子寿命等参数选择典型数值。需要说明的是，采用的模型中没有拟合或非物理参数。在缺乏直接测量和评估数据的情况下，只有两个参数是来自实验数据的反演：CCD 材料中α粒子发射浓度和假定“有源层”厚度为 10 μm。最后，在第一步工作中没有模拟垂直抗模糊结构，这可能给我们的研究形成一定的限制。这一点将会在接下来的研究中讨论。

对不同大气粒子源(中子、质子和介子)的事件规模(用像素数表征)的分布频率(即发生概率)随事件电荷的变化进行了蒙特卡罗数值模拟。为了达到足够的事件统计，选取五亿个大气中子和一百万个介子与质子事件入射 CCD 表面。在宽的收集电荷和规模范围，发现只有 0.33%入射大气中子与 CCD 材料发生作用产生可探测的事件。相比于质子和介子，中子是造成最大事件(但很少见)的原因，该评价是用规模典型值大于 80 个像素完成的。另外，中子多像素事件发生率也远高于质子和介子的。大约 95%的质子通过电离产生事件,并发现质子相比于介子沉积更多的电荷。后者则因为在地平面的丰度，其贡献与质子相当。

考虑α粒子的贡献，我们提出了一个假想，这些杂质均匀地分布在 CCD 封装和芯片材料中。因为来自两个衰变链发射的α粒子在硅中最大射程大约为 60 μm(在钍衰变链中 ^{212}Po 同位素发射的 8.78 MeV α粒子在硅中最大射程为 56 μm)，它们在这种特定器件中能够引起 MPE 规模被限制在 19 个像素(考虑像素尺寸)。假定器件中铀(和钍)浓度达到 7 ppm，地下测量出的相对较高的实验像素事件率(12.5 h^{-1})被数值模拟复现。这真实反映了芯片或封装中的污染残留的极高值[45]。传感器前的保护玻璃应该是问题的根源，因为在这些材料中已经发现含有α辐射杂质这样的污染[46,47]。由于尽可能减少这种材料的表面，用超低背景α粒子计数器直接发射测量，不可能研究这个问题。我们现阶段的研究水平还不能完全解释 CCD 中残余的α污染来源。

图 12.9 显示了 3 个不同实验地点像素事件率的模拟仿真和实验测量数据的比较。这个图证实了海平面高度 CCD 响应中，α粒子发射的重要作用。发现在海平面高度，中子

对器件的贡献几乎可以忽略，而介子和质子在海平面[马赛(Marseille)]对像素事件率贡献了大约15%，在高海拔[南针峰(Aiguille du Midi)]为45%。累计α、中子、介子和质子不同贡献时，3个实验地点的预计像素事件率与实验数据相符。该定量结果被MPE事件数量的模拟仿真和测量结果之间令人满意的一致得到进一步验证，见图12.10。这个结果支持了我们建模方法的正确性，能如文献[24]所示定性地再现事件图像，显示了模拟仿真和实验测量数据给出的作用径迹非常相似。

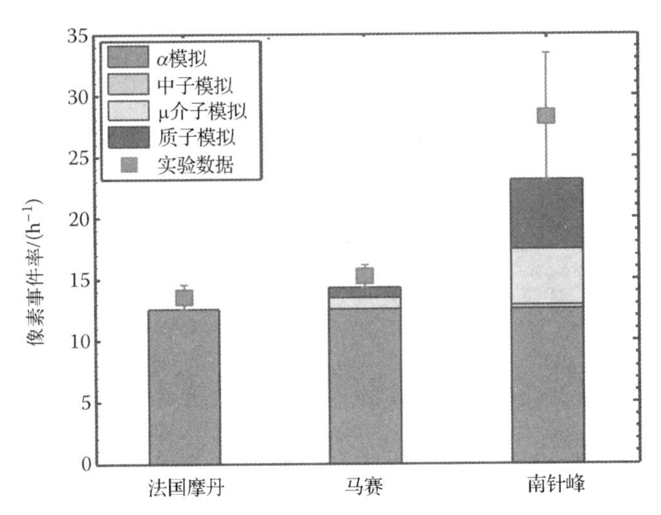

图 12.9 海平面(马赛)、山地高度(南针峰)和地下(摩丹)试验地点的实验与模拟像素事件率对比(引用自 Saad Saoudet al., Use of CCD to Detect Terrestrial Cosmic Rays at Ground Level: Altitude vs. Underground Experiments, Modeling and Numerical Monte Carlo Simulation, *IEEE Trans. Nucl. Sci.*, 61, 3380～3388. © [2014] IEEE)

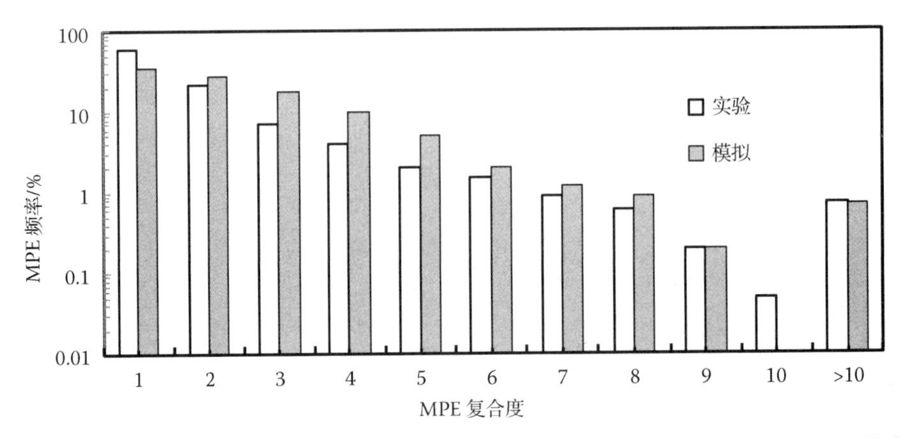

图 12.10 实验测量与仿真模拟的事件规模直方图。最后一点(大于10)表示规模大于10像素的所有事件比例。(引用自 Saad Saoudet al., Use of CCD to Detect Terrestrial Cosmic Rays at Ground Level: Altitude vs. Underground Experiments, Modeling and Numerical Monte Carlo Simulation, *IEEE Trans. Nucl.* Sci., 61, 3380～3388. © [2014] IEEE)

12.3.4 航空高度的仿真验证

我们在本研究末期利用一个长距离飞行机会在航空高度(10 800 m)沿着一条宇宙射

线截止刚度有重要变化特点的飞行线路进行了原位测量(在飞机舱内)。这个验证在分析图 12.9 中展示的地面甚至高海拔高度大气粒子对 CCD 响应的有限贡献起到了特别重要的作用。图 12.11 展示了这次实验设计的飞行路线；它对应于 2014 年 5 月 29 日的两条商用航线：法兰克福到洛杉矶，洛杉矶到夏威夷。沿着飞行路线选择了 7 个地点，它们都有大约相同的飞行时间(大约 1 小时)。由于电池容量所限，实验时间被控制在 7 小时内。表 12.2 给出这些地点的宇宙射线截止刚度和在飞行高度(PARMA/EXPACS 模型，机舱环境)能量高于 1 MeV 质子、介子和中子的总通量。根据这些通量值和相应的海平面通量之比，给出相应的"加速因子"。表 12.2 数据显示地点 1 到 7 之间质子和中子通量的重要变化特征(因子为 4 倍)。这主要是由于沿着航线的影响陆地宇宙射线强度的截止刚度的急剧减少。考虑到介子通量，后者受到的影响较少(因子仅有 2 倍)。这些加速因子已经被直接用于根据海平面高度的模拟值确定航空海拔高度每种类型粒子的像素事件率贡献。表 12.3 给出了质子、介子和中子的这些计算的详细信息。注意，没有拟合参数或数据修正；在航空海拔高度的像素事件率直接从海平面每一部分的大气辐射背景的模拟值乘以加速因子而推导出。这假设在海平面和航空高度，不同粒子谱有着相似的形状，当然这是一阶近似。同样也注意到，α 粒子对像素事件率的贡献与地下实验测得的值相等。图 12.12 给出了测量和仿真结果的比较。结果一致性很好，在实验和仿真的不确定度之内，大约估计为 20%，主要是由于前面讨论过的粗略评估飞机位置、一个小时时间周期内的平均像素事件率和每种类型粒子的不同加速因子等引起的。图 12.12 展示了这样一个普通 CCD 器件可以非常准确监控飞机座舱内辐射环境的能力。此外，模拟结果突出表现了不同种类粒子对 CCD 信号的特殊贡献。中子被发现对计数的事件率的贡献甚微，甚至是在这些不同海拔高度上，相比之下介子和初级质子主导了 CCD 探测响应。

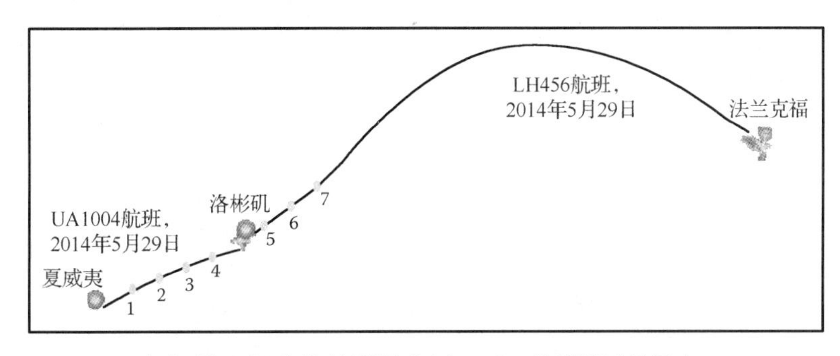

图 12.11　CCD 相机沿飞行路线的测量位置 1 至 7 的说明(引用自 Saad Saoudet al., Use of CCD to Detect Terrestrial Cosmic Rays at Ground Level: Altitude vs. Underground Experiments, Modeling and Numerical Monte Carlo Simulation, *IEEE Trans. Nucl. Sci.*, 61, 3380～3388. © [2014] IEEE)

表 12.2　大气质子、μ 介子和中子的截止刚度值，大于 1MeV 的总通量和相对于 NYC 的加速因子(AF)

位置	RC(GV)	质子		μ介子		中子	
		总通量($\times10^2$/cm^2/h)	AF	总通量($\times10^2$/cm^2/h)	AF	总通量($\times10^3$/cm^2/h)	AF
1	12.2	1.74	135	2.28	11.0	4.64	78
2	11	1.97	153	2.44	11.7	5.25	88

续表

位置	RC(GV)	质子		μ介子		中子	
		总通量($\times10^2$/cm^2/h)	AF	总通量($\times10^2$/cm^2/h)	AF	总通量($\times10^3$/cm^2/h)	AF
3	9.5	2.25	174	2.69	12.9	6.15	103
4	7.4	2.92	226	3.07	14.8	7.95	134
5	3.8	4.45	345	3.65	17.6	13.3	224
6	2.7	5.13	397	3.74	18.0	15.3	258
7	1.7	6.09	472	3.78	18.2	16.8	283

表 12.3　地面和飞行中位置的测量和模拟像素事件率汇总

		总像素事件率(h^{-1})					
位置	RC(GV)	质子	μ介子	中子	粒子	模型	实验
LSM	4.9	0	0	0	12.5	12.5	13.5
Marseille	5.6	0.18	0.71	0.02	12.5	13.4	15.2
AM	4.8	5.6	4.6	0.3	12.5	23.0	28.2
1	12.2	24.4	7.8	1.5	12.5	46.2	49
2	11	27.7	8.3	1.7	12.5	50.2	62
3	9.5	31.6	9.2	2.0	12.5	55.2	52
4	7.4	41.0	10.4	2.6	12.5	66.5	74
5	3.8	62.5	12.4	4.3	12.5	91.7	96
6	2.7	72.0	12.7	5.0	12.5	102.3	97
7	1.7	85.5	12.9	5.4	12.5	116.3	94

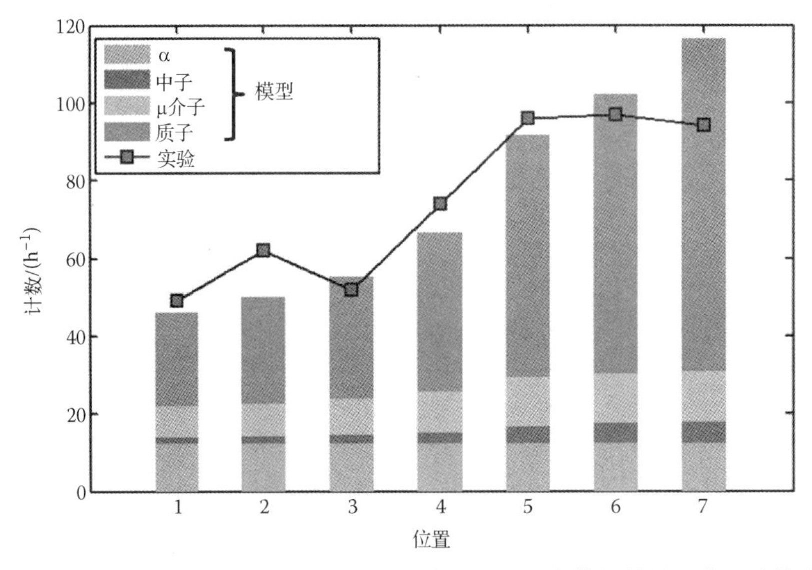

图 12.12　表 12.2 和表 12.3 的不同飞行位置的测量与模拟结果比较。计数率对应着 SPE 和 MPE 信号总和(引用自 Saad Saoud et al., Use of CCD to Detect Terrestrial Cosmic Rays at Ground Level: Altitude vs. Underground Experiments, Modeling and Numerical Monte Carlo Simulation, *IEEE Trans. Nucl. Sci.*, 61, 3380～3388. © [2014] IEEE)

12.4　小结

本章研究了地面自然辐射对 CCD 器件的影响。在介绍了这些固态成像器的主要辐射效应后，简单介绍了最近二十年发表的 CCD 器件单粒子效应的相关文献。接着，重点介绍最近开展的利用标准商用 CCD 器件探测地平面高度和航空高度宇宙射线的研究工作。地下实验表明，对于使用的特定器件，α污染物对 CCD 响应的贡献高得惊人，其贡献大大超过了海平面高度大气辐射的影响。此外，发现像素事件率随海拔增高而增加，并且与器件取向有关，表明引起器件敏感的粒子通量的各向异性。与从紧邻试验 CCD 的其他探测器(中子监测仪，氩电离室)获得的数据进行比较，发现在观察到的像素事件率中大气带电粒子(介子和质子)的作用显著。最后，为了模拟仿真各种粒子的贡献，开发了一个全数值模拟仿真模型，考虑了大气和α 粒子发射的贡献，可以模拟仿真出与所有实验数据令人满意的一致的结果。最后在航空高度进行了实验，验证了在高粒子通量下我们方法的正确性。

致谢

笔者感谢 Simon Platt 博士在 CCD 辐射效应领域和笔者的长期合作以及极富有成果的讨论。感谢摩丹地下实验室的所有员工，特别是 Fabrice Piquemal，Michel Zampaolo，Guillaume Warot 以及 Pia Loaiza。特别感谢本研究中勃朗峰公司在南针峰(Aiguille du Midi)实验中给予的支持。特别感谢 Laurent Berger，Claude Martin，Emerick Desvaux 以及 Christophe Bochatay 的帮助和款待。同样感谢 José Autran 提供的后勤支援工作。

参考文献

1. J. Ohta, *Smart CMOS Image Sensors and Applications*, CRC Press, 2007.
2. D. Durini (Editor), *High Performance Silicon Imaging: Fundamentals and Applications of CMOS and CCD sensors*, Woodhead Publishing Series in Electronic and Optical Materials, Elsevier, 2014.
3. S. B. Howell, *Handbook of CCD Astronomy*, Cambridge University Press, 2006.
4. A. R. Smith, R. J. McDonald, D. C. Hurley, S. E. Holland, D. E. Groom, W. E. Brown, D. K. Gilmore, R. J. Stover, M. Wei, "Radiation events in astronomical CCD images," Proc. SPIE 4669, Sensors and Camera Systems for Scientific, Industrial, and Digital Photography Applications III, pp. 172-183, 2002.
5. D. Groom, "Cosmic Rays and Other Nonsense in Astronomical CCD Imagers," in *Scientific Detectors for Astronomy*, Astrophysics and Space Science Library Vol. 300, pp. 81-94, 2004.
6. L. W. Massengill, B. L. Bhuva, W. T. Holman, M. L. Alles, T. D. Loveless, "Technology Scaling and Soft Error Reliability," 2012 IEEE Intl. Reliability Physics Symposium (IRPS), pp. 3C.1.1-3C.1.7, 2012.
7. P. Roche, J. L. Autran, G. Gasiot, D. Munteanu, "Technology Downscaling Worsening Radiation Effects in Bulk: SOI to the Rescue," International Electron Device Meeting (IEDM 2013), Washington,

D.C., USA, December 9-11, 2013, pp. 31.1.1-31.1.4.

8. T. S. Lomheim, R. M. Shima, J. R. Angione, W. F. Woodward, D. J. Asman, R. A. Keller, and L. W. Schumann, "Imaging charge-coupled device（CCD）transient response to 17 and 50 MeV proton and heavy-ion irradiation," *IEEE Transactions on Nuclear Science*, Vol. 37, no. 6, pp. 1876-1885, Dec. 1990.
9. R. Bailey, C. J. S. Damerell, R. L. English, A. R. Gillman, A. L. Lintern, S. J. Watts, and F. J. Wickens, "First measurements of efficiency and precision of CCD detectors for high energy physics," *Nuclear Instruments and Methods in Physics Research*, Vol. 213, no. 2-3, pp. 201-215, Aug. 1983.
10. G. R. Hopkinson, "Radiation effects on solid state imaging devices," *Radiation Physics and Chemistry,* Vol. 43, no. 1/2, pp. 79-91, 1994.
11. G. R. Hopkinson, C. J. Dale, and P. W. Marshall, "Proton effects in charge-coupled devices," *IEEE Transactions on Nuclear Science*, Vol. 43, no. 2, pp. 614-627, Apr. 1996.
12. A. M. Chugg, R. Jones, P. Jones, P. Nieminen, A. Mohammadzadeh, M. S. Robbins, and K. Lovell, "CCD miniature radiation monitor," *IEEE Trans. Nucl. Sci.*, Vol. 49, pp. 1327-1332, 2002.
13. A. M. Chugg, R. Jones, M. J. Moutrie, C. S. Dyer, K. A. Ryden, P. R. Truscott, J. R. Armstrong, D. B. S. King, "Analyses of CCD images of nucleon-silicon interaction events," *IEEE Trans. Nucl. Sci.*, Vol. 51, pp. 2851-2856, 2004.
14. G. R. Hopkinson, A. Mohammadzadeh. "Radiation Effects in Charge-Coupled Device（CCD）Imagers and CMOS Active Pixel Sensors," *Journal of High Speed Electronics and Systems,* Vol. 14, No. 2, pp. 419-443, 2004.
15. Z. Török and S. P. Platt, "Application of imaging systems to characterization of singleevent effects in high-energy neutron environments," *IEEE Trans. Nucl. Sci.*, Vol. 53, pp. 3718-3725, 2006.
16. Z. Török, "Development of image processing systems for cosmic ray effect analysis," Ph.D. Thesis, University of Central Lancashire（UK）, 2007.
17. S. P. Platt and Z. Török, "Analysis of SEE-inducing charge generation in the neutron beam at The Svedberg Laboratory," *IEEE Trans. Nucl. Sci.*, Vol. 54, pp. 1163-1169, 2007.
18. A. M. Chugg, A. J. Burnell, and R. Jones, "Webcam observations of SEE events at the Jungfraujoch research station," in Proc. 9th European Conference on Radiation Effects on Components and Systems（RADECS 2007）, paper PD-1, 2007.
19. S. P. Platt, B. Cassels, and Z. Török, "Development and application of a neutron sensor for single event effects analysis," *J. Phys.*: *Conf. Ser.*, Vol. 15, pp. 172-176, 2005.
20. X. X. Cai, S. P. Platt, W. Chen, "Modelling Neutron Interactions in the Imaging SEE Monitor," *IEEE Trans. Nucl. Sci.*, Vol. 56, pp. 2035-2041, 2009.
21. X. X. Cai and S. P. Platt, "Modeling Neutron Interactions and Charge Collection in the Imaging Single-Event Effects Monitor," *IEEE Trans. Nucl. Sci.*, Vol. 58, pp. 910-915, 2011.
22. X. X. Cai, S. P. Platt, S. D. Monk, "Design of a Detector for Characterizing Neutron Fields for Single-Event Effects Testing," *IEEE Trans. Nucl. Sci.*, Vol. 58, pp. 1123-1128, 2011.
23. G. Hubert, A. Cheminet, T. Nuns, and V. Lacoste, "Atmospheric Radiation Environment Analyses Based-on CCD Camera, Neutron Spectrometer and Multi-Physics Modeling," *IEEE Trans. Nucl. Sci.*,

Vol. 60, pp. 4660-4667, 2013.

24. T. Saad Saoud, S. Moindjie, J. L. Autran, D. Munteanu, F. Wrobel, F. Saigne, P. Cocquerez, L. Dilillo, M. Glorieux, "Use of CCD to Detect Terrestrial Cosmic Rays at Ground Level: Altitude vs. Underground Experiments, Modeling and Numerical Monte Carlo Simulation," *IEEE Transactions on Nuclear Science*, Vol. 61, pp. 3380-3388, 2014.
25. J. L. Autran, D. Munteanu, *Soft Errors: From Particles to Circuits*, CRC Press, 2015.
26. S. Ochi, T. Lizuka, M. Hamasaki, Y. Sato, T. Narabu, H. Abe, Y. Kagawa, K. Kato, *Charge-Coupled Device Technology*, CRC Press, 1997.
27. D. R. Smith, A. D. Holland, I. B. Hutchinson, "Random telegraph signals in charge coupled devices," *Nuclear Instruments and Methods in Physics Research Section A: Accelerators, Spectrometers, Detectors and Associated Equipment*, Vol. 530, Issue 3, pp. 521-535, 2004.
28. JEDEC Standard Measurement and Reporting of Alpha Particles and Terrestrial Cosmic Ray-Induced Soft Errors in Semiconductor Devices, JESD89 Arlington, VA: JEDEC Solid State Technology Association [Online].
29. TERRAMU Platform, Terrestrial Radiation Environment Characterization Platform Aix-Marseille University, France.
30. ASTEP Platform, Altitude SEE Test European Platform, Dévoluy, France.
31. S. Semikh, S. Serre, J. L. Autran, D. Munteanu, S. Sauze, E. Yakushev, S. Rozov, "The Plateau de Bure Neutron Monitor: Design, Operation and Monte Carlo Simulation," *IEEE Transactions on Nuclear Science*, Vol. 59, no. 2, pp. 303-313, 2012.
32. XIA model UltraLo-1800, ultra-low background alpha particle counters [Online].
33. M. S. Gordon, K. P. Rodbell, H. H. K. Tang, E. Yashchin, E. W. Cascio, B. D. McNally, "Selected Topics in Ultra-Low Emissivity Alpha-Particle Detection," *IEEE Trans.Nucl. Sci.*, Vol. 60, pp. 4265-4274, 2013.
34. S. Moindjie, Master's Degree Thesis, Aix-Marseille University, 2013.
35. T. Sato, H. Yasuda, K. Niita, A. Endo, L. Sihver. "Development of PARMA: PHITS based Analytical Radiation Model in the Atmosphere," *Radiation Research,* Vol. 170, pp. 244-259, 2008.
36. Quotid Atmopsheric Radiation Model（QARM）.
37. S. Agostinelli et al., "Geant4—A simulation toolkit," *Nuclear Instruments and Methods in Physics Research Section A: Accelerators, Spectrometers, Detectors and Associated Equipment*, Vol. 506, pp. 250-303, 2003.
38. S. Martinie, T. Saad-Saoud, S. Moindjie, D. Munteanu, J. L. Autran, "Behavioral modeling of SRIM tables for numerical simulation," *Nuclear Instruments and Methods in Physics Research Section B: Beam Interactions with Materials and Atoms*, Vol. 322, pp. 2-6, 2014.
39. H. H. K. Tang, "SEMM-2: A new generation of single-event-effect modeling tools," *IBM Journal of Research and Development*, Vol. 52, pp. 233-244, 2008.
40. J. M. Pimbley, G. J. Michon, "Charge detection modeling in solid-state image sensors,"*IEEE Trans. Electron Dev.*, Vol. 34, pp. 294-300, 1987.
41. J. C. Pickel, R. A. Reed, R. Ladbury, B. Rauscher, P. W. Marshall, T. M. Jordan, B. Fodness, G. Gee,

"Radiation-Induced Charge Collection in Infrared Detector Arrays," *IEEE Trans. Nucl. Sci.*, Vol. 49, pp. 2822-2829, 2002.

42. G. Rolland, L. Pinheiro da Silva, C. Inguimbert, J. P. David, R. Ecoffet, M. Auvergne, "STARDUST: A Code for the Simulation of Particle Tracks on Arrays of Sensitive Volumes With Substrate Diffusion Currents," *IEEE Trans. Nucl. Sci.*, Vol. 55, pp. 2070-2078, 2008.
43. L. Ratti, L. Gaioni, G. Traversi, S. Zucca, S. Bettarini, F. Morsani, G. Rizzo, L. Bosisio, I. Rashevskaya, "Modeling Charge Loss in CMOS MAPS Exposed to Non-Ionizing Radiation," *IEEE Trans. Nucl. Sci.*, Vol. 60, pp. 2574-2582, Aug. 2013.
44. M. Glorieux, J. L. Autran, D. Munteanu, S. Clerc, G. Gasiot, P. Roche, "Random-Walk Drift-Diffusion Charge-Collection Model For Reverse-Biased Junctions Embedded in Circuits," presented at NSREC 2014 and submitted to *IEEE Trans. Nucl. Sci.*, 2014.
45. S. Kumar, S. Agarwal, J. P. Jung. "Soft error issue and importance of low alpha solders for microelectronics packaging," *Rev. Adv. Mat. Sci.*, Vol. 34, pp. 185-202, 2013.
46. Z. Török, S. P. Platt, X. X. Cai, "SEE-inducing effects of cosmic rays at the High-Altitude Research Station Jungfraujoch compared to accelerated test data," *RADECS 2007 Proc.*, pp. 1-6, 2007.
47. W. C. McColgin, C. Tivarus, C. C. Swanson, A. J. Filo, "Bright-Pixel Defects in Irradiated CCD Image Sensors," *MRS Proceedings*, Vol. 994, pp. 0994-F12-06, 2007.

第 13 章　光纤和光纤传感器的辐射效应

Sylvain Girard, Aziz Boukenter, Youcef Ouerdane, Nicolas Richard, Claude Marcandella, Philippe Paillet, Layla Martin-Samos, and Luigi Giacomazzi

13.1　引言

当电离总剂量(TID)①超过 1 kGy(SiO_2)时，电离或非离子辐射将成为大多数电子元器件和电路的严重约束因素[1]。在自然环境中，会遇到这样的电离总剂量量级，例如太空、与核电站或高能量物理设施相关的人工环境[2]。与工艺敏感性和辐射条件有关，辐射将诱发各种临时和永久性改变器件功能的效应，有时会导致功能完全丧失。自 20 世纪 70 年代以来，光纤和光纤器件已显示出比大多数电子器件耐辐射，此外，它们还有一些固有优势，如电磁辐射免疫、重量轻、多路复用能力高和耐高温[3]。因此，光学技术被首先用于替代铜导线在辐射环境中传输数据，后来成为物理设施中更复杂系统或子系统的关键部分，例如裂变设施的等离子体诊断[4]。最近，光纤在开发新类别传感器中显示出非同寻常的优势[5]。这些新光纤传感器(OFS)使用光纤材料的散射特性来感应信息，在超长光纤距离时反射计技术提供高空间分辨率。今天布里渊或拉曼传感器可以沿着一条光纤链路在数十千米距离内以优于 1 m 的分辨率监控拉力和温度变化[6]，而瑞利传感器可以在 70 m 长的光纤中达到惊人的优于 1 mm 的分辨率[7]。现在正在开发进一步提高包括分辨率、敏感度和两个测量体间的辨别能力的传感器性能的更加复杂的技术。

尽管有着很好的耐辐射特性，但光纤不是辐射免疫的。13.2 节将介绍发生在光纤芯的二氧化硅(a-SiO_2)玻璃和包层微观尺度上的辐射诱生点缺陷产生的基本机理。这些缺陷是造成本章介绍的三种微观退化机理的主要原因。13.3 节将回顾有关影响宏观变化程度及这些变化动力学的光纤本身或相关外部的参数。13.4 节给出一些最近耐辐射光纤在恶劣辐射环境取得重要进展的有挑战性的应用案例。关于光纤传感器辐射敏感性和加固的成果很少，该节简要介绍该方面的内容并回顾该类型传感器目前已有的可用成果。最后，13.5 节讨论在模拟仿真光纤辐照复杂响应方面的工作。有一些从实验室测量数据推断光纤在实际环境退化的实用模型(文献[4]总结的)。也有正在开发的更高级的多尺度的方法，从模拟微观辐射诱生缺陷开始，到器件宏观响应[8-10]。这些论文中的最新进展给该工作增添亮点。

13.2　光纤主要辐射效应

大多数光纤设计成由纯或掺杂二氧化硅(a-SiO_2)做成的纤芯和包层结构，最外面是提

① 剂量是辐射在指定材料中沉积的能量值。在本章中，材料是氧化硅(a-SiO_2)，用 Gray(SiO_2)表征，有时用 rad(SiO_2)，换算关系为 1 Gy=100 rad。

高机械强度的丙烯酸酯涂层或其他类型的涂层[11]。为将光线导入纤芯，纤芯的折射率必须高于包层。这要求光纤的不同部位掺杂某些化学元素以便增加(锗、磷、氮)或减少(氟、硼)二氧化硅的折射率[11]。根据不同的可能制造工艺[11]以及包括衰减、色散或者数值孔径等光纤指标，非常不同的折射率(以及玻璃层组分)被光纤工厂制造出来。正如本章后面将介绍的，光纤设计者的选择极大地影响了它的辐射响应，该选择影响辐照过程中产生的微观缺陷的类型和特性。值得注意的是，其他有别于现有的基于硅和全内反射的光纤，例如，光线主要被导入空气的空心光纤[12]或低成本聚合物光纤[13]，这些其他类型光纤的辐射响应很少被报道，因为一些参数始终限制它们在恶劣环境中应用，但是，关于它们辐射响应的基础数据可以在文献[14-16]中找到。

13.2.1 辐射诱生点缺陷和结构变化

辐射在二氧化硅玻璃中通过电离或位移诱生点缺陷，这与入射粒子的性质有关。D. L. Griscom 给出了与点缺陷产生与湮灭相关的完整描述[17]，见图 13.1。

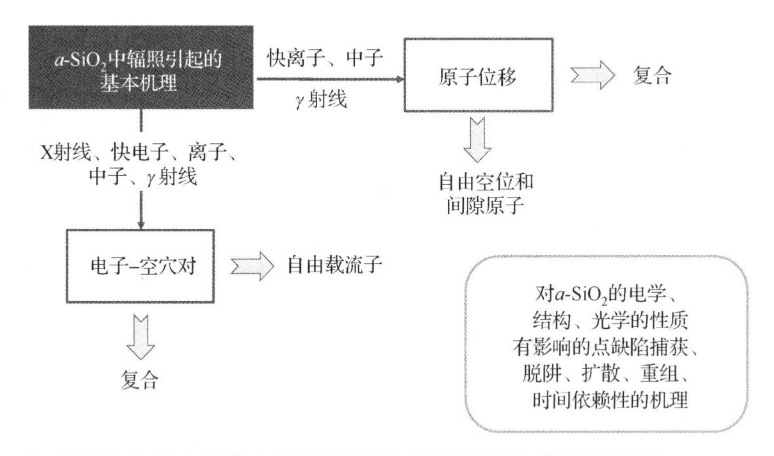

图 13.1　与辐照诱生的点缺陷与湮灭相关的主要机理示意图(改编自 D. L. Griscom, *Proc. of SPIE*, 541 "Radiation Effects in Optical Materials," pp. 38-59, 1985.)

这些辐射诱生点缺陷的产生机理几乎与 MOSFET 薄二氧化硅层的相同。但是，对于光纤，需要注意的是玻璃上没有施加电场。无电场对产生电荷迁移进入玻璃及其后复合的机制产生很大影响。对于光纤，了解器件辐射响应需要考虑电活性的点缺陷，所有产生的缺陷都具有光学活性，其对整体损耗的贡献随工作波长的变化而变化。图 13.2(a)演示了 108 个原子组成的 a-SiO_2 单元，展示了辐照前玻璃结构主要是由一个中心硅原子和连接在四个角的氧原子组成的四面体。图 13.2(b)展示了影响光纤辐射脆弱性的一些典型硅缺陷结构。点缺陷和二氧化硅 9 eV 带隙中间出现新的能级有关[见图 13.2(c)]，能够捕获电子或空穴并增加光纤传输光谱中的光吸收(OA)带。光吸收幅度取决于缺陷浓度以及它们的截面。这些光吸收带是造成 13.2.2 节描述的辐射诱生衰减(RIA)的主要原因。其中一些缺陷也有可能发光并引起 13.2.3 节中介绍的辐射诱生发射(RIE)。研究这些缺陷对于理解光纤内辐射引起变化的根源是必要的。因为光纤是基于多层不同掺杂的二氧化硅玻璃制备的，为了完整地解释被测光纤的辐射诱生衰减，需要不仅考虑导入光的空间分布，还要考虑缺陷在光纤截面的分布。缺陷浓度不仅受掺杂物性质和杂质存在的影响，也受到像光纤生产过程中在光纤截面中残余应变相关的微观缺陷的影响。

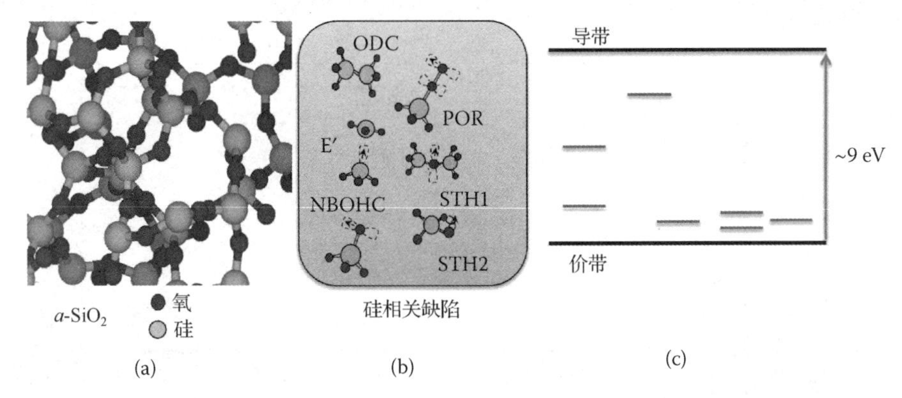

图 13.2　(a)纯无定形二氧化硅结构示意图；(b)与 Si 相关的缺陷；(c)二氧化硅能带隙中出现的与 Si 相关缺陷对应的新能级示意图

13.2.2　辐射诱生衰减(RIA)

辐照前，电信类别的单模光纤在电信窗口表现出非常小的衰减，典型值为在 1550 nm 波长时低于 0.2 dB/km。衰减程度和为应用选择的工作波长强烈相关，并且随波长减小而增加。

辐射通过引起过量衰减而改变光纤传输效率，称为辐射诱生衰减(RIA)，这主要与缺陷的吸收有关。RIA 程度随电离总剂量增加而增加，其动力学与光纤的种类和工作波长有关。辐照后，RIA 通常降低，显示一些产生缺陷的瞬态(非稳定)性质，同时，另有一些在工作温度是稳定的。例如，数纳秒的 X 射线辐照 100 Gy 剂量后，引起电信类别的掺锗光纤中的 RIA 在 1550 nm 波长时为 2000 dB/km，99%的 RIA 在 1 s 内恢复[18]。

图 13.3 给出了经过这样的辐照后，两个电信类别的掺锗单模和多模光纤在可见光到红外范围的 RIA 水平。图 13.3 中插图显示照射后在 1550 nm 波长时 RIA 的恢复情况，显现了光纤性能随辐照后时间的变化。值得注意的是，这些过量损失同样强烈依赖于关注的波长，通常在紫外和可见光区域更加强烈，在该范围比较多的光带达到峰值。这里没有光吸收(OA)带能被辨别出，RIA 与大量光吸收带重叠在一起。为了设计抗辐射光纤或为了评价商业现货光纤应用于未来环境(如那些目前地球设施还不能复现的环境)，了解在工作波长下缺陷性质对 RIA 的影响是必要的。改进基础知识将有助于建立设计加固策略或者构想的预测模型。RIA 是对当今光纤应用影响最大以及研究最多的效应。

13.2.3　辐射诱生发射(RIE)

已经观察到辐照可产生光，并被导入到探测器上，此现象被称为辐射诱生发射(RIE)现象。这种寄生的光叠加在信号上，严重增加信号噪声比，最坏情况导致信息丢失[19]。不同机理可以解释这种过量的光，如契伦科夫光(Gerenkov)[20]，或者来自辐射诱生点缺陷产生的冷光源[21]。对于大部分应用，RIE 没有 RIA 影响大，但是对于耐辐射或者加固光纤，仍需要注意，有可能面临 RIE 问题，这是因为这种光不像在敏感光纤中被有效地吸收。此外，RIE 也被表明是监视反应堆心的核能量一个有用的方法，因为其整体强度直接与该参数有关[22]。

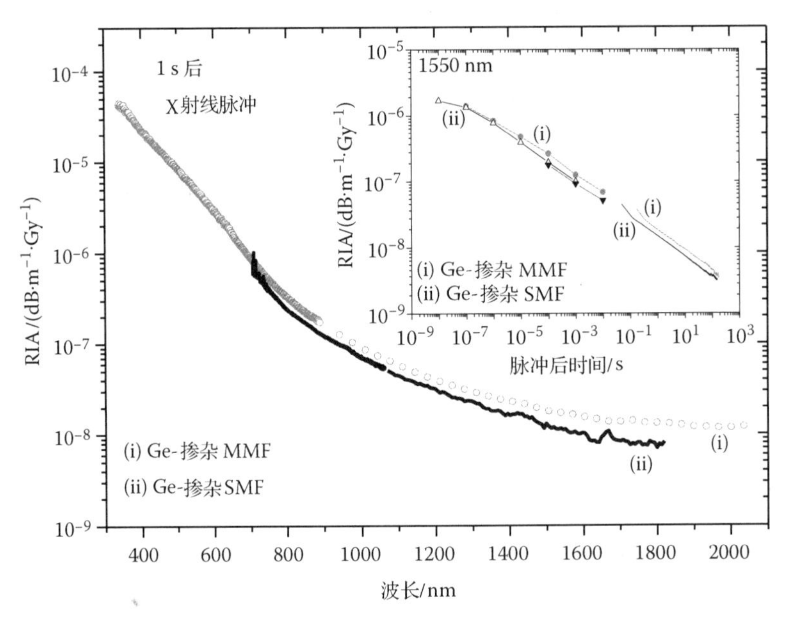

图 13.3　X 射线脉冲 1 s 后，在两个电信级 Ge 掺杂单模光纤（SMF）和多模光纤（MMF）辐射诱生衰减（RIA）的谱相关性。插图描述 X 射线脉冲后 1550 nm 处 RIA 时间相关性

13.2.4　压缩和辐射诱发折射率变化

辐射能导致折射率改变。这些变化可以由点缺陷以及通过克拉茂-克朗尼希关系的 RIA 或者服从洛伦兹-洛伦茨关系式的密度变化所致。压缩是 Primak 首先在暴露于高通量中子（大于 10^{18} n/cm^2）的体二氧化硅玻璃中发现的，造成折射率变化 3%[23]。这些结构变化不再随通量增加，而是当非晶二氧化硅达到一个新的结构时趋向于饱和，称为变生态[24]。当光纤被当作传感器的敏感部分使用时，辐射引起的结构变化是非常重要的。在这种情况下，光纤的结构特性经常被用作监视外界因素，例如应力或者温度。这样的案例如基于布里渊、瑞利或者拉曼散射的光纤，或基于光纤布拉格光栅。在光纤中，这些效应最近在文献[25]中被讨论。

13.3　影响光纤辐射响应的内部与外部参数

限制光纤在恶劣环境下应用的一个主要原因是商用光纤可能响应的多样性以及缺少预测工具来评价光纤对给定环境的敏感性。因为有大量的参数会影响辐射诱生点缺陷的产生或者消失，这相应地影响光纤宏观性能改变。图 13.4 概括了已表现出改变光纤辐射敏感度的主要参数。

13.3.1　光纤有关的参数

首先，光纤敏感度主要是受所选择的传播信号的不同玻璃层成分决定的。在芯内部，缺陷的性质、浓度以及与其关联的 RIA 生长和衰退动力学首先是与增加折射率的掺入杂物有关的。在 COTS 光纤中，通常会用锗(Ge)，与 Ge 相关的缺陷是观察到的 RIA 的主要原因[26]。但是，芯内其他杂质的存在会影响 Ge 缺陷平衡，并改变光纤的响应[27]。例如，当 F 或 Ce 被加入纤芯时[28,29]。此外，当部分光穿入包层[在单模光纤(SMF)、1550 nm 下，可达 40%]，这个区域产生的缺陷也总体地改变具有相似芯设计的光纤响应[30]。

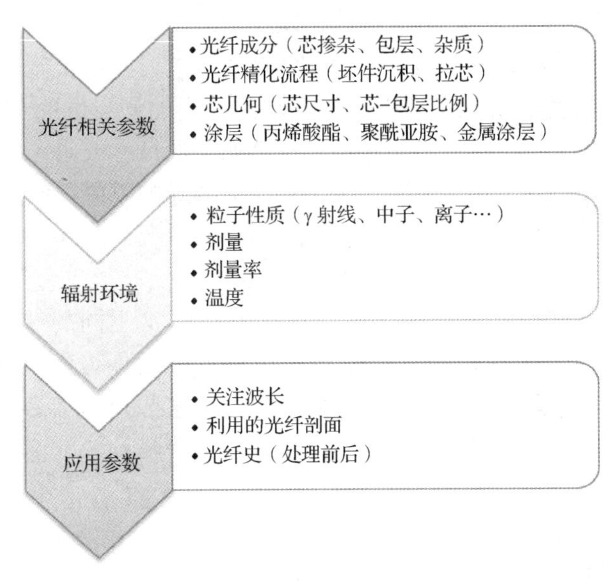

图 13.4　影响光纤辐照脆弱性的内部和外部参数

对于中等辐射应用限制，低成本 Ge 掺杂光纤通常是可以接受的，例如，对于兆焦耳激光应用[31]、大型强子对撞机[32]，或者太空应用。对于“芯”中使用的其他主要掺杂物，例如磷或氮，与这些化学物质相关的缺陷同样解释了光纤的响应。氮掺杂光纤有可能应用在中等到高稳态辐照剂量环境[33,34]。此外，已经非常好地确定了稳态辐照下磷掺杂光纤表现出非常高的 RIA 性能，因此，几乎所有要求使用抗辐照光纤的应用都禁止使用磷掺杂光纤。一个值得注意的例外是脉冲辐照后的短期应用，在这种情况下，P 掺杂的光纤展示出小的瞬态 RIA[35]。

尽管辐射灵敏度高，仍然有大量研究 P 掺杂光纤的两个主要原因是，第一，P 也在稀土掺杂光纤中存在，目的是促进稀土离子融入。这个研究重心是寻找中和 P 掺杂缺陷的掺杂方法，例如铈掺杂或氢输运[36]。第二，基于 RIA 的剂量相关性[37–39]，P 掺杂光纤非常高的灵敏度被用于开发在线剂量测量系统。对于高剂量环境，最耐辐射的单模光纤(SMF)或多模光纤(MMF)都设计为纯二氧化硅(PSC)或 F 掺杂芯[40,41]。这些不同光纤已经被广泛地研究，特别是在国际热核聚变实验堆(ITER)的项目框架中。对于 PSC 和 F 掺杂光纤，RIA 是由与硅相关的缺陷引起的，它们的浓度取决于杂质含量，这些杂质主要是氢氧根组、羟基组以及氯类[42]。

存在两个主要类别的纯二氧化硅芯光纤：“湿光纤”(高 OH 含量，低氯含量)适宜在紫外和可视光谱部分传输信息，“干光纤”(低 OH 含量，高氯含量)主要用于红外光谱部分传输信息。为了进一步对这些 PSC 光纤加固，为减少所有缺陷浓度的低羟基和低氯含量的新型波导已经开发出来[43,44]。此时，“新的”额外缺陷甚至在室温下出现，如自捕获陷阱，因为辐照开始的瞬时 RIA，限制了它们在高剂量率实验中的应用[45-47]。对于这些光纤，预辐照可能是一种增强光纤抗辐射强度的方式[48]。最后，最有希望的 PSC 光纤结果已经获得，通过像氢气或氘气预载气体，可以在缺陷形成时马上钝化它们[49]。研究还在进行当中，以验证这样的处理在物理设施整个寿命期中有无影响。

除了成分外，进行沉积的工艺参数及其拉伸光纤条件可以影响光纤的辐射响应[50-52]。所有这些制作过程决定了芯玻璃和包层特性，以及辐射敏感度。例如，在拉伸光纤过程中，一些残余应力或多或少被冻结在波导中，尤其是在芯-包层界面，产生应力施加在正常硅-氧-硅键上，已经被证明是非桥氧空穴中心和 E 缺陷产生的初步位置[50]。此外，在一些情况下，光纤的光学几何参数可以改变其辐射响应，例如芯的尺寸或者芯-包层的直径比[53]。这些影响可以被扩散限制机制，或改变导入模式和构成波导的不同层间重叠的改变而解释[54]。

13.3.2　外部参数

光纤面临着各种各样的恶劣应用环境。它们涉及非常不同的严酷因素，如剂量、剂量率、粒子性质以及温度等。这些差别解释了在特定应用环境的一种耐辐射光纤性能可能不满足另一种不同辐照环境下的应用。确实，所有这些外部参数直接影响着辐照下缺陷的性质、浓度、产生和蔑灭机制，或者辐射诱生点缺陷和辐照后测量到的宏观变化的幅度(RIA、RIE、压缩性等)。

正如 13.2.1 节讨论的，由辐照性质决定，不同的过程能导致点缺陷产生。这是一种情况，例如，中子可以在二氧化硅玻璃中造成不同的缺陷，在非常高的通量下($>10^{17}$ n/cm^2)[55]导致玻璃结构的显著变化。在关于体二氧化硅玻璃 ITER 项目中，CIEMAT 完成了一个最全面的伽马/中子辐照研究，在文献[56–58]中有描述。

通常 RIA 随沉积剂量而增加，同样，缺陷的浓度也随着沉积在玻璃中的能量而增加[59,60]。然而，特别是稳态辐照时，该缺陷的产生被辐照温度和在有用波长产生中心吸收不稳定性而抵消。RIA 演化是一些点缺陷不同过程竞争的结果。RIA 可能随剂量线性增加，或者在中等剂量下呈幂次方增长，而剂量高于 1 kGy 时 RIA 会饱和[61]，或者，对于一些光纤，RIA 在达到一定剂量阈值后会下降[62]。这些竞争过程同样受剂量率(即能量在材料中的沉积速度)影响很大。几乎所有的光纤都已经展示出在指定剂量下，剂量率增加导致 RIA 增加，因为缺陷恢复时间减少了。在一些论文中，在稀土(RE)掺杂光纤中发现类似电子器件中的低剂量率敏感增强效应(ELDRS)[63]。这样的表现可能性很小，但是文献[64]证明其在一些特定条件下出现。这个剂量率相关性对空间用光纤的辐射测试方法有着非常大的影响。对于这些应用，应用的剂量率非常低，一个 20 年空间任务的周期内的电离总剂量只能在地球上使用大剂量率来实现。然后，从这些地面数据来看，通常使用如文献[65,66]给出的简单模型外推光纤在真实环境的脆弱性。

最后，温度是评估光纤敏感性时要考虑的另一个主要参数。如果光纤在低温下被辐照，然后进行高温处理，RIA 通常会减少。热处理消除了部分在低温下产生、在高温下不稳定的缺陷。当考虑辐照发生在不同温度时，这个正温度效应不是非常明显。确实，如果高温辐照增加不稳定缺陷的数量，然后加速它们的冕灭，它同样可以增加缺陷的产生效率并最终导致更高的 RIA 量级。如果这第二种效应比前面第一种的大，增加辐照温度可能增加缺陷浓度以及 RIA。这个现象在文献[67]中被证明，并还在全面研究中。

13.4　主要应用和挑战

13.4.1　对于光纤

光纤有大量恶劣环境应用情况。本节中，我们仅讨论 2000 年以来发表的一部分内容。第一小节和第二小节分别是涉及磁约束和惯性约束的核聚变设施所需的各种光纤。第三小节包括大型强子对撞机（LHC）的光链路用光纤的验证和鉴定。最后一个小节是关于空间用 RE 掺杂光纤的加固方法。

13.4.1.1　国际热核聚变实验堆（ITER）研究

为了 ITER 需要，集成耐辐射光纤已针对数个应用进行了研究。研究最多的光纤是计划用作等离子体诊断器件的多模光纤[68, 69]。这些光纤必须能承受高剂量辐射（数 MGy 和快速中子通量 10^{16}～10^{18} n/cm^2）。为了该目的，来自比利时（SCK-CEN）、俄罗斯（光纤研究中心）和日本（东北大学）的几个研究小组已经研究了大量多模光纤（例子见文献[70]）。他们的研究指出纯二氧化硅芯和 F 掺杂光纤是等离子发光传输最理想的候选者。而且，使用合适的减缓技术，例如氢气加载预处理，有可能进一步增加其抗辐射能力[68]。另一个非常有意思的研究是开发光纤电流传感器来监控等离子体电流和磁场以控制等离子体的磁平衡[71]。这个传感器的工作原理是法拉第效应：磁场在光纤内部产生双折射[68]。

13.4.1.2　兆焦耳级激光器研究

对于兆焦耳级激光器，在法国的兆焦耳激光器（LMJ）或美国国家点火装置（NIF）设施中，光纤用途从数据传输链接到等离子体或激光诊断[72]。这些光纤将经受非常高的辐射强度。这个混合的辐射环境（γ，14 MeV 中子，X 光）的特征是有非常高的剂量率和短辐照周期：大部分剂量在 300 ns 内沉积[73]。对于大部分应用，耐辐射光纤已经被验证，或者采取减缓方法来减少辐射限制，增加光纤系统寿命。特别是优化各种光纤链的使用状况是极为重要的，因为 RIA 量级极大地取决于辐照脉冲与光纤工作的时间间隔（见图 13.3）。最敏感系统是那些必须在辐照过程中或辐照后马上工作，诸如等离子体或激光诊断。此外，这些诊断工作在 RIA 值比较高的紫外线和可视光谱范围。为了提供辐射加固系统，这个类别光纤的开发研究仍在进行。

13.4.1.3　大型强子对撞机（LHC）研究

在欧洲核子研究中心（CERN）借助 LHC 已经完成的一个非常全面的研究，来判断单模光纤满足装置的束流清洗部分的 2500 km 光纤链路的要求[74]。这个单模光纤（SMF）必须能承受超过 100 kGy 剂量。对来自不同厂家不同的 SMF 进行试验，包括不同剂量、剂量率和 γ 射线注入能量量级以及可以代表应用的混合环境。从这些试验[75]中，一个来自 Fujikura 的商用氟掺杂光纤被选中，并被充分测试分析，表现出在剂量 100 kGy 下 RIA 量级低于 5 dB/km（允许的损失为低于 6 dB/km）。加固保证程序保证了本项目中所有的工作以及光纤的质量，揭示了工艺参数对光纤辐射响应的影响[76]。

13.4.1.4 空间用稀土掺杂光纤和放大器

使用铒(Er)、镱(Yb)或铒镱混合(Er/Yb)的掺稀土光纤对空间应用或军事用途有着极大吸引力[77, 78]，因为这些光纤是光纤陀螺、放大器或激光器的关键单元。通常只使用很短的光纤，但是掺稀土光纤已经表现出比无源光纤对辐射更敏感[79]。这个高辐射敏感性比较多地被解释为芯中多余的共掺质(铝或磷)增强光以及放大特性引起的，而不是由稀土离子本身导致的。在泵浦和波长的辐照引起衰减(RIA)主要使基于这些光纤的放大器响应更复杂，已有可以考虑这种系统行为辐射效应的模拟程序[80,81]。因而，有可能在系统层面上优化掺稀土放大器的响应，如使用最短长度的掺稀土光纤，或者泵浦光波长从 980 nm 改变到 1480 nm 来优化系统[82]。一些方法已经在器件级上实施以改进其抗辐射性。铒镱混合掺铈光纤已经在降低光纤和放大器脆弱性方面显示出效果很好[83]，并且铒和镱掺杂光纤在之后同样得到了证实[84,85]。另一个增强掺铒光纤抗辐射能力的成功方法是基于避免使用铝的创新制造工艺[86]。氢载入稀土光纤对增加它以及与其关联的放大器的耐辐射性同样是非常有效的[36,87]。该方法的问题是难于在不降低光纤性能的情况下实现永久载入光纤，该问题现在可以通过使用新式的孔助碳涂层铒光纤来实现(HACC 光纤[88])。使用这种光纤制成的放大器展示了它们在 2×10^{-3} Gy/s 剂量率下辐照剂量超过 3 kGy，退化低于 4%(63 MeV 质子辐照通量 7.5×10^{11} p/cm^{2} [89])，它对应了未来最具挑战性的去木星卫星的空间任务。

13.4.2 对于光纤传感器

各种光纤传感器已被研究过。它们主要分成两个类别。第一种使用敏感末梢以及只用于传输敏感末梢产生信号到探测器介质的光纤[90]。本节不讨论这种传感器，而将详细讨论第二种，光纤同时作为敏感元件和传输支撑。有大量的辐射敏感性非常引人关注的传感器。我们这里介绍其中的一些，包括光纤布拉格光栅(FBG)和作为剂量测量系统的光纤以及基于布里渊、瑞利或拉曼散射的二氧化硅玻璃传感器。

13.4.2.1 光纤布拉格光栅(FBG)

单模光纤(SMF)可以通过在内芯写栅格具备过滤特定波长(布拉格波长 λ_B)的功能，λ_B 值决定于光栅特性、它的折射率特性和它沿光纤光栅的变化周期[91]。λ_B 随温度或拉力的漂移被用来监测 FBG 传感器位置的这些参数[92]。因为一些 FBG 可以写入独特的 SMF，可以用 FBG 制作分布式传感器[93]。可以用不同方法将 FBG 写入光纤，例如连续或脉冲激光器、最近更多使用的飞秒激光器。与使用的方法和额外的预处理有关，例如氢预载，FBG 可以写入不同光纤类型，从那些对光敏感的(锗掺杂)到那些不太敏感的(PSC，氮掺杂)。文献[92]已对 FBG 的辐射效应进行了总结。辐射导致布拉格波长 λ_B 漂移，直接影响了温度或应力评价，增加测量误差。辐射同样可以改变 FBG 峰值形状和降低幅度，直至完全消失。这些变化的幅度严重地取决于写入环境、处理以及辐照温度。FBG 耐辐射能力与被写光纤的耐辐射能力没有太大关系[94]。此外，即使 FBG 是耐辐射的，如果系统使用的光纤的长度太长，以致使 RIA 影响测量动态，RIA 也必须被考虑。FBG 是辐射环境下工作的一项非常有前途的技术。在耐辐射光纤内使用一个独特的写入方法，FBG 可以承受剂量高达 3 MGy，并且工作温度超过 200℃，布拉格波长漂移限制在小于 15 pm(相对应温度误差大约 1.5℃)[95]。

13.4.2.2 作为剂量系统的光纤

各种类别光纤脆弱性研究揭示了它们其中一些对辐射非常敏感。这对开发有源或无源剂量系统有极大帮助，使用光纤的优势是降低系统成本、重量，提高性能。这些剂量计是基于之前提到并展示的各种辐射效应。

RIA：一些被研究系统使用 RIA 剂量相关性来监测辐射。对于这样的系统，极高敏感的光纤，例如磷掺杂光纤或那些使用稀土掺杂光纤都是非常有优势的候选者[96]。将它们与反射技术相结合，空间分辨率小于 1 m 的使用独特光纤监测剂量的可行性已经被论证[97,98]。

RIE：从已存在的缺陷中心或辐射诱导缺陷中心辐射发光可以成为一种实时监测通量（或剂量率）的方法。例如，最近的研究表明这样的监控是可以使用稀土掺杂光纤[99]或 MMF 预载氧气[100]实现的。对于这些例子，监测用发光是在红外范围，因而受 RIA 的影响较小。正如之前所提出的，切伦科夫发射同样可以在反应堆内用于检测中子通量，如文献[22]展示的。

热释光：已经发表了大量关于光纤（通信类别或者特殊产品）作为电离或非电离辐射的热释光剂量计的可能性方面的论文[101]。例子之一，最近验证了高掺锗光纤比商用热释光计（TLD），如使用其他材料制成的 TLD500，拥有更多好的剂量测定特性[102-104]。

OSL：正在基于光激发光研究开发在线剂量测定系统[105,106]。例如用于质子治疗的目的。在这种情况下，在辐照结束时用激发探针激发光纤引起产生缺陷在激发时发光。从这个测量，剂量值可以在辐照结束的数秒后被提取出来。

13.4.2.3 分布型传感器

分布型传感器利用沿着光纤传播散射光提供 50 km 长光纤优于 1 m 分辨率的惊人传感优势。布里渊和瑞利散射特性与施加在二氧化硅上的应力和温度有关，因而可以用于这两种类型的测量（鉴别它们仍是问题）[107]。基于拉曼的传感器只对温度敏感，对应力不敏感[108]。图 13.5 概括了今天所了解的有关辐射效应对它们性能的影响。

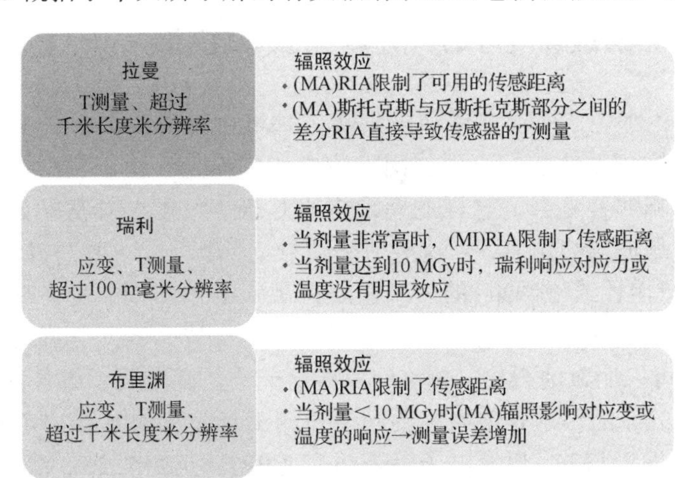

图 13.5 对拉曼、瑞利和布里渊传感器的影响综述（MA 代表明显影响，MI 代表轻微影响）

拉曼传感器：拉曼传感器是基于进入多模光纤内斯托克斯（S）和反斯托克斯（AS）散

射光强度比例的测量。AS 光幅度随着温度变化，而 S 部分保持不变，因而对当今商用系统，沿光纤监测温度变化的分辨率可达大约 1 m。当受到辐射时，拉曼传感器的性能会以两种机制严重退化：RIA 和微分 RIA，即 Δ RIA，在 S 和 AS 波段之间，γ 射线剂量达到 10 MGy，拉曼散射本身保持不变[109]。RIA 限制仪器的探测范围并与应用有关，这说明有必要使用抗辐射光纤，例如使用 PSC 或 F 掺杂来设计长度大于 100 m 的系统。S 和 AS 线之间的微分 RIA 造成温度大的测量误差。Δ RIA 不是直接相关于 RIA 级别，但是有特别的相关性(例如载氢气观测到的相似效应)。它导致单端仪器高温读取误差，并且没有修正的拉曼传感器不能在恶劣环境中使用。如果已知 RIA 在 S 和 AS 上的波长，在一些特定情况下是可以在系统层面来修正这些错误的[110,111]。研究工作仍在进行中，但拉曼传感器是监测核废料存储设施或核电站的良好候选者。

布里渊传感器：布里渊传感器是基于线性相关于温度或应力的布里渊散射光频率漂移的测量。像拉曼传感器，其空间分辨率为每公里长度小于 1 m 并使用 SMF。辐射同样引起布里渊频率漂移，它将导致测量评估错误。在 PSC 和 F 掺杂光纤中辐射引起的漂移是有限制的[112]，可能在锗掺杂光纤中的更大[113]。再一次，RIA 是主要的效应，它将严重限制传感器的距离，在 10 MGy 辐照剂量后，从千米降低到不足 200 m[112]。使用改进的光纤，布里渊传感器展示出在恶劣环境下可接受的性能，例如与核废物存储有关的。

瑞利传感器：对迄今可获得的系统而言，在超过光纤限制长度(低于 100 m)内，瑞利传感器提供了最好的空间分辨率(达到 10 μm)。像其他类别的基于散射机制的传感器，它们的性能受 RIA 现象影响，并可能降低它们监控应力和温度的能力。意想不到的是瑞利散射强烈地受到 γ 射线影响，中子辐照可能更严重。最近 A. Faustov[54]的研究表明这样的温度传感器可以在低剂量环境工作(小于 100 kGy)，更高剂量(到 10 MGy)证明这项技术在辐射环境下工作潜力的研究还在进行中[114]。通过把它用作与高辐射敏感度光纤有关的 OTDR，这项技术可用于监测剂量沉积，有退化但仍有高的空间分辨率(大约 15 cm)[54]。

13.5　从零到系统级的多尺度仿真：最新进展

正如之前所讨论的[4]，不存在评估未来恶劣环境中光纤脆弱性的模型，也几乎没有可作为加强它们的抗辐射性能的不同加固方法之一的模型。由于辐射诱生点缺陷产生对光纤宏观特性的影响非常复杂，这样的模型应当基于多尺度工具从初始光纤不同层产生点缺陷的特性和多晶玻璃的仿真，到这些缺陷对导光的影响。这些方法的开发在 2008 年被认为是裂变装置(惯性或磁约束)的一个主要挑战，要求不同研究者和光纤制造商进行大力合作[115]。

从前面的章节可以明显地得出，单一的实验研究不足以全面了解各种点缺陷的特性和性质以及光纤退化的原因。这是由于主要光谱检测工具固有的限制：光吸收(OA)、光发光(OL)和时间辨别发光(TRL)以及电子顺磁共振(EPR)。正如图 13.3 演示的，RIA 光谱由于光吸收带强重叠，通常难以复现关联缺陷的高斯带。而且，红外衰减的源头，一个最重要的光谱领域，对于绝大多数光纤种类仍未知。只有一部分缺陷发光，并且 EPR 只能用于研究顺磁缺陷。此外，尽管经过 50 年研究并取得巨大的突破(举例见文献[116-118])，一些缺陷的确切构造及其性质仍有争议并在研究中。为了解决所关注缺陷存在的问题，从最开始模拟的方法可很好地被采用，但直到最近还没开发出清晰方法来研究可以再现多晶硅复杂性质的大 a-SiO_2 超级单体和随后点缺陷特性统计分布。LabHC 和 CEA 项目组开展此研究，开发出并经过验证有效（见文献[8–10]）的计算光学特性和点缺陷 EPR 径迹的一种方法。这个方法的细节见图 13.6，给出了主要步骤和为取得微缺陷的结构、光学和 EPR 径迹分布计算所需要的商用或自编计算机程序。最近发表的进展显示了这个方法已经成功地获取纯二氧化硅材料中的一些缺氧中心，即 ODC(I)的光学吸收径迹，并解释了锗-ODC(I)缺陷缺少清晰吸收径迹[119]。而且，已经在理论上研究了不同的 Si 或 Ge 相关中心的光学和 EPR 径迹[120]。甚至，已经得到令人激动的关于中子-辐照玻璃结构特性的仿真，例如它们的拉曼光谱[55]。在不久的将来，这些模拟工具，结合实验研究将可以帮助预估光纤在特定环境中的辐射响应。

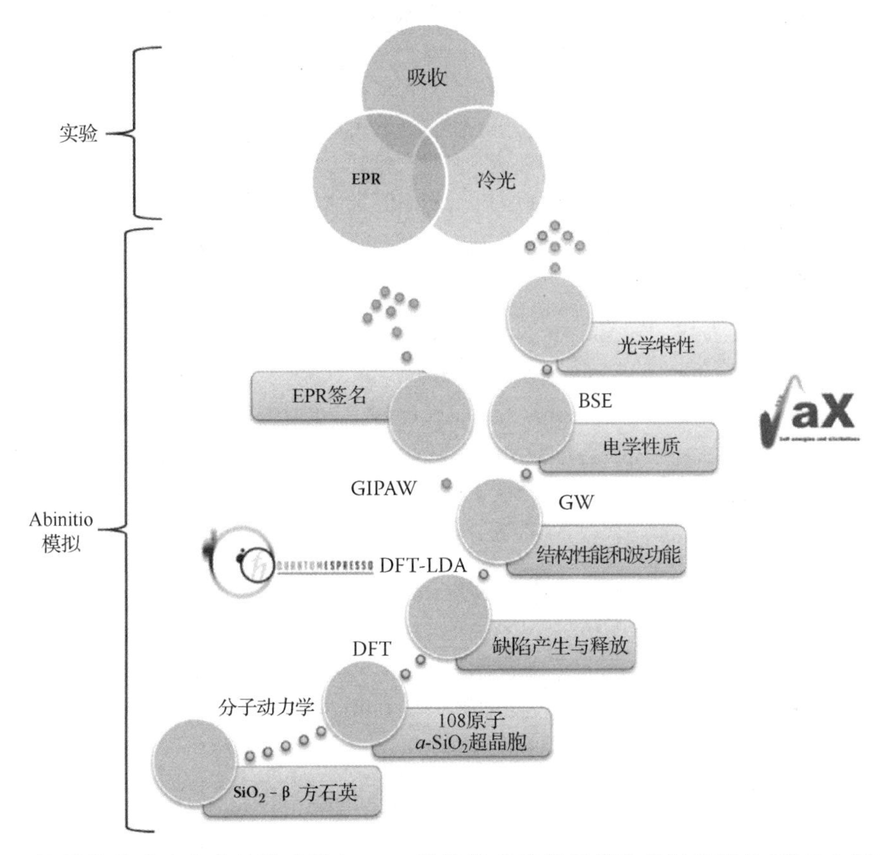

图 13.6　计算非晶玻璃中点缺陷光学与 EPR 特性的多尺度模拟法的初级部分（详见文献[8–10]）

如果图 13.6 给出的方法可以帮助改进介质中点缺陷产生机制的相关知识，需要额外工具从最开始模拟，一直到器件或系统级。从开发的方法来看，玻璃简单成一层后可以进行计算，但这样工作需要对所有层进行。甚至，需要新的程序如蒙特卡罗程序来考虑微观尺度的机制，例如可移动成分的扩散或光纤中径向分布的压力对辐射诱生点缺陷的产生和消失机制的影响。之后，应该考虑辐照下导引模式和不断变化的材料之间的相互作用，以获得波导对辐照的整体响应。这个步骤包括各种光纤导入模式的计算，对应可以用电磁程序解决的已知物理过程。然而，再一次提醒，在初始时就要考虑在此时显现出来的参数影响，如图像漂白效应，需要考虑不同尺度上的相互作用。

13.6 小结

本章简要介绍了二氧化硅光纤的基本辐射效应和这个研究领域的主要科学进展。该项研究主要受工业或空间应用的需求驱动，还涉及大型设施的实验室，例如 ITER，LMJ-NIF，LHC。今天，耐辐射器件已经针对特定应用进行了验证，即使是存在大问题的稀土掺杂器件。它们的加固或系统使用它们的那部分已经被改进，包括器件加固或系统加固方法，减少在工作波长辐射诱生点缺陷的影响。当今的挑战在于使用二氧化硅光纤来设计在恶劣环境中可运行的独立或分布型传感器，例如下一代核电站反应堆。除了对点缺陷的控制外，还要求了解并限制辐射引起的结构变化，特别是非电离辐射。

参考文献

1. J. R. Schwank, M. R. Shaneyfelt, D. M. Fleetwood, J. A. Felix, P. E. Dodd, P. Paillet and V. Ferlet-Cavrois, “Radiation Effects in MOS devices,” *IEEE Transactions on Nuclear Science*, vol. 55, no. 4, pp. 1833-1853, 2008.
2. J. L. Barth, C. S. Dyer, E. G. Stassinopoulos, “Space, atmospheric, and terrestrial radiation environments,” *IEEE Transactions on Nuclear Science*, vol. 50, no. 3, pp. 466-482, 2003.
3. F. Berghmans, B. Brichard, A. Fernandez, A. Gusarov, M. Van Uffelen, S. Girard, “An introduction to radiation effects on optical components and fiber optic sensors,” *NATO Science for Peace and Security Series B: Physics and Biophysics*, Bock, W. J.; Gannot, I. & Tanev, S. (Eds.), (127-165), Springer Netherlands, ISBN 978-1-4020-6950, 2008.
4. S. Girard, J. Kuhnhenn, A. Gusarov, B. Brichard, M. Van Uffelen, Y. Ouerdane, A. Boukenter and C. Marcandella, “Radiation Effects on Silica-based Optical Fibers: Recent Advances and Future Challenges,” *IEEE Transactions on Nuclear Science*, vol. 60, no. 3, pp. 2015-2036, 2013.
5. A. D. Kersey, “A Review of Recent Developments in Fiber Optic Sensor Technology,” *Optical Fiber Technology*, vol. 2, no. 3, pp. 291-317, 1996.
6. X. Bao and L. Chen, “Recent Progress in Distributed Fiber Optic Sensors,” Sensors, vol. 12, pp. 8601-8639, 2012.
7. S. Kreger, D. Gifford, M., Froggatt, A. Sang, R. Duncan, M. Wolfe, B. Soller, “High-Resolution Extended Distance Distributed Fiber-Optic Sensing Using Rayleigh Backscatter,” Proc. SPIE 6530, Sensor Systems and Networks: Phenomena, Technology, and Applications for NDE and Health Monitoring, paper 65301R 2007.
8. S. Girard, Y. Ouerdane, G. Origlio, C. Marcandella, A. Boukenter, N. Richard, J. Baggio, P. Paillet, M. Cannas, J. Bisutti, J.-P. Meunier, and R. Boscaino, “Radiation Effects on Silica-Based Preforms and Optical Fibers—I: Experimental Study With Canonical Samples,” *IEEE Transactions on Nuclear Science*, vol. 55, no. 6, pp. 3473-3482, 2008.

9. S. Girard, N. Richard, Y. Ouerdane, G. Origlio, A. Boukenter, L. Martin-Samos, P. Paillet, J.-P. Meunier, J. Baggio, M. Cannas, and R. Boscaino, "Radiation Effects on Silica-Based Preforms and Optical Fibers-II: Coupling Ab initio Simulations and Experiments," *IEEE Transactions on Nuclear Science*, vol. 55, no. 6, pp. 3508-3514, 2008.
10. N. Richard, S. Girard, L. Giacomazzi, L. Martin-Samos, D. Di Francesca, C. Marcandella, A. Alessi, P. Paillet, S. Agnello, A. Boukenter, Y. Ouerdane, M. Cannas, and R. Boscaino, "Coupled theoretical and experimental studies for the radiation hardening of silica-based optical fibers," *IEEE Transactions on Nuclear Science*, vol. 61, no. 4, pp. 1819-1825, 2014.
11. A. Mendez, T. Morse. *Specialty Optical Fibers Handbook*, Academic Press, Dec. 2006.
12. P. Russell, "Photonic Crystal Fibers," *Science*, vol. 299, pp. 358-362, 2003.
13. K. Peters, "Polymer optical fiber sensors—A review," *Smart Materials and Structures*, vol. 20, no. 1, 2011.
14. G. Cheymol, H. Long, J. F. Villard, and B. Brichard, "High level gamma and neutron irradiation of silica optical fibers in CEA OSIRIS nuclear reactor," *IEEE Transactions on Nuclear Science*, vol. 55, no. 4, pp. 2252-2258, 2008.
15. S. Girard, J. Baggio, and J.-L. Leray, "Radiation-induced effects in a new class of optical waveguides: The air guiding photonic crystal fibers," *IEEE Transactions on Nuclear Science*, vol. 52, no. 6, pp. 2683-2688, 2005.
16. S. O'Keeffe, A. Fernandez Fernandez, C. Fitzpatrick, B. Brichard and E. Lewis, "Realtime gamma dosimetry using PMMA optical fibres for applications in the sterilization industry," *Meas. Sci. Technol.*, vol. 18, pp. 3171-3176, 2007.
17. D. L. Griscom, "Nature of defects and defect generation in optical glasses," in Proc. of SPIE. 541 "Radiation Effects in Optical Materials," pp. 38-59, 1985.
18. S. Girard, J. Keurinck, Y. Ouerdane, J.-P. Meunier, and A. Boukenter, "Gamma-Rays and Pulsed X-Ray Radiation Responses of Germanosilicate Single-Mode Optical Fibers: Influence of Cladding Codopants," *J. Lightwave Technol.*, vol. 22, pp. 1915-1922, 2004.
19. A. Kh. Mukhsin, B. I. Maksudbek, G. M. Eldar, I. D. Jalil, N. Izzatillo, R. R. Igor, A. Mukhtor and S. Kakhramon, "Measurement Method of Radiation Induced Emission Spectra of Optical Fibers," *Jpn. J. Appl. Phys.*, vol. 47, p. 301, 2008.
20. K. W. Jang, W. J. Yoo, S. H. Shin, D. Shin, and B. Lee, "Fiber-optic Cerenkov radiation sensor for proton therapy dosimetry," *Opt. Express* 20, 13907-13914, 2012.
21. M. J. Marrone, "Radiation-induced luminescence in silica core optical fibers," *Appl. Phys. Lett.*, vol. 38, pp.115-117, 1981.
22. B. Brichard, A. F. Fernandez, H. Ooms et al., "Fibre-optic gamma-flux monitoring in a fission reactor by means of Cerenkov radiation," *Meas. Sci. and Technol.*, vol. 18, no. 10, p. 3257, 2007.
23. W. Primak, "Fast-neutron-induced changes in quartz and vitreous silica," *Phys. Rev. B*, vol. 110, no. 6, pp. 1240-1254, 1958.
24. E. Lell, N. J. Hensler, and J. R. Hensler, "Radiation Effects in Quartz, Silica and Glasses," *Prog. In Ceramic Sci.*, vol. 4, J. Burke, Pergamon Press, Oxford, NY, 3-93, 1966.

25. B. Brichard, O. V. Butov, K. M. Golant, and A. Fernandez Fernandez, "Gamma radiation-induced refractive index change in Ge- and N-doped silica," *J. Appl. Phys.* 103, 054905, 2008.

26. V. B. Neustruev, "Colour centres in germanosilicate glass and optical fibres," *J. Phys.: Condens. Matter*, vol. 6, pp. 6901-6936, 1994.

27. E. J. Friebele, C. G. Askins, C. M. Shaw, M. E. Gingerich, C. C. Harrington, D. L. Griscom, T.-E. Tsai, U.-C. Paek, and W. H. Schmidt, "Correlation of single-mode fiber radiation response and fabrication parameters," *Appl. Opt.*, vol. 30, pp. 1944-1957, 1991.

28. D. Di Francesca, A. Boukenter, S. Agnello, S. Girard, A. Alessi, P. Paillet, C. Marcandella, N. Richard and Y. Ouerdane, "X-ray irradiation effects on fluorine-doped germanosilicate optical fiber," *Optical Materials Express*, vol. 4, Issue 8, pp. 1683-1695, 2014.

29. D. Di Francesca, "Role of Dopants, Interstitial O2 and Temperature, in the Effects of Irradiation on Silica-based Optical Fibers", PhD Thesis, University of Saint-Etienne, 2015.

30. S. Girard, J. Keurinck, Y. Ouerdane, J.-P. Meunier, and A. Boukenter, "Gamma-Rays and Pulsed X-Ray Radiation Responses of Germanosilicate Single-Mode Optical Fibers: Influence of Cladding Codopants," *J. Lightwave Technol.*, vol. 22, pp. 1915-1922, 2004.

31. S. Girard, Y. Ouerdane, A. Boukenter, C. Marcandella, J. Bisutti, J. Baggio, and J.-P. Meunier, "Integration of Optical Fibers in Radiative Environments: Advantages and Limitations," *IEEE Transactions on Nuclear Science*, vol. 59（4）, pp. 1317-1322, 2012.

32. J. A. B. Arviddson, K. Dunn, D. Gong, T. Huffman, C. Issever, M. Jones, C. Kerridge, J. Kierstead, G. Kuyt, C. Liu, T. Liu, A. Povey, E. Regnier, N. C. Ryder, N. Tassie, T. Weidberg, A. C. Xiang, J. Ye, "The Radiation Tolerance of Specific Optical Fibers for the LHC Upgrades," *Physics Procedia*, vol. 37, pp. 1630-1643, 2012.

33. E. M. Dianov, K. M. Golant, R. R. Khrapko, A. S. Kurkov, A. L. Tomashuk, "Lowhydrogen silicon oxynitride optical fibers prepared by SPCVD," *J. Lightwave Technol.*, vol. 13（7）, pp. 1471-1474, 1995.

34. S. Girard, J. Keurinck, A. Boukenter, J.-P. Meunier, Y. Ouerdane, B. Azaïs, P. Charre and M. Vié, "Gamma-rays and pulsed X-ray radiation responses of nitrogen, germanium doped and pure silica core optical fibers," *Nucl. Instr. Methods in Phys. Res. B*, vol. 215, no. 1-2, pp. 187-195, 2004.

35. S. Girard, "Analyse de la réponse des fibres optiques soumises à divers environnements radiatifs," Thèse de Doctorat, Université de Saint-Etienne, 2003.

36. S. Girard, M. Vivona, A. Laurent, B. Cadier, C. Marcandella, T. Robin, E. Pinsard, A. Boukenter and Y. Ouerdane, "Radiation hardening techniques for Er/Yb doped optical fibers and amplifiers for space application," *Opt. Express* 20, 8457-8465, 2012.

37. S. Girard, Y. Ouerdane, C. Marcandella, A. Boukenter, S. Quenard, N. Authier, "Feasibility of radiation dosimetry with phosphorus-doped optical fibers in the ultraviolet and visible domain," *J. Non-Cryst. Solids*, vol. 357, pp. 1871-1874, 2011.

38. H. Henschel, M. Körfer, J. Kuhnhenn, U. Weinand, F. Wulf, "Fibre optic radiation sensor systems for particle accelerators," *Nucl. Instr. Methods in Phys. Res. A*, vol. 526（3）, pp. 537-550, 2004.

39. M. C. Paul, D. Bohra, A. Dhar, R. Sen, P. K. Bhatnagar, K. Dasgupta, "Radiation response behavior of

high phosphorous doped step-index multimode optical fibers under low dose gamma irradiation," *J. Non-Cryst. Solids*, vol. 355 (28-30), pp. 1496-1507, 2009.

40. B. Brichard, and A. Fernandez-Fernandez, "Radiation effects in silica glass optical fibers," in RADECS 2005 Short Course, New challenges for Radiation Tolerance Assessment, Editor A. Fernandez Fernandez, 2005.
41. T. Kakuta, T. Shikama, T. Nishitani, B. Brichard, A. Krassilinikov, A. Tomashuk, S. Yamamoto, S. Kasai, "Round-robin irradiation test of radiation resistant optical fibers for ITER diagnostic application," *J. Nucl. Mater.*, vol. 307-11, pp. 1277-1281, 2002.
42. D. L. Griscom, "γ and fission-reactor radiation effects on the visible-range transparency of aluminum-jacketed, all-silica optical fibers," *J. Appl. Phys.*, vol. 80, pp. 2142-2155, 1996.
43. A. L. Tomashuk, E. M. Dianov, K. M. Golant, A. O. Rybaltovskii, "γ-radiationinduced absorption in pure-silica-core fibers in the visible spectral region: The effect of H2-loading," *IEEE Trans. Nucl. Sci.*, vol. 45 (3), pp. 1576-1579, 1998.
44. K. Nagasawa, M. Tanabe, and K. Yahagi, "Gamma-Ray-Induced Absorption Bands in Pure-Silica-Core Fibers," *Jpn. J. Appl. Phys.*, vol. 23, pp. 1608-1613, 1984.
45. S. Girard, D. L. Griscom, J. Baggio, B. Brichard, F. Berghmans, "Transient optical absorption in pulsed-X-ray-irradiated pure-silica-core optical fibers: Influence of selftrapped holes," *J. Non-Cryst. Solids*, vol. 352, no. 23-25, pp. 2637-2642, 2006.
46. D. L. Griscom, "γ-Ray-induced visible/infrared optical absorption bands in pure and F-doped silica-core fibers: Are they due to self-trapped holes?" *J. Non-Cryst. Solids*, vol. 349, pp. 139-147, 2004.
47. D. L. Griscom, "Self-trapped holes in pure-silica glass: A history of their discovery and characterization and an example of their critical significance to industry," *J. Non-Cryst. Solids*, vol. 352, pp. 2601-2617, 2006.
48. D. L. Griscom, "Radiation hardening of pure-silica-core optical fibers: Reduction of induced absorption bands associated with self-trapped holes," *Applied Physics Letters*, vol. 71, pp. 175-177, 1997.
49. B. Brichard, A. Fernandez Fernandez, H. Ooms, F. Berghmans, M. Decreton, A. Tomashuk, S. Klyamkin, M. Zabezhailov, I. Nikolin, V. Bogatyrjov, E. Hodgson, T. Kakuta, T. Shikama, T. Nishitani, A. Costley, G. Vayakis, "Radiation-hardening techniques of dedicated optical fibres used in plasma diagnostic systems in ITER," *J. Nucl. Mater*, vol. 329-333, pp. 1456-1460, 2004.
50. S. Girard, C. Marcandella, A. Alessi, A. Boukenter, Y. Ouerdane, N. Richard, P. Paillet, M. Gaillardin, and M. Raine,"Transient Radiation Responses of Optical Fibers: Influence of MCVD Process Parameters," *IEEE Transactions on Nuclear Science*, vol. 59, issue no. 6, pp. 2894-2901, 2012.
51. S. Girard, B. Vincent, J.-P. Meunier, Y. Ouerdane, A. Boukenter, and A. Boudrioua, "Spatial distribution of the red luminescence in pristine, gamma-rays and ultravioletirradiated multimode optical fibers," *Applied Physics Letters*, vol. 84, pp. 4215-4217, 2004.
52. S. Girard, Y. Ouerdane, A. Boukenter, and J.-P. Meunier, "Transient radiation responses of silica-based optical fibers: Influence of Modified Chemical Vapor Deposition process parameters," *Journal of Applied Physics*, vol. 99, pp. 023104, 2006.
53. J. Kuhnehnn, H. Henschel, U. Weinand, "Influence of coating material, cladding thickness, and core material on the radiation sensitivity of pure silica core step-index fibers," in Proc. RADECS 2005, 8th

European Conference on Radiation and Its Effects on Components and Systems, 2005, paper A2.

54. A. Faustov, "Advanced fibre optics temperature and radiation sensing in harsh environments," PhD Thesis, Université Polytechnique de Mons, 2014.
55. M. León, L. Giacomazzi, S. Girard, N. Richard, P. Martin, L. Martin-Samos, A. Ibarra, A. Boukenter and Y. Ouerdane, "Neutron Irradiation Effects on the Structural Properties of KU1, KS-4V and I301 Silica Glasses," *IEEE Transactions on Nuclear Science*, vol. 61 (4), pp. 1522-1530, 2014.
56. M. León, P. Martín, D. Bravo, F. J. López, A. Ibarra, A. Rascón, F. Mota, "Thermal stability of neutron irradiation effects on KU1 fused silica," *J. Nucl. Mater.*, vol. 374, pp. 386-389, 2008.
57. J. C. Lagomacini, D. Bravo, M. León, P. Martín, Á. Ibarra, A. Martín, F. J. López, "EPR study of gamma and neutron irradiation effects on KU1, KS-4V and Infrasil 301 silica glasses," *Journal of Nuclear Materials*, vol. 417, Issues 1-3, pp. 802-805, 2011.
58. D. Bravo, J. C. Lagomacini, M. León, P. Martín, A. Martín, F. J. López, A. Ibarra, "Comparison of neutron and gamma irradiation effects on KU1 fused silica monitored by electron paramagnetic resonance," *Fusion Engineering and Design*, Volume 84, Issues 2-6, pp. 514-517, 2009.
59. M. Van Uffelen, "Modélisation de systèmes d'acquisition et de transmission à fibres optiques destinés à fonctionner en environnement nucléaire," PhD Thesis, Université de Paris, 2001.
60. E. J. Friebele, G. C. Askins, M. E. Gingerich, K. J. Long, "Optical fiber waveguides in radiation environments, II," *Nucl. Instr. Meth. Phys. Res. B*, Volume 1, Issue 2-3, pp. 355-369, 1984.
61. O. Deparis, "Etude physique et expérimentale de la tenue des fibres optiques aux radiations ionisantes par spectrométrie visible-infrarouge," PhD thesis, Faculté Polytechnique de Mons, 1997.
62. D. L. Griscom, "A Minireview of the Natures of Radiation-Induced Point Defects in Pure and Doped Silica Glasses and Their Visible/Near-IR Absorption Bands, with Emphasis on Self-Trapped Holes and How They Can Be Controlled," *Physics Research International*, vol. 2013, Article ID 379041, 2013.
63. O. Gilard, J. Thomas, L. Troussellier, M. Myara, P. Signoret, E. Burov, and M. Sotom, "Theoretical explanation of enhanced low dose rate sensitivity in erbium-doped optical fibers," *Appl. Opt.* vol. 51, pp. 2230-2235, 2012.
64. F. Mady, M. Benabdesselam, J.-B. Duchez, Y. Mebrouk, and S. Girard, "Global View on Dose Rate Effects in Silica-Based Fibers and Devices Damaged by Radiation-Induced Carrier Trapping," *IEEE Transactions on Nuclear Science*, vol. 60, no. 6, pp. 4241-4348, 2013.
65. D. L. Griscom, M. E. Gingerich, and E. J. Friebele, "Radiation-induced defects in glasses: Origin of power-law dependence of concentration on dose," *Phys. Rev. Lett.*, vol. 71, 1019, 1993.
66. O. Gilard, M. Caussanel, H. Duval, G. Quadri, and F. Reynaud, "New model for assessing dose, dose rate, and temperature sensitivity of radiation-induced absorption in glasses," *J. Appl. Phys.*, vol. 108, 093115, 2010.
67. S. Girard, C. Marcandella, A. Morana, J. Perisse, D. Di Francesca, P. Paillet, J.-R. Macé, A. Boukenter, M. Léon, M. Gaillardin, N. Richard, M. Raine, S. Agnello, M. Cannas and Y. Ouerdane, "Combined High Dose and Temperature Radiation Effects on Multimode Silica-based Optical Fibers," *IEEE Transactions on Nuclear Science*, vol. 60, no. 6, pp. 4305-4313, 2013.
68. B. Brichard, "Systèmes à fibres optiques pour infrastructures nucléaires: Du durcissement aux radiations à l'application," Thèse de doctorat, IES-Institut d'Electronique du Sud, Montpellier, 2008.

69. T. Shikama, T. Kakuta, N. Shamoto, T. Sagawa, M. Narui, "Behavior of developed radiation-resistant silica-core optical fibers under fission reactor irradiation," *Fusion Engineering and Design*, vol. 51-52, pp. 179-183, 2000.
70. B. Brichard, M. Van Uffelen, A. F. Fernandez, F. Berghmans, M. Décreton, E. Hogdson, T. Shikama, T. Kakuta, A. Tomashuk, K. Golant, A. Krasilnikov, "Round robin evaluation of optical fibres for plasma diagnostics," *Fusion Eng. and Design*, vol. 5-57, pp. 917-921, 2001.
71. M. Aerssens, A. Gusarov, B. Brichard, V. Massaut, P. Mégret, M. Wuilpart, "Faraday effect based optical fiber current sensor for Tokamaks," in Proceedings of ANIMMA-2011 Conference, Ghent, Belgium, 2011.
72. J.-L. Bourgade, R. Marmoret, S. Darbon, R. Rosch, P. Troussel, B. Villette, V. Glebov, W. Shmayda, J. C. Gommé, Y. Le Tonqueze, F. Aubard, J. Baggio, S. Bazzoli, F. Bonneau, J.-Y. Boutin, T. Caillaud, C. Chollet, P. Combis, L. Disdier, J. Gazave, S. Girard, D. Gontier, P. Jaanimagi, H.-P. Jacquet, J.-P. Jadaud, O. Landoas, J. Legendre, J.-L. Leray, R. Maroni, D. D. Meyerhofer, J.-L. Miquel, F. J. Marshall, I. Masclet-Gobin, G. Pien, J. Raimbourg, C. Reverdin, A. Richard, D. Rubins de Cervens, C. T. Sangster, J.-P. Seaux, G. Soullie, C. Stoeckl, I. Thfoin, L. Videau, and C. Zuber, "Present LMJ Diagnostics Developments Integrating its Harsh environment," *Review of Scientific Instruments*, vol. 79 no. 10, 10F301, 2008.
73. J.-L. Bourgade, V. Allouche, J. Baggio, C. Bayer, F. Bonneau, C. Chollet, S. Darbon, L. Disdier, D. Gontier, M. Houry, H.-P. Jacquet, J.-P. Jadaud, J.-L. Leray, I. Masclet-Gobin, J.-P. Negre, J. Raimbourg, B. Villette, I. Bertron, J.-M. Chevalier, J.-M. Favier, J. Gazave, J.-C. Gomme, F. Malaise, J.-P. Seaux, V. Y. Glebov, P. Jaanimagi, C. Stoeckl, T. C. Sangster, G. Pien, R. A. Lerche, and E. R. Hodgson, "New constraints for plasma diagnostics development due to the harsh environment of MJ class lasers," *Rev. Sci. Instrum.* 75（10）, 4204-4212（2004）.
74. B. Amacker, "CERN Main Optical Fibre Links".
75. T. Wijnands, L. K. De Jonge, J. Kuhnhenn, S. K. Hoeffgen, U. Weinand, "Optical Absorption in Commercial Single Mode Optical Fibers in a High Energy Physics Radiation Field," *IEEE Trans. Nucl. Sci.*, vol. 55（4）, pp. 2216-2222, 2008.
76. T. Wijnands, K. Aikawa, J. Kuhnhenn, D. Ricci, U. Weinand, "Radiation Tolerant Optical Fibers: From Sample Testing to Large Series Production," *J. Lightwave Technol.*, vol. 29, no. 22, pp. 3393-3400, 2011.
77. M. Ott, "Radiation Effects Data on Commercially Available Optical Fiber: Database Summary," in IEEE NSREC 2002 Data workshop, pp. 24-31, 2002.
78. B. Singleton, "Radiation Effects on Ytterbium-doped Optical Fibers," PhD Thesis, Air Force University, Wright-Patterson Air Force Base, OH, June 2014.
79. H. Henschel, O. Kohn, H. U. Schmidt, J. Kirchof, S. Unger, "Radiation-induced loss of rare earth doped silica fibres," *IEEE Trans. Nucl. Sci.*, vol. 45, no. 3, pp. 1552-1557, 1998.
80. S. Girard, L. Mescia, M. Vivona, A. Laurent, Y. Ouerdane, C. Marcandella, F. Prudenzano, A. Boukenter, T. Robin, P. Paillet, V. Goiffon, M. Gaillardin, B. Cadier, E. Pinsard, M. Cannas, and R. Boscaino "Design of Radiation-Hardened Rare-Earth Doped Amplifiers Through a Coupled Experiment/Simulation Approach," *Journal of Lightwave Technology*, vol. 31, no. 8, pp. 1247-1254, 2013.

81. L. Mescia, S. Girard, P. Bia, T. Robin, A. Laurent, F. Prudenzano, A. Boukenter, Y. Ouerdane, "Optimization of the design of high power Er^{3+}/Yb^{3+}-codoped fiber amplifiers for space missions by means of particle swarm approach," *IEEE Journal of Selected Topics in Quantum Electronics*, vol. 20, no. 5, ID# 3100108, 2014.
82. K. V. Zotov, M. E. Likhachev, A. L. Tomashuk, A. F. Kosolapov, M. M. Bubnov, M. V. Yashkov, A. N. Guryanov, and E. M. Dianov, "Radiation resistant Er-doped fibers: optimization of pump wavelength," *IEEE Photon. Technol. Lett.*, vol. 20, no. 17, pp. 1476-1478, 2008.
83. M. Vivona, "Radiation hardening of rare-earth doped fiber amplifiers," PhD thesis, Université de Saint-Etienne, 2013.
84. Y. Sheng, L. Yang, H. Luan, Z. Liu, Y. Yu, Ji. Li "Improvement of radiation resistance by introducing CeO2 in Yb-doped silicate glasses," *J. Nucl Materials*, vol. 427, Issues 1-3, pp. 58-61, 2012.
85. R. Xing, Y. Sheng, Z. Liu, H. Li, Z. Jiang, J. Peng, L. Yang, J. Li, and N. Dai, "Investigation on radiation resistance of Er/Ce co-doped silicate glasses under 5 kGy gamma-ray irradiation," *Opt. Mater. Express* 2, 1329-1335, 2012.
86. J. Thomas, M. Myara, L. Troussellier, E. Burov, A. Pastouret, D. Boivin, G. Mélin, O. Gilard, M. Sotom, and P. Signoret, "Radiation-resistant erbium-doped-nanoparticles optical fiber for space applications," *Opt. Express*, vol. 20, pp. 2435-2444, 2012.
87. K. V. Zotov, M. E. Likhachev, A. L. Tomashuk, M. L. Bubnov, M. V. Yashkov, A. N. Guryanov, and S. N. Klyamkin, "Radiation-resistant erbium-doped fiber for spacecraft applications," *IEEE Trans. Nucl. Sci.*, vol. 55, no. 4, pp. 2213-2215, 2008.
88. S. Girard, A. Laurent, E. Pinsard, T. Robin, B. Cadier, M. Boutillier, C. Marcandella, A. Boukenter, and Y. Ouerdane, "Radiation-hard erbium optical fiber and fiber amplifier for both low and high dose space missions," *Optics Letters*, vol. 39, Issue 9, pp. 2541-2544, 2014.
89. S. Girard, A. Laurent, E. Pinsard, M. Raine, T. Robin, B. Cadier, D. Di Francesca, P. Paillet, M. Gaillardin, O. Duhamel, C. Marcandella, M. Boutillier, A. Ladaci, A. Boukenter and Y. Ouerdane, "Proton irradiation response of Hole-Assisted Carbon Coated Erbium-Doped Fiber Amplifiers," *IEEE Transactions on Nuclear Science*, vol. 61（6）, pp. 3309-3314, 2014.
90. P. Ferdinand, "Capteurs à fibres optiques et réseaux associés," Tec & Doc Eds, 1999.
91. A. Othonos and K. Kalli, "Fiber Bragg Gratings, Fundamentals and Applications in Telecommunications and Sensing," Norwood, MA, USA: Artech House, 1999.
92. A. Gusarov and S. Hoeffgen, "Radiation Effects on Fiber Gratings," *IEEE Transactions on Nuclear Science*, vol. 60, no. 3, pp. 2037-2053, 2013.
93. A. Cusano, A. Cutolo, and J. Albert, "Fiber Bragg Grating Sensors: Recent Advancements, Industrial Applications and Market Exploitation," Bentham Science, 2011.
94. H. Henschel, S. K. Hoeffgen, K. Krebber, J. Kuhnhenn, and U. Weinand, "Influence of Fiber Composition and Grating Fabrication on the Radiation Sensitivity of Fiber Bragg Gratings," *IEEE Trans. Nucl. Sci.* 55, 2235, 2008.
95. A. Morana, S. Girard, E. Marin, C. Marcandella, P. Paillet, J. Périsse, J.-R. Macé, A. Boukenter, M. Cannas, Y. Ouerdane, "Radiation tolerant Fiber Bragg Gratings for high temperature monitoring at MGy

dose levels," *Optics Letters*, vol. 39, pp. 5313-5316, 2014.

96. P. Borgermans, "Spectral and Kinetic Analysis of Radiation Induced Optical Attenuation in Silica: Towards Intrinsic Fiber Optic Dosimetry?" Thèse de doctorat, Brussel, Vrije Universiteit, 2001.
97. A. Faustov, A. Gusarov, M. Wuilpart, A. A. Fotiadi, L. B. Liokumovich, I. Zolotovskii, A. L. Tomashuk, T. de Schoutheete, P. Mégret, "Comparison of Gamma-Radiation Induced Attenuation in Al-Doped, P-Doped and Ge-Doped fibres for Dosimetry," *IEEE Transactions on Nuclear Science*, vol. 60, no. 4, pp. 2511-2517, 2013.
98. H. Henschel, M. Körfer, J. Kuhnhenn, U. Weinand, F. Wulf, "Fibre optic radiation sensor systems for particle accelerators," *Nucl. Instr. Methods in Phys. Res. A*, vol. 526（3）, pp. 537-550, 2004.
99. A. Vedda, N. Chiodini, D. Di Martino, M. Fasoli, S. Keffer, A. Lauria, M. Martini, F. Moretti, G. Spinolo, M. Nikl, N. Solovieva, G. Brambilla, "Infrared luminescence for real time ionizing radiation detection," *Appl. Phys. Lett.* 85, 6356（2004）.
100. D. Di Francesca, S. Girard, S. Agnello, C. Marcandella, P. Paillet, A. Boukenter, F. M. Gelardi, and Y. Ouerdane, "Near infrared radio-luminescence of O2 loaded Rad-Hard silica optical fibers: A candidate dosimeter for harsh environments," *Applied Physics Letters*, vol. 105, 183508, 2014.
101. S. O'Keeffe, C. Fitzpatrick, E. Lewis, and A. I. Al-Shamma'a, "A review of optical fibre radiation dosimeters," *Sens. Rev.* 28, 136-142（2008）.
102. M. Benabdesselam, F. Mady, S. Girard, "Assessment of Ge-doped optical fibres as a TL-mode detector," *Journal of Non-Crystalline Solids*, vol. 360, pp. 9-12, 2013.
103. M. Benabdesselam, F. Mady, S. Girard, Y. Mebrouk, J.-B. Duchez, M. Gaillardin, P. Paillet, "Performance of Ge-doped Optical Fiber as a Thermoluminescent, Performance of Ge-doped Optical Fiber as a Thermoluminescent Dosimeter," *IEEE Transactions on Nuclear Science*, vol. 60, no. 6, pp. 4251-4256, 2013.
104. M. Benabdesselam, F. Mady, J.-B. Duchez, Y. Mebrouk, and S. Girard, "The Opposite Effects of the Heating Rate on the TSL Sensitivity of Ge-doped Fiber and TLD500 Dosimeters," *IEEE Transactions on Nuclear Science*, vol. 61（6）, pp. 3485-3490, 2014.
105. C. A. G. Kalnins, H. Ebendorff-Heidepriem, N. A. Spooner, and T. M. Monro, "Radiation dosimetry using optically stimulated luminescence in fluoride phosphate optical fibres," *Opt. Mater. Express* vol. 2, pp. 62-70, 2012.
106. A. L. Huston, B. L. Justus, P. L. Falkenstein, R. W. Miller, H. Ning, and R. Altemus, "Optically stimulated luminescent glass optical fibre dosemeter," *Radiat. Prot. Dosim.*, vol. 101, pp. 23-26, 2002.
107. D. Zhou, W. Li, L. Chen and X. Bao, "Distributed Temperature and Strain Discrimination with Stimulated Brillouin Scattering and Rayleigh Backscatter in an Optical Fiber," *Sensors*, vol. 13, 1836-1845, 2013.
108. G. Bolognini and A. Hartog, "Raman-based fibre sensors: Trends and applications," *Optical Fiber Technology*, vol. 19, Issue 6, Part B, pp. 678-688, 2013.
109. C. Cangialosi, S. Girard, A. Boukenter, M. Cannas, S. Delepine-Lesoille, J. Bertrand, P. Paillet, and Y. Ouerdane, "Effects of Radiation and Hydrogen-Loading on the Performances of Raman Distributed Temperature Fiber Sensors," *IEEE/OSA Journal of Lightwave Technology*, vol. 33, Issue 12, pp. 2432-2438, 2015.

110. C. Cangialosi, Y. Ouerdane, S. Girard, A. Boukenter, S. Delepine-Lesoille, J. Bertrand, C. Marcandella, P. Paillet, M. Cannas, "Development of a Temperature Distributed Monitoring System Based On Raman Scattering in Harsh Environment," *IEEE Transactions on Nuclear Science*, vol. 61 (6), pp. 3315-3322, 2014.

111. A. Kimura, E. Takada, K. Fujita, M. Nakazawa, H. Takahashi, and S. Ichige, "Application of a Raman distributed temperature sensor to the experimental fast reactor JOYO with correction techniques," *Meas. Sci. Technol.* vol. 12, pp. 966-973, 2001.

112. X. Phéron, S. Girard, A. Boukenter, B. Brichard, S. Delepine-Lesoille, J. Bertrand, and Y. Ouerdane, "High γ-ray dose radiation effects on the performances of Brillouin scattering based optical fiber sensors," *Opt. Express* vol. 20, 26978-26985, 2012.

113. D. Alasia, A. F. Fernandez, L. Abrardi et al., "The effects of gamma-radiation on the properties of Brillouin scattering in standard Ge-doped optical fibres," *Meas. Sci. Technol.*, vol. 17, no. 5, pp. 1091-1094, 2006.

114. S. Rizzolo, A. Boukenter, E. Marin, M. Cannas, J. Perisse, S. Bauer, J.-R. Mace, Y. Ouerdane, S. Girard, "Vulnerability of OFDR-based distributed sensors to high γ-ray doses," accepted for publication in *Optics Express*, 2015.

115. J.-L. Bourgade, A. E. Costley, R. Reichle, E. R. Hodgson, W. Hsing, V. Glebov, M. Decreton, R. Leeper, J.-L. Leray, M. Dentan, T. Hutter, A. Moroño, D. Eder, W. Shmayda, B. Brichard, J. Baggio, L. Bertalot, G. Vayakis, M. Moran, T. C. Sangster, L. Vermeeren, C. Stoeckl, S. Girard, and G. Pien, "Diagnostic components in harsh radiation environments: Possible overlap in R&D requirements of inertial confinement and magnetic fusion systems," *Rev. Sci. Instrum.*, vol. 79, 10F304, 2008.

116. D. L. Griscom, "Intrinsic and extrinsic point defects in a-SiO2," in *The Physics and Technology of Amorphous SiO_2*, Editor R. A. B. Devine, Plenum Press, NY, pp. 125-134, 1988.

117. S. Agnello, "Gamma ray induced processes of point defect conversion in silica," PhD Thesis, Università di Palermo, 2000.

118. L. Skuja, M. Hirano, H. Hosono, K. Kajihara, "Defects in oxide glasses," *Phys. Stat. Sol.* (c), vol. 2 (1), pp. 15-24, 2005.

119. N. Richard, L. Martin-Samos, S. Girard, A. Ruini, A. Boukenter, Y. Ouerdane, "Oxygen deficient centers in silica: Optical properties within many-body perturbation theory," *Journal of Physics: Condensed Matter*, vol. 25, 335502, 2013.

120. L. Giacomazzi, L. Martin-Samos, A. Boukenter, Y. Ouerdane, S. Girard and N. Richard, "EPR parameters of E′ centers in v-SiO2 from first-principles calculations," *Physical Review B*, vol. 90, 014108, 2014.

缩 略 语

AB	AntiBlooming	抗晕
ADC	Analog-to-Digital Converter	模/数转换器
ADDIU	ADD Immediate Unsigned	加一个即时读取的无符号值操作
ALPEN	ALpha-article source-drain PENetration	α 粒子源漏穿通
ALU	Arithmetic Logic Unit	算术逻辑单元
AMS	Analog and Mixed-Signal	模拟和混合信号
APS	Active Pixel Sensor	有源像素传感器
AR	AntiReflection	抗反射
ASIC	Application-Specific Integrated Circuit	专用集成电路
ASU	Arizona State University	亚利桑那州立大学
BCA	Binary Collision Approximation	二元近似碰撞
BGR	Bandgap Voltage Reference	带隙电压基准
BJT	Bipolar Junction Transistor	双极结型晶体管
BL	Bit Line	位线
BNE	Branch Not Equal	分支不相等
BNEZ	Branch if Not Equal to Zero	非零分支指令
BOX	Buried Oxide	氧化物埋层
BSI	BackSide Illuminated	背照式
BSP	Board Support Package	板级支持包
BTB	Branch Target Buffer	分支目标缓冲
CAS	Column Address Strobe	列地址选通
CCD	Charge Coupled Device	电荷耦合器件
CERN	Conseil Européen pour la Recherche Nucléaire	欧洲核子中心
CISC	Complex Instruction Set Computer	复杂指令集系统计算机
CIS	CMOS Image Sensor	CMOS 图像传感器
CLB	Configurable Logic Block	配置逻辑模块
CMOS	Complementary Metal Oxide Semiconductor	互补金属氧化物半导体
CMP	CoMParator	比较器
COTS	Commercial-Off-The-Shelf	商用现货
CP	Charge Pump	电荷泵
CPU	Central Processing Unit	中央处理器
CTE	Charge Transfer Efficiency	电荷转移效率

CTI	Charge Transfer Inefficiency	电荷转移无效率
CVF	Charge-to-Voltage conversion Factor	电荷到电压转换因子
DC	Dark-Current	暗电流
DCC	Differential Charge Cancellation	差分电荷消除技术
DCE	Domain Crossing Error	跨域错误
DCNU	Dark Current NonUniformity	暗电流非均匀性
DCS	Differential Cross Section	差分截面
DD	Displacement Damage	位移损伤效应
DDR	Double-Data-Rate	双数据速率
DE	Destructive Event	破坏性效应
DF	Delay Filter	延迟滤波器
DFT	Density Functional Theory	密度泛函理论
DICE	Dual-Interlocked CEll	双互锁单元
DLL	Delay-Locked Loop	延迟锁相环
DMA	Direct Memory Access	直接存储器存取
DMR	Dual Modular Redundancy	双模冗余
DNW	Deep N-Well	N 型深阱
DP	Dual-Port	双端口
DR	Dynamic Range	动态范围
DRAM	Dynamic Random Access Memory	动态随机存取存储器
DSM	Deep SubMicron	深亚微米
DTI	Deep-Trench Isolation	深槽隔离
DTLB	Data Translation Lookaside Buffer	数据旁路转换缓冲
DUT	Device Under Test	待测器件
ECC	Error-Correcting Code	纠错码
ECR	Electron Cyclotron Resonance	电子回旋共振
EDAC	Error Detection And Correction	错误检测和纠正
EDIF	Electronic Design Interchange Format	电子设计交换格式
EELS	Electron Energy Loss Spectroscopy	电子能损谱
EEPROM	Electrically Erasable Programmable Read-Only Memory	电可擦除可编程只读存储器
EFE	Electric Field Enhancement	电场增强
ELDRS	Enhanced Low Dose Rate Sensitivity	低剂量率敏感增强效应
ENC	Equivalent Noise Charge	等效噪声电荷
ENIAC	Electronic Numerical Integrator and Computer	电子数字计分器和计算机
EPR	Electron Paramagnetic Resonance	电子顺磁共振
EQE	External Quantum Efficiency	外部量子效率

ESA	European Space Agency	欧洲空间局
ESD	ElectroStatic Discharge	静电保护
FBG	Fiber Bragg Grating	光纤布拉格光栅
FD	Floating Diffusion	悬浮扩散节点
FEOL	Front-End-Of-Line	前道工序
FF	Flip-Flop	触发器
FFT	Fast Fourier Transform	快速傅里叶变换
FIB	Focused Ion Beam	聚焦离子束
FN	Fowler-Nordheim	福勒-诺德海姆
FG	Floating Gate	浮栅
FPGA	Field Programmable Gate Array	现场可编程门阵列
FPU	Floating Point Unit	浮点单元
FSI	Front-Side Illuminated	前照式
FWC	Full Well Capacity	最大阱容
GS	Global Shutter	全局快门
GUI	Graphical User Interface	图形用户界面
HBT	Heterojunction Bipolar Transistor	异质结双极型晶体管
HCS	Hardening via Charge Sharing	电荷共享加固
HD	High Density	高密度
HDL	Hardware Description Language	硬件描述语言
HERMES	Highly Efficient Radiation Hardened by Design Microprocessor for Enabling Spacecraft	为飞行器开发的高性能抗辐照加固设计微处理器
HNS	Hardening via Node Splitting	节点分离加固技术
HPS	Hybrid Pixel Sensor	混合工艺像素传感器
IC	Integrated Circuit	集成电路
ICF	Inertial Confinement Fusion	惯性约束聚变
IGBT	Insulated Gate Bipolar Transistor	绝缘栅双极型晶体管
ILD	InterLayer Dielectric	层间电介质
ILO	Injection-Locked Oscillator	注入锁定振荡器
I/O	Input/Output	输入/输出
IRPP	Integral Rectangular Parallelepiped	积分矩形平行六面体
ITER	International Thermonuclear Experimental Reactor	国际热核聚变实验堆
ITLB	Instruction Translation Lookaside Buffer	指令旁路转换缓冲
IUCF	Indiana University Cyclotron Facility	印第安纳大学环形加速器装置
JPL	Jet Propulsion Laboratory	喷气推进实验室
JYFL	University of Jyväskylä, Finland	芬兰于韦斯屈莱大学

LANSCE	Los Alamos Neutron Science Center	洛斯阿拉莫斯中子科学中心
LDD	Lightly Doped Drain	轻掺杂漏
LET	Linear Energy Transfer	线性能量转移
LFSR	Linear Feedback Shift Register	线性反馈移位寄存器
LHC	Large Hadron Collider	大型强子对撞机
LNA	Low-Noise Amplifier	低噪声放大器
LOCOS	Local Oxidation of Silicon	硅局部氧化隔离
LP	Low-Power	低功耗
LPF	Low-Pass Filter	低通滤波器
LUT	LookUp Table	查找表
MANIAC	Mathematical Analyzer，Numerical Integrator，and Computer	数值积分器和计算机
MAPS	Monolithic Active Pixel Sensor	单片有源像素传感器
MBU	Multiple Bit Upsets	多位翻转
MIPS	Million Instructions Per Second	每秒处理的百万级指令数
MLC	MultiLevel Cell	多级单元
MMF	MultiMode optical Fiber	多模光纤
MMU	Memory Management Unit	存储管理单元
MNCC	Multiple-Node Charge Collection	多节点电荷收集
MOS	Metal Oxide Semiconductor	金属氧化物半导体
MOSFET	Metal-Oxide-Semiconductor Field-Effect Transistor	金属-氧化物-半导体场效应晶体管
MOVS	Maximum Output Voltage Swing	最大输出电压摆幅
MPE	Multiple Pixel Event	多像素事件
MPER	Multiple Pixel Event Rate	多像素事件率
MRS	Mode Register Set	模式寄存器集
MSB	Most Significant Bit	最高位
MU	Multiple Upsets	多翻转
NASA	National Aeronautics and Space Administration	美国国家航空航天局
NBTI	Negative Bias Temperature Instability	负偏置温度不稳定性
NIEL	Non-Ionizing Energy Loss	非电离能量损伤
NMOSFET	N-type Metal-Oxide-Semiconductor Field-Effect Transistor	N 型金属-氧化物-半导体场效应晶体管
NVM	NonVolatile Memories	非易失性存储器
OA	Optical Absorption	光吸收
OA	Operational Amplifier	运算放大器
ODT	On-Die Termination	校准终结电阻
OFS	Optical Fiber Sensor	光纤传感器

OL	Optical Luminescence	光发光
ONO	Oxide-Nitride-Oxide	氧化物-氮化物-氧化物
OOO	Out-Of-Order	无序化
OS	Operating System	操作系统
OSL	Optically Stimulated Luminescence	光激发光
PB	page buffer	页面缓冲
PC	Program Counter	程序计数
PDF	Probability Density Function	概率密度函数
PHITS	Particle and Heavy-Ion Transport code System	粒子和重离子传输码系统
PIF	Proton Irradiation Facility	质子辐照设施
PKA	Primary Knock-on Atom	初级撞出原子
PLL	phase-Locked Loop	锁相环
PMD	PreMetal Dielectric	金属前介质
PMOS	P-type Metal-Oxide-Semiconductor	P 型金属氧化物半导体
PMOSFET	P-type Metal-Oxide-Semiconductor Field-Effect Transistor	P 型金属-氧化物-半导体场效应晶体管
PPD	Pinned PhotoDiode	埋入光电二极管
PSC	Pure-Silica Core	纯二氧化硅
PSI	Paul Scherrer Institute	保罗谢尔研究所
RADEF	Radiation Effect Facility	辐射效应设施
RAS	Row Address Strobe	行地址选通
RF	Register File	寄存器文件
RHBD	Radiation Hardened by Design	抗辐照加固设计
RIA	Radiation-Induced Attenuation	辐射诱生衰减
RIE	Radiation-Induced Emission	辐射诱生发射
RILC	Radiation-Induced Leakage Current	辐照诱生漏电流
RINC	Radiation-Induced Narrow Channel	辐射诱生窄沟道
RISC	Reduced Instruction Set Computer	精简指令集系统计算机
RIST	Research Organization for Information Science and Technology	日本信息科学与技术研究组织
RPP	Rectangular ParallelePiped	矩形平行六面体
RTN	Random Telegraph Noise	随机电报噪声
RTS	Random Telegraph Signal	随机电报信号
SAA	South Atlantic Anomaly	南大西洋异常区
SCR	Silicon-Controlled Rectifier	硅控晶闸管
SCR	Space Charge Region	空间电荷区
SD	Standard-Density	标准密度

SDC	Silent Data Corruption	静默数据损坏
SDR	Single-Data-Rate	单数据速率
SDRAM	Synchronous Dynamic Random Access Memory	同步动态随机存取存储器
SEB	Single Event Burnt-out	单粒子烧毁
SECDED	Single-Error Correction，Double-Error Detection	纠正单个位错误并检测双位错误
SEE	Single Event Effects	单粒子效应
SEFI	Single Event Functional Interrupt	单粒子功能中断
SEGR	Single Event Gate Rupture	单粒子栅穿
SEL	Single Event Latchup	单粒子闩锁
SER	Soft Error Rate	软错误率
SerDes	Serializer/Deserializer	串行器/解串器
SES	Single Event Snapback	单粒子骤回
SET	Single Event Transient	单粒子瞬态
SEU	Single Event Upset	单粒子翻转
SF	Source Follower	源极跟随器
SILC	Stress-Induced Leakage Current	应力诱发漏电流
SIMS	Secondary Ion Mass Spectrometry	二次离子质谱
SMF	Single-Mode Fiber	单模光纤
SN	Sense Node	感应节点
SNACC	Sensitive-Node Active Charge Cancellation	主动电荷消除技术
SNR	Signal-to-Noise Ratio	信噪比
SKA	Secondary Knock-on Atom	次级撞出原子
SLC	Single-Level Cell	单级单元
SoC	System-on-a-Chip	片上系统
SOI	Silicon-On-Insulator	绝缘体上硅
SP	Single-Port	单端口
SPICE	Simulation Program with Integrated Circuit Emphasis	仿真电路模拟器
SPE	Single Pixel Event	单像素事件
SPER	Single Pixel Event Rate	单像素事件率
SRAM	Static Random-Access Memory	静态随机存取存储器
STARC	Scalable Tool for the Analysis of Reliable Circuits	用于分析电路可靠性的可扩展工具
STI	Shallow Trench Isolation	浅槽隔离
SV	Sensitive Volume	敏感体
SW	Store Word	存储字
TCAD	Technology Computer Aided Design	工艺计算机辅助设计
TG	Transfer Gate	传输门

TID	Total Ionizing Dose	电离总剂量
TLB	Translation Lookaside Buffer	旁路转换缓冲
TLD	ThermoLuminescent Dosimeter	热释光计
TMR	Triple-Mode Redundant	三模冗余
TRIUMF	Tri University Meson Facility in Vancouver	三大学介子设施
TRL	Time-Resolved Luminescence	时间辨别发光
TW	Triple-Well	三阱
UDF	Universal Damage Factor	通用损伤因子
VCDL	Voltage-Controlled-Delay-Line	压控延迟线
VCO	Voltage-Controlled Oscillator	压控振荡器
VJL	Variable Junction Leakage	可变结漏电
VRT	Variable Retention Time	可变保持时间
WE	Write Enable	写使能
WL	WordLine	字线